本书前身《高等数学简明教程》(全三册)
获 2002 年全国普通高等学校
优秀教材一等奖

本书第一版被教育部列为
普通高等教育"十五"国家级规划教材

内 容 简 介

本套教材是综合性大学、高等师范院校及其他理工科大学中的非数学类各专业(尤其是物理类专业)学生的高等数学教材.全书共分上、下两册.上册共分六章,内容包括:绪论,函数与极限,微积分的基本概念,积分的计算,微分中值定理与泰勒公式,向量代数与空间解析几何,多元函数微分学等;下册内容是多元函数积分学,级数与常微分方程.

本套教材的前身《高等数学简明教程》(全三册,北京大学出版社,1998)曾荣获教育部 2002 年全国普通高等学校优秀教材一等奖,本书第一版是在原书的基础上修订而成.

本书是作者在北京大学进行教学试点的成果.它对传统的高等数学课的内容体系作了适当的整合,力求突出数学概念与理论的实质,避免过分形式化,使读者对所讲内容感到朴实自然.本书强调数学理论与其他学科的联系.书中附有历史的注记,简要叙述相关概念和理论的发展演变过程,以及重要数学家的贡献.本书语言流畅,叙述简捷,深入浅出,有较多的例题,便于读者自学.每小节有适量习题,每章配置综合练习题,习题给出答案或提示供读者参考.

本书是第二次修订版,其指导思想是在保持第一版的框架与内容结构不变的基础上,对教材作少量必要的修改与补充,以使本书更进一步贴近读者,更好地体现教学基本要求.具体做法是:对重要的数学概念和定理增加了解释性文字与具体实例,使学生便于理解与掌握;去掉了少数几个习题;删去了第一版中有关闭区间上连续函数有界性定理、介值定理、最大最小值定理、隐函数存在性定理的证明;重新审定了原书中的"历史的注记"与"人物注记",还适当增加了一些新的内容.

本书有配套的学习辅导书,请读者参考《高等数学解题指南》(周建莹、李正元编,北京大学出版社,书号:ISBN 978-7-301-05853-4/O · 0550).

普通高等教育"十一五"国家级规划教材

高 等 数 学

（第二版）

（上 册）

李 忠 周建莹 编著

北京大学出版社

PEKING UNIVERSITY PRESS

图书在版编目（CIP）数据

高等数学. 上册 / 李忠，周建莹编著. —2 版. —北京：北京大学出版社，2009.8
ISBN 978-7-301-15597-4

Ⅰ. ①高…　Ⅱ. ①李… ②周…　Ⅲ. ①高等数学—高等学校—教材
Ⅳ. ①O13

中国版本图书馆 CIP 数据核字（2009）第 128055 号

书　　　　名	高等数学（第二版）（上册）
	Gaodeng Shuxue
著作责任者	李　忠　周建莹　编著
责 任 编 辑	刘　勇
标 准 书 号	ISBN 978-7-301-15597-4
出 版 发 行	北京大学出版社
地　　　　址	北京市海淀区成府路 205 号　100871
网　　　　址	http://www.pup.cn
电 子 信 箱	zpup@pup.cn
新 浪 微 博	@北京大学出版社
电　　　　话	邮购部 62752015　发行部 62750672　编辑部 62752021
印 刷 者	三河市北燕印装有限公司
经 销 者	新华书店

650 毫米×980 毫米　16 开本　23 印张　388 千字
2004 年 6 月第 1 版　2009 年 8 月第 2 版
2022 年 8 月第 20 次印刷（总第 26 次印刷）

定　　　　价　39.00 元

第二次修订版前言

本书的前身是 1998 年出版的《高等数学简明教程》(全三册). 2004 年做了第一次全面修订,在内容上做了一定的调整,由三册改为两册,并更名为《高等数学》. 本次修订是第二次修订.

本书的主要读者是高等院校中物理类专业的学生. 高等数学课(或者简单地说,微积分学)对于这些专业而言,其重要性是不言而喻的. 然而,这个课对一部分学生说来,往往又是难学的,甚至是让人"望而生畏的". 本书编写的主要指导思想就是希望通过调整某些传统讲法,使微积分学的讲授,能够"返璞归真",平实自然,有趣有用. 具体想法请参见原版序言.

本书出版后,十余年来在北京大学以及其他许多院校得到了广泛地采用. 十余年来的教学实践经验为本次修订提供了基础. 这次修订的想法是希望在保持原有的框架与内容结构不变的基础上,对教材作少量的必要的更改与补充,以使本书更进一步贴近读者,更好地体现教学的基本要求.

在这次修订中,我们在书中若干地方,增加了解释性文字与具体实例,希望以此为读者铺设一条更为平坦的学习之路.

本书的第一次修订版中,增添了历史的注记与人物注记,以简短扼要的文字,叙述有关重要数学概念的来源和发展,以及数学家的故事,以使读者有较宽广的视野和必要的数学历史知识. 在教材近五年的使用中,这些注记普遍受到读者的欢迎. 在这次修订中,除了对原有的这些注记做了重新审定之外,还适当增加了一些新的内容.

在这次修订中,原来的习题(包括每一章的综合练习题)一般没有更动,但去掉了少数的几个题目. 作者一向不赞成在初学阶段引导学生作难题、偏题,那样做是得不偿失的.

在这次修订中,我们删去了若干定理的证明,其中包括闭区间上连续函数有界性定理、介值定理、最大最小值定理、隐函数存在性定理等定理的证明. 这种删改并不表示教学基本要求的改变,而是恰恰相反. 这些定理的证明在原书中，或者以附录的形式出现，或者明确注明超出教学大纲的要求，不必在课堂讲授．尽管如此，把它们写在书中，毕竟有可能对教师或学生产生误导，模糊了教学的基本要求，并增加了教师与学生不必要的心理负担，不如干脆去掉为好．因此，这样做是为了使本书更明确地体现教学的基本要求．

多年来，北京大学出版社理科编辑室主任刘勇同志，为该书的出版以及各种修订做了大量工作．现在，该书即将出版第二次修订版之际，作者要特别向他表示衷心的感谢！同时，也向那些曾经给本书提过宝贵意见的读者与专家们表示致谢！

李　忠

2009 年 2 月 23 日
于北京大学

原 版 前 言

1996年秋至1998年春,我们在为北京大学物理系、无线电电子学系及技术物理系讲授高等数学课期间,在课程内容体系上做了一些改革的尝试.现在出版的这套《高等数学简明教程》就是在当时试用讲义的基础上修改补充而成的.

全书共分三册,供综合性大学及师范院校物理类各专业作为三学期或两学期教材使用.第一册是关于一元函数微积分及空间解析几何;第二册是关于多元函数微积分与常微分方程;第三册是关于级数,参变量积分,傅氏级数与傅氏积分,概率论与数理统计.

现在我们就这套教材的内容处理做以下几点说明:

(一) 与传统的教材相比,这套教材在讲授内容的次序上作了一定的调整

目前国内多数高等数学教材是先讲微分学,后讲积分学.这样做的好处是数学理论体系清晰.其缺点则是积分概念出来过晚,使初学者对微分概念与积分概念有割裂之感.另外,由于积分概念出现过晚而使数学课在与其他课程,如力学与普通物理等课的配合上出现了严重脱节现象.

在本教材中,我们把微积分的基本概念及计算放在一起先讲,在讲完微积分基本定理及积分的计算之后,才开始讲微分中值定理与泰勒公式.这样调整的主要目的是为了让初学者尽可能早地了解与把握微积分的基本思想,掌握它的最核心、最有用、最生动的部分.在试验过程中,学生们在第一学期期中考试前已经学完了微商、微分、不定积分、定积分的概念及全部运算,对微积分的概念初步形成了一个比较完整的认识.同时,这样的调整也缓解了与其他课程在配合上的矛盾.因此,我们认为这种调整或许是解决物理类专业在大学一年级数学课与其他基础课脱节问题的途径之一.

微积分就其原始的核心思想与形式是朴素的、自然的,容易被人理解与接受.随着历史的发展,逻辑基础的加固和各种研究的深化,它已经变成了一个"庞然大物",让初学者望而生畏.现在,如何选取其中要紧的东西以及用怎样的方式将它们在较短的时间内展示给学生,不能说不是一个问题,值得我们思考与探索.

（二）关于极限概念的处理

关于极限概念和有关实数理论的处理历来是微积分教学改革中争论的焦点之一. 我们认为, 极限的严格定义, 即"ε-δ"与"ε-N"的说法是应该讲的, 并且要认真讲. 因为它在处理一些复杂极限过程, 特别是涉及函数项级数一致收敛性等问题时, 是必不可少的. 物理类专业的学生可能还要学许多更高深的数学, 不掌握极限的严格定义也是不行的.

但是, 我们也不赞成在一开头就花很大力气去反复训练"ε-δ", 而形成一种"大头极限论". 我们希望随着课程的深入, 让学生在反复使用中逐渐熟悉它, 掌握它. 在现在的教材中没有出现大量的用"ε-δ"求证具体函数极限的练习, 更没有做十分困难的极限习题, 因为做过多的这类练习意义不大. 极限的概念在这套教材中既是严谨的, 又保留其朴素、直观、自然的品格.

与极限概念密切联系在一起的是关于实数域完备性的几个定理. 我们采用了分散处理的办法. 在全书的一开头就把单调有界序列有极限作为实数完备性的一种数学描述加以介绍. 有了它, 这在有关极限的许多讨论中已足够了. 闭区间上连续函数的性质在第一章中只叙述而不加证明, 其证明只作为附录, 供有兴趣的读者自行阅读. 在讨论级数之前再次涉及实数域的完备性, 这时才介绍柯西收敛原理, 以满足级数讨论的需要. 这种分散处理的办法, 不仅分散了难点, 而且使初学者更容易看清这些基础性定理在所涉及问题中的意义.

（三）本书坚持了传统教材中的基本内容与基本训练不变, 但拓宽了内容范围

在内容的取舍上, 我们采取了相当慎重的态度. 近来对高等数学课的内容现代化改革呼声很高. 但是, 作为一门数学基础课似乎不宜简单地以现代化作为其改革的主要目标. 数学学科中概念的连贯性使得它不可能像电子器件一样去"更新换代"和"以新弃旧". 而且现在看来掌握好微积分的基本概念、基本理论与基本训练, 对于一个理工科大学生而言依然是必不可少的. 当然, 计算机的广泛使用以及数学软件功能的日益提高, 正促使我们思考在高等数学课中简化或减少某些计算的内容. 然而就目前的情况, 我们尚难于下定决心取消某些内容. 为了慎重从事, 这次改革试验中, 我们保留了传统教材中的基本内容与基本训练.

我们认为目前对高等数学课而言重要的不是去更新内容, 而是避免教学中烦琐主义的倾向, 不要在一些枝节问题上大做文章. 那样做既歪曲了数学, 又使学生苦不堪言.

在本书的表述上,我们尽可能注意了文字的简洁、例子的典型性以及对基本概念背景及意义的解释,以便于读者自学.除每节的练习题之外,每一章之后又附加了总练习题,以使读者有机会做一些综合练习.

国际著名数学家柯朗曾经尖锐地批评过数学教育.他指出:"二千年来,掌握一定的数学知识已被视为每个受教育者必须具备的智力.数学在教育中的这种特殊地位,今天正在出现严重危机.不幸的是,数学教育工作者对此应负其责.数学的教学逐渐流于无意义的单纯演算习题的训练.固然这可以发展形式演算能力,但却无助于对数学的真正理解,无助于提高独立思考能力.……"①

柯朗的话是对的.数学教育需要改革,我们任重道远.

最后,我们应该提到,这次改革试点工作先后在北京大学及北京市教委正式立项并得到了他们的支持,借此机会我们向北京市教委及北京大学教务处与教材科的有关同志表示衷心感谢.北京大学数学科学学院院长姜伯驹教授一直十分关心这项工作,并给予多方面的鼓励与帮助.此外,彭立中教授、黄少云教授与刘西垣教授也很关心这项工作,并对试用讲义提出了许多宝贵意见.北京大学出版社邱淑清编审及刘勇同志大力支持教材的出版.刘勇同志作为本书的责任编辑为本书的出版做了大量工作,付出了辛勤的劳动.我们在这里一并对这些同志表示感谢!

毫无疑问,这套教材会有许多不成熟之处,甚至有不少错误.我们诚恳地希望数学界同仁加以批评指正,以便改正.

李　忠　周建莹

1998 年 2 月 15 日于

北京大学中关园

(2004 年元月略作删改)

---

① 　见《数学是什么》第一版序,柯朗与罗宾斯著,汪浩、朱煜民译,湖南教育出版社,1985.

目　　录

绪　论

在课程内容开始之前,我们先来谈谈什么是数学以及数学跟科学技术的关系.希望读者从中增进对数学的了解,看到学习数学的意义.同时,我们还就怎样学好高等数学将向初学者提供若干建议.

1. 数学的基本特征

一百多年之前,恩格斯就说过,**数学是研究现实世界中数量关系及空间形式的科学**.尽管在这一百多年中数学的发展使它的研究内容早已超出了"数"与"形"的范畴,但是就其基本精神而言,恩格斯对数学的概括依然是正确的.

数学的基本特征是它的研究对象的**高度抽象性**.

数本身就是抽象的.数字"1"是人们从 1 个苹果、1 只羊、1 个人等现象中舍去了苹果、羊、人……的具体特征,单从数量上抽象出来的.除了人们容易理解的自然数外,数学中还有负数、无理数、超越数、复数等等.它们的抽象程度则较自然数要更高.要想对一个没有中学数学知识的人解释清楚何为无理数未必容易,更不用说复数或 $i = \sqrt{-1}$ 了.

初等几何中的点、直线、三角形及圆等也是抽象的.它们是根据人们生活经验抽象而来,因此是容易被理解的.我们生活的现实空间是 3 维空间,这一事实是抽象的结果;但毕竟容易接受.至于 4 维空间就变得难于理解.在物理中人们通常把时间与空间合在一起视做 4 维空间.然而,数学中还要研究一般 n 维空间乃至无穷维空间,甚至更为抽象的流形或拓扑空间.这些特别抽象的概念不一定是从人的直接生活经验与生产活动中得来,而是从人类的科学研究(包括数学研究)、科学试验以及复杂的技术过程中抽象而来,它们似乎超出了普通人的直接经验,也超出了自然现象的范畴.数学研究对象的这种高度抽象性使得数学科学区别于自然科学——后者的研究对象是自然现象.

数学研究对象的抽象性决定了数学的另一特征:它在论证方法上的**演绎性**.

人们说:"数学是一门演绎科学."这是从它的论证方法而言的.具有中

等数学训练的人都知道数学的推理过程：

$$假设 \underset{\text{logic}}{\Longrightarrow} 结论.$$

这里的 logic 是指形式逻辑. 这就是说,在数学中要论证一个结论的成立,是根据假设(包括公理)按照形式逻辑推演出来的. 在一定意义上可以说,除掉假设及逻辑推理之外,它不允许任何其他东西作为导出结论的依据.

在实验科学中实验结果是结论的重要依据. 但在数学中则不能以任何实验结果作为结论的依据. 在生物学中解剖几只麻雀之后即可断言"麻雀有胃". 然而,在数学中则不能由测量若干个三角形内角而断言"三角形内角之和为 $180°$"——数学中的这一结论是由平行公理推演得来的.

我们要作一点说明,说数学是一门演绎科学是指其论证方法而言,而不是指其整个研究方法. 在数学研究中,尤其在探索阶段,实验、归纳、类比、猜测或假想同样是一些重要方法. 然而,最终论证一个结论的成立则需要演绎. 在数学中没有经过证明的命题最多只能是一种猜想.

数学在论证方法上的演绎性使数学理论构成了一个严谨的形式体系,其中有公理、定义、定理,一环扣一环,演绎出许多公式与结论. 这里的公理是指那些不须证明的基本假定,而定义则用来规范和界定各种术语的内涵. 定理是关于一个数学命题的叙述,通常由两部分组成：条件与结论. 在数学书籍或文章中,通常还有所谓"引理"或"命题"之类. 它们与定理在性质上相同,只是文章或书籍的作者认为讨论过程中它们的重要性不及定理而已.

人类历史上第一个完整的演绎体系是欧几里得(Euclid,约公元前 300 年)的《几何原本》,它对人类文明产生了巨大影响. 欧几里得在书中不是简单地罗列了前人的几何知识,而是由五条公理(在《几何原本》中称之为公设)出发,用形式逻辑将其全部结论逐一推出. 爱因斯坦高度评价了这个"逻辑体系的奇迹". 他说："推理的这种令人惊叹的胜利,使人类的理智为今后的成就获得了所需要的信心. "

数学的第三个特征就是**应用的极端广泛性**. 这同样是由它的研究对象的抽象性所决定的;简单地说,正是因为数学抽象,所以其结论的应用范围才广. 比如,数字是由苹果、羊、人等许多事物抽象而来. 因此,$2+3=5$ 则不仅适用于苹果,而且还适用于羊、人,等等,也适用于一切可能谈论数量的事物.

在数学中,同一方程式完全可能代表着互不相干的事物的某种相同规律.同一个拉普拉斯方程可能代表许多不同的物理现象.某种生物种类群体的数量变化可能与市场某种商品的价格涨落满足同一数学模型.所有这些就是数学抽象力量的所在.

数学应用广泛性的一个重要标志是数学在其他科学中的特殊地位与作用.伽利略说:"自然界这部伟大的书是用数学语言写成的."事实上,数学是各门科学的语言.物理定律及原理都是用数学语言描述的.数学在天文、力学与物理学中的地位与作用是人所共知的,无须多言.数学在化学中的应用已不是过去说的只有线性方程组,而数学在生物学中的应用也早已不是零了.分子生物学中 DNA 的复杂的立体结构跟数学中拓扑学里的纽结理论有关.过去人们认为数学在社会科学中作用不大.这种看法也已过时了.管理科学、质量控制、产品设计、金融投资中的风险分析、保险业、市场预测等正在广泛地应用着数学.数学在经济学理论的发展中扮演着重要角色.在近些年来经济学诺贝尔奖获得者中,有半数以上的人有从事数学研究的历史背景.数学在众多学科中的这种特殊地位与作用是任何其他学科所不能比的.

有些人认为数学是"丝毫不反映现实世界的纯形式体系",从而也就从根本上否认了数学的应用价值.令人遗憾的是某些数学家也持此种看法.一位著名的数学家曾宣称:"我的任何一项发明都没有,或者说都不可能为这个世界的安逸带来哪怕是微小的变化,⋯⋯他们(指数学家)所做的工作和我同样无用."具有讽刺意味的是:这位数学家的言论很快被自己的成果推翻.他的一篇纯数学研究论文中的定理被应用于生物遗传学上,并以他的名字命名这项遗传学上的定律.

还有一些人认为数学的形式系统是数学家们"自由创作"的结果,"就像小说家设计人物、对话和情节一样",没有任何必然性.

这些看法之所以错误,是因为它们不符合于数学被广泛应用的现实,不符合于数学及其他科学发展历史,更不能解释数学内部的高度和谐与统一,不能解释数学与物理及其他科学的一致性.我们认为,数学内部的统一性以及它跟其他科学的一致性是宇宙统一性的反映.

这里我们想简单提一下数学与物理的关系.谁都知道,数学为物理提供了描述现象与规律的语言与工具,反过来物理现象也为数学概念的建立提供了原型.实际上数学中有不少概念首先是由物理学家提出,然后由数学家逐步严谨化.这种现象屡见不鲜.还常常有这种情况,数学家与物理学家在各自的领域内进行研究,彼此并不知道他们的研究有任何关联,用着不同的术语与方法,过了若干年之后,他们惊异地发现,他们的研究竟是相通的或者干脆说是同一个东西的不同侧面.杨振宁与米尔斯所研究的规范场论和陈省身教授所研究的纤维丛理论之间的紧密关系就是一个有趣的例子.

还应当指出,人类对未知世界的探索是一种永远不会停顿的顽强追求,这种追求有时超越了直接的功利目的.某些数学的研究常常是一个纯粹的数学问题,既看不到实际应用的背景,也无法预测它的应用前景.人们对这类问题的研究,单从研究动机上看似乎和艺术一样,是对某种永恒与完美的追求.我们对这种追求的意义也不应有任何忽视.

数学研究的基本动力来自外部的社会实践的要求,然而,也不可否认还有一部分相当大的动力来自数学内部.数学内部的矛盾,数学研究中所遇到的重大问题,往往会激起数学家们巨大的研究兴趣,促使数学家们做出不懈的努力.这些问题是纯数学形式的,然而这种纯数学问题的研究往往推动了数学新理论与新方法的产生,而后者在科学上或技术上有重要价值.数学发展的历史证明着这一点.

欧几里得的《几何原本》的第五公设(即平行公理)曾经引起了许多人的研究.他们试图用其他四个公设将它推导出来.两千多年间不知有多少数学家为此绞尽脑汁而最后都失败了,其中不乏一些著名数学家.两千多年的失败经验促使高斯、罗巴切夫斯基和波约等人做出相反的大胆思考,于是诞生了非欧几何.平行公设问题,自然是一个纯数学问题,很难在当时说清它的研究价值.然而如果没有这样的讨论,就不会有非欧几何以及黎曼几何的出现,从而也就没有爱因斯坦的相对论和他的时空观.

2. 数学发展的历史回顾

为了使读者对数学以及上述观点有更具体的了解,让我们回顾一下数学发展的历史.

从历史上看数学的形成与发展经历了以下几个历史阶段:

公元前 600 年以前是**数学的形成时期**.在这一漫长的历史时期中,人类在生产活动中逐渐掌握了计数的知识,会做加减乘除四则运算,具有了初步的算术知识,并且积累了几何方面片断的知识.

公元前 600 年至 17 世纪中叶被认为是**初等数学时期**.在这时期内有了完整的几何知识,尤其是有了欧几里得的《几何原本》.此外,代数、三角、对数都有了完整的系统理论,成为独立的学科.在这一时期中,一个重大的事件是无理数的发现.它冲破了原先人们的认识——一切量均可以用整数表示,而这一认识曾是毕达哥拉斯学派的基本观点.他们认为宇宙间一切皆数(指整数),任何量均可由整数表示,特别地,他们认为任意两条直线段可用某个第三条直线段去作为公度(也即前两条线段都是第三条线段的整数倍),毕达哥拉斯时代许多几何定理(如相似三角形对应边成比例及关于三角形的面积的某些定理)的证明都是建立在这一假定基础之上.

无理数的发现完全动摇了这一学派的逻辑基础,形成了所谓第一次数学危机.这一危机后来依靠希腊数学家欧多克斯(Eudoxus,约公元前400—前347年)提出的办法而得以克服.

数学发展的第三个时期是**变量数学时期**,大约是自17世纪中叶至19世纪20年代.标志着这一时期数学发展的有两件大事:第一件是笛卡儿引入了坐标并建立了解析几何的观念,它沟通了数学中两个基本研究对象——数与形——之间的联系,用代数运算去处理几何问题.这一发现为处理一般变量间的依赖关系提供了几何模型.第二件大事是牛顿与莱布尼茨两人独立地创立了微积分.他们破天荒地为变量建立了一种新型的行之有效的运算规则,去描述因变量在一个短暂瞬间相对于自变量的变化率,以及在自变量的某个变化过程中因变量的某种整体积累.前者称为微商,而后者称为积分.

为了解释他们的发现,我们举两个例子.

设想一个沿直线运动的质点,在时刻 t 距原始出发点之距离为 $s=t^3$.问它在时刻 t_0 的速度为多少?

为了回答这一问题,牛顿的办法如下:他考虑时刻 t_0 之后一个极短的瞬间 $\mathrm{d}t$.在这一瞬间质点所走过的路程为

$$\mathrm{d}s=(t_0+\mathrm{d}t)^3-t_0^3=3t_0^2\,\mathrm{d}t+3t_0(\mathrm{d}t)^2+(\mathrm{d}t)^3.$$

这样在这一瞬间的速度应该是

$$\frac{\mathrm{d}s}{\mathrm{d}t}=3t_0^2+3t_0(\mathrm{d}t)+(\mathrm{d}t)^2,$$

由于这一瞬间极短,可以认为 $\mathrm{d}t=0$,于是质点在 t_0 时的速度就是 $3t_0^2$.牛顿将 $3t_0^2$ 称为函数 $s=t^3$ 在 t_0 时的流数.后来人们把它称做**微商**.粗略地说,一个函数 $y=f(x)$ 在一点 x_0 处的微商就是指当自变量 x 在 x_0 处有一个微小变动时,因变量的变化与自变量变化之比率.

我们以变动着的力所做的功来解释什么叫积分.设一个物体沿直线自点 a 处移到点 b 处(见图1).在移动过程中任意一点 x 处所受的力为 $f(x)$,其方向与位移一致,问力所做的功是多少?

图　1

若 $f(x)$ 是一个常数则很容易解决,所求的功就是该常数乘以距离 $b-a$. 但若 $f(x)$ 不是常数时,我们就不知道如何计算它. 牛顿与莱布尼茨所建议的方法如下:在任意一点 x 处考虑一个极小位移 $\mathrm{d}x$,然后拿这个极小位移乘以 $f(x)$ 就作为力在这一小段位移上所做的功. 换句话说,力在 x 点对功的贡献是 $f(x)\mathrm{d}x$. 把力在每点的贡献"加"起来就是总的功. 按照莱布尼茨的记号,这个总的功记做

$$\int_a^b f(x)\mathrm{d}x,$$

其中 $\int_a^b$ 表示自点 a 至点 b 对量 $f(x)\mathrm{d}x$ 求和. 这就是所谓函数 $f(x)$ 的从 a 到 b 的**积分**. 由此可见,积分就是因变量的一种积累值.

牛顿与莱布尼茨所发现这些方法与概念有很高的典型性与普遍性.

最为重要的是牛顿与莱布尼茨发现了积分运算与求微商的运算互为逆运算,从而给出了计算积分的公式.

牛顿与莱布尼茨的发明为一大批几何问题及力学问题提供了有效的解答,从而震撼了整个学术界. 从此微积分被迅速地应用于各种理论研究与工程技术之中. 特别值得一提的是,牛顿利用微积分在开普勒三大定律的基础上导出了万有引力定律;或者等价地说,牛顿利用微积分与万有引力定律从理论上证明了开普勒三大定律,后者原本是基于观测总结出来的.

然而,微积分在它发明的初期有严重的逻辑混乱. 在上面的讨论中,当我们用 $\mathrm{d}t$ 去除 $\mathrm{d}s$ 时显然是认为 $\mathrm{d}t$ 不等于零,而当除完之后又认为在式子

$$3t_0^2 + 3t_0(\mathrm{d}t) + (\mathrm{d}t)^2$$

中的 $\mathrm{d}t$ 为零. 无论是牛顿还是莱布尼茨都无法对他们称为"一瞬的"或"无穷小量"的 $\mathrm{d}t$ 到底是零还是不是零提供合理的解释. 当时著名的红衣大主教贝克莱对于微积分的逻辑混乱提出了尖锐批评. 他冷嘲热讽地说"无穷小量是已死的量的幽灵".

微积分所面临的逻辑基础危机通常称做第二次数学危机. 一百多年之后经过柯西等人的努力,微积分在初期的逻辑混乱才得以澄清. 这里的关键之处是在于将无穷小量看做是一个趋于零的变量,而不是看成一个固定的量. 相应地,把微商与积分也都看做是一个极限. 从此微积分才有了严格的

理论基础.

　　无论如何,牛顿与莱布尼茨所发明的微积分把数学乃至整个科学带入了一个新时代.

　　通常人们认为,19世纪20年代至20世纪40年代是**近代数学时期**.在这一时期中具有里程碑性的重大事件有罗巴切夫斯基几何的诞生——几何从欧几里得的《几何原本》中解放出来.由于阿贝尔与伽罗瓦的贡献发展了群论,产生了近世代数.此外,在微积分基础上发展起来的微分几何、复变函数论、拓扑学也逐渐形成各自的体系并有了长足的发展.非欧几何的出现促使人们加强了对数学基础的研究,对公理体系和集合论的研究吸引着很多人的注意力.

　　现代数学时期是以20世纪40年代电子计算机的发明为标志而开始的.这时一方面数学的应用大大加强了,形成或发展了许多应用数学的学科.计算数学、运筹与控制、数学物理、经济数学、概率论与数理统计,等等,有了飞速的发展.另一方面,数学的核心部分,即数理逻辑、数论与代数、几何与拓扑、函数论与泛函分析及微分方程等学科,则向着更为抽象、更为综合的方向发展.分支学科的界限日益淡化,并出现了许多新的分支学科.历史上的若干难题获得解决或取得重大进展.

　　电子计算机的发明一般归功于两位数学家:杜林与冯·诺伊曼.数学科学是推动电子计算机的发明与广泛使用的基础.反过来,电子计算机的广泛使用使数学在科学与技术中的地位也发生了巨大变化.电子计算机的广泛使用,使数学的应用范围正在日益扩大.过去由于计算量过大而不能实际计算的问题,现在有了大型快速计算机就迎刃而解了.数学的理论与方法跟电子计算机的结合产生了五花八门的新技术,从医疗手段到电影动画的制作,从指纹或签字的识别到自动排版技术,从战争的指挥到用于和平建设的各种辅助设计……已经渗透到人类活动的方方面面,并形成了一种新型产业——有人建议称之为"头脑产业".过去许多抽象数学研究如今正迅速广泛地应用于社会实际生活.

　　数学在信息时代的这种重要意义正日益为更多的人所认识.1985年美国国家研究委员会在一份报告中把数学科学称做是"一个统一的、大有潜力的资源",认为"数学是推动计算机技术发展及促进这些技术在其他领域中应用的基础学科".美国前总统科学顾问爱德华·大卫指出:"迄今为止,很少人认识到当今如此广泛称颂的高技术在本质上是一种数学技术."这种见解是富有远见的.

3. 学习数学的目的以及怎样学好高等数学

我们正处在一个科学技术飞速发展的新时代,它对现在理工科的大学生,这些未来的科技工作者,提出了许多挑战,具有较高的数学素养就是其中之一.

作为非数学专业的理工科大学生,他们学习数学的主要目的在于"用数学".这不仅是在大学期间许多课程中需要用数学,而且在大学毕业之后的各种实际工作中仍需要用数学.因此,掌握好数学应该视做具有长远意义的一种基本训练.

根据前面对数学发展史的回顾,我们可以看出中学时代所学的数学基本上是初等数学,是 17 世纪中叶以前的数学.现在,在大学阶段所学的数学才是变量数学时期及其以后的数学,即 17 世纪中叶以后的数学.在广义上讲,不妨把它们称做高等数学.然而,作为理工科学生的一门数学基础课,高等数学的含义是十分狭窄的.在我国,习惯上高等数学课的主要内容是微积分,以及级数理论、常微分方程等.从现有的内容看,高等数学课的基本内容实际上尚未涉及到近代数学与现代数学.介绍近代数学或现代数学是今后其他数学课的任务.不过,我们要特别强调指出,微积分无论在理论上还是在实用上都有重大的意义与价值,没有微积分就不可能有现代数学.掌握好微积分应该是理工科大学生所必须具备的基本训练.

数学教育对人的素质的提高会产生深远而重要的影响.通过数学的训练,培育了人们分析问题、解决问题的能力,抽象事物的能力和逻辑推理能力.对数学问题的思考又常常培养了人们探索精神和创新精神.无论你将来做什么工作,这些能力与精神都是不可缺少的.

要学好高等数学,首先要特别注意对其中基本概念的理解与掌握.

高等数学的内容一般说来要比初等数学较为复杂、抽象.特别值得提出,初学者要花较多的气力于基本概念的把握上,多去思考这些概念的本质,它们的意义,以及它们跟其他事物的联系,以求得真正理解它们.数学概念常常以某种抽象数学语言叙述,了解它们的直观背景或物理背景往往是透过抽象形式理解其本质的一条重要途径.正面或反面的典型例子对帮助理解某些抽象概念也是十分重要的.

其次,在学习高等数学的过程中,多做一些练习题是需要的.高等数学在一定的意义上讲也是一种基本技能的训练.能够熟练地进行微积分的基本运算是高等数学课的教学目标之一.只有通过做练习才能熟练掌握所学的理论.但我们认为做练习应当是在基本把握了有关概念与定理的基础上进行的,不要盲目地做题.初学者要改变中学里"只知做题"的习惯,而应该花较多的时间去思考所学的基本概念及基本定理.此外,我们也不主张做过多的难题、偏题,它无助于对数学思想的理解,并违背数学教学的根本宗旨.

数学的特点之一在于它的逻辑的严谨性,初学者在学习过程中要特别注意表述的确切性、论证推理的严密性,养成一个科学严谨的思考习惯.这就要求初学者在做习题时十分注意文字表达的严谨性.

最后,我们要谈谈如何读数学书.读数学书与读其他书有鲜明的差别.由于数学书在表述形式上的抽象性,使得数学书往往有些难懂.读者不能期望数学书一读就懂,复杂的地方要反复读和反复思考,直到弄懂为止.在读数学书时要特别留意定义及定理的叙述.我们不主张单纯记忆或背诵.但是,在理解的基础上,适当地记忆某些最基本的公式,重要定义的叙述以及定理的条件与结论,恐怕也是必要的.

为了加深理解,在读数学书时,手边放些草稿纸,边读边做些练习或画个草图是非常有益的.数学书中为了突出重点或节省篇幅,经常要省略一些推导或演算.有时会用"显然"或"经过简单计算表明"之类的话放在某个结论之前.凡是对你说来,并不是那么"显然"的事实,或者你认为有必要去验算的地方,不妨去试着补上自己的证明或计算.这对初学者加强对内容的理解是一个很好的练习.

学好数学需要独立思考的精神.勤于思考,不满足于成法,善于或敢于提出问题,努力把所学知识跟其他领域中的问题联系起来加以钻研,都是十分可贵的.

学好数学并不是一件难事,但需要你付出必要的努力.数学不应当是枯燥乏味的,只要你钻进去就会感到趣味盎然.数学不是一堆繁琐无用的公式,掌握了它的真谛,它就会给你增添智慧与力量.

第一章　函数与极限

变量与函数是微积分的基本研究对象,而极限论是微积分研究的基本工具.本章的内容将为今后的讨论奠定基础.

§1　实　　数

1. 有理数与无理数

实数在微积分中扮演着一个重要角色.因此,我们先来讨论实数域的若干基本性质.

人类最早知道的是**自然数**:$1,2,3,\cdots$.通常全体自然数用 **N** 表示.由于做加法逆运算的需要,人们增添了零及负整数,从而将自然数扩充为一般**整数**.今后我们用 **Z** 表示全体整数.乘法的逆运算又导致分数的产生,而分数又称为**有理数**.通常用 **Q** 表示全体有理数,也即

$$\mathbf{Q} = \left\{ \frac{m}{n} \,\middle|\, m,n \in \mathbf{Z},\, n > 0,\, (m,n) = 1 \right\},$$

其中 (m,n) 表示 m 与 n 的最大公约数. $(m,n)=1$ 表明 m 与 n 没有大于 1 的公约数,因而此时 $\frac{m}{n}$ 是既约分数.

有理数集合的一个重要特征是对加减乘除(除数不为零)四则运算封闭;也即这个集合之中的任意两个数做上述四种运算时,其结果仍在这个集合之中.

粗略地说,对加减乘除封闭的数集合叫做**数域**.因此,有理数集合是一个数域.

公元前五百多年古希腊人发现了等腰直角三角形的腰与斜边没有公度,从而证明了 $\sqrt{2}$ 不是有理数.这样,人类首次知道了无理数的存在.

命题 1　$\sqrt{2}$ 不是有理数.

证　用反证法.假设 $\sqrt{2}$ 是有理数,这时存在两个正整数 m 及 n,使得 $(m,n)=1$,且

$$\sqrt{2} = \frac{m}{n}.$$

对上式两边取平方,即得到 $2n^2 = m^2$. 这表明 m^2 是偶数. 因此, m 一定是偶数. 设 $m = 2l$,则有

$$n^2 = 2l^2.$$

这又表明 n^2 是偶数,从而 n 也是偶数. 既然 m 与 n 均为偶数,那么 2 则是它们的公约数. 这与 $(m,n)=1$ 矛盾. 证毕.

后来人们发现了更多的无理数,比如, $\sqrt{3}$, $\sqrt{5}$,$\cdots$,以及 π 与 e 等.

究竟什么是无理数?在本书中,我们不打算给出其严格的定义,而只是把它们形式地视做一个无穷不循环小数. 从中学的数学课本中,我们知道有理数可以表示成有穷小数或无穷循环小数,比如

$$\frac{6}{5} = 1.2, \quad \frac{11}{7} = 1.571428571428\cdots.$$

反过来,任何有穷小数或无穷循环小数一定是有理数. 因此,我们认为无理数是无穷不循环小数.

设 $\alpha = m.a_1a_2\cdots a_n\cdots$ 是一个正的无理数,其中 $m \geqslant 0$ 是一整数,$a_k(k=1,2,\cdots)$ 是在 $0,1,\cdots,9$ 中取值的整数. 这里 a_k 是 α 的第 k 位小数. 我们考虑 α 的近似小数

$$\alpha_n = m.a_1\cdots a_n,$$

即只保留其前 n 位小数所构成的数. 显然,α_n 是一个有理数,并且它与 α 的差的绝对值不超过 $1/10^n$. 当 n 无限增大时,α_n 可以任意接近 α.

显然,当 α 是一个负的无理数时,类似的讨论也成立.

因此,可以认为一个无理数是一串有理数无限逼近的结果.

根据这一看法,我们可以将有理数的加、减、乘、除四则运算扩充到无理数之间或无理数与有理数之间. 这里我们承认这一事实,而不加详细论证.

通常我们把有理数与无理数统称为**实数**,并把实数集合记做 **R**.

2. 实数集合 R 的基本性质

实数集合 **R** 具有以下基本性质:

I. **R 是一个数域**:任意两个实数作加、减、乘、除(除数不为零)运算后仍然是一个实数.

II. **对乘法与加法满足交换律、结合律与分配律**:对任意的 $a,b,c \in \mathbf{R}$,总有

$$a \cdot b = b \cdot a, \quad a + b = b + a;$$
$$(a \cdot b) \cdot c = a \cdot (b \cdot c), \quad (a + b) + c = a + (b + c);$$

$$a \cdot (b + c) = a \cdot b + a \cdot c.$$

Ⅲ. **实数域是一个有序数域**. 确切地说,**R** 中任意两个不同的数 a 与 b 都有大小关系,也即 $a < b$ 与 $b < a$ 中有且只有一种情况成立,并且这种大小关系在做加法运算与乘法运算时保持下列关系:

$$a < b, \quad c < d \Longrightarrow a + c < b + d;$$
$$0 < a, \quad b < c \Longrightarrow a \cdot b < a \cdot c.$$

顺便指出,今后我们用记号 $a \leqslant b$ 表示 $a < b$ 或 $a = b$. 这也是一个常用的记号. 显然,若 $a \leqslant b$ 且 $b \leqslant a$,则必有 $a = b$.

前面所讲的关于实数集合的三条性质显然对于有理数集合也成立. 也就是说,有理数集合 **Q** 也是一个满足交换律、结合律与分配律的有序数域.

然而,有理数域 **Q** 与实数域 **R** 有着实质性的差异. 这主要体现在对极限运算,有理数域不是封闭的(即有理数的数串的极限可能不再是有理数),而实数域对极限运算是封闭的(即一串实数若有极限,则极限仍是实数). 对于实数域 **R** 的这一性质,通常称为实数域的**完备性**.

Ⅳ. **实数域的完备性**. 实数域 **R** 的完备性从直观上来看就是实数域布满了整个数轴,连绵不断,没有空隙. 有理数域 **Q** 在数轴上虽是密密麻麻,但没有布满. 因此,实数域的完备性有时也称为**实数域的连续性**.

如何描述实数域的完备性,有许多彼此等价的说法. 本书中采用下述命题,作为实数域完备性的一种刻画:

在实数域中,任意一个单调有界序列一定有极限存在.

现在,我们来解释这一命题. 所谓数列 $\{a_n\}$ 是有界的,那是指 a_n 的绝对值 $|a_n|$ 有一个公共的上界,也即存在一个正数 M 使得 $|a_n| \leqslant M$, $n = 1, 2,$ …. 比如 $\{1 + 1/2^n\}$ 中每一项绝对值均小于 2,因而是一个有界数列. 而集合 $\{n^2 : n \in \mathbf{Z}\}$ 则是一个无界的数列.

若 $\{a_n\}$ 中每一项都不超过其下一项,也即 $a_n \leqslant a_{n+1}$,则称 $\{a_n\}$ **单调递增**. 若 $\{a_n\}$ 中每一项都大于或等于其下一项,也即 $a_n \geqslant a_{n+1}$,则称 $\{a_n\}$ **单调递减**. 单调递增或单调递减的序列统称为**单调序列**.

关于什么是极限,本章后面的几节中将详细讨论,目前无须深究,只要作一个朴素的理解即可:所谓 l 是 $\{a_n\}$ 的极限,就是指当 n 充分大时,a_n 可以任意接近于 l.

在实数域中单调有界序列总有极限存在这一性质,体现了实数域的完备性. 而在有理数域中这一条性质不成立. 比如,一个逼近 $\sqrt{2}$ 的有理数序列:1.4,1.41,1.414,…,虽然它是一个单调递增的有界序列,但在有理数域中却没有极限存在.

在本书中,我们承认实数域自然具有性质 I , II , III , IV,而无须证明,它们构成我们今后讨论的基础.用一句话来概括:实数集合是一个完备的有序数域.

3. 数轴与区间

笛卡儿(Descartes,1596—1650)引入了空间坐标的概念,把空间中一点用三个数来表示,这样做的前提是把实数集合与一条直线上的点集合建立一一对应关系.正像在中学所学过的,在一条直线上,取定一点 O,称为坐标原点,然后取定一个单位长度并在直线上选定一个方向(见图 1.1).对于任意实数 x,若 $x=0$,则将 x 对应于坐标原点 O;若 $x>0$,则将 x 对应于直线上一点 P 使得自 O 移动至 P 的方向与所选定方向一致,且线段 $\overline{OP}$ 的长度恰好是单位长度的 x 倍;若 $x<0$,则 P 点选择办法类似,只不过是自 O 至 P 的移动方向与选定方向相反.这样一来,这条直线上的每个点都可以看做是一个实数;反之,每个实数也可以看做是这条直线上的一个点.因此,我们把这样的直线称做**数轴**.

图 1.1

在引入数轴的概念之后,我们常常把实数集合 **R** 与数轴相等同,把实数与数轴上的点相等同,并把一个数 x 称做**点** x.

有了数轴的概念之后,两个数 a 与 b 的大小关系 $a<b$ 则有了清楚的几何意义:$a<b$ 表示点 a 在点 b 之左侧(假定数轴箭头指向右方).实数域的有序性正反映了数轴上点的有序性.

在微积分中我们要用区间的概念.给定两个实数 $a<b$. 我们把数集合 $\{x|a\leqslant x\leqslant b\}$ 称做**闭区间**,记做 $[a,b]$;把数集合 $\{x|a<x<b\}$ 称做**开区间**,记做 (a,b).类似地可定义半开半闭的区间 $(a,b]$ 或 $[a,b)$:

$$(a,b] = \{x|a<x\leqslant b\},$$
$$[a,b) = \{x|a\leqslant x<b\}.$$

此外,有时我们也可将整个数轴 **R** 表示成 $(-\infty,+\infty)$. (应该特别强调,这里 $-\infty$ 与 $+\infty$ 只是两个记号而已,它们不是两个数,不能作任何运算.)在某些情况下,我们还会考虑下列的区间:

$$(a, +\infty) = \{x|a<x<+\infty\},$$

$$(-\infty, b) = \{x \mid -\infty < x < b\}.$$

据此,读者可以自己定义区间$[a, +\infty)$及$(-\infty, b]$.

一个开区间(a,b)或闭区间$[a,b]$的长度是$b-a$,而点$c=(a+b)/2$称做区间(a,b)或$[a,b]$的中心.

4. 绝对值不等式

在微积分中,我们经常要使用绝对值不等式来描述变量的变化.因此,熟练地运用绝对值不等式是十分重要的.

为此,我们要复习一下在中学学过的数的绝对值的概念.

数 x 的绝对值记做$|x|$,它的定义是

$$|x| = \begin{cases} x, & \text{当 } x \geqslant 0, \\ -x, & \text{当 } x < 0. \end{cases}$$

因此,数 x 的绝对值$|x|$总是非负的,并且代表在数轴上点 x 到坐标原点的距离,不论 x 是正的还是负的,都是如此.

根据绝对值的定义,立即可以推出下列命题:

命题 2　对于任意的 $x \in \mathbf{R}$ 及 $y \in \mathbf{R}$,我们有:

(1) $|x| \geqslant 0$,其中等号当且仅当 $x = 0$ 时成立;

(2) $|x| = |-x|$;

(3) $|x+y| \leqslant |x| + |y|$.

一般说来,给定两个数 a 与 b,数 $a-b$ 的绝对值$|a-b|$在数轴上代表点 a 到点 b 的距离(见图 1.2).

图　1.2

在命题 2 中令 $x=a-b, y=b-c$,立即推出

命题 3　对于任意实数 a, b, c,我们有:

(1) $|a-b| \geqslant 0$,其中等号当且仅当 $a=b$ 时成立;

(2) $|a-b| = |b-a|$;

(3) $|a-c| \leqslant |a-b| + |b-c|$.

命题 3 中的结论(3)称做**三角不等式**.它的几何意义是:点 c 到点 a 的距离小于或等于点 b 到点 a 的距离与点 b 到点 c 的距离之和.当 a, b, c 是平

面上的三点且不在一条直线上时,这一结论便是三角形中两边之和大于第三边.这就是我们称(3)为三角不等式的缘由.

今后,我们会经常用到不等式$|x-a|<r$.它在数轴上的几何意义是:x到a的距离小于r.于是x必然落入以a为中心、以r为半径的区间$(a-r, a+r)$之内,也即$a-r<x<a+r$(见图1.3).

图 1.3

反过来,若x满足$a-r<x<a+r$,则表明x到a的距离小于r,也即$|x-a|<r$.

总之,我们证明了下列命题:

命题 4 $|x-a|<r \Longleftrightarrow a-r<x<a+r$.

例 1 证明$||x|-|y||\leqslant|x-y|$.

证 由命题 2 得到
$$|x| = |x-y+y| \leqslant |x-y| + |y|.$$
于是我们有
$$|x| - |y| \leqslant |x-y|.$$
又由于$|x-y| = |y-x|$,在上式中交换x与y的位置后即得到
$$|y| - |x| \leqslant |x-y|,$$
这样,我们得到
$$-|x-y| \leqslant |x| - |y| \leqslant |x-y|,$$
也即数$|x|-|y|$要落在以$-|x-y|$及$|x-y|$为端点的闭区间之内,从而$|x|-|y|$的绝对值不超过$|x-y|$.证毕.

历史的注记

无理数的发现是数学史中的一件大事.公元前五百多年希腊有一个毕达格拉斯学派.他们认为任意两条直线段都有公度,也即对于任意给定的长度分别为a与b的线段,总存在一条长度为d的线段,使得$a=md,b=nd$,其中m与n是正整数.该学派所证明的许多定理都是建立在这一假定的基础上的.后来该学派中有人发现了一个惊人事实:等腰直角三角形的斜边与腰没有公度.这一发现相当于证明了$\sqrt{2}$不是有理数.这导致了毕达格拉斯学派的逻辑体系的危机.直到公元前370年,希腊数学家欧多克斯才巧

妙地克服了这一困难.但他只定义了什么是两个长度的比(包含无公度的情况),却没有回答什么是无理数.

完整的实数概念出现在 19 世纪.通常人们归功于戴德金(Dedekind,1831—1916)及康托尔(Cantor,1845—1918)等人.他们分别给出了实数的严格定义.他们的定义形异而实同,本质上都是将无理数视做有理数逼近的结果.严格的实数理论的建立是分析学发展的必然结果.它与极限理论的基础及连续函数的基本性质的证明紧密相关.

毕达格拉斯(Pythagoras,约公元前 580—前 501 年),古希腊著名数学家与哲学家.他组织的学派十分重视数学,试图用数解释万物.当时他们已掌握相当一批几何定理的证明,其中包括勾股弦定理.该学派对欧几里得《几何原本》的出现有重要影响.

习　题　1.1

1. 证明 $\sqrt{3}$ 为无理数.

2. 设 p 是正的素数,证明 $\sqrt{p}$ 是无理数.

3. 解下列不等式:

(1) $|x|+|x-1|<3$;　　　(2) $|x^2-3|<2$.

4. 设 a 与 b 为任意实数.

(1) 证明:$|a+b|\geqslant|a|-|b|$;

(2) 设 $|a-b|<1$,证明 $|a|<|b|+1$.

5. 解下列不等式:

(1) $|x+6|>0.1$;　　　(2) $|x-a|>l$.

6. 设 $a>1$,证明:$0<\sqrt[n]{a}-1<\dfrac{a-1}{n}$,其中 n 为自然数.(提示:利用公式 $x^n-1=(x-1)(x^{n-1}+x^{n-2}+\cdots+1)$.)

*7. 设 (a,b) 为任意的一个开区间.证明:(a,b) 中必有有理数.(提示:考虑集合 $A_n=\left\{\dfrac{m}{10^n}\ \middle|\ m\in\mathbf{Z}\right\}$,也即

$$A_n=\left\{0,\ \pm\frac{1}{10^n},\ \pm\frac{2}{10^n},\ \cdots\right\},$$

其中 n 为一自然数.取 n 足够大使得 $\dfrac{1}{10^n}<(b-a)$,证明 $(a,b)\bigcap A_n\neq\varnothing$.)

*8. 设 (a,b) 为任意的一个开区间.证明:(a,b) 中必有无理数.$\Big($提示:考虑集合 $B_n=\left\{\sqrt{2}+\dfrac{m}{10^n}\ \middle|\ m\in\mathbf{Z}\right\}$,其中 n 为一自然数.说明 B_n 中的数是无理数,并证明当

$\dfrac{1}{10^n} < (b-a)$时，(a,b)中有 B_n 中的数.$\Big)$

注　第 7,8 题告诉我们,对于任意区间(a,b),无论它的长度如何小,其中总有有理数和无理数.具有此种性质的数集合被称做在数轴上**处处稠密**.因此,由这两题可知,**有理数集合与无理集合在数轴上都是处处稠密的**.

<h2 align="center">§2　变量与函数</h2>

1. 函数的定义

世间万物无时不在运动、发展与变化.自然现象是如此,社会现象也是如此.物质的运动、发展与变化是普遍的、绝对的,而静止、稳定不变则是暂时的、相对的.因此,在我们对某个特定的自然现象、社会现象或某个技术过程进行观察时,其中出现的各种量,一般说来也在不断变化.比如飞行中飞行器的高度与速度,某个地区的气温与湿度,一个电路中某处的电压与电流等都在不断地变化着.这些不断变化中的量称为**变量**.

高等数学与初等数学的重要区别在于高等数学主要是处理变量的,而初等数学大体上是处理常量的.变量是微积分学的基本研究对象.

在很多现象中,常常会看到一个变量依赖于另外一个或几个变量.例如,金属杆的长度依赖于温度的变化:
$$l = l_0(1 + \alpha T).$$
一定量的气体的体积依赖于温度与压力:
$$V = c\,\frac{T}{p}.$$
我国公民交纳的个人所得税的数额取决于他一个月的收入:
$$y = \begin{cases} 0, & 0 \leqslant x \leqslant 800, \\ (x-800) \times \dfrac{5}{100}, & 800 < x \leqslant 1300, \\ 500 \times \dfrac{5}{100} + (x-1300) \times \dfrac{10}{100}, & 1300 < x \leqslant 2800, \\ 25 + 150 + (x-2800) \times \dfrac{15}{100}, & 2800 < x \leqslant 5800. \end{cases}$$

在上述这些例子中,l,V,y 分别由 T,p,x 所确定.因而,我们称 T,p,x 为**自变量**,并称 l,V,y 为**因变量**.在这些例子中,因变量由自变量的值唯一确定.变量间的这种确定的依赖关系称为**函数关系**.有些变量之间也有某种依赖关系,但不是一种确定的关系.比如农田中作物的产量和所浇灌的水与施肥的量有关.但水与肥的量并不唯一决定产量,因而产量与浇水量、施肥量不是一种函数关系.在微积分中我们只讨论变量之间的那种确定的依赖关系,即函数关系.

函数的确切定义如下:

定义 设 x 与 y 是两个变量,分别在实数集合 X 与 Y 中取值.假如有一种规则 f 使得对每一个值 $x \in X$ 都能找到一个唯一确定的 $y \in Y$ 与之相对应,则我们称 f 是一个**函数**,记做 $f: X \to Y$,并称 X 为 f 的**定义域**.通常这里的 x 称为自变量,y 称为因变量.

这里与 x 相对应的 y 称做 f 在 x 点的**函数值**,记做 $f(x)$.而 Y 中一切可能被取到的函数值集合称做 f 的**值域**,记做 $f(X)$.显然,$f(X)$ 是 Y 的一个子集合.

函数 $f: X \to Y$ 有时记成

$$y = f(x), \quad x \in X;$$

或者简单地记成 $y = f(x)$.

现在,对这个定义作几点解释.通常见到的函数多是由表达式给出,比如 $s = \frac{1}{2}gt^2$.这里 t 到 s 的对应关系是由一个公式给出的.有时用一个公式不够,要用几个公式给出,正像我们在前面纳税的例子中看到的.这种函数通常称做**分段函数**.但是,并不是所有的函数都可以用一个或几个表达式给出的.比如股市上某个交易日某种股票的价格,显然是时间的函数.我们可以画图表示它的起伏状况但无法用一个数学公式来表达.

函数的定义域 X 是根据具体函数的定义来确定的.一个由表达式给出的函数的定义域通常认为是使得表达式有意义的自变量的一切值.比如,$y = \sqrt{x-1}$ 的定义域是 $\{x \mid x \geqslant 1\}$.在一个物理问题或其他问题中提出的函数,其定义域要根据所讨论的问题来确定.

在微积分中所讨论函数的定义域通常是一个闭区间 $[a,b]$,或开区间 (a,b),或半开半闭的区间 $[a,b)$、$(a,b]$,有时甚至是整个数轴 $\mathbf{R}$,或记做 $(-\infty, +\infty)$.

最后,关于函数的定义我们还要指出:因变量 y 的变化范围 Y 不一定恰好就是函数的值域 $f(X)$.比如定义在 $X = \{x \mid x \geqslant 1\}$ 上的函数 $y = f(x) = \sqrt{x-1}$ 的值域是 $\{y \mid y \geqslant 0\}$.但我们仍然可以认为 y 的变化范围是 $\mathbf{R}$,并记该函数为 $f: X \to \mathbf{R}$.

在中学时我们已接触过序列(也称数列){a_n},它是依次排列起来的一串数：

$$a_1, \ a_2, \ \cdots, \ a_n, \ \cdots,$$

其中 a_n 称为序列的**通项**. 对于任意一个自然数 n,我们都有一个唯一确定的数 a_n 与之对应. 在这种看法之下,序列{a_n}便是定义在自然数集合 N 上的一个函数.

2. 初等函数

在中学数学教程中,我们已经遇到过很多函数,如三角函数、幂函数、指数函数、反三角函数、对数函数,等等. 今后,我们将这些函数以及它们经过有限次四则运算与复合所得到的函数称做**初等函数**.

下面六类函数称做**基本初等函数**：

(1) **常数函数**：$y=c$,即无论自变量 x 为何值,其函数值总是 c. 显然,这里常数函数之定义域为 $\mathbf{R}$.

(2) **幂函数**：$y=x^\alpha(\alpha\neq 0)$.

当 α 为自然数时,其定义域为 $\mathbf{R}$；

当 α 为负整数时,其定义域为 $\mathbf{R}\backslash\{0\}$；

当 α 为有理数时,也即 $\alpha=\dfrac{n}{m}$,其中 $m,n\in\mathbf{Z},m>0,(m,n)=1$,这时我们认为

$$x^{\frac{n}{m}} = (x^n)^{\frac{1}{m}}.$$

因此,当 α 为有理数 $\dfrac{n}{m}$ 时,函数 $y=x^\alpha$ 的定义域依赖于 α 的正负以及分母的奇偶性. 比如,当 $\alpha>0$,而 m 为奇数时,其定义域为 $\mathbf{R}$；当 $\alpha>0,m$ 为偶数时,其定义域为 $[0,+\infty)$. $\alpha<0$ 的情况留给读者自己考虑.

当 α 为无理数时,x^α 被理解为 x^{α_n} 的极限,其中 α_n 是任意一串趋于 α 的有理数. 由于 α_n 表成分数式时其分母可能出现偶数,所以要求 x 是非负的. 因此,当 α 为正的无理数时,$y=x^\alpha$ 的定义域为 $[0,+\infty)$,而当 α 为负的无理数时,其定义域为 $(0,+\infty)$.

不论上述哪种情况,函数 $y=x^\alpha$ 的定义域总包含 $(0,+\infty)$.

(3) **指数函数**：$y=a^x(a>0,a\neq 1)$.

指数函数之定义域为 $\mathbf{R}$.

(4) **对数函数**：$y=\log_a x \ (a>0,a\neq 1)$.

对数函数的定义域为 $(0,+\infty)$. 在本教材中,$\ln x$ 表示以 e 为底的自然

对数.

（5）**三角函数**：$y=\sin x$，$y=\cos x$，$y=\tan x$，$y=\cot x$，$y=\sec x$，$y=\csc x$.

正弦与余弦函数之定义域为 $\mathbf{R}$，而正切函数与正割函数的定义域为 $\mathbf{R}\setminus\left\{\left(n+\dfrac{1}{2}\right)\pi\,\middle|\,n\in\mathbf{Z}\right\}$，余切函数与余割函数的定义域为 $\mathbf{R}\setminus\{n\pi\,|\,n\in\mathbf{Z}\}$.

在微积分中，三角函数中的角度用弧度制表示.

（6）**反三角函数**：$y=\arcsin x$，$y=\arccos x$，$y=\arctan x$，$y=\text{arccot}\,x$.

反正弦函数与反余弦函数之定义域为 $[-1,1]$，而反正切函数与反余切函数之定义域为 $(-\infty,+\infty)$.

我们假定读者通过中学数学教程对于上述六类基本初等函数的性质及其图形已有足够的了解. 因此，本教材略去关于它们的性质的叙述及其图形的描述.

现在我们来定义复合函数.

定义   假定我们给了两个函数，f：$X\to Y$ 及 g：$Y^*\to Z$，并且假定 $f(X)\subset Y^*$. 这时对于每个 $x\in X$ 有一个唯一确定的 $y=f(x)\in Y$ 与之相对应. 对于这个值 $y=f(x)$，由于它一定属于 Y^*，因而又有一个唯一确定的 $z=g(y)\in Z$ 与之对应. 这样一来，我们就建立了一个从 x 到 z 的对应，从而得到一个新的函数. 这个函数被称为 f 与 g 的**复合函数**，记做 $z=g(f(x))$ 或 $g\circ f$.

图 1.4 $y=|x|$ 的图形

例 1   设 $f(x)=\sin x$，$g(y)=\mathrm{e}^y$，则 $g(f(x))=\mathrm{e}^{\sin x}$.

例 2   设 $f(x)=x^2$，$g(y)=\sqrt{y}$，则
$$g(f(x))=\sqrt{x^2}=|x|\quad\text{（如图 1.4）.}$$

由有限个基本初等函数经过有限次的四则运算及复合运算所得到的函数，称为**初等函数**. 上面的两个例子都是初等函数.

例 3 $y=\displaystyle\sum_{k=1}^{n}\frac{\sin kx}{k}$ 是初等函数.

并非所有函数都是初等函数，如今后经常会遇到的符号函数就是一例：

$$y = \mathrm{sgn}x = \begin{cases} 1, & x > 0, \\ 0, & x = 0, \\ -1, & x < 0. \end{cases}$$

以后我们将会说明这个函数不是初等函数,函数 $y=\mathrm{sgn}x$ 的图形见图 1.5.

图　1.5　　　　　　　　　　图　1.6

例 4　$y=x-[x]$,其中 $[x]$ 表示不超过 x 的最大整数,例如 $[5]=5$, $[\pi]=3$,$[-e]=-3$. 显然,$y=x-[x]$ 的值域为 $[0,1)$. 当 $0\leqslant x<1$ 时,$x-[x]=x$,而当 $1\leqslant x<2$ 时,$x-[x]=x-1$. 余此类推,其图形如图 1.6.

这个函数也不是初等函数,但它有很多用途,在数论中常用到它,在某些工程计算中也会用到它. 在数学文献中把这个函数记做 $y=\{x\}$,并把 $\{x\}\equiv x-[x]$ 称为 x 的小数部分. 不过这里我们要提醒读者:当 $x>0$ 时,$\{x\}$ 就是人们通常理解的 x 的小数部分,比如 $\{3.14\}=0.14$. 但当 $x<0$ 时情形就不同了,比如当 $x=-3.14$,这时 $[x]=-4$,故 $\{-3.14\}=-3.14+4=0.86$,而不是 -0.14.

例 5　下面的函数被称为**狄利克雷**(Dirichlet,1805—1859)**函数**,或称为**狄氏函数**:

$$D(x) = \begin{cases} 1, & \text{当 } x \text{ 为有理数时}, \\ 0, & \text{当 } x \text{ 为无理数时}. \end{cases}$$

人们很难画出这个函数的图形. 因为在任意的小区间中都有有理数和无理数(见习题 1.1 中第 7 题与第 8 题),所以其图形是分别分布在 x 轴上及 $y=1$ 直线上的"密密麻麻"的点集合. 可见函数的图形可以不是一条或若干条曲线组成.

狄氏函数常被用来澄清某些概念.

函数概念的一般化就是集合间的映射. 下面介绍有关映射的一些术语.

我们说 $f:E\rightarrow F$ 是集合 E 与 F 之间的一个**映射**,如果对每一点 $x\in E$ 都有一个唯一确定的点 $y\in F$ 与之相对应. 这时我们将 y 记做 $f(x)$ 并称之

为 x 的**像点**. 全体像点的集合

$$\{y \in F \,|\, \text{存在 } x \in E: \ y = f(x)\}$$

称为 E 的**像集合**,记做 $f(E)$. 显然,$f(E) \subset F$.

函数是一般映射的特殊情况. 函数与一般映射的区分在于前者要求其定义域与值域都是数集合.

若映射 $f: E \to F$ 的像集合 $f(E) = F$,则表明 F 中的每一点都是一个像点. 这时我们称 $f: E \to F$ 为**满射**(surjective).

若映射 $f: E \to F$ 具有下列性质,则称 f 为**一一映射**或**单射**(injective):

$$\forall\, x_1, x_2 \in E, \ x_1 \neq x_2 \implies f(x_1) \neq f(x_2).$$

若映射 $f: E \to F$ 既是满射又是一一映射,则对每一个 $y \in F$ 都有一个唯一确定的 x,使得 $f(x) = y$. 这就自然形成了一个自 F 到 E 的映射. 这个映射称为 f 的**逆映射**,记做 $f^{-1}: F \to E$.

例 6　设 $f(x) = \sin x$. 则 f 是 $\mathbf{R} \to [-1, 1]$ 的满射,但不是一一映射.

此例中若将 f 的定义域改换成 $\left[-\dfrac{\pi}{2}, \dfrac{\pi}{2}\right]$,也即

$$f: \left[-\frac{\pi}{2}, \frac{\pi}{2}\right] \to [-1, 1],$$

$$x \mapsto \sin x,$$

其中 $x \mapsto \sin x$ 表示点 x 对应的函数值为 $\sin x$. 这时映射变成一一的满射. 因此,这时有逆映射存在.

若函数 $f: X \to Y$ 作为映射是一一的满射,则其逆映射 $f^{-1}: Y \to X$ 称做 f 的**反函数**.

正像大家所熟知的,$y = \ln x$ 是 $x = \mathrm{e}^y$ 的反函数. 由于习惯上以 x 为自变量,y 为因变量,所以通常说 $y = \ln x$ 是 $y = \mathrm{e}^x$ 的反函数.

可以像定义复合函数一样来定义**复合映射**,比如映射 $f: E \to F$ 及 $g: F^* \to G$ (假定 $F \subset F^*$)的复合映射 $g \circ f$ 是 $E \to G$ 的一个映射,它将每一点 $x \in E$ 映为 $g(f(x))$.

3. 有界函数

在结束本节之前,我们讨论**有界函数**的概念. 我们称函数 $f: X \to Y$ 是**有上界的**,如果存在一个实数 M,使得

$$f(x) \leqslant M, \quad \forall\, x \in X,$$

这时 M 就称为 f 的一个**上界**.

显然，$y=\sin x$ 及 $y=-e^x$ 在其定义域 **R** 上是有上界的，这是因为 $\sin x \leqslant 1$，而 $-e^x \leqslant 0$. 但函数 $y=x^2$ 在 **R** 上则是无上界的.

在这里，1 是 $\sin x$ 的一个上界，而且任何一个大于 1 的数也是 $\sin x$ 的上界. 可见，有上界的函数的上界不是唯一的，可以有无穷多个上界.

类似地，可定义**有下界**的函数. 若存在一个实数 N，使得函数 $f: X \to Y$ 的函数值满足

$$f(x) \geqslant N, \quad \forall x \in X,$$

则称 f 是**有下界**的，并称 N 是 f 的一个**下界**.

在前面提到的例子中 $y=\sin x$ 及 $y=x^2$ 在 **R** 上是有下界的，这是因为 $\sin x \geqslant -1, x^2 \geqslant 0$. 但函数 $y=-e^x$ 是没有下界的. 请读者画出 $y=-e^x$ 的草图，立即就看出这一事实.

既有上界又有下界的函数称为**有界函数**. 换句话说，我们称 $f: X \to Y$ 是有界函数，如果存在两个实数 M 与 N，使得

$$N \leqslant f(x) \leqslant M, \quad \forall x \in X.$$

从直观上看，一个有界函数的图形是介于两条水平线 $y=M$ 及 $y=N$ 之间（如图 1.7 所示）.

这里我们提醒读者：一个定义在区间 $[a,b]$ 上函数 $y=f(x)$，虽然对每个点 $x \in [a,b]$，$f(x)$ 都是一个有穷值，但函数 $y=f(x)$ 在 $[a,b]$ 上仍可能是无界的. 请看下面的例子：

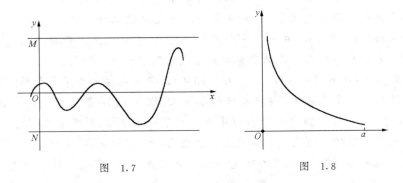

图 1.7 　　　　　　　图 1.8

例 7 函数

$$y = \begin{cases} \dfrac{1}{x}, & 0 < x \leqslant a, \\ 0, & x = 0, \end{cases}$$

在 $[0,a]$ 中有定义，但是一无界函数.

思考题 证明函数 $f: X \to Y$ 是有界函数的充分必要条件是存在一个常数 C，使得 $|f(x)| \leqslant C, \forall x \in X$.

历史的注记

16 世纪之前的数学大体上是初等数学，而且占中心地位的是几何学，其中很少涉及变量的概念. 欧洲文艺复兴后，由于航海、机械制造、天文观测和军事等方面的需要，关于运动的研究成为自然科学的中心问题之一. 这就要求人们去研究变动的量以及它们之间的关系. 笛卡儿观察到描述空间一点的位置需要 3 个参数这一重要事实，引进了坐标的概念，为描述空间点的运动和变量之间的关系提供了重要途径. 他把分析和几何联系在一起而创立了解析几何. 他的贡献也为微积分的诞生奠定了基础. 这样，数学从过去只研究常量而拓展到研究变量. 这是数学发展史上的一大转折.

函数概念在一开始是十分模糊的. 人们经常用一些初等表达式去刻画变量之间的依赖关系，例如自由落体运动中时间与路程之间的关系是 $s = gt^2/2$. 那时人们心中的函数就是常见的表示式. 例如，欧拉认为函数必须有分析的表达式，而拉格朗日则认为函数应该可以用幂级数展开式. 第一个摈弃这种观点的是柯西. 柯西在他的《分析教程》(1821 年)明确提出函数是变量之间的对应关系. 而现代所讲的函数定义应归于狄利克雷. 他把函数看做是数集合之间的一种确定的对应规则. 他举出了著名的例子：在有理点取 1，而在无理点取 0 的函数. 狄利克雷的函数定义使函数的概念从分析表达式的束缚中挣脱出来，并有了一个严格的定义. 它扩大了函数概念的内涵，使那些未必有分析表达式的变量关系也成为数学研究的对象.

笛卡儿(René Descartes，1596—1650)，17 世纪法国哲学家和科学家. 西方近代哲学的奠基人，解析几何的创始人. 他在 1637 年发表了 3 篇论文《折光学》、《气象学》和《几何学》，并为此写了一篇序言《科学中正确运用理性和追求真理的方法论》(哲学史上简称之为《方法论》). 在《几何学》中他十分完整地叙述了解析几何的理论. 此后，他又发表了《形而上学的沉思》和《哲学原理》等书. 他扛起了新哲学的大旗，批判经院哲学，提倡重视科学的认识论和方法论. 他相信理性的权威，要把一切放到理性的天平上校正. 他提倡科学的怀疑，他把怀疑看成是积极的理性活动. 他强调认识过程中人的主观能动性. 他的"我思故我在"的名言，至今广为流传.

作为一个杰出数学家，笛卡儿对世界数学的最大贡献莫过于引入空间点的坐标概念,并创立了解析几何.它把数学的两个基本对象"数"与"形"自然地统一在一起,并为变量的研究提供了基础.由于他的贡献,数学研究发生了历史性的转折.

笛卡儿认为数学是其他科学的模型和理想化.他提出以数学为基础、以演绎方法为核心的方法论.他的这些观点,连同上述的哲学思想,对后世的自然科学、数学及哲学的发展曾产生过巨大的积极影响.

习 题 1.2

1. 求下列函数的定义域:

(1) $y=\ln(x^2-4)$;

(2) $y=\ln\sqrt{\dfrac{1+x}{1-x}}$;

(3) $y=\sqrt{\ln\dfrac{5x-x^2}{4}}$;

(4) $y=\dfrac{1}{\sqrt{2x^2+5x-3}}$;

(5) $y=\arccos(2\sin x)$.

2. 求下列函数的值域 $f(X)$,其中 X 为题中指定的定义域:

(1) $f(x)=x^2+1$, $X=(0,3)$;

(2) $f(x)=\ln(1+\sin x)$, $X=(-\pi/2,\pi]$;

(3) $f(x)=\sqrt{3+2x-x^2}$, $X=[-1,3]$;

(4) $f(x)=\sin x+\cos x$, $X=(-\infty,+\infty)$.

3. 求函数值:

(1) 设 $f(x)=\dfrac{\ln x^2}{\ln 10}+1$,求 $f(-1)$,$f(-0.001)$,$f(100)$;

(2) 设 $f(x)=\arcsin\dfrac{x}{1+x^2}$,求 $f(0)$,$f(1)$,$f(-1)$;

(3) 设 $f(x)=\begin{cases}\ln(1-x), & -\infty<x\leqslant 0, \\ -x, & 0<x<+\infty,\end{cases}$ 求 $f(-3)$,$f(0)$,$f(5)$;

(4) 设

$$f(x)=\begin{cases}\cos x, & 0\leqslant x<1, \\ 1/2, & x=1, \\ 2^x, & 1<x\leqslant 3,\end{cases}$$

求 $f(0)$,$f(1)$,$f(3/2)$,$f(2)$.

4. 设函数 $f(x)=\dfrac{2+x}{2-x}$,$x\neq\pm 2$,求 $f(-x)$,$f(x+1)$,$f(x)+1$,$f\left(\dfrac{1}{x}\right)$,$\dfrac{1}{f(x)}$.

5. 设 $f(x)=x^3$,求

$$\frac{f(x+\Delta x)-f(x)}{\Delta x},$$

其中 Δx 为一个不等于零的量.

6. 设 $f(x)=\ln x$, $x>0$, $g(x)=x^2$, $-\infty<x<+\infty$,试求 $f(f(x))$, $g(g(x))$,

$f(g(x))$，$g(f(x))$．

7. 设

$$f(x) = \begin{cases} 0, & x \geqslant 0, \\ -x, & x < 0; \end{cases} \qquad g(x) = \begin{cases} x, & x \geqslant 0, \\ 1-x, & x < 0. \end{cases}$$

求 $f(g(x))$，$g(f(x))$．

8. 作下列函数的略图：

(1) $y=[x]$，其中 $[x]$ 为不超过 x 的最大的整数；

(2) $y=|x|+x$；

(3) $y=\mathrm{sh}x=\dfrac{1}{2}(\mathrm{e}^x-\mathrm{e}^{-x})$ $(-\infty<x<+\infty)$；

(4) $y=\mathrm{ch}x=\dfrac{1}{2}(\mathrm{e}^x+\mathrm{e}^{-x})$ $(-\infty<x<+\infty)$；

(5) $y = \begin{cases} x^2, & 0 \leqslant x < 1, \\ x-1, & -1 \leqslant x < 0. \end{cases}$

9. 设 $f(x) = \begin{cases} x^2, & x \geqslant 0, \\ x, & x < 0, \end{cases}$ 求下列函数并作它们的图形：

(1) $y=f(x^2)$；   (2) $y=|f(x)|$；

(3) $y=f(-x)$；   (4) $y=f(|x|)$．

10. 求下列函数的反函数：

(1) $y=\dfrac{x}{2}-\dfrac{2}{x}$ $(0<x<+\infty)$；

(2) $y=\mathrm{sh}x$ $(-\infty<x<+\infty)$（提示：计算 $y+\sqrt{y^2+1}$）；

(3) $y=\mathrm{ch}x$ $(0 \leqslant x<+\infty)$．

11. 证明 $\mathrm{ch}^2x-\mathrm{sh}^2x=1$．

12. 下列函数在指定的区间内是否是有界函数？

(1) $y=\mathrm{e}^{x^2}$，$x\in(-\infty,+\infty)$；

(2) $y=\mathrm{e}^{x^2}$，$x\in(0,10^{10})$；

(3) $y=\ln x$，$x\in(0,1)$；

(4) $y=\ln x$，$x\in(r,1)$，其中 $r>0$；

(5) $y=\dfrac{\mathrm{e}^{-x^2}}{2+\sin x}+\cos(2^x)$，$x\in(-\infty,+\infty)$；

(6) $y=x^2\sin x$，$x\in(-\infty,+\infty)$；

(7) $y=x^2\cos x$，$x\in(-10^{10},10^{10})$．

13. 证明函数

$$y = \sqrt{1+x} - \sqrt{x}$$

在 $(1,+\infty)$ 内是有界函数．

14. 研究函数

$$y = \frac{x^6+x^4+x^2}{1+x^6}$$

在 $(-\infty, +\infty)$ 内是否有界. （提示：分两种情况讨论：$x^2 \leqslant 1$ 与 $x^2 > 1$.）

15. 证明 $f: X \rightarrow Y$ 是有界函数的充分必要条件是存在一个常数 C，使得 $|f(x)| \leqslant C, \forall x \in X$.

16. 设 $f: X \rightarrow Y$，$g: X \rightarrow Y$ 是两个有界函数. 证明 $f \cdot g$ 也是有界函数.

§3 序 列 极 限

极限的概念与理论是微积分的基础. 微积分中的两个基本概念微商与定积分，都是建立在极限概念基础之上的.

与其说极限的概念产生于自然现象之中，不如说它是我们认识某些复杂的量的一种方法. 比如圆的面积，原本我们不会计算，但我们会计算圆内接正 n 边多边形之面积，于是就将圆的面积作为内接正 n 边形的面积当 n 无限增大时的极限. 我们将在以后的讨论中看到极限概念在微积分中的重要意义.

我们将涉及两类极限：序列的极限与函数的极限. 本节只讨论序列的极限.

1. 序列极限的定义

设 $\{a_n\}$ 是一个给定的序列. 我们关心的是，在 n 无限增大的过程中通项 a_n 的变化趋势.

我们先看几个具体的例子.

在序列 $\left\{\dfrac{1}{2^n}\right\}$ 中，每一项都是大于零的，然而当 n 趋于无穷时，通项 $\dfrac{1}{2^n}$ 可以任意接近于零. 我们说零是这个序列的极限. 在这个例子中，序列中的项是永远达不到其极限的，但可以任意地接近于它. 如果我们考虑序列：

$$\frac{0}{1}, \frac{2}{2}, \frac{0}{3}, \frac{2}{4}, \cdots, \frac{1 + (-1)^n}{n}, \cdots.$$

当 n 无限增大时，这个序列的通项显然要么本身为零，要么本身不为零而可任意接近于零. 对于这种情况，我们仍然把零称做这个序列的极限.

我们再看一个例子：

$$\frac{1}{1}, \frac{5}{2}, \frac{5}{3}, \cdots, \frac{2n + (-1)^n}{n}, \cdots.$$

显然，它的通项可以表成

$$2 + \frac{(-1)^n}{n}.$$

因此,当 n 无限增大时,它可以任意接近于 2. 不过,它不是递减或递增地接近 2,而是在 2 的上下摆动. 对于这种情况,我们仍然称它的极限是 2. 换句话说,不断摆动地趋于某个量时,仍把这个量作为极限.

但是,并非所有序列 $\{a_n\}$ 都有一个固定的变化趋势. 比如,

$$a_n = \sin \frac{n\pi}{2}, \quad n = 1, 2, \cdots.$$

当 n 为偶数时, $a_n = 0$,而当 $n = 2k+1$ 时, $a_n = (-1)^k$. 可见,在 n 趋于无穷的过程中, a_n 在 $-1, 0, 1$ 三个值中变来变去,没有一个固定的趋势. 这时我们称 $\{a_n\}$ 没有极限.

通过上面这些例子,我们看到若序列 $\{a_n\}$ 在 n 趋于无穷的过程中有一个确定的趋势,也就是说, a_n 可任意地接近某个数 l,我们就称 l 为 $\{a_n\}$ 的极限.

什么叫 a_n 可任意接近 l 呢? 为此我们应当考查点 a_n 到 l 的距离 $|a_n - l|$. 所谓 a_n 趋向于 l,就是指在 n 充分大时, $|a_n - l|$ 可以任意小.

这里必须进一步说明何为 n 充分大时, $|a_n - l|$ 任意小. 现在我们以序列

$$a_n = \frac{2n + (-1)^n}{n}$$

为例. 这时极限 $l = 2$. 当 $n > 10$ 时, $|a_n - 2| < \frac{1}{10}$. 当 $n > 10^2$ 时, $|a_n - 2| < \frac{1}{10^2}$. 一般地,当 $n > 10^k$ 时, $|a_n - 2| < \frac{1}{10^k}$. 这就是说, $|a_n - 2|$ 可以小到任意给定的一个数,只要其中 n 大于某个自然数.

下面给出序列极限的正式定义:

定义 设 $\{a_n\}$ 是一个给定的序列. 若存在一个实数 l,对于任意给定的正数 ε,无论它多么小,都存在一个自然数 N,使得

$$|a_n - l| < \varepsilon, \quad 只要 n > N,$$

则我们称 $\{a_n\}$ 以 l 为**极限**,记做: $\lim\limits_{n \to \infty} a_n = l$. 有时也称为 n 趋于无穷时 a_n 趋于 l,记做

$$a_n \to l \quad (n \to \infty).$$

假若序列 $\{a_n\}$ 以某实数 l 为极限,则称序列的**极限存在**.

通常把上述定义中的这种严格说法称做 ε-N **说法**.

从直观上来看,上述定义中的条件实际上是说,对于任意小的 $\varepsilon > 0$,都有一个自然数 N,使得第 N 项之后的各项 a_n 都满足:

$l-\varepsilon < a_n < l+\varepsilon$（见图 1.9）.

这也就是说，在 n 无限增大的过程中总有一个时刻 N，在此之后 a_n 到 l 的距离小于事先任意给定的正数 ε.

显然，若序列 $\{a_n\}$ 的极限存在，则其极限值必是唯一的. 因为在 n

图 1.9

无限增大过程中，a_n 不可能同时任意靠近两个不同的数.

现在，我们用 $\varepsilon\text{-}N$ 说法，证明几个常见的序列的极限.

例 1 $\lim\limits_{n\to\infty}\dfrac{1}{n}=0$.

证 对于任意给定的 $\varepsilon>0$，要使

$$\left|\frac{1}{n}-0\right|<\varepsilon,$$

只要 $n>\varepsilon^{-1}$. 因此，我们取 $N=[\varepsilon^{-1}]+1$，即有

$$\left|\frac{1}{n}-0\right|<\varepsilon,\quad\text{只要 } n>N.$$

证毕.

这里 $[\varepsilon^{-1}]$ 是 ε^{-1} 之整数部分. 当 $\varepsilon>1$ 时，$[\varepsilon^{-1}]=0$，为了保证 N 为自然数，我们取 N 等于 $[\varepsilon^{-1}]+1$.

从这个简单的例子中看到，N 是根据 ε 找的. 一般说来，N 要依赖于 ε. 另外，只要找到适合要求的 N 即可，而不要求它是最小的. 比如，在上题中如果取 $N=[\varepsilon^{-1}]+5$，自然也是可以的.

例 2 设 $a>1$ 是给定的实数，则

$$\lim_{n\to\infty}\sqrt[n]{a}=1.$$

证 注意到 $a>1$，也就有 $a^{1/n}>1$. 对于任意给定的 $\varepsilon>0$，要使 $|a^{1/n}-1|<\varepsilon$，即要 $a^{1/n}-1<\varepsilon$，也即只要 $a^{1/n}<1+\varepsilon$. 两边取以 a 为底的对数即得

$$\frac{1}{n}<\log_a(1+\varepsilon)\quad\text{或}\quad n>\{\log_a(1+\varepsilon)\}^{-1}.$$

于是，我们取 $N=[\{\log_a(1+\varepsilon)\}^{-1}]+1$，即有

$$|a^{1/n}-1|<\varepsilon,\quad\text{只要 } n>N.$$

证毕.

当 $0<a<1$ 时，同样有 $\lim\limits_{n\to\infty}\sqrt[n]{a}=1$. 证明方法类似.

上面的两个例子告诉我们,为了证明某个序列的极限为 l,问题归结为解不等式

$$|a_n - l| < \varepsilon \quad \text{或} \quad l - \varepsilon < a_n < l + \varepsilon.$$

但不是求出所有满足不等式的 n,而是要求找到一个 N,使得 $n > N$ 时上述不等式成立即可.

例 3   设 q 为常数,$|q| < 1$,则

$$\lim_{n \to \infty} q^n = 0.$$

证   若 $q = 0$,则 $q^n = 0$,对于一切 $n = 1, 2, \cdots$. 这时显然有

$$\lim_{n \to \infty} q^n = 0.$$

现在假定 $q \neq 0$. 这时,$0 < |q| < 1$. 对于任意的 $\varepsilon > 0$,要使 $|q^n - 0| < \varepsilon$,只要 $n \ln |q| < \ln \varepsilon$,也即只要

$$n > \frac{\ln \varepsilon}{\ln |q|}.$$

这里当 $\varepsilon > 1$ 时,$\ln \varepsilon / \ln |q|$ 为负数. 这时可取 $N = 1$. 当 $\varepsilon < 1$ 时,我们取

$$N = \left[\frac{\ln \varepsilon}{\ln |q|} \right] + 1.$$

这时当 $n \geqslant N$ 时,便有 $|q^n - 0| < \varepsilon$. 证毕.

在这个题目中,我们要区别 ε 的取值范围来决定 N 的取法. 今后为了简便起见,在证此类题时,不妨一开始就假定 $\varepsilon < 1$. 这样假定是合理的,这是因为对于较小 ε 的找到的 N,一定也适用于较大的 ε.

我们希望读者记住例 2 及例 3 的结论,以后我们会经常用到它们.

2. 夹逼定理

下面,我们介绍一个很有用的定理,俗称**夹逼定理**:

定理 1   设 $\{a_n\}, \{b_n\}, \{c_n\}$ 为三个序列,并且存在一个自然数 N_0,使得:

$$c_n \leqslant a_n \leqslant b_n, \quad \forall n \geqslant N_0.$$

若 $\{c_n\}$ 与 $\{b_n\}$ 都有极限存在,并都等于 l,则 $\{a_n\}$ 的极限存在,并且也等于 l.

证   根据定理的假定,对于任意给定的 $\varepsilon > 0$,存在自然数 N_1 与 N_2,使得

$$|b_n - l| < \varepsilon, \quad \text{只要 } n > N_1,$$
$$|c_n - l| < \varepsilon, \quad \text{只要 } n > N_2,$$

也即有

$$b_n < l + \varepsilon, \quad \text{只要 } n > N_1,$$

$$l - \varepsilon < c_n, \quad 只要 n > N_2,$$

现在,我们取 $N = \max(N_0, N_1, N_2)$,则有

$$l - \varepsilon < c_n \leqslant a_n \leqslant b_n < l + \varepsilon, \quad 只要 n > N,$$

也即

$$|a_n - l| < \varepsilon, \quad 只要 n > N.$$

证毕.

这个定理的用途之一是下述情况:当 a_n 的表达式比较复杂,一时难于处理,不妨对它作适当之放大与缩小,只要适当放大与缩小后的序列有相同的极限,则序列 $\{a_n\}$ 就也有极限.

例 4 设 $a > 1$ 是任意给定的常数.考查

$$a_n = \frac{a^n}{n!}$$

是否有极限.

乍一看很难对它是否有极限作出判断,因为分子与分母都会无限增大(当 n 无限增大时).但是当我们将它改写为下列形式时,就立刻能得出结论.考虑 $n > [a] + 1$,有

$$0 \leqslant a_n = \frac{a^{[a]}}{[a]!} \cdot \frac{a}{[a]+1} \cdots \frac{a}{n} < \frac{a^{[a]}}{[a]!} \cdot \frac{a}{n},$$

也即

$$0 \leqslant a_n < \frac{a^{[a]}}{[a]!} \cdot \frac{a}{n}, \quad n > [a] + 1.$$

注意 a 给定后,$\dfrac{a^{[a]}}{[a]!}$ 是一个常数,很容易看出 $\lim\limits_{n \to \infty} \dfrac{a^{[a]}}{[a]!} \cdot \dfrac{a}{n} = 0$. 另外,$a_n$ 的下界为 0. 又显然 $\lim\limits_{n \to \infty} 0 = 0$. 于是应用定理 1 可得

$$\lim_{n \to \infty} \frac{a^n}{n!} = 0.$$

例 5 设 k 为大于 1 的正整数,证明:

$$\lim_{n \to \infty} \frac{n^{k-1}}{(n-1)(n-2)\cdots(n-k)} = 0.$$

证 令 $a_n = \dfrac{n^{k-1}}{(n-1)(n-2)\cdots(n-k)}$,其中 $n > k$. 用 n^k 同除 a_n 的分子与分母,得

$$0 \leqslant a_n = \frac{\dfrac{1}{n}}{\left(1 - \dfrac{1}{n}\right)\left(1 - \dfrac{2}{n}\right)\cdots\left(1 - \dfrac{k}{n}\right)},$$

当 $n>2k$ 时，上式右端的分母中每项因子 $\left(1-\dfrac{i}{n}\right)$ 均大于 $\dfrac{1}{2}$，于是我们得到不等式

$$0\leqslant a_n\leqslant 2^k\cdot\frac{1}{n},\quad\text{其中 } n>2k.$$

注意到上述不等式中左端序列与右端序列的极限均为 0，由定理 1 即得 $\lim\limits_{n\to\infty}a_n=0$. 证毕.

例 6　设 $a>1$ 是一常数，试证明

$$\lim_{n\to\infty}\frac{n}{a^n}=0.$$

证　令 $h=a-1$，则 $h>0$，且

$$a^n=(1+h)^n=1+nh+\frac{n(n-1)}{2!}h^2+\cdots$$
$$+\frac{n(n-1)\cdots(n-k)}{(k+1)!}h^{k+1}+\cdots+h^n,$$

因此，当 $n>1$ 时，$a^n\geqslant\dfrac{n(n-1)}{2}h^2$，于是

$$0\leqslant\frac{n}{a^n}\leqslant\frac{n}{\dfrac{1}{2}n(n-1)h^2}=\frac{2}{(n-1)h^2}.$$

再次应用定理 1 即得到 $\lim\limits_{n\to\infty}\dfrac{n}{a^n}=0$. 证毕.

利用 $a^n>n(n-1)\cdots(n-k)h^{k+1}/(k+1)!$ 及例 5，可进一步证明，当 $a>1$ 时，对于任意自然数 k，我们有

$$\lim_{n\to\infty}\frac{n^k}{a^n}=0.$$

通过上述例子可以看出，虽然序列 $\{n\}$（或 $\{n^k\}$），$\{a^n\}$（$a>1$）及 $\{n!\}$ 都是趋于无穷的，但其趋于无穷的"速度"不同：n 较 a^n 慢，而 a^n 较 $n!$ 慢.

3. 极限不等式

下面的两个定理是关于极限不等式的. 它们同样是经常要用的、有关极限的基本定理.

定理 2　设序列 $\{a_n\}$ 及 $\{b_n\}$ 分别有极限 l_1 及 l_2，并且 $l_1>l_2$，则存在一个自然数 N，使得

$$a_n>b_n,\quad\text{只要 } n>N.$$

也就是说，在两个序列的极限存在的条件下，当项数充分大了之后，极

限较大的序列的项要大于极限较小的序列的对应的项. 这个结论从直观上是显而易见的事实.

证 对于任意的 $\varepsilon > 0$, 存在自然数 N_1 及 N_2, 使得

$$|a_n - l_1| < \varepsilon, \quad 只要 n > N_1;$$
$$|b_n - l_2| < \varepsilon, \quad 只要 n > N_2.$$

取 $N = \max\{N_1, N_2\}$, 那么当 $n > N$ 时, $|a_n - l_1| < \varepsilon$, 且 $|b_n - l_2| < \varepsilon$; 也即

$$l_1 - \varepsilon < a_n < l_1 + \varepsilon;$$
$$l_2 - \varepsilon < b_n < l_2 + \varepsilon.$$

因此, 当 $n > N$ 时, $a_n - b_n > l_1 - l_2 - 2\varepsilon$. 由于 ε 是任意给定的正数, 故事先可取 $\varepsilon < \dfrac{1}{2}(l_1 - l_2)$. 在这种取法下, 当 $n > N$ 时, $a_n - b_n > 0$, 也即 $a_n > b_n$. 证毕.

推论 设序列 $\{a_n\}$ 有极限 l 且 $l > 0$ (或 < 0), 则存在一个自然数 N 使得当 $n > N$ 时, $a_n > 0$ (或 < 0).

证明是显然的, 只要在定理 2 中令 $b_n = 0$ 即可.

由定理 2 立即推出

定理 3 设序列 $\{a_n\}$ 及 $\{b_n\}$ 分别有极限 l_1 及 l_2, 并且存在 N_0 使得

$$a_n \geqslant b_n, \quad 只要 n > N_0,$$

则 $l_1 \geqslant l_2$.

证 用反证法. 若 $l_1 < l_2$, 则由定理 2 推出, 存在一个自然数 N, 使得 $n > N$ 时, $a_n < b_n$, 这与假定矛盾. 由此推出 $l_1 \geqslant l_2$. 证毕.

定理 3 告诉我们: 如果自某项开始, 一个序列的项总是大于或等于另一序列的对应项, 则它们的极限也有同样的大小次序.

不过, 我们要提醒读者, 即使是 a_n 严格大于 b_n, 也即

$$a_n > b_n, \quad \forall n = 1, 2, \cdots,$$

但仍然只能推出

$$\lim_{n \to \infty} a_n \geqslant \lim_{n \to \infty} b_n.$$

这里 "=" 是可能发生的. 比如,

$$a_n = \frac{2n + 4}{n}, \quad b_n = \frac{2n + 1}{n},$$

显然 $a_n > b_n$, 但它们有相同的极限.

4. 极限的四则运算

定理 4 设 $\{a_n\}$ 与 $\{b_n\}$ 都有极限, 它们的极限分别为 l_1 与 l_2, 则有

$$\lim_{n \to \infty}(a_n \pm b_n) = l_1 \pm l_2, \quad \lim_{n \to \infty}(a_n \cdot b_n) = l_1 \cdot l_2,$$

且当 $l_2 \neq 0$ 时,有

$$\lim_{n \to \infty}\frac{a_n}{b_n} = \frac{l_1}{l_2}.$$

注　若 $l_2 \neq 0$,根据定理 2 推论,当 n 充分大时,$b_n \neq 0$.因而 $\dfrac{a_n}{b_n}$ 在 n 充分大时是有意义的.

证　设 $\varepsilon > 0$ 是任意给定的数.对于 $\dfrac{1}{2}\varepsilon > 0$ 这个数,可以找到 N_1 及 N_2 使得

$$|a_n - l_1| < \varepsilon/2, \quad 只要 n > N_1,$$
$$|b_n - l_2| < \varepsilon/2, \quad 只要 n > N_2.$$

取 $N = \max\{N_1, N_2\}$,则我们有

$$|(a_n \pm b_n) - (l_1 \pm l_2)| \leqslant |a_n - l_1| + |b_n - l_2|$$
$$< \varepsilon/2 + \varepsilon/2 = \varepsilon, \quad 只要 n > N.$$

这就证明了 $\lim_{n \to \infty}(a_n \pm b_n) = l_1 \pm l_2$.

为了证明 $a_n b_n \to l_1 l_2 (n \to \infty)$,我们将 $|a_n b_n - l_1 l_2|$ 作适当放大:

$$|a_n b_n - l_1 l_2| = |(a_n - l_1)b_n + l_1(b_n - l_2)|$$
$$\leqslant |b_n|\,|a_n - l_1| + |l_1|\,|b_n - l_2|.$$

对于 $\varepsilon_0 = 1$,我们可以找到一个 N' 使得

$$|b_n - l_2| < 1, \quad 只要 n > N'.$$

从而,$|b_n| - |l_2| < 1$,只要 $n > N'$,也即

$$|b_n| < 1 + |l_2|, \quad 只要 n > N'.$$

因此,当 $n > N'$ 时,我们有

$$|a_n b_n - l_1 l_2| \leqslant (1 + |l_2|)(|a_n - l_1|) + |l_1|(|b_n - l_2|).$$

设 ε 是任意给定的正数.根据假定 $\lim_{n \to \infty}a_n = l_1$,对于正数 $\varepsilon' = \varepsilon/[2(1 + |l_2|)]$,存在一自然数 N_1,使得

$$|a_n - l_1| < \varepsilon', \quad 只要 n > N_1.$$

根据假定 $\lim_{n \to \infty}b_n = l_2$,对于正数 $\varepsilon'' = \varepsilon/[2(1 + |l_1|)]$,存在一自然数 N_2,使得

$$|b_n - l_2| < \varepsilon'', \quad 只要 n > N_2.$$

取 $N = \max\{N_1, N_2, N'\}$,那么当 $n > N$ 时,

$$|a_n b_n - l_1 l_2| < (1 + |l_2|)\varepsilon' + |l_1|\varepsilon''$$

$$\leqslant \frac{\varepsilon}{2} + \frac{\varepsilon}{2} = \varepsilon.$$

这就证明了 $\lim\limits_{n\to\infty} a_n b_n = l_1 l_2$.

下面证明

$$\lim_{n\to\infty}\frac{a_n}{b_n} = \frac{l_1}{l_2} \quad (l_2 \neq 0).$$

为了证明此式,只要证明

$$\lim_{n\to\infty}\frac{1}{b_n} = \frac{1}{l_2} \quad (l_2 \neq 0)$$

就足够了.事实上,若能证明此式,则要证的公式就可以由已证明的乘法公式推出.

根据 $\lim\limits_{n\to\infty} b_n = l_2$ 及 $l_2 \neq 0$ 的假定,我们有 $\lim\limits_{n\to\infty} b_n \cdot l_2 = l_2^2 > 0$. 故存在一个自然数 N_0 使得

$$b_n \cdot l_2 > \frac{1}{2}l_2^2, \quad \text{当 } n > N_0.$$

因此,当 $n > N_0$ 时,我们有

$$\left|\frac{1}{b_n} - \frac{1}{l_2}\right| = \frac{1}{|b_n \cdot l_2|}|b_n - l_2| \leqslant \frac{2}{l_2^2}|b_n - l_2|.$$

对于任意的 $\varepsilon > 0$,取 $\varepsilon' = l_2^2 \varepsilon/2$. 根据 $\lim\limits_{n\to\infty} b_n = l_2$,对于 $\varepsilon' > 0$,存在一个自然数 N_1,使得

$$|b_n - l_2| < \varepsilon' = \frac{l_2^2}{2}\varepsilon, \quad \text{只要 } n > N_1.$$

因此,当 $n > \max\{N_0, N_1\}$ 时,

$$\left|\frac{1}{b_n} - \frac{1}{l_2}\right| < \varepsilon.$$

定理证毕.

这个定理告诉我们:在所涉及的序列都有极限的情况下,极限运算可以与四则运算交换次序.这为求极限提供了很大方便.

对初学者而言,重要的不是这个定理的证明,而是其灵活应用.

例 7 求极限

$$\lim_{n\to\infty}\frac{n^3 + 2n - 10}{3 + n^3}.$$

解 原式的分子与分母都没有极限,故不能直接应用定理 4. 但是,用 n^3 同除分子与分母后即可应用定理 4:

$$\lim_{n\to\infty} \frac{n^3 + 2n - 10}{3 + n^3} = \lim_{n\to\infty} \frac{1 + \dfrac{2}{n^2} - \dfrac{10}{n^3}}{\dfrac{3}{n^3} + 1} = \frac{\lim\limits_{n\to\infty}\left(1 + \dfrac{2}{n^2} - \dfrac{10}{n^3}\right)}{\lim\limits_{n\to\infty}\left(\dfrac{3}{n^3} + 1\right)} = 1.$$

例 8 求极限

$$\lim_{n\to\infty}(\sqrt{n + \sqrt{n}} - \sqrt{n}).$$

解   因为 $\sqrt{n+\sqrt{n}}$ 及 $\sqrt{n}$ 均无极限,我们不能直接用定理 4. 这时,我们作如下变形:

$$\sqrt{n + \sqrt{n}} - \sqrt{n} = \frac{\sqrt{n}}{\sqrt{n + \sqrt{n}} + \sqrt{n}} = \frac{1}{\sqrt{1 + \dfrac{1}{\sqrt{n}}} + 1}.$$

这里等式右端的分母的极限为 2. 由此推出 $\lim\limits_{n\to\infty}(\sqrt{n+\sqrt{n}} - \sqrt{n}) = \dfrac{1}{2}$.

显然,定理 4 可以被推广到有限次加减乘除运算的情况. 但是对无限次运算不一定成立. 这一点初学者要特别注意. 例如考虑序列

$$a_n = \frac{1}{n+1} + \frac{1}{n+2} + \cdots + \frac{1}{n+n},$$

其中的每一项当 $n\to\infty$ 时均趋于零. 于是有人会因此而误认为 $a_n \to 0$ $(n\to 0)$. 但这是不对的,因为这个和式中共有 n 项,这里的项数随着 n 增大而无限增多. 这样,加法运算的次数不是有限的. 因此不能使用我们的定理. 另外一方面,很容易看出:

$$a_n > \frac{n}{n+n} = \frac{1}{2},$$

可见即使 a_n 有极限, a_n 也不可能以零为极限.

在讨论序列的极限问题时,常常涉及序列的**子序列**的概念. 子序列是在原序列中抽出一部分项(必须抽出无穷多项)并保持原来项的次序所组成的新序列. 比如我们在 $\{a_n\}$ 中抽出其全部奇数项:

$$a_1,\ a_3,\ a_5,\ \cdots,\ a_{2k-1},\ \cdots,$$

这就组成了一个子序列. 在这个子序列中的第 k 项,恰好是序列 $\{a_n\}$ 中的第 $2k-1$ 项.

一般说来,如果我们在 $\{a_n\}$ 中首先挑出 a_{n_1} 作为子序列的第 1 项,然后又在 a_{n_1} 后面再挑一项 a_{n_2} 作为第 2 项, $\cdots$,如此下去,我们就得 $\{a_n\}$ 之一子序列:

$$a_{n_1},\ a_{n_2},\ \cdots,\ a_{n_k},\ \cdots.$$

子序列之第 k 项 a_{n_k} 恰好是原序列之第 n_k 项. 在奇数项组成的子序列中 $n_k=2k-1$.

根据挑选的次序,不难看出

$$n_k \geqslant k;\quad n_{k_1} < n_{k_2} \ \text{如果}\ k_1 < k_2.$$

定理 5　设序列 $\{a_n\}$ 有极限 l,则它的任意一个子序列 $\{a_{n_k}\}$ 也以 l 为极限.

证　对于任意给定的 $\varepsilon > 0$,由假定可知存在一个自然数 N,使得

$$|a_n - l| < \varepsilon,\quad \text{只要}\ n > N.$$

特别地,我们有

$$|a_{n_k} - l| < \varepsilon,\quad \text{只要}\ n_k > N.$$

但 $n_k \geqslant k$,故当 $k > N$ 时,$n_k > N$,从而有 $|a_{n_k} - l| < \varepsilon$. 这就证明了 $\{a_{n_k}\}$ 以 l 为极限. 证毕.

这个定理的意义不仅在于保证了子序列的极限等于原序列的极限,而且还在于告诉我们:只要我们在一个序列中找到两个子序列,它们都有极限,但极限值却不同,这时原序列就不可能有极限. 例如,在前面举的例子 $\left\{\sin\dfrac{n\pi}{2}\right\}$ 中,就可以取出有不同极限的两个子序列,从而严格证明了它的极限的不存在性.

5. 一个重要极限

现在我们要介绍一个重要极限:

$$\lim_{n\to\infty}\left(1 + \frac{1}{n}\right)^n = \mathrm{e}.$$

首先证明序列 $\left(1+\dfrac{1}{n}\right)^n$ 有极限.

例 9　当 $n\to\infty$ 时,序列 $\left(1+\dfrac{1}{n}\right)^n$ 有极限.

证　为证明这个序列有极限,我们须证明两件事实:

(1) $\left(1+\dfrac{1}{n}\right)^n$ 是有界的. 事实上,由牛顿二项式定理有

$$\left(1 + \frac{1}{n}\right)^n = 1 + n\cdot\frac{1}{n} + \frac{1}{2!}\cdot\frac{n(n-1)}{n^2}$$

$$+ \frac{1}{3!}\cdot\frac{n(n-1)(n-2)}{n^3} + \cdots + \frac{1}{n!}\cdot\frac{n!}{n^n}$$

$$< 1 + 1 + \frac{1}{2!} + \frac{1}{3!} + \cdots + \frac{1}{n!}$$

$$< 1 + 1 + \frac{1}{1 \cdot 2} + \frac{1}{2 \cdot 3} + \cdots + \frac{1}{n(n-1)}$$

$$= 1 + 1 + \left(1 - \frac{1}{2}\right) + \left(\frac{1}{2} - \frac{1}{3}\right)$$

$$\quad + \cdots + \left(\frac{1}{n-1} - \frac{1}{n}\right)$$

$$= 3 - \frac{1}{n} < 3.$$

（2）$\left(1 + \frac{1}{n}\right)^n$ 是递增的. 这是很容易验证的：先将 $\left(1 + \frac{1}{n}\right)^n$ 与 $\left(1 + \frac{1}{n+1}\right)^{n+1}$ 展开：

$$\left(1 + \frac{1}{n}\right)^n = 1 + 1 + \sum_{k=2}^{n} \frac{1}{k!} \left(1 - \frac{1}{n}\right) \cdots \left(1 - \frac{k-1}{n}\right),$$

$$\left(1 + \frac{1}{n+1}\right)^{n+1} = 1 + 1 + \sum_{k=2}^{n} \frac{1}{k!} \left(1 - \frac{1}{n+1}\right) \cdots \left(1 - \frac{k-1}{n+1}\right)$$

$$\quad + \left(\frac{1}{n+1}\right)^{n+1},$$

比较上面两个式子右端两个求和号中的对应项，显然前者的较小，又 $\left(\frac{1}{n+1}\right)^{n+1} > 0$，于是

$$\left(1 + \frac{1}{n}\right)^n < \left(1 + \frac{1}{n+1}\right)^{n+1}.$$

根据实数域的完备性，在实数域中单调有界序列有极限；特别地，单调递增有上界的序列有极限. 因此，序列 $\left\{\left(1 + \frac{1}{n}\right)^n\right\}$ 有极限. 通常人们把这个序列的极限记为 e. 伯努利(Bernoulli)在研究复利计算时发现了这个极限，而欧拉(Euler)首先使用"e"来代表这个极限，并把它作为自然对数的底. 数 e 的引进大大简化了许多计算，成为数学中最重要的常数之一.

根据前面的讨论，我们知道数 e 介于 2 与 3 之间. 可以证明 e 是一个无理数. e 的近似值为

$$\mathrm{e} \approx 2.7182818.$$

数 e 及自然对数的引入为科学计算带来很大方便. 这一点会在今后的讨论中逐步显露出来.

例 10 求 $\lim\limits_{n\to\infty}\left(1+\dfrac{1}{n}\right)^{2n}$.

解 由于 $\left(1+\dfrac{1}{n}\right)^{2n}=\left[\left(1+\dfrac{1}{n}\right)^{n}\right]^2$，故有 $\lim\limits_{n\to\infty}\left(1+\dfrac{1}{n}\right)^{2n}=\mathrm{e}^2$.

◇◇◇ **历史的注记** ◇◇◇

朴素的极限概念的萌芽在我国古代很早就出现了．我国《庄子》中就记载着许多名家关于无穷的论述．比如，"至大无外谓之大一，至小无内谓之小一"，这里的"大一"就是无穷大，而"小一"就是无穷小．又比如，《庄子》中还记载着下列名言：

"一尺之棰，日取其半，万世不竭."

它用一个生动的例子，描述了一个趋于零而总不是零的一个无穷过程．

公元前 3 世纪魏晋时代的刘徽的"割圆术"是有关极限思想的另一个著名例子．所谓割圆术就是用圆内接的正多边形的面积去逼近圆的面积．他从正六边形出发，每次边数加倍，逐次计算其面积，一直计算到正 192 边形的面积，从而得到圆周率的估计：

$$3.14+\frac{24}{62500}<\pi<3.14+\frac{169}{62500}.$$

这在历史上是一项了不起的成就．刘徽指出："割之弥细，所失弥少，割之又割，以至于不可割，则与圆合体而无所失矣."两千多年前刘徽的思想与当今的极限论观点何其相近．当然，我们应当指出，要达到"不可割，则与圆合体"的过程是一个无限的过程，而不是一个有限过程．

习 题 1.3

1. 设 $x_n=\dfrac{n}{n+2}\ (n=1,2,\cdots)$，证明：$\lim\limits_{n\to\infty}x_n=1$．即对任意给定的 $\varepsilon>0$，求出正整数 N，使当 $n>N$ 时有 $|x_n-1|<\varepsilon$．并填下表：

ε	0.1	0.01	0.001	0.0001
N				

2. 设 $\lim\limits_{n\to\infty}a_n=l$，证明 $\lim\limits_{n\to\infty}|a_n|=|l|$.

3. 设 $\{a_n\}$ 有极限 l．证明：

(1) 存在一个自然数 N，当 $n>N$ 时，$|a_n|<|l|+1$；

(2) $\{a_n\}$ 是一个有界序列，也即存在一个常数 M，使得 $|a_n|\leqslant M\ (n=1,2,\cdots)$.

4. 用 ε-N 说法证明下列各极限式：

（1）$\lim\limits_{n\to\infty}\dfrac{3n+1}{2n-3}=\dfrac{3}{2}$；　　　　　　（2）$\lim\limits_{n\to\infty}\dfrac{\sqrt[3]{n^2}\sin n}{n+1}=0$；

（3）$\lim\limits_{n\to\infty}n^2q^n=0$（$|q|<1$）；　　　　（4）$\lim\limits_{n\to\infty}\dfrac{n!}{n^n}=0$；

（5）$\lim\limits_{n\to\infty}\left(\dfrac{1}{1\cdot2}+\dfrac{1}{2\cdot3}+\cdots+\dfrac{1}{(n-1)n}\right)=1$；

（6）$\lim\limits_{n\to\infty}\left(\dfrac{1}{(n+1)^{3/2}}+\cdots+\dfrac{1}{(2n)^{3/2}}\right)=0$.

5. 设 $\lim\limits_{n\to\infty}a_n=0$，又设序列 $\{b_n\}$ 是有界序列，即存在一个常数 M 使得 $|b_n|<M$（$n=1,2,\cdots$），证明 $\lim\limits_{n\to\infty}a_nb_n=0$.

6. 证明 $\lim\limits_{n\to\infty}\sqrt[n]{n}=1$.（提示：首先证明对任意正数 $\varepsilon>0$，$\lim\limits_{n\to\infty}n/(1+\varepsilon)^n=0$. 其次，说明存在一自然数 N，使得 $n>N$ 时，$n/(1+\varepsilon)^n<1$.）

7. 求下列各极限的值：

（1）$\lim\limits_{n\to\infty}(\sqrt{n+1}-\sqrt{n})$；　　　　（2）$\lim\limits_{n\to\infty}\dfrac{n^3+3n^2-100}{4n^3-n+2}$；

（3）$\lim\limits_{n\to\infty}\dfrac{(2n+10)^4}{n^4+n^3}$；　　　　　（4）$\lim\limits_{n\to\infty}\left(1+\dfrac{1}{n}\right)^{-2n}$；

（5）$\lim\limits_{n\to\infty}\left(1-\dfrac{1}{n}\right)^n$；　　　　*（6）$\lim\limits_{n\to\infty}\left(1-\dfrac{1}{n}\right)^{n^2}$；

*（7）$\lim\limits_{n\to\infty}\left(1-\dfrac{1}{n^2}\right)^n$.

8. 利用单调有界序列有极限证明下列序列极限存在：

（1）$x_n=\dfrac{1}{1}+\dfrac{1}{2^2}+\cdots+\dfrac{1}{n^2}$；

（2）$x_n=\dfrac{1}{2+1}+\dfrac{1}{2^2+1}+\cdots+\dfrac{1}{2^n+1}$；

（3）$x_n=\dfrac{1}{n+1}+\dfrac{1}{n+2}+\cdots+\dfrac{1}{n+n}$；

（4）$x_n=1+1+\dfrac{1}{2!}+\cdots+\dfrac{1}{n!}$.

9. 证明

$$e=\lim\limits_{n\to\infty}\left(1+1+\dfrac{1}{2!}+\cdots+\dfrac{1}{n!}\right).$$

$\Bigg($提示：在前面讨论 $\left(1+\dfrac{1}{n}\right)^n$ 的有界性时已经证明 $\left(1+\dfrac{1}{n}\right)^n\leqslant1+1+\dfrac{1}{2!}+\cdots+\dfrac{1}{n!}$. 于是 $e\leqslant\lim\limits_{n\to\infty}\left(1+1+\dfrac{1}{2!}+\cdots+\dfrac{1}{n!}\right)$. 另一方面设法利用 $\left(1+\dfrac{1}{n}\right)^n$ 的牛顿二项式展开证明

$$e\geqslant1+1+\dfrac{1}{2!}+\cdots+\dfrac{1}{k!},$$

其中 k 为任意固定的自然数.$\Bigg)$

10. 设 $\{x_n\}$ 满足下列条件：

$$|x_{n+1}| \leqslant k|x_n|, \quad n = 1, 2, \cdots,$$

其中 k 是小于 1 的正数. 证明 $\lim\limits_{n \to \infty} a_n = 0$. (提示：证明 $|x_n| \leqslant k^{n-1}|x_1|$.)

§4 函数的极限

在上一节中,我们讨论了序列的极限,这只是一般函数极限的特殊情况. 事实上,序列是定义在自然数集合上的一种函数,只不过其自变量 n 的变化是离散的而已. 在考虑序列极限时,自变量的变化过程只有一种,即 n 趋于无穷,记做 $n \to \infty$. 但是,当我们考查函数 $y = f(x)$ 的极限时,自变量 x 的变化过程是连续的,并有多种可能性. 比如:

(1) x 是从一点 a 的右侧趋向于 a,这时记做 $x \to a+0$;或者 x 从一点 a 的左侧趋向于 a,记做 $x \to a-0$.

(2) x 同时从一点 a 的两侧趋向于 a,记做 $x \to a$.

(3) x 无限制地增大,记做 $x \to +\infty$,或者 x 无限制减小,记做 $x \to -\infty$.

(4) x 的绝对值 $|x|$ 无限制地增大,也即 x 沿 x 轴的正向与负向同时无限远离原点,记做 $x \to \infty$.

1. 单侧极限

现在我们先讨论第一种情况,即 $x \to a+0$ 或 $x \to a-0$ 的情况.

先看几个具体例子:

符号函数 $y = \operatorname{sgn} x$:直观上看(见图 1.5),

当 $x \to 0+0$ 时,即当 x 自原点右侧趋向于原点时,$\operatorname{sgn} x$ 趋向于 1,而当 $x \to 0-0$ 时,也即当 x 自原点左侧趋向于原点时,$\operatorname{sgn} x$ 趋向于 -1. 这时我们称符号函数在原点的右极限为 1,左极限为 -1.

函数 $y = \{x\} \overset{\text{def}}{=\!=\!=} x - [x]$(见图 1.6):显然,当 $x \to 1+0$ 时,$\{x\}$ 趋向于 0;而当 $x \to 1-0$ 时,$\{x\}$ 趋向于 1. 这时我们称函数 $y = \{x\}$ 在 $x = 1$ 处的右极限为 0,左极限为 1.

函数 $y = \sin x$:当 $x \to \pi/2 + 0$ 时,$\sin x$ 趋向于 1;而 $x \to \pi/2 - 0$ 时,也有 $\sin x$ 趋向于 1,故函数 $\sin x$ 在 $\pi/2$ 处的左、右极限都是 1.

函数 $y = \sin \dfrac{1}{x}$:当 $x \to 0+0$ 或 $x \to 0-0$ 时,函数值不断地在 -1 及 1 之间摆动,这时无极限可言(见图 1.10).

函数 $y = x \sin \dfrac{1}{x}$:当 x 自 0 点之右侧或左侧趋向于 0 时,虽然函数值

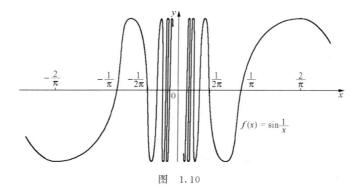

图   1.10

也在不断地上下摆动,但其"振幅"却在不断减小,并且任意接近于 0(见图 1.11).这时,我们把 0 称做这个函数在 $x=0$ 处的左、右极限.

图   1.11

对于序列极限,我们有 ε-N 的严格说法,其中 ε 用来描述 a_n 的值与极限值之间的偏离的程度,而 N 用来描述序列的项数 n"接近∞"的程度.现在讨论函数 $f(x)$ 的极限,当然仍用 ε 描述函数值 $f(x)$ 与极限值之间的偏离程度,而自变量 x 与点 a 接近的程度应该换成用一个充分小的正数,通常用 δ 来描述(δ 希腊字母,读作 delta).所谓"x 从 a 的右侧充分靠近 a"可以用 $0<x-a<\delta$ 来描述,其中 δ 是充分小的正数.类似地,可以用 $0<a-x<\delta$ 来描述 x 从 a 左侧充分靠近 a.在这种看法下,过去对序列的 ε-N 的说法,对函数就换成 ε-δ 的说法.

定义 设 $y=f(x)$ 是定义在 (a,b) 上的一个函数.若存在一个实数 l,对于任意给定的 $\varepsilon>0$,无论它多么小,都存在一个 $\delta>0$,使得
$$|f(x)-l|<\varepsilon, \quad 只要 0<x-a<\delta,$$
则我们称当 $x\to a+0$ 时 $f(x)$ 以 l 为**右极限**,记做 $\lim\limits_{x\to a+0}f(x)=l$,或者说当

$x \to a+0$ 时，$f(x)$ 趋向于 l，记做

$$f(x) \to l \quad (x \to a + 0).$$

用完全类似的方法定义 $x \to a-0$ 时 $f(x)$ 的**左极限**，只要设 $f(x)$ 在 a 的左侧附近有定义并在上述定义中将 $0<x-a<\delta$ 换成 $0<a-x<\delta$ 即可.

为了直观地了解左右极限的几何意义，请读者画一张草图，来表示 ε 与 δ 的意义.

以上两种情况的极限称做**单侧极限**. 从前面的例子可以看出，一个函数的右极限与左极限可能不相等，也可能相等.

2. 双侧极限

下面讨论自变量 x 从一点 a 之**两侧**趋于 a 的情况.

有了单侧极限的讨论，我们便很容易给出 $x \to a$ 时 $f(x)$ 的极限存在的定义. 只要将前面关于单侧极限定义中的条件 $0<x-a<\delta$ 或 $0<a-x<\delta$ 换成 $0<|x-a|<\delta$ 即可.

定义　设 $y=f(x)$ 是定义在一点 a 的空心邻域

$$U_r(a) \backslash \{a\} = (a-r, a) \bigcup (a, a+r)$$

上. 若存在一个实数 l，对于任意给定的 $\varepsilon>0$，无论它多么小，都存在一个 $\delta>0$，使得

$$|f(x) - l| < \varepsilon, \quad 只要 0 < |x-a| < \delta,$$

则我们称当 x 趋于 a 时 $f(x)$ 以 l 为**极限**，记做

$$\lim_{x \to a} f(x) = l,$$

或者说，当 x 趋于 a 时，$f(x)$ 趋于 l，记做

$$f(x) \to l \quad (x \to a).$$

当 $x \to a$ 时，若 $f(x)$ 以某个数 l 为其极限，则称当 $x \to a$ 时 $f(x)$ 的**极限存在**.

从定义立即看出，若 $\lim\limits_{x \to a} f(x)$ 存在，则 $\lim\limits_{x \to a-0} f(x)$ 与 $\lim\limits_{x \to a+0} f(x)$ 也存在并相等. 反之亦然，即若 $\lim\limits_{x \to a+0} f(x)$ 与 $\lim\limits_{x \to a-0} f(x)$ 都存在并且相等，则 $\lim\limits_{x \to a} f(x)$ 也存在.

这样，若左侧或右侧极限中有一个不存在，或虽都存在但不相等时，则双侧极限不存在.

例 1　符号函数 $y=\text{sgn} x$ 在 0 点无双侧极限. 事实上，$\lim\limits_{x \to 0+0} \text{sgn} x = 1$，$\lim\limits_{x \to 0-0} \text{sgn} x = -1$，故 $\text{sgn} x$ 在 $x=0$ 处的双侧极限不存在.

在上述极限的定义中,我们没有要求函数 $y=f(x)$ 在 a 点有定义,而只是要求它在 a 点的空心邻域内有定义.这里我们所关心的是,当自变量 x 自 a 点左右两侧趋向于 a(没有达到 a)时函数值的**变化趋势**.因此,$y=f(x)$ 在 a 点可以没有定义;即使有定义,$y=f(x)$ 在 a 点的值 $f(a)$ 与 $x \to a$ 时 $f(x)$ 的极限之间没有必然的联系.例如,$\lim\limits_{x \to 0} |\text{sgn} x| = 1$,但是 $\text{sgn} 0 = 0$.

下面我们通过几个具体例子说明如何用 ε-δ 说法去证明一个极限式.

例 2 证明 $\lim\limits_{x \to 1} \sqrt{3x+1} = 2$.

证 首先,考虑

$$\sqrt{3x+1} - 2 = \frac{3(x-1)}{\sqrt{3x+1}+2} \quad \left(x > -\frac{1}{3}\right).$$

于是,我们有

$$\left| \sqrt{3x+1} - 2 \right| \leqslant \frac{3}{2} |x-1| \quad \left(x > -\frac{1}{3}\right).$$

对于任意给定的 $\varepsilon > 0$,为使 $|\sqrt{3x+1} - 2| < \varepsilon$,只要 $\frac{3}{2}|x-1| < \varepsilon$,也即只要 $|x-1| < \frac{2}{3}\varepsilon$.另外,考虑到 $\sqrt{3x+1}$ 的定义域为 $x > -\frac{1}{3}$.因此,应有 $x-1 > -\frac{4}{3}$.可见,为了保证 x 落在函数 $\sqrt{3x+1}$ 的定义域,还应要求 $|x-1| < \frac{4}{3}$.这样,我们取 $\delta = \min\left\{\frac{4}{3}, \frac{2}{3}\varepsilon\right\}$[①],即有

$$\left| \sqrt{3x+1} - 2 \right| < \varepsilon, \quad 只要 \ 0 < |x-1| < \delta.$$

例 3 证明:$\lim\limits_{x \to a} \sin x = \sin a$.

从直观上看,这个极限式的成立是十分自然的事.下面我们用 ε-δ 的说法严格证明它.

证 首先,我们有

$$|\sin x - \sin a| = \left| 2\sin\frac{x-a}{2}\cos\frac{x+a}{2} \right| \leqslant 2\left|\sin\frac{x-a}{2}\right|,$$

利用弧长大于弦长,由图 1.12 很容易看出 $|\sin\theta| \leqslant |\theta|$.可见,由前述不等式我们有

$$|\sin x - \sin a| \leqslant |x-a|.$$

这样,为使 $|\sin x - \sin a| < \varepsilon$,只要 $|x-a| < \varepsilon$ 即可.对于任意给定的正数 ε,

---

① 记号 $\min\left\{\frac{4}{3}, \frac{2}{3}\varepsilon\right\}$ 表示取 $\frac{4}{3}$ 与 $\frac{2}{3}\varepsilon$ 中较小者的值.

图 1.12

我们取 $\delta=\varepsilon$. 这时,我们有

$$|\sin x - \sin a| < \varepsilon, \quad \text{只要 } 0 < |x-a| < \delta.$$

证毕.

从上述两个例子中我们看出,若要证明一个表达式 $f(x)$ 当 $x \to a$ 时的极限为 l,首先要考虑 $|f(x)-l|$,并对它作适当的变形和放大,尽可能使之成为依赖于 $|x-a|$ 的一个量,然后我们让放大后的表达式小于给定的 ε,从而决定要找的 δ.

3. 关于函数极限的定理

有关序列极限的全部定理,对函数的极限都成立,其证明也类似. 现在,我们仅就双侧极限的情况将它们列出而略去它们的证明:

定理 1 设有 $f(x)$,$g(x)$ 及 $h(x)$ 三个函数定义在点 a 的一个空心邻域内,且满足不等式

$$h(x) \leqslant f(x) \leqslant g(x).$$

假如 $\lim\limits_{x \to a} g(x) = l$ 且 $\lim\limits_{x \to a} h(x) = l$,则 $\lim\limits_{x \to a} f(x) = l$.

例 4 $\lim\limits_{x \to 0} \dfrac{\sin x}{x} = 1$.

前面已经指出极限 $\lim\limits_{n \to \infty} \left(1 + \dfrac{1}{n}\right)^n = \mathrm{e}$ 是一个重要极限. 现在的这个极限 $\lim\limits_{x \to 0} \dfrac{\sin x}{x} = 1$ 是微积分中**又一个重要的极限**. 其重要性在后面讨论导数时会看出:利用它导出 $\sin x$ 的导数为 $\cos x$.

我们先考虑 $0 < x < \dfrac{\pi}{2}$ 的情况. 为此,我们作图

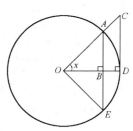

图 1.13

1.13,其中圆半径为 1,而圆弧 $\overset{\frown}{AD}$ 的长度为 x,也即它所对的角的弧度数为 x.

从图 1.13 中容易看出:$\sin x < x$. 另一方面,扇形 OAD 的面积小于三角形 OCD 的面积,也即

$$\frac{1}{2} x < \frac{1}{2} \tan x.$$

这样我们有

$$\sin x < x < \frac{\sin x}{\cos x}, \quad 0 < x < \frac{\pi}{2},$$

也即
$$\cos x < \frac{\sin x}{x} < 1, \quad 0 < x < \frac{\pi}{2}.$$

上式对 $-\frac{\pi}{2} < x < 0$ 的情况也成立,这是因为 $\cos x$ 与 $\sin x/x$ 都是偶函数,也即当将 x 换成 $-x$ 时其函数值不变.

注意到 $\lim\limits_{x \to 0} \cos x = 1$ 及常数函数 $y = 1$ 的极限是 1,由上式及定理 1 立即得出我们所要的结论.

定理 2   设 $f(x)$ 及 $g(x)$ 是定义在 a 点的一个空心邻域内的函数. 若
$$\lim_{x \to a} f(x) = l_1, \quad \lim_{x \to a} g(x) = l_2,$$

则有
$$\lim_{x \to a} (f(x) \pm g(x)) = l_1 \pm l_2, \quad \lim_{x \to a} (f(x) \cdot g(x)) = l_1 \cdot l_2,$$

且在 $l_2 \neq 0$ 时有
$$\lim_{x \to a} \frac{f(x)}{g(x)} = \frac{l_1}{l_2}.$$

例 5   求 $\lim\limits_{x \to 0} \dfrac{\sqrt{1+x}-1}{x + \sin x}$.

解   这个表达式的分子与分母的极限都是零,因而不能直接应用定理 2. 将上式分子与分母同时除以 x(注意在 x 趋于 0 的过程中 $x \neq 0$)立即得到

$$\frac{\sqrt{1+x}-1}{x + \sin x} = \frac{\dfrac{\sqrt{1+x}-1}{x}}{1 + \dfrac{\sin x}{x}}.$$

在作了这样的形变后,分母的极限不再为零,这时便可应用定理 2. 当 $x \to 0$ 时,$1 + \dfrac{\sin x}{x} \to 2$,而

$$\frac{\sqrt{1+x}-1}{x} = \frac{1+x-1}{x(\sqrt{1+x}+1)} = \frac{1}{\sqrt{1+x}+1} \to \frac{1}{2},$$

于是
$$\lim_{x \to 0} \frac{\sqrt{1+x}-1}{x + \sin x} = \frac{1}{4}.$$

这里用到 $\sqrt{1+x} \to 1 \;(x \to 0)$ 这一事实,它可以直接证明.

例 6   求 $\lim\limits_{x \to 0} \dfrac{\sin 5x - \tan 3x}{2x}$.

解   由 $\dfrac{\sin 5x}{2x} = \dfrac{\sin 5x}{5x} \cdot \dfrac{5}{2}$ 可以推出

$$\lim_{x \to 0} \frac{\sin 5x}{2x} = \lim_{x \to 0} \frac{\sin 5x}{5x} \cdot \frac{5}{2} = \lim_{y \to 0} \frac{\sin y}{y} \cdot \frac{5}{2} = \frac{5}{2}.$$

这里我们作了一个变量替换 $y = 5x$. 同理可以推出

$$\lim_{x \to 0} \frac{\tan 3x}{2x} = \lim_{x \to 0} \frac{1}{\cos 3x} \cdot \lim_{x \to 0} \frac{\sin 3x}{3x} \cdot \frac{3}{2}$$

$$= \lim_{y \to 0} \frac{1}{\cos y} \cdot \lim_{y \to 0} \frac{\sin y}{y} \cdot \frac{3}{2} = \frac{3}{2}.$$

这里用到 $\lim\limits_{y \to 0} \cos y = 1$.

总结前面的结果，我们有

$$\lim_{x \to 0} \frac{\sin 5x - \tan 3x}{2x} = \frac{5}{2} - \frac{3}{2} = 1.$$

序列极限中有关极限不等式的定理，在函数极限中同样成立.

定理 3 设 $f(x)$ 及 $g(x)$ 是定义在 a 点的一个空心邻域内的函数，且

$$\lim_{x \to a} f(x) = l_1, \quad \lim_{x \to a} g(x) = l_2.$$

若 $l_1 > l_2$，则存在一个 $\delta > 0$，使得

$$f(x) > g(x), \quad \text{只要 } 0 < |x - a| < \delta.$$

推论 设 $\lim\limits_{x \to a} f(x) = l > 0$，则存在一个 $\delta > 0$，使得

$$f(x) > 0, \quad \text{只要 } 0 < |x - a| < \delta.$$

这也就是说，若一个函数当自变量趋向一点 a 时的极限大于 0，则它在 a 的某个小的空心邻域内都大于 0. 这个结论很容易从定理 3 中推出，只要将其中的函数 $y = g(x)$ 取成恒等于零的函数即可. 它的几何意义也是十分明显的.

定理 4 设 $f(x)$ 及 $g(x)$ 是定义在点 a 的一个空心邻域内的函数，且在这个空心邻域内满足 $f(x) \geqslant g(x)$. 若当 $x \to a$ 时函数 $f(x)$ 及 $g(x)$ 的极限均存在，则

$$\lim_{x \to a} f(x) \geqslant \lim_{x \to a} g(x).$$

现在，我们来讨论函数极限与序列极限之间的关系. 我们有下面的定理.

定理 5 设函数 $f(x)$ 在 a 点的一个空心邻域内有定义，并且 $\lim\limits_{x \to a} f(x) = l$. 假若 $\{x_n\}$ 是一串在该空心邻域内取值的序列，且

$$\lim_{n \to \infty} x_n = a,$$

则有

$$\lim_{n \to \infty} f(x_n) = l.$$

证 根据假定 $\lim\limits_{x \to a} f(x)=l$,对于任意给定的 $\varepsilon>0$,存在一个 $\delta>0$,使得

$$|f(x) - l| < \varepsilon, \qquad 只要 0 < |x - a| < \delta.$$

特别地,$|f(x_n)-l|<\varepsilon$,只要 $0<|x_n-a|<\delta$. 然而根据定理中 $x_n \to a$ $(n \to \infty)$ 的假定,对于这个 $\delta>0$ 存在一个自然数 N,使得 $|x_n-a|<\delta$,只要 $n>N$. 注意到 x_n 只在 a 的空心邻域内取值,故对一切 $n,x_n \neq a$,也即有 $|x_n-a|>0$. 于是,我们有

$$|f(x_n) - l| < \varepsilon, \qquad 只要 n > N.$$

证毕.

这个定理为我们提供了**一种证明函数极限不存在的办法**:对于一个定义在 a 点的某空心邻域内的函数 $f(x)$,如果能找到两串序列 $\{x_n'\}$ 与 $\{x_n''\}$,它们都在 a 的该空心邻域内取值,且当 $n \to \infty$ 时都以 a 为极限,而极限 $\lim\limits_{n \to \infty} f(x_n')$ 与 $\lim\limits_{n \to \infty} f(x_n'')$ 都存在但不相等,则 $f(x)$ 在 $x \to a$ 时不可能有极限.

例 7 函数 $\sin \dfrac{1}{x}$ 在 $x \to 0$ 时没有极限.

事实上,取 $x_n' = \dfrac{1}{2n\pi}$,则 $\sin \dfrac{1}{x_n'}=0$;而取 $x_n'' = \left(2n\pi + \dfrac{\pi}{2}\right)^{-1}$,则 $\sin \dfrac{1}{x_n''}=1$. 这时显然有 $x_n' \to 0(n \to \infty),x_n'' \to 0(n \to \infty)$,且

$$\lim_{n \to \infty} \sin \frac{1}{x_n'} \neq \lim_{n \to \infty} \sin \frac{1}{x_n''}.$$

因此,当 $x \to 0$ 时,函数 $\sin \dfrac{1}{x}$ 没有极限.

4. 自变量趋于无穷时函数的极限

正如本节开始时所指出的,自变量 x 趋于无穷有三种情况:$x \to +\infty$,$x \to -\infty$ 及 $x \to \infty$. 其中前两种情况意义十分明白,而第三种情况 $x \to \infty$ 则要特别注意它要求自变量 x 沿 x 轴的正向与负向同时无限增大,也即相当于要求 $|x| \to +\infty$. 因此,$x \to \infty$ 的过程实际上此时包含了 $x \to +\infty$ 与 $x \to -\infty$ 两个过程,这一点读者应当注意.

定义 设 $y=f(x)$ 在 $(a,+\infty)$ 内有定义. 若有一个数 l,对于任意给定的正数 ε,都存在 A $(A>a)$ 使得

$$|f(x) - l| < \varepsilon, \qquad 只要 x > A,$$

那么我们称 l 为 $x \to +\infty$ 时 $f(x)$ 的**极限**,记做 $\lim\limits_{x \to +\infty} f(x)=l$.

对于极限 $\lim\limits_{x \to -\infty} f(x)$,可用类似的方式定义.

例 8　证明 $\lim\limits_{x\to+\infty} e^{-x}=0$.

证　对于任意给定的 $\varepsilon>0$,为使 $|e^{-x}-0|<\varepsilon$,只要 $e^{-x}<\varepsilon$,也即只要 $x>-\ln\varepsilon$. 因此,可取 $A=-\ln\varepsilon$,这时有

$$|e^{-x}-0|<\varepsilon,\quad 只要\ x>A.$$

这就证明了 $\lim\limits_{x\to+\infty}e^{-x}=0$. 证毕.

定义　设 $y=f(x)$ 在 $\{x:|x|>a\}$ 上有定义,且对任意的 $\varepsilon>0$,存在 $A>a$ 使得当 $|x|>A$ 时, $|f(x)-l|<\varepsilon$,我们则称 l 为 $f(x)$ 当 $x\to\infty$ 时的极限,并记做 $\lim\limits_{x\to\infty}f(x)$.

现在,我们要特别强调指出:**极限 $\lim\limits_{x\to\infty}f(x)$存在的充分必要条件是 $\lim\limits_{x\to+\infty}f(x)$ 与 $\lim\limits_{x\to-\infty}f(x)$ 都存在并且相等.**

若 $\lim\limits_{x\to+\infty}f(x)$ 与 $\lim\limits_{x\to-\infty}f(x)$ 中有一个不存在,或它们都存在但不相等,则 $\lim\limits_{x\to\infty}f(x)$ 不存在.

例如, $\lim\limits_{x\to\infty}e^{-x}$ 不存在,因为 $\lim\limits_{x\to-\infty}e^{-x}$ 不存在. 又例如, $\lim\limits_{x\to\infty}\mathrm{sgn}x$ 也不存在,因为 $\lim\limits_{x\to+\infty}\mathrm{sgn}x=1$,而 $\lim\limits_{x\to-\infty}\mathrm{sgn}x=-1$.

根据定义,很容易看出,当 $\lim\limits_{x\to\infty}f(x)$ 存在时,则 $\lim\limits_{y\to0}f\left(\dfrac{1}{y}\right)$ 也存在且有

$$\lim\limits_{x\to\infty}f(x)=\lim\limits_{y\to0}f\left(\frac{1}{y}\right).$$

我们还要指出,关于极限的夹逼定理,极限不等式以及关于极限的四则运算的定理,对 $x\to+\infty,x\to-\infty$ 以及 $x\to\infty$ 等极限过程也都成立,这里不再重述.

最后,我们讨论一个重要极限,它是 $\left(1+\dfrac{1}{n}\right)^{n}\to e$ 的推广.

例 9　$\lim\limits_{x\to\infty}\left(1+\dfrac{1}{x}\right)^{x}=e$.

证　对于任意的 $x>1$,我们有

$$\left(1+\frac{1}{[x]+1}\right)^{[x]}\leqslant\left(1+\frac{1}{x}\right)^{x}\leqslant\left(1+\frac{1}{[x]}\right)^{[x]+1}.$$

而

$$\lim\limits_{x\to+\infty}\left(1+\frac{1}{[x]+1}\right)^{[x]}=\lim\limits_{n\to\infty}\left(1+\frac{1}{n+1}\right)^{n}$$

$$=\lim\limits_{n\to\infty}\left(1+\frac{1}{n+1}\right)^{n+1}\left(1+\frac{1}{n+1}\right)^{-1}=e,$$

$$\lim_{x \to +\infty} \left(1 + \frac{1}{[x]}\right)^{[x]+1} = \lim_{n \to \infty} \left(1 + \frac{1}{n}\right)^{n+1}$$

$$= \lim_{n \to \infty} \left(1 + \frac{1}{n}\right)^{n}\left(1 + \frac{1}{n}\right) = e.$$

这样由夹逼定理即得

$$\lim_{x \to +\infty} \left(1 + \frac{1}{x}\right)^{x} = e.$$

现在考虑 $x \to -\infty$ 的过程. 令 $y = -x$, 则 $y \to +\infty$. 注意利用上面所得的结果, 有

$$\lim_{x \to -\infty} \left(1 + \frac{1}{x}\right)^{x} = \lim_{y \to +\infty} \left(1 - \frac{1}{y}\right)^{-y} = \lim_{y \to +\infty} \left(1 + \frac{1}{y-1}\right)^{y}$$

$$= \lim_{y \to +\infty} \left[\left(1 + \frac{1}{y-1}\right)^{y-1} \cdot \left(1 + \frac{1}{y-1}\right)\right] = e.$$

由 $\lim\limits_{x \to +\infty} \left(1 + \frac{1}{x}\right)^{x} = \lim\limits_{x \to -\infty} \left(1 + \frac{1}{x}\right)^{x} = e$, 即得

$$\lim_{x \to \infty} \left(1 + \frac{1}{x}\right)^{x} = e.$$

证毕.

由极限 $\lim\limits_{x \to \infty} \left(1 + \frac{1}{x}\right)^{x} = e$ 可以推出

$$\lim_{y \to 0} (1 + y)^{\frac{1}{y}} = e.$$

这只要作一个变量替换 $y = \frac{1}{x}$ 即可.

例 10 设 k 为正整数, 证明

(1) $\lim\limits_{x \to \infty} \left(1 + \frac{1}{x}\right)^{kx} = e^{k}$;   (2) $\lim\limits_{x \to 0} (1 + kx)^{\frac{1}{x}} = e^{k}$.

证   由

$$\left(1 + \frac{1}{x}\right)^{kx} = \left[\left(1 + \frac{1}{x}\right)^{x}\right]^{k}$$

及极限的乘法公式, 立即推出 (1) 式.

为证明 (2) 式, 我们令 $y = (kx)^{-1}$, 则有

$$(1 + kx)^{\frac{1}{x}} = \left(1 + \frac{1}{y}\right)^{ky}.$$

注意到当 $x \to 0$ 时, $y \to \infty$, 于是由 (1) 又得

$$\lim_{x \to 0} (1 + kx)^{\frac{1}{x}} = \lim_{y \to \infty} \left(1 + \frac{1}{y}\right)^{ky} = e^{k}.$$

证毕.

5. 无穷大量

最后我们介绍**无穷大量**的概念. 某些函数在自变量 x 的一个特定变化过程中函数的绝对值无限制地增大. 比如当 $x \to +\infty$ 时, e^x 无限增大. 这种绝对值无限增大的量就称为无穷大量. 它的确切定义如下:

定义 设 $f(x)$ 在 x_0 的一个空心邻域内有定义. 若对于任意给定的正数 M, 不论它有多么大, 总存在一个 $\delta > 0$, 使得 $0 < |x - x_0| < \delta$ 时, 就有 $|f(x)| > M$, 则称当 $x \to x_0$ 时 $f(x)$ 为**无穷大量**, 并记做

$$\lim_{x \to x_0} f(x) = \infty,$$

或

$$f(x) \to \infty \quad (x \to x_0).$$

读者可以仿照此定义自己给出自变量的其他变化过程中的无穷大量的定义.

显然, 若 $x \to x_0$ 时 $f(x)$ 是无穷大量, 则当 $x \to x_0$ 时 $f(x)$ 没有极限.

这里应该特别提醒读者: **尽管我们将无穷大量 $f(x)$ 写成 $\lim\limits_{x \to x_0} f(x) = \infty$ 的形式, 但是我们仍然认为当 $x \to x_0$ 时 $f(x)$ 的极限不存在. 通常关于极限四则运算的定理对于无穷大量而言不成立.**

无穷大量又有两种特殊情况:

$$f(x) \to +\infty \ (x \to x_0) \quad 及 \quad f(x) \to -\infty \ (x \to x_0).$$

它们的含义是清楚的, 读者自己可以给出其确切定义.

历史的注记

在本节中我们证明了极限 $\lim\limits_{x \to \infty} \left(1 + \dfrac{1}{x}\right)^x = e$, 其中 e 是自然对数的底. 这使我们不能不提到它的引入者——欧拉.

欧拉(Léonhard Euler, 1707—1783), 生于瑞士的巴塞尔, 卒于俄国的彼得堡. 他 15 岁大学毕业, 18 岁开始发表数学论文, 20 岁应邀赴俄国彼得堡科学院从事研究. 14 年后又转到柏林科学院工作, 在柏林工作长达 25 年之久, 1766 年再次回到彼得堡.

欧拉是 18 世纪中最杰出的数学家与科学家之一. 他在分析学、力学、数论等方面作了大量的研究工作, 共发表学术论文 800 余篇, 是一个无与伦比的高产作者.

欧拉的最大的功绩之一是拓展了微积分的研究领域与应用范围,为级数理论、变分法、微分方程和微分几何等领域的产生与发展奠定了重要基础. 此外,他是复变函数论和理论流体力学的先驱者. 至今,在现代数学众多分支中很多重要公式或定理都以欧拉命名.

欧拉不仅具有非凡的研究才能而且有惊人的毅力. 晚年双目失明,但仍然坚持研究工作. 他凭借着超人的记忆力与心算技巧,通过助手记录他的口述,继续他的研究工作并完成了大量的重要著作.

习　题　**1.4**

1. 直接用 $\varepsilon\text{-}\delta$ 说法证明下列各极限式:

(1) $\lim\limits_{x\to a}\sqrt{x}=\sqrt{a}$　$(a>0)$;

(2) $\lim\limits_{x\to a}x^2=a^2$;

(3) $\lim\limits_{x\to a}e^x=e^a$;

(4) $\lim\limits_{x\to a}\cos x=\cos a$.

2. 设 $\lim\limits_{x\to a}f(x)=l$,证明:存在 a 的一个空心邻域 $(a-\delta,a)\bigcup(a,a+\delta)$,使得函数 $y=f(x)$ 在该邻域内是有界函数.

3. 求下列极限:

(1) $\lim\limits_{x\to 0}\dfrac{(1+x)^2-1}{2x}$;

(2) $\lim\limits_{x\to 0}\dfrac{1-\cos x}{x^2}$;

(3) $\lim\limits_{x\to 0}\dfrac{\sqrt{x+a}-\sqrt{a}}{x}$,$a>0$;

(4) $\lim\limits_{x\to 1}\dfrac{x^2-x-2}{2x^2-2x-3}$;

(5) $\lim\limits_{x\to 0}\dfrac{x^2-x-2}{2x^2-2x-3}$;

(6) $\lim\limits_{x\to\infty}\dfrac{(2x-3)^{20}(3x+2)^{10}}{(2x+1)^{30}}$;

(7) $\lim\limits_{x\to 0}\dfrac{\sqrt{1+x}-\sqrt{1-x}}{x}$;

(8) $\lim\limits_{x\to -1}\left(\dfrac{1}{x+1}-\dfrac{3}{x^3+1}\right)$;

(9) $\lim\limits_{x\to 4}\dfrac{\sqrt{1+2x}-3}{\sqrt{x}-2}$;

(10) $\lim\limits_{x\to 1}\dfrac{x^n-1}{x-1}$ (n 为正整数);

(11) $\lim\limits_{x\to\infty}(\sqrt{x^2+1}-\sqrt{x^2-1})$;

(12) $\lim\limits_{x\to 0}\dfrac{a_0x^m+a_1x^{m-1}+\cdots+a_m}{b_0x^n+b_1x^{n-1}+\cdots+b_n}$ $(b_n\neq 0)$;

(13) $\lim\limits_{x\to +\infty}\dfrac{a_0x^m+a_1x^{m-1}+\cdots+a_m}{b_0x^n+b_1x^{n-1}+\cdots+b_n}$ $(a_0\cdot b_0\neq 0)$;

(14) $\lim\limits_{x\to\infty}\dfrac{\sqrt{x^4+8}}{x^2+1}$;

(15) $\lim\limits_{x\to 0}\dfrac{\sqrt[3]{1+3x}-\sqrt[3]{1-2x}}{x+x^2}$;

(16) $\lim\limits_{x\to a+0}\dfrac{\sqrt{x}-\sqrt{a}+\sqrt{x-a}}{\sqrt{x^3-a^3}}$ $(a>0)$.

4. 利用 $\lim\limits_{x\to 0}\dfrac{\sin x}{x}=1$ 及 $\lim\limits_{x\to\infty}\left(1+\dfrac{1}{x}\right)^x=e$ 求下列极限:

(1) $\lim\limits_{x\to 0}\dfrac{\sin\alpha x}{\tan\beta x}$ $(\beta\neq 0)$;

(2) $\lim\limits_{x\to 0}\dfrac{\sin(2x^2)}{3x}$;

(3) $\lim\limits_{x\to 0} \dfrac{\tan 3x - \sin 2x}{\sin 5x}$;

(4) $\lim\limits_{x\to 0+0} \dfrac{x}{\sqrt{1-\cos x}}$;

(5) $\lim\limits_{x\to a} \dfrac{\sin x - \sin a}{x-a}$;

(6) $\lim\limits_{x\to\infty} \left(1+\dfrac{k}{x}\right)^{-x}$;

(7) $\lim\limits_{y\to 0} (1-5y)^{1/y}$;

(8) $\lim\limits_{x\to\infty} \left(1+\dfrac{1}{x}\right)^{x+100}$.

5. 给出

$$\lim_{x\to a} f(x) = +\infty \quad \text{及} \quad \lim_{x\to -\infty} f(x) = -\infty$$

的严格定义.

§5 连 续 函 数

本节要讨论一类重要函数,即连续函数.我们常见的基本初等函数在其定义域内都是连续函数.从直观上看,所谓连续函数就是指这样一类函数,其函数图形是一条连续曲线(如果其定义域是一个区间).

连续函数是微积分研究的基本对象.连续函数的基本性质构成了微积分的重要基础.

1. 连续性的定义

我们从具体例子讲起.从直观上看,函数 $y=\sin x$ 的图形是一条连续的曲线,而函数 $y=\operatorname{sgn} x$ 的图形是断开的曲线.那么用什么办法去刻画一个函数连续性呢?我们注意到,对于函数 $y=\sin x$,在任意一点 x_0 处都有

$$\lim_{x\to x_0} \sin x = \sin x_0.$$

即函数在任意一点处的双侧极限恰好等于函数在该点的函数值.而函数 $y=\operatorname{sgn} x$ 不具备这样的性质,在 $x=0$ 处函数 $y=\operatorname{sgn} x$ 没有双侧极限.这样,我们看到一个函数 $y=f(x)$ 在一点 x_0 的连续性可以用极限 $\lim\limits_{x\to x_0} f(x)=f(x_0)$ 来描述.

定义 假定 $y=f(x)$ 在 (a,b) 内有定义.若在一点 $x_0\in(a,b)$ 处函数 $y=f(x)$ 有双侧极限,且极限值等于函数值 $f(x_0)$,即 $\lim\limits_{x\to x_0} f(x)=f(x_0)$,则称 $y=f(x)$ **在 x_0 点连续**. 若 $y=f(x)$ 在 (a,b) 的每一点都连续,则称它**在 (a,b) 上连续**.

例 1 函数 $y=\sin x,y=\cos x,y=e^x x^n$($n$ 为自然数)在 **R** 上是连续函数,$y=\sqrt{x}$ 在 $(0,+\infty)$ 上是连续函数(见 §4 例 3 及习题 1.4 第 1 题).

函数 $y=[x]$ 在每个整数点都是不连续的,而在其他点是连续的,狄利

克雷函数处处不连续.

我们也可以用 ε-δ 的说法给出函数 $y=f(x)$ 在一点 x_0 连续的定义：$\forall\, \varepsilon>0, \exists\, \delta>0$ 使得

$$|f(x)-f(x_0)|<\varepsilon, \quad 只要\ |x-x_0|<\delta.$$

与极限的定义相比较,我们发现,首先这里要求 $f(x)$ 在 x_0 点有定义,且以 $f(x_0)$ 作为极限值. 其次,这里没有要求 $|x-x_0|>0$. 这是因为当 $x-x_0=0$ 时,不等式 $|f(x)-f(x_0)|<\varepsilon$ 自然成立.

例 2 若函数 $y=f(x)$ 在 (a,b) 内满足下列条件[①]：

$$|f(x_1)-f(x_2)|\leqslant L|x_1-x_2|, \quad \forall\, x_1,x_2\in(a,b),$$

其中 L 为正的常数,则 $y=f(x)$ 在 (a,b) 上连续.

证 对于任意一点 $x_0\in(a,b)$ 及任意的 $\varepsilon>0$,取 $\delta=\varepsilon/L$,则当 $|x-x_0|<\delta$ 时, $|f(x)-f(x_0)|\leqslant L|x-x_0|<\varepsilon$. 证毕.

有时我们需要左连续与右连续的概念. 若

$$\lim_{x\to x_0+0} f(x)=f(x_0),$$

则称 $y=f(x)$ 在 x_0 处**右连续**；若

$$\lim_{x\to x_0-0} f(x)=f(x_0),$$

则称 $y=f(x)$ 在 x_0 处**左连续**. 显然,函数 $y=f(x)$ 在一点 x_0 处连续的充分必要条件是它在 x_0 处左右都连续.

定义 假定 $y=f(x)$ 在 $[a,b]$ 上有定义. 若 $y=f(x)$ 在 (a,b) 上连续,且在 a 点右连续,在 b 点左连续,则称 $y=f(x)$ **在 $[a,b]$ 上连续**.

函数 $y=x-[x]$ 在每个整数点 n 处右连续,但不左连续.

函数 $y=x-[x]$ 在 $[0,1/2]$ 上是连续函数,但它在 $[0,1]$ 上不是连续函数.

根据函数极限的四则运算法则,立即推出函数的四则运算保持函数的连续性：

定理 1 设函数 $y=f(x)$ 及 $y=g(x)$ 在一点 x_0 附近有定义,且在 x_0 点连续,则 $y=f(x)\pm g(x), y=f(x)\cdot g(x)$ 及 $y=f(x)/g(x)\ (g(x_0)\neq 0)$ 在 x_0 点连续.

由这个定理立即推出

例 3 正切函数 $y=\tan x$ 与余切函数 $y=\cot x$ 在各自的定义域内是连

---

① 此条件称做李普希茨(Lipschitz,1832—1903)条件.

续函数.

2. 复合函数的连续性

下面的定理告诉我们：连续函数复合以连续函数仍是连续函数.

定理 2 设 $f: (a,b) \to (c,d)$ 在 x_0 点是连续的，而 $g: (c,d) \to \mathbf{R}$ 在 $y_0 = f(x_0)$ 是连续的，则复合函数 $g \circ f$ 在 x_0 点是连续的.

证 设 $h = g(f(x))$，那么对于任意给定的 $\varepsilon > 0$，存在 $\delta_1 > 0$ 使得

$$|g(y) - g(y_0)| < \varepsilon, \quad 只要 |y - y_0| < \delta_1.$$

对于这个 $\delta_1 > 0$，则存在一个 $\delta > 0$ 使得

$$|f(x) - f(x_0)| < \delta_1, \quad 只要 |x - x_0| < \delta.$$

这样，我们有

$$|g(f(x)) - g(f(x_0))| < \varepsilon, \quad 只要 |x - x_0| < \delta.$$

证毕.

这个证明形式上似乎有点抽象，但如果画个图就一目了然了（见图 1.14）. 这里建议读者在读数学式子时经常画个图，将它们翻译成几何直观的东西，这样会有助于理解.

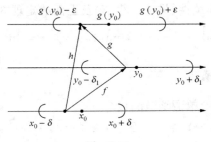

图 1.14

定理 2 告诉我们常见的基本初等函数的复合函数，如

$$\sin x^n, \ \mathrm{e}^{\sin x}, \ \cos \mathrm{e}^x, \ \cos(\sin x)$$

等在实轴 $\mathbf{R}$ 上是连续函数.

定理 2 可以稍作推广，而写成下列形式：

定理 3 假定 $g: (c,d) \to \mathbf{R}$ 在一点 $y_0 \in (c,d)$ 连续，又假定

$$\lim_{x \to a} f(x) = y_0.$$

那么

$$\lim_{x \to a} g(f(x)) = g(y_0).$$

（注：这里 a 可以换成 $+\infty$，$-\infty$ 或 ∞．）

比较定理 2 与定理 3 立即发现，其差别在于，定理 3 中没有假定 $f(x)$ 在 a 点连续，甚至没有假定它在 a 点有定义．

定理 3 的结论可以写成下列形式：

$$\lim_{x \to a} g(f(x)) = g(\lim_{x \to a} f(x)),$$

也就是说，在定理 3 的条件下，极限运算 $\lim\limits_{x \to a}$ 可以与 g "交换次序"．

例 4 $\lim\limits_{x \to \infty} \cos\left(1 + \dfrac{1}{x}\right)^x = \cos \lim\limits_{x \to \infty}\left(1 + \dfrac{1}{x}\right)^x = \cos e$.

例 5 $\lim\limits_{x \to +\infty} \sin(\sqrt{x+1} - \sqrt{x}) = \sin 0 = 0$.

这里用到了

$$\lim_{x \to +\infty} (\sqrt{x+1} - \sqrt{x}) = \lim_{x \to +\infty} \frac{1}{\sqrt{x+1} + \sqrt{x}} = 0.$$

例 6 $\lim\limits_{x \to 0} \dfrac{\ln(1+x)}{x} = 1$.

事实上，我们有

$$\lim_{x \to 0}(1 + x)^{\frac{1}{x}} = \lim_{y \to \infty}\left(1 + \frac{1}{y}\right)^y = e.$$

于是由对数函数的连续性（见下一小节）及上面的定理 3，立即有

$$\lim_{x \to 0} \frac{\ln(1+x)}{x} = \ln(\lim_{x \to 0}(1+x)^{\frac{1}{x}}) = \ln e = 1.$$

3. 反函数的连续性

现在，我们先讨论**单调函数**的概念．

定义   设 $f：X \to Y$ 是一个函数，满足下列条件：

$$f(x_1) \leqslant f(x_2)，\quad 只要 \ x_1, x_2 \in X，\ x_1 < x_2,$$

则我们称 f 是**递增**的．如果满足更强的条件：

$$f(x_1) < f(x_2)，\quad 只要 \ x_1, x_2 \in X，\ x_1 < x_2,$$

则我们称 f 为**严格递增**的．

类似地，可以定义**递减**或**严格递减**的概念，只要在上述定义中交换 $f(x_1)$ 与 $f(x_2)$ 的位置而其他叙述不改即可．

一个函数称为**单调**的（**严格单调**的），如果它是**递增**或**递减**的（**严格递增**或**严格递减**的）．

在初等函数中，正弦、余弦函数在 $(-\infty, +\infty)$ 内显然不是单调函数，但它们分别在区间 $(-\pi/2, \pi/2)$ 及 $(0, \pi)$ 上是严格单调的；而对数函数在

$(0,+\infty)$内,指数函数在$(-\infty,+\infty)$内都是严格单调的.常数函数是单调函数,但不是严格单调的.

引理 1 设 $f:(a,b)\to(c,d)$ 是一一满射,并且作为函数是严格单调的,则 f 是 (a,b) 上的连续函数,且其反函数 f^{-1} 是 (c,d) 上的连续函数.

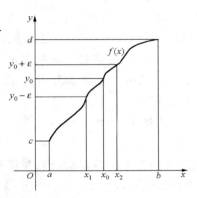

图 1.15

证 证明是容易的.从图 1.15 便可以看出如何根据 ε 找到所要的 δ.设 $x_0\in(a,b)$ 是任意给定的一点,$y_0=f(x_0)$.又设 ε 是任意给定的足够小的正数,使得

$$c<y_0-\varepsilon<y_0<y_0+\varepsilon<d.$$

不失一般性,我们假定 f 是严格递增的(见图 1.15).令

$$x_1=f^{-1}(y_0-\varepsilon),\quad x_2=f^{-1}(y_0+\varepsilon),$$

则 $x_1<x_0<x_2$.

显然,这时由 f 的严格递增性有

$$y_0-\varepsilon<f(x)<y_0+\varepsilon,\quad 只要 x 满足 x_1<x<x_2.$$

取 $\delta=\min(x_2-x_0,x_0-x_1)$,则 $U_\delta(x_0)\subset(x_1,x_2)$,从而有

$$|f(x)-f(x_0)|<\varepsilon,\quad 只要 |x-x_0|<\delta.$$

这表明 f 在 x_0 点是连续的.由于 x_0 是 (a,b) 中任意的一点,故 f 在 (a,b) 上连续.

又因为当 f 严格单调时,不难证明 f^{-1} 也严格单调,因而上述证明也完全适用于 f^{-1},故 f^{-1} 在 (c,d) 上也是连续的.定理证毕.

从证明中可以看出,定理 4 中的区间 (a,b) 与 (c,d) 同时改为闭区间或半开半闭区间,结论同样成立.

下面我们应用引理 1 来证明**基本初等函数在其定义域内的连续性**.

关于基本初等函数,我们认为它们在中学教材中已经有了定义,并且承认已为大家所熟知的性质,比如 $y=\sin x$ 在 $[-\pi/2,\pi/2]$ 上严格单调,且将 $[-\pi/2,\pi/2]$ 映满区间 $[-1,1]$,本书承认这些结论而不打算深究其理由.

基于正弦函数 $y=\sin x$ 在 $[-\pi/2,\pi/2]$ 区间上的上述性质,由引理 1 即推出 $\arcsin x$ 在 $[-1,1]$ 上的连续性.一般地,我们有

例 7 反三角函数 $\arcsin x$,$\arccos x$,$\arctan x$ 及 $\operatorname{arccot} x$ 在各自的定义域内是连续函数.

类似地,基于指数 $y=a^x$ 的单调性及其取值范围,我们可以得到指数函数与对数函数的连续性.

例 8 对数函数 $\log_a x\ (a>0, a\neq 1)$ 与指数函数 $a^x(a>0, a\neq 1)$ 分别在 $(0,+\infty)$ 及 $(-\infty,+\infty)$ 上连续.

这样,在基本初等函数中,我们已证明了三角函数、反三角函数、指数函数及对数函数的连续性.下面我们来证明一般幂函数 $y=x^a$ 在 $(0,+\infty)$ 内是连续的.

事实上,$y=x^a$ 可以写成

$$x^a = e^{a\ln x},$$

即 x^a 可以看做是对数函数与指数函数之复合.这样,由对数函数与指数函数的连续性即推出 $y=x^a$ 的连续性.

总之,我们证明了,所有基本初等函数在其定义域内是连续的.

我们知道,任意一个初等函数都是基本初等函数经过有限次四则运算及复合运算的结果,而四则运算及复合运算保持函数的连续性不变.因此,**每个初等函数在其定义域内任意一个区间中都是连续的**[①].

4. 间断点的分类

若 $y=f(x)$ 在一点 x_0 附近有定义但不连续,则称 x_0 为其一个**间断点**.根据定义,假定 x_0 是 $y=f(x)$ 的一个间断点,那么它有下列两种可能性:

(1) $\lim\limits_{x\to x_0+0}f(x)$ 与 $\lim\limits_{x\to x_0-0}f(x)$ 都存在,但它们彼此不相等,或者它们相等但不等于函数值 $f(x_0)$.此类间断点称为**第一类间断点**.

当 $\lim\limits_{x\to x_0+0}f(x)=\lim\limits_{x\to x_0-0}f(x)\neq f(x_0)$ 时,人们可以通过修改函数 $f(x)$ 在 x_0 处的值而使得函数在 x_0 处连续,故此时称 x_0 为**可去间断点**.

(2) $\lim\limits_{x\to x_0+0}f(x)$ 与 $\lim\limits_{x\to x_0-0}f(x)$ 中至少有一个不存在,此时称 x_0 为**第二类间断点**.

显然,$y=x-[x]$ 的间断点都是第一类间断点(见图 1.16).$y=\operatorname{sgn}x^2$ 的间断点 $x=0$ 是第一类间断点,并且是可去间断点(见图 1.17).函数

---

① 初等函数的定义域可能包含孤立点,例如 $y=\sqrt{x^2(x-1)(x+1)}$ 的定义域为 $(-\infty,-1]$ $\cup\{0\}\cup[1,+\infty)$,其中 $x=0$ 就是一个孤立点.根据现有连续性定义,我们不能在孤立点谈论函数的连续性.故这里我们只断言:初等函数在其定义域中的任意一个区间上是连续的,这里的区间可以是开的,闭的,半开半闭的,或者为无穷区间.

$$y = \begin{cases} \sin \dfrac{1}{x}, & x \neq 0, \\ 0, & x = 0 \end{cases}$$

的间断点 $x=0$ 是第二类间断点.

图 1.16　　　　　　　　　　图 1.17

习 题 1.5

1. 试用 ε-δ 的说法证明:

(1) $\sqrt{1+x^2}$ 在 $x=0$ 连续;

(2) $\sin 5x$ 在任意一点 $x=a$ 连续.

2. 设函数 $y=f(x)$ 在 x_0 处连续且 $f(x_0)>0$. 证明存在一个 $\delta>0$ 使得

$$f(x) > 0, \quad 当 |x - x_0| < \delta.$$

3. 设 $y=f(x)$ 在 (a,b) 上连续,证明 $y=|f(x)|$ 在 (a,b) 上也连续. 并问其逆命题是否成立?

4. 适当选取 a,使下列函数处处连续:

(1) $f(x) = \begin{cases} \sqrt{1+x^2}, & x<0, \\ a+x, & x \geqslant 0; \end{cases}$ 　　 (2) $f(x) = \begin{cases} \ln(1+x), & x \geqslant 1, \\ a\cos\pi x, & x<1. \end{cases}$

5. 利用初等函数的连续性及定理 3 求下列极限:

(1) $\lim\limits_{x \to +\infty} \cos \dfrac{\sqrt{x+1} - \sqrt{x}}{x}$;　　　　 (2) $\lim\limits_{x \to 2} x^{\sqrt{x}}$;

(3) $\lim\limits_{x \to 0} e^{\frac{\sin 2x}{\sin 3x}}$;　　　　　　　 (4) $\lim\limits_{x \to \infty} \arctan \dfrac{\sqrt{x^4+8}}{x^2+1}$;

(5) $\lim\limits_{x \to \infty} \sqrt{(\sqrt{x^2+1} - \sqrt{x^2-2})|x|}$.

6. 设 $\lim\limits_{x \to x_0} f(x)=a>0$, $\lim\limits_{x \to x_0} g(x)=b$, 证明: $\lim\limits_{x \to x_0} f(x)^{g(x)}=a^b$.

7. 指出下列函数的间断点及其类型,若是可去间断点,请修改函数在该点的函数值,使之成为连续函数:

(1) $f(x)=\cos\pi(x-[x])$;　　　　 (2) $f(x)=\operatorname{sgn}(\sin x)$;

(3) $f(x) = \begin{cases} x^2, & x \neq 1, \\ \dfrac{1}{2}, & x=1; \end{cases}$ 　　　 (4) $f(x) = \begin{cases} x^2+1, & 0 \leqslant x \leqslant 1, \\ \sin \dfrac{\pi}{x-1}, & 1 < x \leqslant 2; \end{cases}$

$$(5)\ f(x)=\begin{cases}\dfrac{1}{2-x}, & 0\leqslant x\leqslant 1,\\ x, & 1<x\leqslant 2,\\ \dfrac{1}{1-x}, & 2<x\leqslant 3.\end{cases}$$

8. 设 $y=f(x)$ 在 **R** 上是连续函数,而 $y=g(x)$ 在 **R** 上有定义,但在一点 x_0 处间断. 问函数 $h(x)=f(x)+g(x)$ 及 $\varphi(x)=f(x)\cdot g(x)$ 在 x_0 点是否一定间断?

§6 闭区间上连续函数的性质

闭区间上连续函数的基本性质是微分学及积分学中某些理论的基础,其重要性在今后的讨论中将会逐渐显露出来.

现在,我们列出三条定理.它们在直观上是很容易接受的事实,但其证明并非轻而易举并且超出了教学大纲,我们略去其证明.

定理 1(介值定理) 设 $f:[a,b]\to\mathbf{R}$ 是 $[a,b]$ 上的连续函数,且 $f(a)\neq f(b)$,则对于任意一个值 η: $f(b)<\eta<f(a)$(或 $f(a)<\eta<f(b)$),存在一点 $\xi\in(a,b)$,使得

$$f(\xi)=\eta.$$

这条定理的直观解释如下.设想 x 自 a 点连续地向 b 移动,这时平面上的点 $(x,f(x))$ 则连续地在一条连续曲线上自 $(a,f(a))$ 向 $(b,f(b))$ 移动.因为曲线的端点分别处在直线 $y=\eta$ 之两侧,故这条连续曲线必与该直线在某处相交.交点的 x 坐标就是所要的 ξ(见图 1.18).

不连续的函数,如符号函数,显然没有定理 1 所说的性质.

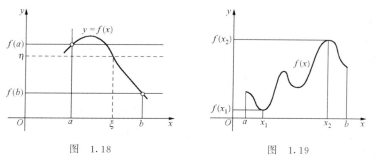

图 1.18   图 1.19

定理 2(最大(小)值定理) 设 $f:[a,b]\to\mathbf{R}$ 是闭区间 $[a,b]$ 上的连续函数,则它的函数值有最大值与最小值,也就是说存在 $x_1\in[a,b]$ 及 $x_2\in[a,b]$,使得

$$f(x_1) \leqslant f(x) \leqslant f(x_2), \quad \forall\, x \in [a,b].$$

定理 2 的几何意义可以由图 1.19 看出.

定理 3（有界性定理） 闭区间上的连续函数是有界函数.

所谓函数 $y=f(x)$ 在 $[a,b]$ 上有界是指存在两个常数 M 与 N，使得

$$N \leqslant f(x) \leqslant M, \quad \forall\, x \in [a,b].$$

显然，定理 3 是定理 2 的推论.

开区间上的连续函数可能是无界的，如 $f(x)=\dfrac{1}{x}, x \in (0,1)$.

开区间上的连续函数即使是有界的，其函数值也未必有最大者或最小者，如 $f: (0,1) \to \mathbf{R}, x \mapsto x^2$ 在开区间上连续，其函数值集合为 $(0,1)$. 但这个集合中无最大值，也无最小值.

由定理 1 与定理 2 可以推出，闭区间上的连续函数的值域是一个闭区间.

现在，我们举例说明连续函数的这些定理的用途.

例 1 实系数多项式

$$P(x) = a_0 x^5 + a_1 x^4 + \cdots + a_5 \quad (a_0 > 0)$$

至少有一个实根.

证 我们将 $P(x)$ 写成

$$P(x) = x^5 \left(a_0 + \frac{a_1}{x} + \cdots + \frac{a_5}{x^5} \right), \quad |x| > 0,$$

当 $x \to \infty$ 时，

$$a_0 + \frac{a_1}{x} + \cdots + \frac{a_5}{x^5} \to a_0 > 0.$$

因此，当 $|x|$ 充分大时，$\left(a_0 + \dfrac{a_1}{x} + \cdots + \dfrac{a_5}{x^5} \right) > 0$，这时 $P(x)$ 与 x^5 有相同的符号. 由此知

$$P(x) \to +\infty \;(x \to +\infty), \quad P(x) \to -\infty \;(x \to -\infty).$$

这样，存在一点 b 使得 $P(b) > 0$，并存在一点 a 使得 $P(a) < 0$. 多项式是初等函数，因而在实轴上连续. 根据介值定理，在 a 与 b 之间存在一点 c，使得 $P(c) = 0$. 这样，c 即多项式 $P(x)$ 的根. 证毕.

从上述证明立即看出，任意奇数次实系数多项式至少有一个实根.

例 2 设 $y=f(x)$ 在 (a,b) 上连续. 若 f 在 (a,b) 中是一一映射，即 $x' \neq x'' \Longrightarrow f(x') \neq f(x'')$，则 f 在 (a,b) 上是严格单调的.

证 用反证法. 设 f 不是严格单调的，则存在 $x_1, x_2, x_3 \in [a,b]$ 使得

$x_1 < x_2 < x_3$, 但

$$f(x_2) < \min\{f(x_1), f(x_3)\} \quad 或 \quad f(x_2) > \max\{f(x_1), f(x_3)\}.$$

图 1.20 及图 1.21 分别表示了这两种情况.

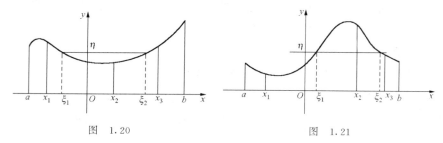

图   1.20   图   1.21

这样,对于任意 η:

$$f(x_2) < \eta < \min\{f(x_1), f(x_3)\}$$

或

$$\max\{f(x_1), f(x_3)\} < \eta < f(x_2).$$

根据介值定理,存在 $\xi_1(x_1 < \xi_1 < x_2)$ 及 $\xi_2(x_2 < \xi_2 < x_3)$ 使得

$$\eta = f(\xi_1) \quad 且 \quad \eta = f(\xi_2)$$

(见图 1.19 或图 1.20).但 $\xi_1 \neq \xi_2$,故上式表明两个不同的点对应于同一函数值.这与 f 是一一映射矛盾.这就证明了 f 是严格单调的.证毕.

这个例子告诉我们两个区间之间的连续的一一满射,作为函数一定是严格单调的.因此,由上节中的引理 1,我们立刻推出下列定理:

定理 4   设 $y = f(x)$ 是 (a, b) 上的连续函数,其值域为 (c, d).若 f 是一一映射,则其反函数在 (c, d) 上连续.

这就是说,**如果一个连续函数有单值反函数,则反函数必连续.**

习 题 1.6

1. 证明:任一奇数次实系数多项式至少有一实根.

2. 设 $0 < \varepsilon < 1$,证明对于任意一个 $y_0 \in \mathbf{R}$,方程

$$y_0 = x - \varepsilon \sin x$$

有解,且解是唯一的.

3. 设 $y = f(x)$ 在 (a, b) 中连续.又设 $x_1, x_2 \in (a, b)$,$m_1 > 0$,$m_2 > 0$.证明:存在一点 $\xi \in (a, b)$ 使得

$$f(\xi) = \frac{m_1 f(x_1) + m_2 f(x_2)}{m_1 + m_2}.$$

4. 设 $y=f(x)$ 在 $[0,1]$ 上连续,且

$$0 \leqslant f(x) \leqslant 1, \quad \forall\, x \in [0,1].$$

证明:在 $[0,1]$ 中存在一点 t,使得

$$f(t) = t.$$

(提示:考虑辅助函数 $F(x)=f(x)-x$,并讨论它在 $[0,1]$ 的端点处函数值的符号.)

*5. 设 $y=f(x)$ 在 $[0,2]$ 上连续,且 $f(0)=f(2)$.证明:在 $[0,2]$ 中存在两点 x_1 与 x_2,使得

$$|x_1 - x_2| = 1 \quad 且 \quad f(x_1) = f(x_2).$$

(提示:考虑函数 $F(x)=f(x+1)-f(x)$,其中 $x \in [0,1]$;并证明 $F(0)+F(1)=0$;也即 $F(x)$ 在 $[0,1]$ 的两个端点的值要么同时为零,要么符号相反.)

第一章总练习题

1. 求解下列不等式:

(1) $\left|\dfrac{5x-8}{3}\right| \geqslant 2$; 　　(2) $\left|\dfrac{2}{5}x-3\right| \leqslant 3$; 　　(3) $|x+1| \geqslant |x-2|$.

2. 设 $y=2x+|2-x|$,试将 x 表成 y 的函数.

3. 求出满足不等式

$$\sqrt{1+x} < 1 + \frac{1}{2}x$$

的全部 x.

4. 用数学归纳法证明下列等式:

(1) $\dfrac{1}{2}+\dfrac{2}{2^2}+\dfrac{3}{2^3}+\cdots+\dfrac{n}{2^n}=2-\dfrac{n+2}{2^n}$;

(2) $1+2x+3x^2+\cdots+nx^{n-1}=\dfrac{1-(n+1)x^n+nx^{n+1}}{(1-x)^2}$ $(x \neq 1)$.

5. 设 $f(x)=\dfrac{|2+x|-|x|-2}{x}$.

(1) 求 $f(-4), f(-1), f(-2), f(2)$ 的值;

(2) 将 $f(x)$ 表成分段函数;

(3) 当 $x \to 0$ 时, $f(x)$ 是否有极限?

(4) 当 $x \to -2$ 时, $f(x)$ 是否有极限?

6. 设 $f(x)=[7x^2-14]$,即 $f(x)$ 是不超过 $(7x^2-14)$ 的最大的整数.

(1) 求 $f(0), f\left(\dfrac{3}{2}\right), f(\sqrt{2})$ 的值;

(2) $f(x)$ 在 $x=0$ 处是否连续?

(3) $f(x)$ 在 $x=\sqrt{2}$ 处是否连续?

7. 设两常数 a 与 b 满足: $0 \leqslant a < b$,对一切自然数 n,证明:

(1) $\dfrac{b^{n+1}-a^{n+1}}{b-a} < (n+1)b^n$; 　　(2) $(n+1)a^n < \dfrac{b^{n+1}-a^{n+1}}{b-a}$.

8. 对 $n = 1, 2, 3, \cdots,$ 令

$$a_n = \left(1 + \frac{1}{n}\right)^n, \quad b_n = \left(1 + \frac{1}{n}\right)^{n+1}.$$

证明：序列 $\{a_n\}$ 单调上升，而序列 $\{b_n\}$ 单调下降$\left(\right.$提示：令 $a = 1 + \frac{1}{n+1}$，$b = 1 + \frac{1}{n}$，并利用上题中的结果$\left.\right)$，并且 $a_n < e < b_n$.

9. 求极限

$$\lim_{n \to \infty} \left(1 - \frac{1}{2^2}\right)\left(1 - \frac{1}{3^2}\right)\left(1 - \frac{1}{4^2}\right) \cdots \left(1 - \frac{1}{n^2}\right)$$

的值.$\left(\right.$提示：$1 - \frac{1}{k^2} = \frac{k-1}{k} \cdot \frac{k+1}{k}.\left.\right)$

10. 作函数 $f(x) = \lim\limits_{n \to \infty} \dfrac{nx}{nx^2 + a}$ $(a \neq 0)$ 的图形.

11. 在 §2 关于有界函数的定义下，证明：函数 $y = f(x)$ 在区间 $[a, b]$ 上为有界函数的充分必要条件为存在一个正的常数 M，使得

$$|f(x)| < M, \quad \forall\, x \in [a, b].$$

12. 证明：若函数 $y = f(x)$ 及 $y = g(x)$ 在 $[a, b]$ 上均为有界函数，则 $f(x) + g(x)$ 及 $f(x) \cdot g(x)$ 也都是 $[a, b]$ 上的有界函数.

13. 证明：函数 $f(x) = \dfrac{1}{x} \cos \dfrac{\pi}{x}$ 在 $x = 0$ 的任一邻域内都是无界的，但当 $x \to 0$ 时，$f(x)$ 不是无穷大量.

14. 证明：$\lim\limits_{n \to \infty} n(x^{\frac{1}{n}} - 1) = \ln x.$（提示：令 $y = x^{\frac{1}{n}} - 1$ 并利用 $\lim\limits_{y \to 0}(1 + y)^{\frac{1}{y}} = e.$）

15. 设 $y = f(x)$ 及 $y = g(x)$ 在实轴上有定义且连续. 证明：若 $f(x)$ 与 $g(x)$ 在有理数集合中处处相等，则它们在整个实轴上处处相等.

16. 证明：$\lim\limits_{x \to 0} \dfrac{1 - \cos x}{x^2} = \dfrac{1}{2}$.

17. 证明：

(1) $\lim\limits_{y \to 0} [\ln(1 + y)]/y = 1$；   (2) $\lim\limits_{x \to 0} [e^{x+a} - e^a]/x = e^a$.

18. 设 $y = f(x)$ 在 a 点附近有定义，且有极限 $\lim\limits_{x \to a} f(x) = 0$. 又设 $y = g(x)$ 在 a 点附近有定义，且是有界函数. 证明：$\lim\limits_{x \to a} f(x)g(x) = 0$.

19. 设 $y = f(x)$ 在 $(-\infty, +\infty)$ 中连续. 又设 c 为正的常数，定义函数 $g(x)$ 如下：

$$g(x) = \begin{cases} f(x), & \text{当 } |f(x)| \leqslant c, \\ c, & \text{当 } f(x) > c, \\ -c, & \text{当 } f(x) < -c. \end{cases}$$

试画出 $g(x)$ 的略图，并证明 $g(x)$ 在 $(-\infty, +\infty)$ 上连续.

20. 设 $y = f(x)$ 在 $[a, b]$ 上连续. 又设

$$\eta = \frac{1}{3}[f(x_1) + f(x_2) + f(x_3)],$$

其中 $x_1, x_2, x_3 \in [a, b]$. 证明存在一点 $c \in [a, b]$，使得 $f(c) = \eta$.

21. 设 $y=f(x)$ 在点 x_0 连续,而 $y=g(x)$ 在 x_0 附近有定义,但在 x_0 不连续. 问 $kf(x)+lg(x)$ 是否在 x_0 连续? 其中 k,l 为常数.

22. 证明狄利克雷函数处处不连续.

23. 求出下列极限:

(1) $\lim\limits_{x\to\infty}\left(\dfrac{1+x}{1+2x}\right)^{|x|}$;

(2) $\lim\limits_{x\to+\infty}(\arctan x)\sin\dfrac{1}{x}$;

(3) $\lim\limits_{x\to 0}\dfrac{\tan 5x}{\ln(1+x^2)+\sin x}$;

(4) $\lim\limits_{x\to 1}(\sqrt{x})^{\frac{1}{\sqrt{x}-1}}$.

24. 设函数 $y=f(x)$ 在 $[0,+\infty)$ 内连续,且满足 $0\leqslant f(x)\leqslant x$. 设 $a_1\geqslant 0$ 是一任意数,并假定 $a_2=f(a_1),a_3=f(a_2),\cdots$. 一般地,$a_{n+1}=f(a_n)$. 试证明序列 $\{a_n\}$ 单调递减,且极限 $\lim\limits_{n\to\infty}a_n$ 存在. 若 $l=\lim\limits_{n\to\infty}a_n$,则 l 是方程 $f(x)=x$ 的根,即 $l=f(l)$.

25. 设 $x_{n+1}=\sin x_n(n=0,1,\cdots)$. 证明对于任意选定的 x_0,$\lim\limits_{n\to\infty}x_n=0$. (提示:序列 $\{x_n\}$ 完全取决于 x_0 的选择. 当 $x_0=0$ 时,显然 $x_n=0$ $(n=1,2,\cdots)$;当 $x_0>0$ 时,$x_n>0$ $(n=1,2,\cdots)$. 此时可以利用 24 题的结果. $x_0<0$ 时如何处理请读者思考.)

第二章　微积分的基本概念

本章内容包括：微商的概念与计算，微分的概念，不定积分与定积分，以及微积分基本定理(即牛顿-莱布尼茨公式). 它们是微积分学的核心内容.

§1　微商的概念

1. 微商的定义

微商的概念最初来自于力学上关于瞬时速度的计算以及几何上关于切线斜率的计算. 我们先看两个典型的例子.

物体沿直线运动的瞬时速度

假设有一个物体沿着某一直线作运动. 在该直线上取定坐标系(将物体运动的起点作为坐标原点)后，物体的运动规律可以由函数 $s=s(t)$ 表示，其中 $s(t)$ 表示时刻 t 时物体的位置，也即物体在时间 t 内所走的距离. 我们的问题是：若物体的运动规律是已知的，应该如何计算它在某一时刻 $t=t_0$ 的瞬时速度呢？当物体作匀速运动时，它在任意一时刻的速度很容易求出：用时间去除所走的路程即可. 当物体不是作匀速度运动时，问题变得困难起来. 它的瞬时速度是指什么？这就须要有新的观念来处理这个问题.

我们考虑自变量 t 在 t_0 时的一个改变量 Δt（这里 Δ 是大写希腊字母，读作 delta），$\Delta t \neq 0$，可正可负. 这样就得到 t_0 附近的另一时刻 $t=t_0+\Delta t$. 这时物体从 t_0 到 $t_0+\Delta t$ 所走过的(有向)距离应为 $\Delta s=s(t_0+\Delta t)-s(t_0)$. 那么在这段时间间隔内，物体的平均速度为

$$\bar{v}_{\Delta t} = \frac{\Delta s}{\Delta t} = \frac{s(t_0+\Delta t)-s(t_0)}{\Delta t}.$$

一般说来，当时间间隔 Δt 越小，平均速度 $\bar{v}_{\Delta t}$ 也就越接近于物体在 $t=t_0$ 时的瞬时速度. 因此，我们可以认为 $\Delta t \to 0$ 时平均速度 $\bar{v}_{\Delta t}$ 的极限就是 t_0 时的瞬时速度，也即认为物体在 $t=t_0$ 时的瞬时速度等于

$$v(t_0) = \lim_{\Delta t \to 0} \frac{\Delta s}{\Delta t} = \lim_{\Delta t \to 0} \frac{s(t_0+\Delta t)-s(t_0)}{\Delta t}.$$

现在,我们以自由落体运动为例.已知其运动规律为 $s = \frac{1}{2}gt^2$,其中 g 是重力加速度.

根据上面的说法,自由落体在时刻 t 时之瞬时速度为

$$v(t) = \lim_{\Delta t \to 0} \frac{\frac{1}{2}g(t + \Delta t)^2 - \frac{1}{2}gt^2}{\Delta t}$$
$$= \lim_{\Delta t \to 0} \frac{1}{2}g(2t \cdot \Delta t + \Delta t^2) \cdot \frac{1}{\Delta t} = gt.$$

用同样的办法可以得瞬时加速度的概念:将某个时间间隔 Δt 内瞬时速度的变更除以 Δt,而得到平均加速度,再令 Δt 趋于 0,由平均加速度取极限即得到瞬时加速度:

$$a(t) = \lim_{\Delta t \to 0} \frac{\Delta v}{\Delta t} = \lim_{\Delta t \to 0} \frac{v(t + \Delta t) - v(t)}{\Delta t}.$$

按照这个公式计算,自由落体的瞬时加速度为一常数 g:

$$a(t) = \lim_{\Delta t \to 0} \frac{g(t + \Delta t) - gt}{\Delta t} = g.$$

曲线在一点处的切线

现在,我们来考虑任意一条曲线在一点处的切线问题.

当曲线是直线或圆周时,问题的解答是明显的.当曲线是一条很任意的曲线时,这个问题的回答就不那么简单.有趣的是这个几何问题的处理办法却与上述力学问题的办法完全相似,并且在数学表达形式上完全一致.

我们考虑一个连续函数 $y = f(x)$,定义在 (a, b) 区间上.这时它的图像在 Oxy 坐标平面上是一条连续的曲线.

设想我们要研究这条曲线在一点 (x_0, y_0) $(y_0 = f(x_0))$ 处的切线.我们借助于极限方法,将此切线看做是过点 (x_0, y_0) 的一系列割线的极限位置(见图 2.1).

图 2.1

我们现在考虑该切线的斜率.在曲线上我们取另外一点 (x, y),其中 $y = f(x)$. 这时 x 的增量 $\Delta x = x - x_0$,y 的增量为 $\Delta y = y - y_0$(也即 $f(x_0 + \Delta x) - f(x_0)$). 从 (x_0, y_0) 到 (x, y) 之直线是曲线的一条割

线,而该割线的斜率为

$$\tan\beta = \frac{\Delta y}{\Delta x} = \frac{f(x_0 + \Delta x) - f(x_0)}{\Delta x},$$

其中 β 是相应割线与 x 轴正向之交角. 显然, β 依赖于 Δx, 故记之为 $\beta_{\Delta x}$. 当 Δx 趋于零时, 假如割线有一个极限位置, 那么在这个极限位置上的直线就是切线. 设切线与 x 轴正向之交角为 α, 那么就有

$$\tan\alpha = \lim_{\Delta x \to 0} \tan\beta_{\Delta x} = \lim_{\Delta x \to 0} \frac{f(x_0 + \Delta x) - f(x_0)}{\Delta x}.$$

也就是说我们认为切线的斜率是割线斜率的极限. 这样的看法使我们得以将求切线斜率的问题归结为求函数的增量与自变量的增量之比的极限. 在形式上它与求瞬时速度时遇到的极限完全相同.

我们还可以举出许多其他例子, 要求人们根据一个已知的函数关系 $y = f(x)$, 去计算函数值的增量 $\Delta y = f(x + \Delta x) - f(x)$ 与自变量的增量之比的极限. 这个极限如果存在则被称做导数或微商. 它的更严格的定义如下:

定义   设函数 $y = f(x)$ 在一个开区间 (a, b) 内有定义. 对于给定的一点 $x_0 \in (a, b)$, 考虑一个增量 Δx, $\Delta x \neq 0$, 且使得 $x = x_0 + \Delta x \in (a, b)$. 函数值的差 $f(x_0 + \Delta x) - f(x_0)$ 称为函数关于 Δx 的**增量**, 记为 Δy. 若极限

$$\lim_{\Delta x \to 0} \frac{\Delta y}{\Delta x} = \lim_{\Delta x \to 0} \frac{f(x_0 + \Delta x) - f(x_0)}{\Delta x}$$

存在, 则称这个函数在 x_0 处**可导**, 并称这个极限值为函数在点 x_0 处的**导数**或**微商**, 记做 $f'(x_0)$ 或 $\left. \dfrac{\mathrm{d}f}{\mathrm{d}x} \right|_{x=x_0}$.

根据前面的讨论可以看出, 一个函数 $y = f(x)$ 在一点的导数, 从数量的角度去看, 就是因变量对自变量的变化率; 从图形上去看, 导数则是函数曲线在相应点处切线的斜率.

应当指出, 并非所有函数在其定义域内都是可导的, 也就是说, 极限

$$\lim_{\Delta x \to 0} \frac{\Delta y}{\Delta x} = \lim_{\Delta x \to 0} \frac{f(x_0 + \Delta x) - f(x_0)}{\Delta x}$$

未必总存在. 下面将会看到这样的例子.

我们还要指出, 在导数定义中的极限是双侧极限.

若单侧极限

$$\lim_{\Delta x \to 0+0} \frac{f(x_0 + \Delta x) - f(x_0)}{\Delta x}$$

存在,则称之为 $f(x)$ 在 x_0 的**右导数**,记为 $f'(x_0+0)$. 类似地,若单侧极限

$$\lim_{\Delta x \to 0-0} \frac{f(x_0 + \Delta x) - f(x_0)}{\Delta x}$$

存在,则称之为 $f(x)$ 在 x_0 的**左导数**,记为 $f'(x_0-0)$.

显然,函数在一点可导的充分必要条件是其左右导数都存在并相等.

我们考虑函数 $y=|x|$. 在 $x_0=0$ 点该函数右导数为

$$\lim_{\Delta x \to 0+0} \frac{|\Delta x| - 0}{\Delta x} = \lim_{\Delta x \to 0+0} \frac{\Delta x}{\Delta x} = 1;$$

而其左导数为

$$\lim_{\Delta x \to 0-0} \frac{|\Delta x| - 0}{\Delta x} = \lim_{\Delta x \to 0-0} \frac{-\Delta x}{\Delta x} = -1.$$

因此,该函数在 0 点是不可导的.

后面我们还将给出左导数或右导数不存在的例子.

若在区间 (a,b) 内每一点 x 处函数 $f(x)$ 都可导,则称 $f(x)$ 在 (a,b) 内可导. 这时每一个 $x \in (a,b)$ 都对应一个导数值 $f'(x)$,这样便定义出一个新的函数 $f'(x)$,它被称为 $f(x)$ 的**导函数**.

例 1　设 $f(x) \equiv c$,即常数函数. 这时对于任意一点 x 及 $\Delta x \neq 0$,总有 $\Delta y = f(x+\Delta x) - f(x) = 0$. 因而 $f'(x) \equiv 0$. 简单地说,常数函数的导函数为 0.

这个例子的几何意义是很明显的:在 Oxy 坐标平面上一条水平直线上每一点处的切线都是水平的.

反过来,若一个函数 $f(x)$ 在其定义域内每一点都有导数 $f'(x)$,且 $f'(x)$ 恒等于 0,那么它的图像在每一点处的切线都是水平的. 从直观上看它一定是一条水平线,换句话说,就是 $f(x)$ 等于一个常数.

这样,我们从直观上说明了一个命题:在一个区间内导数恒等于 0 的函数是一个常数函数.(此命题之严格证明要用微分中值定理,留待以后在第四章中完成.)

例 2　$(\sin x)' = \cos x$.

证　事实上,对于任意给定的 x 及 $\Delta x \neq 0$,

$$\Delta y = \sin(x + \Delta x) - \sin x$$
$$= 2\sin \frac{\Delta x}{2} \cos\left(x + \frac{\Delta x}{2}\right).$$

因而

$$\lim_{\Delta x \to 0} \frac{\Delta y}{\Delta x} = \lim_{\Delta x \to 0} 2 \cdot \frac{\sin \dfrac{\Delta x}{2}}{\Delta x} \cdot \cos\left(x + \frac{\Delta x}{2}\right)$$

$$= \lim_{\Delta x \to 0} \frac{\sin \dfrac{\Delta x}{2}}{\dfrac{\Delta x}{2}} \lim_{\Delta x \to 0} \cos\left(x + \frac{\Delta x}{2}\right)$$

$$= \cos x.$$

最后一步用到了余弦函数的连续性以及重要极限 $\lim\limits_{x \to 0} \dfrac{\sin x}{x} = 1$（第一章第 4 节中例 4）.

由上述证明可知,正弦函数的导函数为余弦函数这一简单而优美的事实是建筑在极限 $\lim\limits_{x \to 0} \dfrac{\sin x}{x} = 1$ 的基础之上的. 这里要着重指出,这一极限公式的成立又是建筑在正弦函数的自变量 x 采用弧度制的基础之上. 如果我们不采用弧度制,而采用其他制,那时 $\sin x$ 与 x 之比在 $x \to 0$ 时的极限就不再是 1 而是另外一个常数. 这就会导致正弦函数的导函数是余弦函数乘以某个常数,将会在计算上带来麻烦. 这就是为什么在科学计算中三角函数使用角的弧度制的原因之一.

例 3　$(\cos x)' = -\sin x.$

留给读者自行证明.

例 4　设 m 为一自然数,则 $(x^m)' = m x^{m-1}.$

证　事实上,对于任意的 x 及 $\Delta x \neq 0$,

$$\Delta y = (x + \Delta x)^m - x^m$$

$$= m x^{m-1} \Delta x + \frac{1}{2!} m(m-1) x^{m-2} (\Delta x)^2 + \cdots + (\Delta x)^m,$$

从而有

$$\frac{\Delta y}{\Delta x} = m x^{m-1} + \frac{1}{2!} m(m-1) x^{m-2} \Delta x + \cdots + (\Delta x)^{m-1}.$$

注意到上式中自第二项开始都包含有 Δx 的方幂,因此它们在 $\Delta x \to 0$ 时趋于 0,这就得到

$$\lim_{\Delta x \to 0} \frac{\Delta y}{\Delta x} = m x^{m-1}.$$

后面我们还要证明,当 m 不是自然数而是一般实数时,上述公式依然成立.

例 5　$(e^x)' = e^x.$

这是一个非常奇妙的事实：一个函数的导数值处处等于函数本身的

值. 在常见的函数中除了函数 $y=Ce^x$ 之外（其中 C 为常数），再没有其他函数有这种性质.

现在我们证明例 5 中的结论.

对于任意给定的一点 x 及增量 Δx，我们有

$$\Delta y = e^{x+\Delta x} - e^x = e^x(e^{\Delta x} - 1).$$

令 $\eta = e^{\Delta x} - 1$，则显然当 $\Delta x \to 0$ 时，有 $\eta \to 0$. 另外由此又有 $\Delta x = \ln (1+\eta)$. 于是

$$\lim_{\Delta x \to 0} \frac{\Delta y}{\Delta x} = e^x \lim_{\Delta x \to 0} \frac{e^{\Delta x} - 1}{\Delta x} = e^x \lim_{\eta \to 0} \frac{\eta}{\ln(1 + \eta)}$$

$$= e^x \lim_{\eta \to 0} \frac{1}{\ln (1 + \eta)^{1/\eta}}.$$

根据第一章第 4 节中例 9 的结论，

$$\lim_{\eta \to 0}(1 + \eta)^{1/\eta} = \lim_{\xi \to \infty}\left(1 + \frac{1}{\xi}\right)^{\xi} = e.$$

再由对数函数的连续性，并注意到 $\ln x$ 表示以 e 为底的对数，可得 $\lim_{\eta \to 0} \dfrac{1}{\ln(1+\eta)^{1/\eta}} = 1$，从而立即得到我们的结论.

例 6　对于一般的指数函数 $y=a^x(a>0)$，我们有

$$(a^x)' = a^x \ln a.$$

证明与前面类似，我们只需改令 $\eta = a^{\Delta x} - 1$. 这时就有 $\Delta x = \log_a(1+\eta)$. 于是

$$\lim_{\Delta x \to 0} \frac{\Delta y}{\Delta x} = a^x \lim_{\eta \to 0} \frac{\eta}{\log_a(1 + \eta)} = a^x \cdot \frac{1}{\log_a e} = a^x \ln a.$$

从上面两个例子中，我们看到了以常数 e 为底的指数函数求导数时表达式最简单. 也正是由于这个原因在一般科学计算中多采用以 e 为底的对数. 大家知道，自然对数的引进要归功于欧拉.

现在，我们来讨论**可导与连续的关系**. 假定函数 $y=f(x)$ 在一点 $x=x_0$ 可导，这时我们有极限

$$\lim_{\Delta x \to 0} \frac{f(x_0 + \Delta x) - f(x_0)}{\Delta x} = f'(x_0).$$

也就是说，$\dfrac{\Delta y}{\Delta x} - f'(x_0) \to 0 (\Delta x \to 0)$. 我们令

$$\eta(\Delta x) = \frac{f(x_0 + \Delta x) - f(x_0)}{\Delta x} - f'(x_0),$$

那么，$\Delta x \to 0$ 时 $\eta(\Delta x) \to 0$，且因此

$$f(x_0 + \Delta x) - f(x_0) = f'(x_0)\Delta x + \eta(\Delta x)\Delta x$$

也趋于 0,也即 $f(x_0 + \Delta x) \to f(x_0)$ $(\Delta x \to 0)$. 这表明 $f(x)$ 在 x_0 点连续. 总之,我们证明了: **若函数 $y = f(x)$ 在一点可导,则函数在该点连续**. 可见一个函数 $f(x)$ 若在区间 (a, b) 上可导,则 $f(x)$ 必在 (a, b) 上连续. 因此,连续是可导之必要条件.

但是,**连续不是可导的充分条件**. 确切地说,$y = f(x)$ 在一点 x_0 连续,并不意味着 $f(x)$ 在 x_0 可导. 比如

$$y = x^{\frac{1}{3}}$$

在 $x = 0$ 点是连续的,但它在该点是不可导的. 事实上,在该点处 $\Delta y/\Delta x = 1/(\Delta x)^{\frac{2}{3}}$,因而当 $\Delta x \to 0$ 时 $\Delta y/\Delta x$ 趋于 ∞,而不趋于一个有限数. 另外,我们已经知道

$$y = |x|$$

在 $x = 0$ 处也是不可导的. 但它在 $x = 0$ 处是连续的.

在前一个例子中,曲线在点 $(0, 0)$ 的切线垂于 x 轴,因而其与 x 轴夹角的正切为 ∞,导致导数的不存在. 在后一个例子中曲线在 $(0, 0)$ 处是一个尖角. 两侧的割线有不同的极限位置,故在该点没有切线.

下面的函数是另外一个连续而不可导的例子:

$$y = f(x) = \begin{cases} x\sin\dfrac{1}{x}, & x \neq 0, \\ 0, & x = 0. \end{cases}$$

由于 $|f(x)| \leqslant |x|$,故它显然在 $x = 0$ 点是连续的. 但该函数在 $x = 0$ 点是不可导的. 事实上,在 $x = 0$ 处,

$$\frac{\Delta y}{\Delta x} = \frac{f(\Delta x) - f(0)}{\Delta x} = \sin\frac{1}{\Delta x}$$

在 $\Delta x \to 0$ 的过程中没有极限.

从几何上看,这个例子中的曲线在 $(0, 0)$ 处的割线在 Δx 趋于 0 的过程中摇摆不定(见图 2.2).

我们曾经说过,初等函数在其定义域内是连续的. 但初等函数在其定义域内有可能在个别点是不可导的. 上面例子中 $y = x^{\frac{1}{3}}$ 与 $y = |x| = \sqrt{x^2}$ 都是初等函数.

魏尔斯特拉斯(K. Weierstrass,1815—1897)举出一个著名例子表明一个处处连续的函数可以处处不可导. 构造这样的例子超出我们目前的知识范围,不在这里讲述.

图 2.2

历史的注记

在牛顿与莱布尼茨时代导数的概念(牛顿称之为流数)是含混不清的,并引起了广泛争议. 第一个给出导数明确定义的是柯西(A. L. Cauchy,1789—1857). 柯西把函数 $y=f(x)$ 在一点 x 的导数定义为差商的极限:

$$\lim_{\Delta x \to 0} \frac{\Delta y}{\Delta x} = \lim_{\Delta x \to 0} \frac{f(x+\Delta x)-f(x)}{\Delta x}.$$

柯西的这一定义澄清了近一个世纪关于导数的争议.

柯西的代表性著作是 1821 年出版的《分析教程》. 在这本书中他以严格化为目标,对微积分的基本概念,如变量、函数、极限、导数、微分、无穷级数收敛等概念给出了严格的定义. 其中最重要的是将无穷小量不再看成是一个固定的数,而是一个以零为极限的变量. 柯西的论述已十分接近现代的形式. 使分析学进一步严格化的是魏尔斯特拉斯.

魏尔斯特拉斯,德国著名数学家. 他将柯西的极限论中"无限趋向"的笼统说法改进为"ε-δ"或"ε-N"的严格说法. 这种严格化为分析学的进一步发展奠定了坚实的基础. 比如,它导致了无穷函数项级数的一致收敛的概念,并由此消除了过去无穷级数理论中的许多混乱. 他据此所举出的处处连续但处处不可导的函数的例子,震惊了当时的数学界. 它在直观上似乎一时难以接受,

图 2.3

其函数图形极为复杂(见图 2.3).有趣的是这种复杂的函数图形却正是现代数学中分形学研究的对象.

2. 微商的四则运算

根据微商的定义及极限的四则运算法则,很容易给出微商运算的法则.

定理 1　设 $f(x)$ 及 $g(x)$ 在一个共同的区间 (a,b) 上有定义,并且在每一点 $x\in(a,b)$ 都可导,则我们有

$$[f(x)\pm g(x)]' = f'(x)\pm g'(x),$$
$$[f(x)\cdot g(x)]' = f'(x)g(x) + f(x)g'(x).$$

特别地,对于任意常数 c,

$$[cf(x)]' = cf'(x).$$

当 $g(x)\neq 0$ 时,

$$\left[\frac{f(x)}{g(x)}\right]' = \frac{f'(x)g(x) - f(x)g'(x)}{[g(x)]^2}.$$

证　关于函数的和差的导数公式,很容易由导数的定义及和差的极限公式推出.现在我们证明函数乘积的导数公式.首先,将 $\Delta(f\cdot g)$ 作变形:

$$\Delta(f\cdot g) = f(x+\Delta x)g(x+\Delta x) - f(x)g(x)$$
$$= [f(x+\Delta x) - f(x)]\cdot g(x+\Delta x)$$
$$+ f(x)[g(x+\Delta x) - g(x)],$$

并注意到 g 的连续性:$g(x+\Delta x)\to g(x)$ $(\Delta x\to 0)$,用 Δx 除上式然后取极限即得到关于函数乘积的导数公式.类似地,对 $g(x)\neq 0$ 的情况,由

$$\Delta\left(\frac{f}{g}\right) = \frac{f(x+\Delta x)}{g(x+\Delta x)} - \frac{f(x)}{g(x)} = \frac{f(x+\Delta x)g(x) - f(x)g(x+\Delta x)}{g(x)g(x+\Delta x)}$$
$$= \frac{[f(x+\Delta x) - f(x)]g(x) - f(x)[g(x+\Delta x) - g(x)]}{g(x)g(x+\Delta x)}$$

就可推出两函数之商的导数公式.证毕.

例 7　$(\sin x\cos x)' = \cos^2 x - \sin^2 x = \cos 2x.$

例 8　$(\tan x)' = \left(\dfrac{\sin x}{\cos x}\right)' = \dfrac{\cos^2 x + \sin^2 x}{\cos^2 x} = \dfrac{1}{\cos^2 x} = \sec^2 x.$

例 9　$(\cos x + x^3 + \mathrm{e}^x)' = -\sin x + 3x^2 + \mathrm{e}^x.$

习　题　2.1

1. 设 $f(x) = x^2$.证明 $f'(0) = 0, f'\left(\dfrac{1}{2}\right) = 1$;并由此说明:曲线 $y = x^2$ 在 $(0,0)$ 点的切线平行于 x 轴;该曲线在 $\left(\dfrac{1}{2}, \dfrac{1}{4}\right)$ 点的切线与 x 轴的夹角为 $\dfrac{\pi}{4}$.

2. 根据定义,求下列函数的导函数:

(1) $y=ax^3$;　　　　　　(2) $y=\sqrt{2px}$, $p>0$;

(3) $y=\sin 5x$.

3. 求下列曲线 $y=f(x)$ 在指定点 $M(x_0,f(x_0))$ 处的切线方程:

(1) $y=2^x$, $M(0,1)$;　　　　(2) $y=x^2+2$, $M(3,11)$.

4. 试求抛物线 $y^2=2px$ ($p>0$) 上任一点 $M(x,y)$ ($x>0,y>0$) 处的切线斜率;并证明:从抛物线的焦点 $F\left(\dfrac{p}{2},0\right)$ 向 M 点发射光线时,其反射线一定平行于 x 轴.(见图 2.4.提示:证明 $\beta=2\alpha$,再利用入射角等于反射角的原理.)

图 2.4

5. 曲线 $y=x^2+2x+3$ 上哪一点的切线与直线 $y=4x-1$ 平行,并求出曲线在该点处的切线和法线方程.

6. 离地球中心 r 处的重力加速度 g 是 r 的函数,其表达式为

$$g(r)=\begin{cases} \dfrac{GMr}{R^3}, & r<R, \\[2mm] \dfrac{GM}{r^2}, & r\geqslant R, \end{cases}$$

其中 R 是地球的半径,M 是地球的质量,G 为引力常数.

(1) 问 $g(r)$ 是否是 r 的连续函数;

(2) 作 $g(r)$ 的草图;

(3) $g(r)$ 是否是 r 的可导函数.

7. 求二次函数 $P(x)$,已知:点 $(1,3)$ 在曲线 $y=P(x)$ 上,且 $P'(0)=3$,$P'(2)=1$.

8. 求下列函数的导函数:

(1) $y=8x^3+x+7$;　　　　　(2) $y=(5x+3)(6x^2-2)$;

(3) $y=(x+1)(x-1)\tan x$;　　　(4) $y=\dfrac{9x+x^2}{5x+6}$;

(5) $y=\dfrac{1+x}{1-x}$ ($x\neq 1$);　　　(6) $y=\dfrac{2}{x^3-1}$ ($x\neq 1$);

(7) $y=\dfrac{x^2+x+1}{e^x}$;　　　　　(8) $y=x\cdot 10^x$;

(9) $y=x\cos x+\dfrac{\sin x}{x}$;　　　　(10) $y=e^x\sin x$.

9. 定义:若多项式 $P(x)$ 可表为

$$P(x)=(x-x_0)^m g(x), \text{ 且 } g(x_0)\neq 0,$$

则称 x_0 是 $P(x)$ 的 m 重根.今若已知 x_0 是 $P(x)$ 的 k 重根,证明:x_0 是 $P'(x)$ 的 $(k-1)$ 重根 ($k\geqslant 2$).

10. 若 $f(x)$ 在 $(-a,a)$ 中有定义,且满足 $f(-x)=f(x)$,则称之为偶函数.设 $f(x)$ 是偶函数,且 $f'(0)$ 存在,试证明 $f'(0)=0$.

11. 设 $f(x)$ 在点 x_0 处可导,证明:

$$\lim_{\Delta x \to 0} \frac{f(x_0 + \Delta x) - f(x_0 - \Delta x)}{2\Delta x} = f'(x_0).$$

12. 一质点沿曲线 $y=x^2$ 运动,且已知时刻 $t(0<t<\pi/2)$ 时质点所在位置 $P(t)=(x(t),y(t))$ 满足:直线 $\overline{OP}$ 与 x 轴的夹角恰为 t(见图 2.5).求时刻 t 时质点的位置、速度及加速度.

13. 求函数

图   2.5

$$f(x) = \begin{cases} \dfrac{x}{1 + e^{1/x}}, & x \neq 0, \\ 0, & x = 0 \end{cases}$$

在 $x=0$ 处的左右导数.

14. 设 $f(x) = |x-a| \varphi(x)$,其中 $\varphi(x)$ 在 $x=a$ 处连续且 $\varphi(a) \neq 0$,证明:$f(x)$ 在 $x=a$ 处不可导.

§2   复合函数的微商与反函数的微商

上一节我们讨论了微商的概念及部分基本初等函数的微商.现在我们讨论复合函数及反函数的微商.有了前面一节的结果,再加上复合函数及反函数的微商法则,所有初等函数的微商我们就都会计算了.

设 $y=f(x)$ 是定义在 (a,b) 内的函数,其值域包含于 (A,B) 之内.又设 $z=g(y)$ 是定义在 (A,B) 内的函数.这时复合函数 $z=g(f(x))$ 在 (a,b) 内是有定义的.现在假定 $g(y)$ 及 $f(x)$ 在各自的定义域内都有导函数,我们的问题是:复合函数 $g(f(x))$ 是否可导?如何求 $g(f(x))$ 的导函数?

对于任意给定的一点 $x_0 \in (a,b)$ 及自变量 x 的一个增量 $\Delta x \neq 0$,我们有
$$\Delta z = g(f(x_0 + \Delta x)) - g(f(x_0)).$$
要求 $z=g(f(x))$ 在 x_0 点的导数,实际上就是要求极限
$$\lim_{\Delta x \to 0} \frac{\Delta z}{\Delta x} = \lim_{\Delta x \to 0} \frac{g(f(x_0 + \Delta x)) - g(f(x_0))}{\Delta x}.$$
我们令 $y_0 = f(x_0)$,$\Delta y = f(x_0 + \Delta x) - f(x_0)$,那么 $f(x_0 + \Delta x) = y_0 + \Delta y$,于是上式化成
$$\lim_{\Delta x \to 0} \frac{\Delta z}{\Delta x} = \lim_{\Delta x \to 0} \frac{g(y_0 + \Delta y) - g(y_0)}{\Delta x}.$$

现在,我们忽略某些细节问题,作如下不够严谨的讨论:

$$\lim_{\Delta x \to 0} \frac{\Delta z}{\Delta x} = \lim_{\Delta x \to 0} \frac{g(y_0 + \Delta y) - g(y_0)}{\Delta y} \cdot \frac{\Delta y}{\Delta x}$$

$$= \lim_{\Delta x \to 0} \left[\frac{g(y_0 + \Delta y) - g(y_0)}{\Delta y} \cdot \frac{f(x_0 + \Delta x) - f(x_0)}{\Delta x} \right]$$

$$= \lim_{\Delta y \to 0} \frac{g(y_0 + \Delta y) - g(y_0)}{\Delta y} \lim_{\Delta x \to 0} \frac{f(x_0 + \Delta x) - f(x_0)}{\Delta x}$$

$$= g'(y_0) f'(x_0).$$

这就是说,复合函数 $g(f(x))$ 的导数可以由 g 的导数与 f 的导数的乘积表示.

仔细审查上述推导过程就会发现有两个问题. 首先,上面的讨论有一步曾将自变量 $\Delta x \to 0$ 换成 $\Delta y \to 0$. 这需要一定的条件,即当 $\Delta x \to 0$ 时应有 $\Delta y \to 0$. 显然,这是成立的. 事实上,由上一节中可知,在 $x = x_0$ 点有导数蕴含着函数在该点连续,也即

$$\Delta y = f(x_0 + \Delta x) - f(x_0) \to 0 \quad (\Delta x \to 0).$$

因此,第一个问题很容易解决. 其次,在上述讨论中,用 Δy 作分母,这要求 $\Delta y = f(x_0 + \Delta x) - f(x_0)$ 不等于 0. 然而,在 $\Delta x \to 0$ 的过程中,Δy 有可能为 0,这时用 Δy 去除 Δz 就变得没有意义. 这是上述推导过程中的一个重要漏洞. 为了弥补这个漏洞,我们采用下述证明方法,其中避免了用 Δy 去除 Δz 的步骤.

因 $g(y)$ 在 y_0 处有导数,故

$$\lim_{\Delta y \to 0} \frac{g(y_0 + \Delta y) - g(y_0)}{\Delta y} = g'(y_0),$$

也即

$$\lim_{\Delta y \to 0} \left[\frac{g(y_0 + \Delta y) - g(y_0)}{\Delta y} - g'(y_0) \right] = 0.$$

令

$$\eta(\Delta y) = \frac{g(y_0 + \Delta y) - g(y_0)}{\Delta y} - g'(y_0) \quad (\Delta y \neq 0),$$

那么 $\lim\limits_{\Delta y \to 0} \eta(\Delta y) = 0$,且

$$g(y_0 + \Delta y) - g(y_0) = g'(y_0)\Delta y + \eta(\Delta y)\Delta y \quad (\Delta y \neq 0).$$

我们补充定义 $\eta(0) = 0$,则上式不仅对 $\Delta y \neq 0$ 时成立,而且对于 $\Delta y = 0$ 时也成立. 这样,不论 $\Delta y = f(x_0 + \Delta x) - f(x_0)$ 是否等于零,当 $\Delta x \neq 0$ 时我们总有

$$\frac{\Delta z}{\Delta x} = g'(y_0) \frac{f(x_0 + \Delta x) - f(x_0)}{\Delta x} + \eta(\Delta y) \frac{f(x_0 + \Delta x) - f(x_0)}{\Delta x},$$

其中

$$\Delta z = g(y_0 + \Delta y) - g(y_0) = g(f(x_0 + \Delta x)) - g(f(x_0)).$$

令 $\Delta x \to 0$，则上式右端第一项趋向 $g'(y_0)f'(x_0)$，而其第二项趋向于零. 这样，我们得到复合函数 $z = g(f(x))$ 在 x_0 点可导，且

$$\frac{\mathrm{d}z}{\mathrm{d}x}\Big|_{x=x_0} = g'(y_0)f'(x_0).$$

总之，我们证明了下列定理：

定理 1 设 $y = f(x)$ 在 (a,b) 上有定义，且其值域包含在 (A,B) 之中. 又设 $z = g(y)$ 在 (A,B) 上有定义. 若 $y = f(x)$ 在一点 $x_0 \in (a,b)$ 处可导，且 $z = g(y)$ 在相应的点 $y_0 = f(x_0)$ 处可导，则复合函数 $g(f(x))$ 在 x_0 处可导，且有公式

$$\frac{\mathrm{d}g(f(x))}{\mathrm{d}x}\Big|_{x=x_0} = g'(y_0)f'(x_0),$$

或写成

$$\frac{\mathrm{d}z}{\mathrm{d}x}\Big|_{x=x_0} = \frac{\mathrm{d}z}{\mathrm{d}y}\Big|_{y=y_0} \cdot \frac{\mathrm{d}y}{\mathrm{d}x}\Big|_{x=x_0}.$$

如果 $y = f(x)$ 及 $z = g(y)$ 在各自的定义域内可导，则对于任意一点 $x \in (a,b)$，我们有

$$\frac{\mathrm{d}g(f(x))}{\mathrm{d}x} = g'(f(x))f'(x),$$

或简写成

$$\frac{\mathrm{d}z}{\mathrm{d}x} = \frac{\mathrm{d}z}{\mathrm{d}y} \cdot \frac{\mathrm{d}y}{\mathrm{d}x},$$

其中 $\dfrac{\mathrm{d}z}{\mathrm{d}y}$ 表示将 z 视做 y 的函数时对 y 的导数.

复合函数求导公式是微商计算中非常基本的公式，读者应通过练习熟练掌握它.

例 1 求 $\sin 2x$ 的导数.

解 令 $z = \sin y$，其中 $y = 2x$，y 为中间变量. 那么

$$\frac{\mathrm{d}z}{\mathrm{d}x} = \frac{\mathrm{d}z}{\mathrm{d}y} \cdot \frac{\mathrm{d}y}{\mathrm{d}x} = \cos y \cdot 2 = 2\cos 2x.$$

例 2 求 e^{x^2} 的导数.

解 引入中间变量 $y = x^2$，这时 $z = \mathrm{e}^y$.

$$\frac{\mathrm{d}z}{\mathrm{d}x} = \frac{\mathrm{d}z}{\mathrm{d}y} \cdot \frac{\mathrm{d}y}{\mathrm{d}x} = \mathrm{e}^y \cdot 2x = 2x\mathrm{e}^{x^2}.$$

对初学者而言,在一开始时引入中间变量是必要的,但是做过一定练习之后,就不必将中间变量明显地写出,只要心中默记什么是中间变量就可以了.

例 3　求 $(x^2 + 3x^3)^5$ 的导数.

在计算这个函数的导数时,首先我们将括号内的量看做一个中间变量,要先对这个变量的 5 次方幂求导数,然后乘以这个变量对 x 的导数:

$$[(x^2 + 3x^3)^5]' = 5(x^2 + 3x^3)^4 \cdot (2x + 9x^2).$$

例 4　求 $\cos 2x \cdot \tan x^2$ 的导数.

解　由函数乘积的导数公式有

$$(\cos 2x \cdot \tan x^2)' = (\cos 2x)' \cdot \tan x^2 + \cos 2x (\tan x^2)'$$

而 $(\cos 2x)' = -\sin 2x \cdot 2, (\tan x^2)' = \sec^2 x^2 \cdot 2x,$ 故

$$(\cos 2x \cdot \tan x^2)' = -2\sin 2x \cdot \tan x^2 + 2x\cos 2x \cdot \sec^2 x^2.$$

在一些较复杂的表达式中,用一个中间量不够,尚须引入多个.例如,求 $e^{\sin x^2}$ 的导数时,我们须要两个中间变量 $y = x^2, w = \sin y$,而将 $e^{\sin x^2}$ 视做 e^w. 即使是这样的情形,也可不必把两个中间变量写出,而只须一次次地在心中将某部分表达式看做一个整体反复运用复合函数的公式就可以了.在上述例子中,我们先把 $\sin x^2$ 作为一个整体,用一次复合函数微商公式,然后再将 x^2 作为一个整体,再用一次复合函数微商公式,即得出结果:

$$(e^{\sin x^2})' = e^{\sin x^2}(\sin x^2)' = e^{\sin x^2}\cos x^2 (x^2)'$$
$$= 2x\cos x^2 e^{\sin x^2}.$$

现在,我们讨论一个函数的导数与其反函数的导数的关系.

定理 2　设函数 $y = f(x)$ 在 (a, b) 内连续、严格单调且其值域为 (A, B),又设其反函数 $x = g(y)$ 在 (A, B) 内 y_0 处有导数且不为零,则 $y = f(x)$ 在对应点 $x_0 = g(y_0)$ 处有导数,且

$$f'(x_0) = \frac{1}{g'(y_0)} \quad \text{或者} \quad f'(x_0) = \frac{1}{g'(f(x_0))}.$$

(这里 $g'(f(x_0))$ 是 $g(y)$ 先对 y 求导数然后将其中的 y 以 $f(x_0)$ 代入的结果.)

这个定理告诉我们:**一个函数在一点的导数恰好等于其反函数在对应点的导数的倒数.**

上述结论也可以由复合函数求导公式获得.事实上我们有 $g(f(x)) = x$.对此式两边求导得: $g'(f(x))f'(x) = 1$.

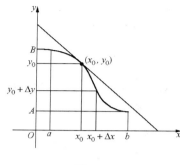

图 2.6

定理中的公式 $f'(x_0)=1/g'(y_0)$ 有明显的几何意义：在 Oxy 平面上，$y=f(x)$ 与 $x=g(y)$ 代表的是同一条曲线. 该曲线在一点 (x_0,y_0) 处的切线关于 x 轴的斜率是它关于 y 轴的斜率的倒数 (见图 2.6).

证 设 $x_0 \in (a,b)$ (见图 2.6) 使得 $f(x_0)=y_0$，取 $\Delta x \neq 0$ 充分小，使得 $x_0+\Delta x \in (a,b)$，令 $\Delta y=f(x_0+\Delta x)-f(x_0)$，这时 $\Delta y \neq 0$ (因为如其不然，$f(x_0+\Delta x)=f(x_0)$，则与映射 f 的一一性有矛盾.). 根据 $f(x)$ 在 x_0 处连续，当 $\Delta x \to 0$ 时 $\Delta y \to 0$. 另外，Δx 又可视做 Δy 的函数，并不难看出 $\Delta x=g(y_0+\Delta y)-g(y_0)$. 再由 $g'(y_0)$ 存在并不等于 0，立即推出

$$\lim_{\Delta x \to 0} \frac{\Delta y}{\Delta x} = \lim_{\Delta y \to 0} \frac{1}{\dfrac{\Delta x}{\Delta y}} = \lim_{\Delta y \to 0} \frac{1}{\dfrac{g(y_0+\Delta y)-g(y_0)}{\Delta y}} = \frac{1}{g'(y_0)}.$$

证毕.

在这个定理中若假定 $g(y)$ 在 (A,B) 内处处有导数且导数不为零，则有

$$f'(x) = \frac{1}{g'(y)}, \quad \text{其中} \ y=f(x), \ \forall \ x \in (a,b),$$

或

$$f'(x) = \frac{1}{g'(f(x))}, \quad \forall \ x \in (a,b).$$

例 5 求 $y=\arcsin x$ $(x \in (-1,1))$ 的导函数.

解 显然，$y=\arcsin x$ 在 $(-1,1)$ 内连续且严格单调，其值域为 $(-\pi/2,\pi/2)$. 又其反函数 $x=\sin y$ 在 $(-\pi/2,\pi/2)$ 内的导函数 $(\sin y)'=\cos y \neq 0$. 由定理 2 即得

$$(\arcsin x)' = \frac{1}{\cos y}, \quad \text{其中} \ y=\arcsin x,$$

也即

$$(\arcsin x)' = \frac{1}{\cos(\arcsin x)}, \quad \forall \ x \in (-1,1).$$

另一方面，$\cos(\arcsin x)=\sqrt{1-x^2}$，故

$$(\arcsin x)' = \frac{1}{\sqrt{1-x^2}}, \quad \forall \ x \in (-1,1).$$

我们已经知道，正弦、余弦、正切、余切等三角函数的导函数仍是三角函数，而现在我们看到反正弦函数的导函数却不再是三角函数或反三角函数，

而是一个无理式.

例 6 利用类似的方法可以证明

$$(\arccos x)' = \frac{-1}{\sqrt{1-x^2}}, \quad x \in (-1, 1).$$

这个公式的证明还可以由大家熟知的公式

$$\arcsin x + \arccos x = \pi/2$$

及例 5 中的结果推出.

例 7 证明 $(\arctan x)' = \dfrac{1}{1+x^2}$，$(\text{arccot} x)' = \dfrac{-1}{1+x^2}$.

证 令 $y=\arctan x$，则 $x=\tan y, y \in (-\pi/2, \pi/2)$，根据定理 2，

$$(\arctan x)' = \frac{1}{\sec^2 y}, \quad \text{其中 } y = \arctan x.$$

因为

$$\sec^2 y = 1 + \tan^2 y = 1 + \tan^2(\arctan x) = 1 + x^2,$$

所以

$$(\arctan x)' = \frac{1}{1+x^2}.$$

同理可证

$$(\text{arccot} x)' = \frac{-1}{\csc^2 y} = \frac{-1}{1+x^2}.$$

这样我们看到反正切及反余切函数的导函数是一个简单的二次有理式.

例 8 证明

$$(\ln |x|)' = \frac{1}{x}, \quad x \neq 0.$$

证 先讨论 $x>0$ 的情况. 此时函数 $y=\ln x(x>0)$ 是 $x=\mathrm{e}^y$ 的反函数，那么根据定理 2 有

$$(\ln x)' = \frac{1}{\mathrm{e}^y}, \quad \text{其中 } y = \ln x \ (x > 0),$$

也即

$$(\ln x)' = \frac{1}{\mathrm{e}^{\ln x}} = \frac{1}{x} \quad (x > 0).$$

当 $x<0$ 时，令 $t=-x$. 这时 $t>0$ 且 $\ln|x|=\ln t$. 将 t 视做中间变量，利用复合函数的微商公式及刚才的结果即得

$$\frac{\mathrm{d}}{\mathrm{d}x}(\ln |x|) = \frac{\mathrm{d}}{\mathrm{d}t}(\ln t) \cdot \frac{\mathrm{d}t}{\mathrm{d}x} = \frac{1}{t} \cdot (-1) = \frac{1}{x} \quad (x < 0),$$

因而这时 $\ln|x|$ 的导数仍是 $\dfrac{1}{x}$.

这样,我们看到,对数函数的导数竟是一个十分简单的函数——倒数函数.

例 9   以前我们曾证明过,当 m 为自然数时,$(x^m)'=mx^{m-1}$. 现在我们将这一公式推广到 m 为一般实数的情况.

设 α 为任意实数,则有

$$(x^\alpha)' = \alpha x^{\alpha-1} \quad (x>0).$$

证   当 $\alpha=0$ 时,$x^\alpha\equiv1$,故其导数为 0,恰好等于上式之右端. 现在设 $\alpha\neq0$,这时 x^α 可以写成

$$x^\alpha = \mathrm{e}^{\alpha\ln x}.$$

故由复合函数微商公式有:

$$(x^\alpha)' = \mathrm{e}^{\alpha\ln x}\cdot(\alpha\ln x)' = x^\alpha\cdot\alpha\cdot\frac{1}{x} = \alpha x^{\alpha-1}.$$

连同上一节已知的若干基本初等函数的导函数,至此全部基本初等函数的导函数已经得出. 现在列表如下:

（Ⅰ）$(x^\alpha)'=\alpha x^{\alpha-1}$ $(x>0)$.

（Ⅱ）$(\sin x)'=\cos x$;$(\cos x)'=-\sin x$;

$(\tan x)'=\sec^2 x$;$(\cot x)'=-\csc^2 x$.

（Ⅲ）$(\arcsin x)'=\dfrac{1}{\sqrt{1-x^2}}$,$|x|<1$;

$(\arccos x)'=\dfrac{-1}{\sqrt{1-x^2}}$,$|x|<1$;

$(\arctan x)'=\dfrac{1}{1+x^2}$,$(\operatorname{arccot} x)'=\dfrac{-1}{1+x^2}$.

（Ⅳ）$(a^x)=\ln a\cdot a^x$,特别地,$(\mathrm{e}^x)'=\mathrm{e}^x$.

（Ⅴ）$(\ln|x|)'=\dfrac{1}{x}$,$x\neq0$.

有了这张基本初等函数的微商表,再加上导数的四则运算法则及复合函数的导数公式,我们就可以计算所有初等函数的微商. 我们可以断言,**初等函数在其定义域中的任意一个开区间中可导,且其导函数仍是初等函数**.

基本初等函数的微商表是计算初等函数微商的基本依据,也是今后求不定积分的基础. 因此要求读者在大量练习中记熟它用熟它. 它在微积分计算中的重要性,有如初等四则计算中的九九表.

在结束本节前,我们要指出利用对数求微商在某些情况下会带来方便.

例 10   求 $y=x^x(x>0)$ 的导函数.

解   我们将这个函数改写为

$$y = e^{x\ln x},$$

再用复合函数求导法则得

$$\frac{\mathrm{d}y}{\mathrm{d}x} = e^{x\ln x}\frac{\mathrm{d}}{\mathrm{d}x}(x\ln x)$$

$$= e^{x\ln x}(\ln x + 1) = x^x(\ln x + 1).$$

取对数的另外一个好处是可将乘法运算化为加法运算,将除法运算化为减法运算,从而使求导数的过程简化.

例 11 设

$$y = \sqrt[3]{\frac{(x+1)^2(2-x)}{(3-x)^2(x-4)}},$$

求 $y' = ?$

解 两边取绝对值然后取对数:

$$\ln|y| = \frac{1}{3}\left[2\ln|x+1| + \ln|2-x| - 2\ln|3-x| - \ln|x-4|\right],$$

再在两边对 x 求导数,即得

$$\frac{y'}{y} = \frac{1}{3}\left[\frac{2}{x+1} - \frac{1}{2-x} + \frac{2}{3-x} - \frac{1}{x-4}\right].$$

故有

$$y' = \frac{1}{3}\sqrt[3]{\frac{(x+1)^2(2-x)}{(3-x)^2(x-4)}}\left[\frac{2}{x+1} - \frac{1}{2-x} + \frac{2}{3-x} - \frac{1}{x-4}\right].$$

对这个函数如果用通常办法求导将十分麻烦.

习 题 2.2

1. 下列各题的计算是否正确? 若不正确,指出错误并加以改正:

(1) $(\cos\sqrt{x})' = -\sin\sqrt{x}$；

(2) $[\ln(1-x)]' = \frac{1}{1-x}$；

(3) $[x^2\sqrt{1+x^2}]' = (x^2)'[\sqrt{1+x^2}]' = 2x\frac{x}{\sqrt{1+x^2}}$；

(4) $[\ln|x+2\sin^2 x|]' = \frac{1}{x+2\sin^2 x}(1+4\sin x)\cos x$.

2. 记 $f'(g(x)) = f'(u)|_{u=g(x)}$. 现设 $f(x) = x^2 + 1$.

(1) 求 $f'(x), f'(0), f'(x^2), f'(\sin x)$；

(2) 求 $\frac{\mathrm{d}}{\mathrm{d}x}f(x^2), \frac{\mathrm{d}}{\mathrm{d}x}f(\sin x)$；

(3) $f'(g(x))$ 与 $[f(g(x))]'$ 是否相同? 指出两者的关系.

3. 求下列各函数的导函数：

(1) $y=\dfrac{2}{x^3-1}$;

(2) $y=\sec x$;

(3) $y=\sin 3x+\cos 5x$;

(4) $y=\sin^3 x\cdot\cos 3x$;

(5) $y=\dfrac{1+\sin^2 x}{\cos(x^2)}$;

(6) $y=\dfrac{1}{3}\tan^3 x-\tan x+x$;

(7) $y=\mathrm{e}^{ax}\sin bx$;

(8) $y=\cos^5\sqrt{1+x^2}$;

(9) $y=\ln\left|\tan\left(\dfrac{x}{2}+\dfrac{\pi}{4}\right)\right|$;

(10) $y=\dfrac{1}{2a}\ln\left|\dfrac{x-a}{x+a}\right|$ $(a>0,x\neq\pm a)$.

4. 求下列函数的导函数

(1) $y=\arcsin\dfrac{x}{a}$ $(a>0)$;

(2) $y=\dfrac{1}{a}\arctan\dfrac{x}{a}$ $(a>0)$;

(3) $y=x^2\arccos x\,(|x|<1)$;

(4) $y=\arctan\dfrac{1}{x}$;

(5) $y=\dfrac{x}{2}\sqrt{a^2-x^2}+\dfrac{a^2}{2}\arcsin\dfrac{x}{a}$ $(a>0)$;

(6) $y=\dfrac{x}{2}\sqrt{x^2+a^2}+\dfrac{a^2}{2}\ln\dfrac{x+\sqrt{x^2+a^2}}{a}$ $(a>0)$;

(7) $y=\arcsin\dfrac{2x}{x^2+1}$, $x\neq\pm 1$;

(8) $y=\dfrac{2}{\sqrt{a^2-b^2}}\arctan\left(\sqrt{\dfrac{a-b}{a+b}}\tan\dfrac{x}{2}\right)$ $(a>b\geqslant 0)$;

(9) $y=(1+\sqrt{x})(1+\sqrt{2x})(1+\sqrt{3x})$;

(10) $y=\sqrt{1+x+2x^2}$;

(11) $y=\sqrt{x^2+a^2}$;

(12) $y=\sqrt{a^2-x^2}$;

(13) $y=\ln(x+\sqrt{x^2+a^2})$;

(14) $y=(x-1)\sqrt[3]{(3x+1)^2(2-x)}$;

(15) $y=\mathrm{e}^x+\mathrm{e}^{\mathrm{e}^x}$;

(16) $y=x^{a^a}+a^{x^a}+a^{a^x}$ $(a>0)$.

5. 一雷达的探测器瞄准着一枚安置在发射台上的火箭，它与发射台之间的水平距离是 400 m(见图 2.7). 设 $t=0$ 时向上垂直地发射火箭，初速度为 0，火箭以 8 m/s² 的匀

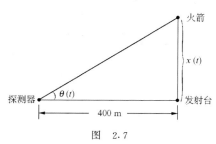

图 2.7

加速度垂直地向上运动. 若雷达探测器始终瞄准着火箭. 问：自火箭发射后 10 秒钟时，探测器的仰角 $\theta(t)$ 的变化速率是多少？

6. 在图 2.8 的装置中，飞轮的半径为 2 m，且以每秒旋转 4 圈的匀角速度按顺时针方向旋转. 问：当飞轮的旋转角 $\alpha = \dfrac{\pi}{2}$ 时，活塞向右移动的速率是多少？

图　2.8

§3　无穷小量与微分

1. 无穷小量的概念

所谓无穷小量是指以零为极限的变量. 比如，当 $n \to \infty$ 时，$\dfrac{1}{n}$，q^n（$|q| < 1$）以及 $\dfrac{1}{n!}$ 都是无穷小量. 当 $x \to 0$ 时，x，$\cos x - 1$ 以及 $\ln(1+x)$ 都是无穷小量.

假定函数 $y = f(x)$ 在一点 x_0 可导，那么，导数 $f'(x_0)$ 则是无穷小量 Δy 与无穷小量 Δx 之比的极限. 今后，我们还会知道，函数的积分可以看做无限个无穷小量求和. 因此，微积分在一定意义上就是对无穷小量进行分析；微积分有时也称做无穷小分析.

微分的概念建立在无穷小量的概念的基础之上. 为了讨论微分，现在我们介绍有关无穷小量的几个概念.

设 $y = f(x)$ 及 $y = g(x)$ 在 $x \to a$ 时是两个无穷小量. 那么，当 $x \to a$ 时 $f(x) + g(x)$ 及 $f(x) \cdot g(x)$ 均是无穷小量. 但 $f(x)/g(x)$ 却不一定是无穷小量，它有多种可能性. 若 $g(x) \neq 0$ 且

$$\frac{f(x)}{g(x)} \to 1 \quad (x \to a),$$

则称 $f(x)$ 与 $g(x)$ 是**等价无穷小量**，记之为 $f(x) \sim g(x)$ $(x \to a)$.

例 1　$\sin x \sim x$ $(x \to 0)$.

例 2　$\ln(1+x) \sim x$ $(x \to 0)$（见第一章 §5 例 6）.

例 3　$1 - \cos x \sim \dfrac{1}{2} x^2$ $(x \to 0)$（见习题 1.4 第 3(2) 题）.

很容易发现,无穷小量趋于零的速度有可能不同.比如,当 $n \to \infty$ 时,$\dfrac{1}{n!}$ 比 $\dfrac{1}{n}$ 趋于零的速度要快.又比如由例 2 及例 3 可知:当 $x \to 0$ 时,$1 - \cos x$ 比 $\ln(1+x)$ 趋于零的速度要快.

一般说来,在 $x \to a$ 的过程中,当一个无穷小量 $\alpha(x)$ 比另一个无穷小量 $\beta(x)$ 趋于零的速度要快时,我们称 $\alpha(x)$ 是比 $\beta(x)$ 更高阶的无穷小量.更确切地说,若存在一个无穷小量 $\eta(x)$ 使得

$$\alpha(x) = \eta(x) \beta(x)$$

时,我们称 $\alpha(x)$ 是比 $\beta(x)$ 更**高阶的无穷小量**,并记为

$$\alpha(x) = o(\beta(x)) \quad (x \to a).$$

例 4　$x \sin x^2 = o(x^2)\ (x \to 0)$;$\mathrm{e}^{-n} = o\left(\dfrac{1}{n}\right)\ (n \to \infty)$(读者自己验证).

当 $\beta(x) \neq 0$ 时,为了证明无穷小量 $\alpha(x)$ 与 $\beta(x)$ 有下述关系

$$\alpha(x) = o(\beta(x)) \quad (x \to a),$$

只要验证 $\lim\limits_{x \to a} \dfrac{\alpha(x)}{\beta(x)} = 0$ 即可.

下面引入同阶无穷小量的概念.

若 $\alpha(x)$ 与 $\beta(x)$ 当 $x \to a$ 时均为无穷小量,且极限

$$\lim_{x \to a} \frac{\alpha(x)}{\beta(x)} = l, \quad l \neq 0,$$

则称 $\alpha(x)$ 与 $\beta(x)$ 为**同阶无穷小量**.

当 $x \to a$ 时,若 $\alpha(x)$ 与 $(x-a)^n$ 为同阶无穷小量,则称 $\alpha(x)$ 为 $(x-a)$ 的 n 阶无穷小量.比如,当 $x \to 0$ 时,$\sin^3 x$ 是 x 的 3 阶无穷小量;而 $1 - \cos x$ 是 x 的 2 阶无穷小量.

例 5　当 $x \to 0$ 时,$\tan x - \sin x$ 是 x 的 3 阶无穷小量.

事实上,我们有

$$\lim_{x \to 0} \frac{\tan x - \sin x}{x^3} = \lim_{x \to 0} \frac{\tan x}{x} \cdot \frac{1 - \cos x}{x^2} = \frac{1}{2}.$$

最后,我们指出:若 $x \to a$ 时,$f(x)$ 是一个无穷大量,则 $x \to a$ 时,$f(x)$ 的倒数 $1/f(x)$ 是一个无穷小量.反之,若 $x \to a$ 时,$\alpha(x)$ 是一个无穷小量,且 $\alpha(x) \neq 0$,则 $x \to a$ 时,其倒数 $1/\alpha(x)$ 是一个无穷大量.

2. 微分的概念

设 $y = f(x)$ 在 x_0 附近有定义.现在,我们用无穷小量的观点去观察自变量的改变量 Δx 与函数的改变量 $\Delta y = f(x_0 + \Delta x) - f(x_0)$ 之间的关系.

我们假定 $y=f(x)$ 在 x_0 点可导. 这时, $y=f(x)$ 在 x_0 点至少是连续的, 因而

$$\Delta y = f(x_0 + \Delta x) - f(x_0) \to 0 \quad (\Delta x \to 0).$$

可见, 当 $\Delta x \to 0$ 时, Δy 是一个无穷小量. 另外, 根据导数的存在性, 我们有

$$\lim_{\Delta x \to 0} \frac{\Delta y}{\Delta x} = f'(x_0).$$

我们进一步考查量

$$\eta(\Delta x) = \frac{\Delta y}{\Delta x} - f'(x_0).$$

这时, 当 $\Delta x \to 0$ 时, 量 $\eta(\Delta x)$ 也是无穷小量. 这样, 我们得到

$$\Delta y = f'(x_0)\Delta x + \eta(\Delta x)\Delta x.$$

上式告诉我们一个重要事实: 当函数 $y=f(x)$ 在一点 x_0 可导时, 函数的改变量

$$\Delta y = f(x_0 + \Delta x) - f(x_0)$$

可以分作两部分, 其中第一部分是一个常数乘以 Δx, 而第二部分是一个比 Δx 更高阶的无穷小量. 换句话说, 当 $y=f(x)$ 在 x_0 可导时, 函数值的改变量

$$\Delta y = f(x_0 + \Delta x) - f(x_0)$$

可以写成

$$\Delta y = f'(x_0)\Delta x + o(\Delta x) \quad (\Delta x \to 0).$$

由此可见, 当 Δx 很小时, Δy 可以用 $f'(x_0)\Delta x$ 近似地代替.

以上是在 $y=f(x)$ 在 x_0 可导的条件下进行讨论的. 现在我们放弃这样的假定, 问一个一般性问题: 何时 $y=f(x)$ 在 x_0 处的改变量可以写成

$$\Delta y = f(x_0 + \Delta x) - f(x_0) = A\Delta x + o(\Delta x)?$$

其中 A 为常数.

根据前面的讨论, 当 $y=f(x)$ 在 x_0 可导时, 上式成立, 且 $A=f'(x_0)$.

反过来, 假定上式成立, 这时两边同除以 Δx 并令 $\Delta x \to 0$, 立即推出

$$\lim_{\Delta x \to 0} \frac{\Delta y}{\Delta x} = A.$$

可见, 这时推出 $y=f(x)$ 在 x_0 可导, 且 $A=f'(x_0)$.

现在, 我们给出函数 $y=f(x)$ 在一点 x_0 可微及其微分的定义:

定义 设 $y=f(x)$ 在 x_0 点附近有定义. 假定有一个常数 A, 使得

$$f(x_0 + \Delta x) - f(x_0) = A\Delta x + o(\Delta x) \quad (\Delta x \to 0),$$

则称 $y=f(x)$ 在 x_0 点**可微**,并把 $A\Delta x$ 称做 $y=f(x)$ 在 x_0 处的**微分**,记做 $\mathrm{d}f$ 或 $\mathrm{d}y$.

根据前面的论述,我们已经证明了:函数 $y=f(x)$ 在一点 x_0 可微的充分必要条件是 $y=f(x)$ 在 x_0 点可导.前面的论述还告诉我们:在可导的条件下,$\mathrm{d}f=f'(x_0)\Delta x$.

但这里我们要提醒读者:虽然可微与可导是相互等价的,但它们从概念上讲是不同的.我们还要指出:可微与可导的等价性也仅限于一元函数的情形.在多元函数情形,各偏导数的存在并不意味着可微.

现在,我们来解释一下微分概念的意义.根据定义,表达式

$$\Delta y = A\Delta x + o(\Delta x) \quad (\Delta x \to 0)$$

中 $A\Delta x$ 是 $y=f(x)$ 在 x_0 的微分.首先 $A\Delta x$ 是 Δx 的线性函数,其次它与 Δy 之差是一个比 Δx 更高阶的无穷小量.因此,我们说**微分是函数改量的线性主要部分**.

若函数 $y=f(x)$ 在区间 (a,b) 中的每一点都可微,则称它在 (a,b) 中可微.

假定 $y=f(x)$ 在 (a,b) 中可微,那么它在一点 $x\in(a,b)$ 的微分应当是

$$\mathrm{d}f = f'(x)\Delta x.$$

这时微分不仅依赖于 Δx,而且还依赖于点 x.

现在考查一种特殊函数 $y=x$.这时 $\mathrm{d}y=y'\Delta x=\Delta x$,也即 $\mathrm{d}x=\Delta x$.这就告诉我们,对于自变量 x 而言,它的微分与改变量总相等.

因此,上述公式 $\mathrm{d}f=f'(x)\Delta x$ 可改写成下列形式:

$$\mathrm{d}f = f'(x)\mathrm{d}x.$$

这种形式为我们带来许多方便,故通常我们使用这种形式的公式替代前者.

例 6 $\mathrm{d}(\sin^2 x)=2\sin x\cos x\mathrm{d}x.$

例 7 $\mathrm{d}(x\mathrm{e}^x)=\mathrm{e}^x(1+x)\mathrm{d}x.$

在公式 $\mathrm{d}f=f'(x)\mathrm{d}x$ 中两边用 $\mathrm{d}x$ 除即得

$$\frac{\mathrm{d}f}{\mathrm{d}x} = f'(x).$$

这告诉我们:函数在一点处的导数是其因变量的微分与自变量的微分之商.也正是这个原因,我们才把导数称为**微商**.

在前面我们引入导数记号时 $\dfrac{\mathrm{d}f}{\mathrm{d}x}$ 是作为一个整体记号表示导数.现在有了微分的记号之后就可以把它看做两个微分之商了.可见,**微商者,微分之商也**!

微分 dy 的几何意义 由图 2.9 看出，M 是点 $(x, f(x))$，而 M' 是点 $(x + \Delta x, f(x + \Delta x))$，$P$ 是点 $(x + \Delta x, f(x))$. 另外 Q 是曲线过 M 点处的切线 MN 与直线 $M'P$ 的交点. 注意到切线 MN 的斜率是 $f'(x)$，不难看到 $dy = f'(x)\Delta x$ 恰好就是 $\overline{QP}$ 的长度. 以上说明，切线上两点 (M 与 Q) 的纵坐标的差，是曲线上相应两点 (M 与 M') 的纵坐标之差的主要部分.

图 2.9

在力学、物理学或其他实际问题的讨论中，经常用 dy 去替代 Δy，或者对两者不加区分. 其道理就是因为当 $\Delta x \to 0$ 时，$\Delta y - dy = o(\Delta x)$，也就是说用 dy 去替代 Δy 所差的量是一个比 Δx 更高阶的无穷小量. 这在实际问题的讨论中一般说来不会导致谬误.

历史的注记

在微积分创立的初期，无穷小量一词被广泛的使用着，但其概念很模糊，并引发了微积分的逻辑基础问题. 在当时牛顿与莱布尼茨看来，无穷小量是一个很小很小的数（而不是像现代那样将其视做趋于零的变量），时而把它看做不为零，并用它去做除数，时而又把它作为零而加以抛弃. 比如，牛顿写道：

"我把时间看做是连续的流动或增长，而其他量则随时间而连续变化. 我从时间的流动性出发，把所有其他量的增长速度称之为流数，又从时间的瞬息性出发，把任何其他量在瞬息时间内产生的部分称之为瞬."

这里的"流数"即现代的导数，而"瞬"则指的是微分.

牛顿用英文小写字母"o"来代表时间的瞬息变化. 那么，为了求得 $y = x^m$（m 为自然数）的流数，牛顿的办法如下：$y = x^m$ 在瞬息"o"之间的变化率为

$$\dot{y} = \frac{(x + o)^m - x^m}{o} = mx^{m-1} + \frac{m(m-1)}{2}x^{m-2}o + \cdots + o^{m-1}.$$

又由于 o 很小很小，可以作为零而抛弃. 因而，牛顿得到

$$\dot{y} = mx^{m-1}.$$

前面将"o"作为除数，而后又把它作为零，显然逻辑上有毛病.

莱布尼茨及其追随者们直接使用无穷小量一词，并把它当做一个小到不能再小的数. 他们把自变量的无穷小变化而引起函数值的差称做微分，把

导数视做函数的微分与自变量的微分之商,并且使用了记号 $\dfrac{\mathrm{d}f}{\mathrm{d}x}$. 莱布尼茨还引进了高阶微分的概念. 同样地,他们在导出导数的公式时又把 $\mathrm{d}x$ 当做零处理.

微积分中无穷小量问题曾招致广泛的关注,引起许多争议. 这些都刺激着数学家们努力寻求解决问题的途径. 经过了近一个世纪的努力,在柯西与魏尔斯特拉斯建立了完整的极限理论之后,这一问题才得到澄清. 正如前面已经指出的,这时无穷小量不再被看做是一个固定的数,而是一个以零为极限的变量;而导数看做函数的改变量与自变量的改变量这两个无穷小量的商之极限. 极限论为分析学奠定了一个牢固的逻辑基础,并使之得以进一步发展.

但是,关于无穷小量的故事并没有结束. 20 世纪 60 年代美国的一位数理逻辑学家,利用现代数理逻辑的成就,把无穷小量与无穷大量作为两个理想数,添入到实数域 $\mathbf{R}$ 之中,并在扩充后的数域中定义了运算与次序. 他以此为基础建立了一种新的分析学,被称做"非标准分析". 在非标准分析中,无穷小是一个数,其绝对值小于任意正数,但又不是零. 在非标准分析中,莱布尼茨关于无穷小的种种说法及运算得到合理的解释.

尽管有非标准分析的出现,然而现代分析学中绝大多数的研究依然是建筑在标准分析基础之上.

§4   一阶微分的形式不变性及其应用

本节我们要介绍所谓一阶微分的形式不变性并利用这种不变性给出隐函数及参变量函数求导的公式.

设 $y=f(x)$ 在 (a,b) 区间内可导,且其值域含于 (A,B) 之内,又设 $z=g(y)$ 在 (A,B) 内可导. 根据前面的讨论,复合函数 $g\circ f$ 在 (a,b) 上可导且
$$[g(f(x))]' = g'(f(x))f'(x),\quad \forall\, x \in (a,b).$$
这样我们就得到 $z=g\circ f$ 的关于 x 的微分:
$$\begin{aligned}\mathrm{d}z &= [g(f(x))]'\mathrm{d}x\\ &= g'(f(x))f'(x)\mathrm{d}x.\end{aligned}$$
但因 $\mathrm{d}y=f'(x)\mathrm{d}x$,故上式又可写成 $\mathrm{d}z=g'(y)\mathrm{d}y$,其中 $y=f(x)$.

当 y 是自变量时,$z=g(y)$ 关于 y 的微分同样是
$$\mathrm{d}z = g'(y)\mathrm{d}y.$$

我们在不同的情况下得到形式上完全相同的公式：在前一种情况下，dz 是关于 x 的微分，其中的 y 不是自变量，而是 x 的函数. 在后一种情况中，dz 是关于 y 的微分，y 是自变量.

这就是说，**不论 y 是自变量，还是中间变量，当 $z=g(y)$ 时公式 $dz=g'(y)dy$ 总是成立的.**

这就是所谓**一阶微分的形式不变性**.

这种不变性仅对一阶微分成立，而对高阶微分不成立. 这一点在以后讨论高阶微分时会看到.

一阶微分形式的不变性为微分的计算在形式上带来了方便. 它告诉我们：在计算一阶微分时不必注意 dz 是关于那个自变量的微分，也不必注意 y 是自变量还是因变量，公式 $dz=g'(y)dy$ 总成立，放心大胆地用就是了. 例如：

$$de^{\sin x^2} = e^{\sin x^2}d\sin x^2 = e^{\sin x^2}\cos x^2 dx^2$$
$$= 2x\cos x^2 e^{\sin x^2}dx.$$

一阶微分的形式不变性还可以用来**求隐函数及由参数方程表示的函数的微商**.

在某些问题中，函数关系 $y=f(x)$ 并不是由 x 的一个表达式给出，而是由 x 与 y 的一个方程给出，如：

$$x^2 + y^2 = R^2 \quad (R > 0),$$
$$y - x - \varepsilon\sin y = 0 \quad (0 < \varepsilon < 1)$$

等. 这里第一个方程在 Oxy 平面上代表一个以原点为中心、以 R 为半径的圆周，从这个方程中我们可以解得两个连续可微函数：

$$y = \sqrt{R^2 - x^2}, \quad y = -\sqrt{R^2 - x^2} \quad (-R \leqslant x \leqslant R).$$

这两个函数都称为由方程 $x^2+y^2=R^2$ 所确定的隐函数.

一般说来，若函数 $y=f(x)$ 代入一个二元方程 $F(x,y)=0$ 时使得 $F(x,f(x))\equiv 0$，则称 $y=f(x)$ 是方程 $F(x,y)=0$ 所确定的**隐函数**.

对于一个给定的方程 $F(x,y)=0$，要想把 y 从中解出来并非易事，比如在上面的例子 $y-x-\varepsilon\sin y=0$ 中，可以证明对任意给定的 x，有唯一确定的 y 满足上述方程，然而 y 却不能表成 x 的初等函数.

我们现在的问题是，在不求解方程 $F(x,y)=0$ 的情况下，如何计算由该方程所确定的隐函数的导函数 $\dfrac{dy}{dx}$.

仍以上述方程 $y-x-\varepsilon\sin y=0$ 为例. 对此式两端求微分，并根据一阶

微分的形式不变性,我们得到

$$\mathrm{d}y - \mathrm{d}x - \varepsilon\cos y\,\mathrm{d}y = 0.$$

这样

$$\frac{\mathrm{d}y}{\mathrm{d}x} - 1 - \varepsilon\cos y \cdot \frac{\mathrm{d}y}{\mathrm{d}x} = 0,$$

也即

$$\frac{\mathrm{d}y}{\mathrm{d}x} = \frac{1}{1 - \varepsilon\cos y}.$$

在求隐函数的微商时,$\dfrac{\mathrm{d}y}{\mathrm{d}x}$ 的最后表达式中有时还含有 y. 这是允许的,因为 y 往往不能表成 x 的一个明显的表达式.

参数方程所确定的函数是指这样的函数,其中自变量与因变量的关系,是由两个方程

$$\begin{cases} x = \varphi(t), \\ y = \psi(t), \end{cases} \quad \alpha \leqslant t \leqslant \beta$$

所确定的. 这里的变量 t 称做参变量. 这样的函数有时也称做**参变量函数**,比如

$$\begin{cases} x = R\cos\theta, \\ y = R\sin\theta, \end{cases} \quad 0 \leqslant \theta \leqslant 2\pi.$$

很容易看出,它代表平面上的一个圆周,其圆心在原点,而半径为 R. 这里参变量 θ 有明显的几何意义,即原点到点 (x,y) 的连线与 x 轴之间的夹角.

如果将上述参数方程中的 R 略作更换就得到椭圆方程:

$$\begin{cases} x = a\cos\theta, \\ y = b\sin\theta, \end{cases} \quad 0 \leqslant \theta \leqslant 2\pi,\ 0 < b < a.$$

这时 a,b 分别为长半轴与短半轴,参变量 θ 的几何意义较前复杂(见图 2.10).

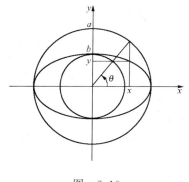

图　2.10

对于参数方程所确定的函数,同样可以不必求出 y 关于 x 的表达式而直接求出其微商. 这不仅仅是因为一般说来求表达式较复杂,更重要的原因是参数往往具有物理意义或几何意义,我们希望所求的微商也由参数表出.

设函数 $y = f(x)$ 是由参数方程

$$\begin{cases} x = \varphi(t), \\ y = \psi(t), \end{cases} \quad \alpha \leqslant t \leqslant \beta$$

给出,假定 φ 及 ψ 均对 t 是可微的,且 $\varphi'(t)$

≠0. 这时

$$\begin{cases} \mathrm{d}x = \varphi'(t)\mathrm{d}t, \\ \mathrm{d}y = \psi'(t)\mathrm{d}t, \end{cases}$$

用 $\mathrm{d}x$ 去除 $\mathrm{d}y$ 即得到

$$\frac{\mathrm{d}y}{\mathrm{d}x} = \frac{\psi'(t)}{\varphi'(t)}.$$

这样作的合理性也可以作如下解释:当我们求 $\dfrac{\mathrm{d}y}{\mathrm{d}x}$ 时是将 y 看做 x 的函数,参数 t 是过渡性的中间变量:即 y 是 t 的函数 $y=\psi(t)$,而 t 是 x 的函数(即 $x=\varphi(t)$ 的反函数). 根据一阶微分形式不变性,我们有 $\mathrm{d}y=\psi'(t)\mathrm{d}t$,而根据反函数导数公式又有 $\mathrm{d}t=\mathrm{d}x/\varphi'(t)$. 于是有上述结果.

例 1　求出椭圆周

$$\begin{cases} x = a\cos\theta, \\ y = b\sin\theta, \end{cases} \quad 0 \leqslant \theta \leqslant 2\pi$$

在 $\theta=\pi/4$ 时的切线与 x 轴之交角 φ.

根据前面的公式有

$$\frac{\mathrm{d}y}{\mathrm{d}x} = -\frac{b}{a}\cot\theta,$$

故 $\theta=\pi/4$ 时椭圆周的切线与 x 轴的交角

$$\varphi = \arctan\left(-\frac{b}{a}\right).$$

例 2　弹道方程在不考虑空气阻力的情况下可以写做:

$$\begin{cases} x = v_0 t\cos\alpha, \\ y = v_0 t\sin\alpha - \dfrac{1}{2}gt^2, \end{cases}$$

其中 v_0 是炮弹的初始速度,α 为发射角,t 为发射后所经过的时间,g 为重力加速度. 试求炮弹在 t 时刻时运动方向与水平线间的夹角 φ(见图 2.11).

图　2.11

显然,在这个问题中,所求角度之正切即 $\dfrac{\mathrm{d}y}{\mathrm{d}x}$,故

$$\varphi = \arctan\left(\frac{\mathrm{d}y}{\mathrm{d}x}\right) = \arctan\left(\frac{v_0\sin\alpha - gt}{v_0\cos\alpha}\right).$$

§5　微分与近似计算

微分的概念可应用于函数值的近似计算之中. 假设 $y = f(x)$ 在一点 $x = x_0$ 处可微,那么,当 $\Delta x \to 0$ 时,

$$f(x_0 + \Delta x) = f(x_0) + f'(x_0)\Delta x + o(\Delta x),$$

这里 $o(\Delta x)$ 当 Δx 很小时其值很小. 由此导出一个近似值公式:

$$f(x_0 + \Delta x) \approx f(x_0) + f'(x_0)\Delta x.$$

因此,若我们知道 $f(x_0)$ 及 $f'(x_0)$ 的值,则可计算出 $f(x_0+\Delta x)$ 的近似值.

例　计算 $\tan\left(\dfrac{\pi}{4} + 0.01\right)$ 的近似值.

解　取 $f(x) = \tan x$,$x_0 = \dfrac{\pi}{4}$,$\Delta x = 0.01$. 这时我们有

$$\tan\left(\frac{\pi}{4} + 0.01\right) = \tan\frac{\pi}{4} + \sec^2\frac{\pi}{4} \times 0.01$$

$$= 1 + \frac{1}{(\sqrt{2}/2)^2} \times 0.01 \approx 1.02.$$

在处理某些实际问题时,如果精密度要求不高,利用上述办法常常是有效的.

应当指出,我们目前尚无法给出上述办法所获得近似值与其精确值之间的误差估计,以后会给出这种误差估计.

利用上述办法,我们很容易获得下列一些近似公式:

$$\mathrm{e}^x \approx 1 + x, \quad \ln(1 + x) \approx x,$$

$$(1 + x)^\alpha \approx 1 + \alpha x \quad (\alpha > 0),$$

其中要求 x 的绝对值很小.

习　题　2.3

1. 当 $x \to 0$ 时,下列各函数是 x 的几阶无穷小量?

(1) $y = x + 10x^2 + 100x^3$;

(2) $y = (\sqrt{x+2} - \sqrt{2})\sin x$;

(3) $y = x(1 - \cos x)$.

2. 已知：当 $x \to 0$ 时，$\alpha(x) = o(x^2)$. 试证明：$\alpha(x) = o(x)$.

3. 设 $\alpha(x) = o(x)$ $(x \to 0)$，$\beta(x) = o(x)$ $(x \to 0)$. 试证明：$\alpha(x) + \beta(x) = o(x)$. 上述结果有时可写成：$o(x) + o(x) = o(x)$.

4. 计算下列函数在指定的点 x_0 处的微分：

(1) $x\sin x$，$x_0 = \pi/4$；

(2) $(1+x)^\alpha$，$x_0 = 0$（其中 $\alpha > 0$ 是常数）.

5. 求下列各函数的微分：

(1) $y = \dfrac{1-x}{1+x}$ $(x \neq -1)$；　　　(2) $y = x e^x$.

6. 设 $y = \dfrac{2}{x-1}$ $(x \neq 1)$，计算当自变量 x 由 3 变到 3.001 时，函数的增量与相应的微分.

7. 试计算 $\sqrt[5]{32.16}$ 的近似值.

8. 求下列方程确定的隐函数的导函数：

(1) $x^{\frac{2}{3}} + y^{\frac{2}{3}} = a^{\frac{2}{3}}$ $(a > 0)$；

(2) $(x-a)^2 + (y-b)^2 = c^2 (a, b, c$ 为常数$)$；

(3) $\arctan \dfrac{y}{x} = \ln \sqrt{x^2 + y^2}$；

(4) $y\sin x - \cos(x-y) = 0$.

9. 求下列隐函数在指定的点 M 的导数：

(1) $y^2 - 2xy - x^2 + 2x - 4 = 0$，$M(3, 7)$；

(2) $e^{xy} - 5x^2 y = 0$，$M\left(\dfrac{e^2}{10}, \dfrac{20}{e^2}\right)$.

10. 设 $y = f(x)$ 由下列参数方程给出，求 $y' = \dfrac{\mathrm{d}y}{\mathrm{d}x}$：

(1) $\begin{cases} x = 2t - t^2, \\ y = 3t - t^3; \end{cases}$　　(2) $\begin{cases} x = t\ln t, \\ y = e^t; \end{cases}$

(3) $\begin{cases} x = \arccos \dfrac{1}{\sqrt{1+t^2}}, \\ y = \arcsin \dfrac{t}{\sqrt{1+t^2}}. \end{cases}$

11. 试求椭圆周 $\dfrac{x^2}{a^2} + \dfrac{y^2}{b^2} = 1$ 上一点 $M_0(x_0, y_0)$ 处的切线方程与法线方程. 并证明：从椭圆的一个焦点向椭圆周上任一点 M 发射的光线，其反射线必通过椭圆的另一个焦点.

§6　高阶导数与高阶微分

设 $y = f(x)$ 在一个区间 (a, b) 上有定义. 若 $y = f(x)$ 在每一点 $x \in$

(a,b) 处都有导数存在,则其导数 $f'(x)$ 在 (a,b) 上也是一个函数. 自然,我们可以考虑函数 $f'(x)$ 在一点 $x_0 \in (a,b)$ 处是否还有导数的问题. 如果 $f'(x)$ 在点 x_0 处有导数存在,则称此导数为 f 在 x_0 的**二阶导数**,记做 $f''(x_0)$ 或 $f^{(2)}(x_0)$. 有时也记为 $\dfrac{\mathrm{d}^2 f}{\mathrm{d}x^2}\Big|_{x_0}$.

在力学中,若已知一质点运动的路程函数为 $s=s(t)$,那么该质点的运动速度 $v(t)=s'(t)$,而其加速度为

$$a(t) = v'(t) = s''(t).$$

二阶导数在几何上也有重要意义,这要留待后面专门讲解.

类似地,我们把二阶导函数在一点 x_0 的导数定义为三阶导数,并记做 $f'''(x_0)$,或者记做 $f^{(3)}(x_0)$ 或 $\dfrac{\mathrm{d}^3 f}{\mathrm{d}x^3}\Big|_{x_0}$.

余此类推,可以由 $n-1$ 阶导数定义 n 阶导数. $y=f(x)$ 在一点 x_0 的 n 阶导数记做 $f^{(n)}(x_0)$ 或 $\dfrac{\mathrm{d}^n f}{\mathrm{d}x^n}\Big|_{x_0}$.

例 1 $(\sin x)' = \cos x = \sin\left(x + \dfrac{\pi}{2}\right)$,

$\qquad (\sin x)'' = \cos\left(x + \dfrac{\pi}{2}\right) = \sin(x + \pi)$,

$\qquad (\sin x)''' = \cos(x + \pi) = \sin\left(x + \dfrac{3\pi}{2}\right)$.

一般说来,可以用归纳法证明 $\sin x$ 的 n 阶导数

$$(\sin x)^{(n)} = \sin\left(x + \frac{n\pi}{2}\right).$$

类似地可以证明

$$(\cos x)^{(n)} = \cos\left(x + \frac{n\pi}{2}\right).$$

例 2 证明

$$\left(\frac{1}{x}\right)^{(n)} = (-1)^n \frac{n!}{x^{n+1}}.$$

事实上,$\left(\dfrac{1}{x}\right)' = -\dfrac{1}{x^2}$, $\left(\dfrac{1}{x}\right)'' = \dfrac{2!}{x^3}$. 若对 $n=k-1$ 有

$$\left(\frac{1}{x}\right)^{(k-1)} = (-1)^{k-1} \frac{(k-1)!}{x^k},$$

那么,对 $n=k$,将上式两边再求一次导数,即得

$$\left(\frac{1}{x}\right)^{(k)} = (-1)^k \frac{k!}{x^{k+1}}.$$

利用例 2 的结果立即又推出

例 3 $(\ln(1+x))^{(n)} = (-1)^{n-1}\dfrac{(n-1)!}{(1+x)^n}$，其中 $x \neq -1$，并约定 $0! = 1$.

一般说来，要求出某个表达式的 n 阶导数的公式，这似乎并非易事，下面的莱布尼茨公式有时会有所帮助：

命题 设 $y = f(x)$ 及 $y = g(x)$ 在 (a, b) 有 n 阶导数，则它们的乘积的 n 阶导数成立下列公式：

$$[f(x) \cdot g(x)]^{(n)} = \sum_{k=0}^{n} C_n^k f^{(k)}(x) g^{(n-k)}(x),$$

其中 $f^{(0)} = f, g^{(0)} = g$.

这个公式很像牛顿二项展开公式，只不过是把原来的方幂数换成求导的阶数而已.

当 $n = 1$ 时，上述公式是

$$[f(x) \cdot g(x)]' = f'(x) \cdot g(x) + f(x)g'(x),$$

这是已知的公式. 对上述公式再一次求导数即得

$$[f(x)g(x)]^{(2)} = f''(x) \cdot g(x) + 2f'(x)g'(x) + f(x)g''(x)$$

$$= \sum_{k=0}^{2} C_2^k f^{(k)}(x) g^{(2-k)}(x).$$

对于一般情况，可用数学归纳法证明. 请读者自己完成.

例 4 设 $y = x^2 \sin x$，求 y 的 5 阶导数.

解 注意到 $(x^2)^{(k)} \equiv 0 \ (k > 2)$，由莱布尼茨公式得到

$$y^{(5)} = x^2 (\sin x)^{(5)} + 5(x^2)'(\sin x)^{(4)} + 10(x^2)''(\sin x)^{(3)}$$

$$= x^2 \sin\left(\frac{\pi}{2} + x\right) + 10x\sin x + 20\sin\left(x + \frac{3\pi}{2}\right)$$

$$= (x^2 - 20)\cos x + 10x\sin x.$$

现在我们来讲高阶微分.

假定 $y = f(x)$ 有 n 阶导数. 那么它的微分

$$df(x) = f'(x)dx$$

则依赖于两个变量：x 与 dx. 当 dx（即 Δx）给定后，$df(x)$ 就是 x 的函数. 因此，又可以对它求微分，这就是二阶微分：

$$d(df(x)) = (f'(x)dx)'dx = f''(x)dx^2.$$

这里应注意，在求二阶微分时，dx 作为常量. 而这里的记号 dx^2 表示 $(dx)^2$. 我们将 $d(df(x))$ 记做 $d^2 f(x)$. 那么上式可写成

$$d^2 f(x) = f''(x)dx^2.$$

因此,我们有

$$\frac{\mathrm{d}^2 f}{\mathrm{d}x^2} = f''(x).$$

也就是说,函数的二阶导数是它的二阶微分除以自变量微分之平方. 在前面将二阶导数记做 $\dfrac{\mathrm{d}^2 f}{\mathrm{d}x^2}$,也就是这个原因.

依此类推,可以得到

$$\mathrm{d}^n f = f^{(n)}(x)\mathrm{d}x^n$$

及

$$\frac{\mathrm{d}^n f}{\mathrm{d}x^n} = f^{(n)}(x).$$

这里应当提醒读者,高阶微分不具备形式的不变性. 也就是说,当 y 是自变量时,$z = g(y)$ 的二阶微分是

$$\mathrm{d}^2 z = g''(y)\mathrm{d}y^2.$$

但是当 y 是 x 的函数即 $y = f(x)$ 时,上述形式不再成立. 事实上,这时 $z = g(f(x))$,并有

$$\mathrm{d}z = g'(f(x))f'(x)\mathrm{d}x,$$
$$\mathrm{d}^2 z = g''(f(x))[f'(x)]^2\mathrm{d}x^2 + g'(f(x))f''(x)\mathrm{d}x^2$$
$$= g''(y)\mathrm{d}y^2 + g'(y)\mathrm{d}^2 y,$$

这里恰好多出来了一项 $g'(y)\mathrm{d}^2 y$. 只有当 y 是 x 的线性函数时,$\mathrm{d}^2 y \equiv 0$,但其他情况它不恒为 0.

习　题　2.4

1. 求下列函数的 n 阶导函数:

(1) $y = x^n$;　　　(2) $y = \mathrm{e}^x$;　　　(3) $y = \dfrac{1}{1+x}$ $(x \neq -1)$;

(4) $y = \dfrac{1}{(x+1)}$.

2. 设 $y(x) = \mathrm{e}^x \cos x$,证明:$y'' - 2y' + 2y = 0$.

3. 设 $y = \dfrac{x-3}{x+4}$ $(x \neq -4)$,证明:$2y'^2 = (y-1)y''$.

4. 设 $y = (1-x)(2x+1)^2(3x-1)^3$,求 $y^{(6)}$,$y^{(7)}$.

5. 要使 $y = \mathrm{e}^{\lambda x}$ 满足方程

$$y'' + py' + qy = 0$$

(其中 p,q 为常数),问:λ 该取哪些值?

6. 一飞轮绕一定轴转动,转过的角度 θ 与时间 t 的关系为 $\theta = t^3 - 2t^2 + 3t - 1$,求飞轮转动的角速度与角加速度.

7. 设 $f(x) = \dfrac{1}{(1-x)^n}$，其中 n 为一个正整数. 求 $f^{(k)}(0)$，k 为某一正整数.

8. 设 $y = x^2 \ln(1+x)$，求 $y^{(50)}$.

9. 验证函数 $y = C_1 e^{ax} + C_2 e^{bx}$（其中 C_1 与 C_2 为任意常数）是微分方程
$$y'' - (a+b)y' + aby = 0$$
的解.

10. 验证函数 $y = (C_1 x + C_2)e^{ax}$（其中 C_1 与 C_2 为任意常数）是微分方程
$$y'' - 2ay' + a^2 y = 0$$
的解.

11. 验证函数 $y = C_1 \cos\omega t + C_2 \sin\omega t$（其中 C_1 与 C_2 为任意常数）是微分方程
$$y'' + \omega^2 y = 0$$
的解.

§7　不定积分

前面讲述了微商及微分的概念. 现在我们开始讲述微积分学中的另一个基本概念：积分.

积分有两种：不定积分与定积分，本节先讲不定积分.

如果我们把求导看做是一种运算的话，那么求不定积分则是求导运算的逆运算. 求导运算是求出已知函数 $y = f(x)$ 的导数 $f'(x)$. 现在的问题是反过来，已知函数 $y = f(x)$，要求出一个函数 $F(x)$ 使得它的导函数恰好就是 $f(x)$，也即
$$F'(x) = f(x),$$
并且我们还希望求出所有这样的函数 $F(x)$.

现在我们引入一个概念：

定义　若函数 $F(x)$ 的导函数 $F'(x) = f(x)$，对于一切 $x \in (a,b)$ 都成立，则称 $F(x)$ 是 $f(x)$ 在 (a,b) 上的一个**原函数**.

若 $F(x)$ 是 $f(x)$ 在 (a,b) 上的一个原函数，则对任意的常数 C，函数 $F(x) + C$ 也是 $f(x)$ 的一个原函数. 可见一个函数的原函数不只一个，而是有无穷多个. 反过来，$f(x)$ 的任意一个原函数都可表成 $F(x) + C$. 事实上，若 $G(x)$ 是 $f(x)$ 在 (a,b) 上的一个原函数，则 $G(x) - F(x)$ 的导数在 (a,b) 上恒为 0. 前面我们指出过：一个区间内导数恒等于零的函数必为常数. 因此，$G(x) - F(x) \equiv C$，其中 C 为常数，也即 $G(x) = F(x) + C$.

对于一个给定函数 $y = f(x)$，其原函数的一般表达式称为 $f(x)$ 的**不定**

积分,并记做

$$\int f(x)\mathrm{d}x,$$

这里的函数 $f(x)$ 称做**被积函数**.

根据前面的讨论,假若已知 $F(x)$ 是 $f(x)$ 的一个原函数,那么 $F(x)+C$ (C 为任意常数)便是 $f(x)$ 的原函数的一般表达式,也即

$$\int f(x)\mathrm{d}x = F(x) + C.$$

例如,$\sin x$ 是 $\cos x$ 的一个原函数,因此

$$\int \cos x\mathrm{d}x = \sin x + C.$$

又比如 $\frac{1}{2}x^2$ 是 x 的一个原函数,这样

$$\int x\mathrm{d}x = \frac{1}{2}x^2 + C.$$

求不定积分的问题在微积分中是很重要的. 以后我们会看到定积分的计算要归结为求被积函数的原函数. 因此,不定积分的计算是定积分计算的基础. 不仅如此,不定积分的计算也是求解常微分方程的基础.

因此,初学者应当通过做相当数量的题目,掌握好求不定积分的基本方法,并熟练运用不定积分的基本公式.

为了求不定积分,首先要熟记一些重要初等函数的不定积分. 我们将它们列成下表,这张表是由基本初等函数的微商表反转而成的:

(Ⅰ) $\int x^a\mathrm{d}x = \frac{1}{\alpha+1}x^{\alpha+1} + C$ $(\alpha \neq -1)$;特别地,$\int 1\mathrm{d}x = x + C$.

(Ⅱ) $\int \cos x\mathrm{d}x = \sin x + C$;　　　　$\int \sin x\mathrm{d}x = -\cos x + C$;

　　　$\int \sec^2 x\mathrm{d}x = \tan x + C$;　　　$\int \csc^2 x\mathrm{d}x = -\cot x + C$.

(Ⅲ) $\int \dfrac{\mathrm{d}x}{\sqrt{1-x^2}} = \arcsin x + C \xlongequal{\text{或}} -\arccos x + C$.

　　　$\int \dfrac{\mathrm{d}x}{1+x^2} = \arctan x + C \xlongequal{\text{或}} -\text{arccot} x + C$.

(Ⅳ) $\int a^x\mathrm{d}x = \frac{1}{\ln a} \cdot a^x + C$ $(a > 0, a \neq 1)$;特别地,$\int \mathrm{e}^x\mathrm{d}x = \mathrm{e}^x + C$.

(Ⅴ) $\int \frac{1}{x}\mathrm{d}x = \ln|x| + C$.

验证这张表中的每个公式的正确性是十分容易的,只要将公式的右端的函数求导,看看所得结果是否等于不定积分中的被积函数即可.

除去上述基本不定积分表之外,读者还应当掌握基本的不定积分法则. 目前我们要求读者掌握下列法则:

$$\int (f(x) \pm g(x)) \mathrm{d}x = \int f(x)\mathrm{d}x \pm \int g(x)\mathrm{d}x$$

及

$$\int Cf(x)\mathrm{d}x = C\int f(x)\mathrm{d}x,$$

其中 C 为非零常数.

这两条法则的证明是容易的. 事实上,若 $F(x)$ 及 $G(x)$ 分别为 $f(x)$ 及 $g(x)$ 的一个原函数,那么

$$\int f(x)\mathrm{d}x = F(x) + C_1,$$

$$\int g(x)\mathrm{d}x = G(x) + C_2,$$

其中 C_1 与 C_2 为任意常数. 因此,我们有

$$\int f(x)\mathrm{d}x \pm \int g(x)\mathrm{d}x = F(x) \pm G(x) + C,$$

其中 $C = C_1 + C_2$. 显然,C 也是一个任意常数. 另外一方面,

$$[F(x) \pm G(x)]' = f(x) \pm g(x).$$

可见,$F(x) \pm G(x)$ 是 $f(x) \pm g(x)$ 的一个原函数,因而

$$\int (f(x) \pm g(x))\mathrm{d}x = F(x) \pm G(x) + C,$$

于是

$$\int (f(x) \pm g(x))\mathrm{d}x = \int f(x)\mathrm{d}x \pm \int g(x)\mathrm{d}x.$$

请读者自己验证:

$$\int Cf(x)\mathrm{d}x = C\int f(x)\mathrm{d}x \quad (C \neq 0).$$

有了上述规则,我们就可以根据前述基本积分表,求出许多函数的不定积分.

例 1 求不定积分

$$\int \left(3x^3 + \sin x + \frac{5}{x} \right) \mathrm{d}x.$$

解 $\int \left(3x^3 + \sin x + \dfrac{5}{x} \right) \mathrm{d}x = \dfrac{3}{4}x^4 - \cos x + 5\ln|x| + C.$

例 2 求不定积分

$$\int \frac{(x+1)^2}{\sqrt{x}} \mathrm{d}x.$$

解
$$\int \frac{(x+1)^2}{\sqrt{x}} dx = \int \left(x^{\frac{3}{2}} + 2x^{\frac{1}{2}} + x^{-\frac{1}{2}} \right) dx$$
$$= \frac{2}{5} x^{\frac{5}{2}} + \frac{4}{3} x^{\frac{3}{2}} + 2x^{\frac{1}{2}} + C.$$

例 3   求不定积分 $\int \left(e^x + \frac{3x^2}{1+x^2} \right) dx$.

解
$$\int \left(e^x + \frac{3x^2}{1+x^2} \right) dx = \int e^x dx + 3 \int \frac{x^2}{1+x^2} dx$$
$$= e^x + C + 3 \int \left(1 - \frac{1}{1+x^2} \right) dx$$
$$= e^x + 3x - 3\arctan x + C.$$

作为求导运算的逆运算,不定积分有其直接应用价值.读者可从下面的两个例子中体会到这一点.

例 4   设 $s=s(t)$ 满足下列方程
$$\frac{d^2 s}{dt^2} = -g,$$
其中 g 为常数,且 $s(0)=h_0$, $s'(0)=v_0$, h_0 及 v_0 为已知常数,求 $s=s(t)$ 的表达式.

解   显然,如果不考虑 $s(t)$ 及 $s'(t)$ 在 $t=0$ 的限制,那么 $\frac{ds}{dt}$ 的一般表达式应为
$$\frac{ds}{dt} = -\int g dt = -gt + C_1,$$
而 $s=s(t)$ 的一般表达式应为
$$s = \int (-gt + C_1) dt = -\frac{1}{2} gt^2 + C_1 t + C_2,$$
其中 C_1 与 C_2 为常数.再考虑到 s 与 s' 在 $t=0$ 的条件,我们有
$$C_2 = h_0, \quad C_1 = v_0.$$
于是,最终我们得到
$$s(t) = -\frac{1}{2} gt^2 + v_0 t + h_0.$$

这就是大家在中学中已熟知的自由落体的公式.这里 $\frac{d^2 s}{dt^2} = -g$ 是根据牛顿第二定律列出的方程式(微分方程式),而不定积分为解这种方程式提供了工具.这是一个十分简单的例子,但它说明了求不定积分的意义.

例 5   已知放射元素的衰变率与当时放射物体的现存质量成正比,求放射物体质量的变化规律.

解 设一放射物体的质量为 $m=m(t)$，其中 t 为时间. 它的衰变率应该是 $-\dfrac{\mathrm{d}m}{\mathrm{d}t}$. 于是我们得到方程

$$-\frac{\mathrm{d}m}{\mathrm{d}t} = km(t),$$

其中 $k>0$ 为常数. 为了把解这个方程的问题归结为求不定积分的问题，我们令 $y(t)=\ln m(t)$. 这时，

$$\frac{\mathrm{d}y}{\mathrm{d}t} = \frac{m'(t)}{m(t)} = -k.$$

于是，我们得到

$$y(t) = -kt + C,$$

也即

$$m(t) = \mathrm{e}^C \cdot \mathrm{e}^{-kt}.$$

如果已知 $m(t)$ 的初始值 $m(0)$ 为 m_0，那么，$m(t)=m_0\mathrm{e}^{-kt}$. 这便是放射物体质量的变化规律.

关于求不定积分的方法，我们将在下一章中更系统地讲解. 而关于微分方程则在本书下册中有专门的一章进行讨论.

习 题 2.5

求下列不定积分：

1. $\displaystyle\int\left(\frac{a}{\sqrt{x}} - \frac{b}{x^2} + 3C\sqrt[3]{x^2}\right)\mathrm{d}x.$

2. $\displaystyle\int\left(1+\sqrt{x}\right)^2\mathrm{d}x.$

3. $\displaystyle\int a\sec^2 t\mathrm{d}t.$

4. $\displaystyle\int\tan^2 t\mathrm{d}t.$

5. $\displaystyle\int\cot^2\varphi\,\mathrm{d}\varphi.$

6. $\displaystyle\int\frac{x^2+3}{1+x^2}\mathrm{d}x.$

7. $\displaystyle\int\left(\frac{3}{\sqrt{x}} + \frac{4}{\sqrt{1-x^2}}\right)\mathrm{d}x.$

8. $\displaystyle\int(1+\cos^2 x)\sec^2 x\mathrm{d}x.$

9. $\displaystyle\int\frac{1-x}{1-\sqrt[3]{x}}\mathrm{d}x.$

10. $\displaystyle\int\left(\frac{1}{x} + \frac{2}{x^2} + \frac{3}{x^3}\right)\mathrm{d}x.$

11. $\displaystyle\int\frac{(1-x)^2}{x\cdot\sqrt[3]{x}}\mathrm{d}x.$

12. $\displaystyle\int(2\mathrm{ch}x - \mathrm{sh}x)\mathrm{d}x.$

13. $\displaystyle\int\left(\frac{3x^2-1}{x^2} + \frac{(x+1)^2}{\sqrt{x}}\right)\mathrm{d}x.$

14. $\displaystyle\int\frac{1}{\sin^2 x\cos^2 x}\mathrm{d}x.$

15. $\displaystyle\int\frac{2^{x+1}+3^{x-2}}{6^x}\mathrm{d}x.$

16. $\displaystyle\int\frac{1}{x^2(1+x^2)}\mathrm{d}x.$

17. 求解微分方程

$$y''(x) = a + b\mathrm{e}^{-x} \quad (a,b\ 为常数).$$

18. 设 $f(x)$ 满足下列方程

$$xf'(x) + f(x) = x^3 + 1,$$

求 $f(x)$.

§8 定 积 分

1. 定积分的概念

我们先看两个例子.

曲边梯形的面积

从中学的数学课本中,我们已学会计算一些直线形的面积或圆的面积.但是我们没有一个一般的方法来计算一条任意曲线所围图形的面积.现在定积分就给我们提供了计算面积的一个普遍的方法.

假定连续函数 $y=f(x)$ 定义在区间 $[a,b]$ 上,且其图形在 x 轴之上方(见图 2.12).那么,$y=f(x)$ 的图形与直线 $x=a,x=b$ 及 x 轴围成一个曲边梯形.如果我们能计算这种曲边梯形的面积,则我们就能计算相当一般的曲线所围图形的面积.在我们常见的图形中,一般都能分割为若干个曲边梯形的并.

思考题   请将椭圆盘分割成几个曲边梯形之并.

图 2.12

在考虑这个曲边梯形的面积问题时,我们采取下面的“策略”:先求近似值,然后再通过取极限以达到精确值.

我们在 $[a,b]$ 上插入一串分点 $\{x_i \mid 0 \leqslant i \leqslant n\}$:

$$a = x_0 < x_1 < x_2 < \cdots < x_{n-1} < x_n = b.$$

对应于每个小区间 $[x_{i-1}, x_i](i=1,\cdots,n)$,函数图形相应地形成一个小的曲边梯形.而这些小曲边梯形的面积 S_i 有近似值:

$$S_i \approx f(\xi_i)\Delta x_i = f(\xi_i)(x_i - x_{i-1}),$$

其中 ξ_i 是 $[x_{i-1}, x_i]$ 中的任意一点(见图 2.12). 这样,可得整个曲边梯形之面积 S 的近似值

$$S = \sum_{i=1}^{n} S_i \approx \sum_{i=1}^{n} f(\xi_i) \Delta x_i \quad (\Delta x_i = x_i - x_{i-1}).$$

从直观上看,当我们的分点越加密时,这个近似值就越接近于真正面积的值. 因此,自然会把它的极限值作为曲边梯形面积的值,也即

$$S = \lim_{\max\{\Delta x_i\} \to 0} \sum_{i=1}^{n} f(\xi_i) \Delta x_i,$$

其中 $\max\{\Delta x_i\}$ 是 $\Delta x_i (1 \leqslant i \leqslant n)$ 中最大者.

变力做功

设质量为 m 的物体沿直线运动. 假定它所受的力可以表示为它到初始点的距离 s 的函数 $f(s)$. 我们要求物体自 $s=a$ 到 $s=b$ 外力所做的功 W.

同样地,在区间 $[a,b]$ 内插入一串分点:

$$a = s_0 < s_1 < s_2 < \cdots < s_{n-1} < s_n = b.$$

从 s_{i-1} 到 s_i 所做的功近似等于

$$f(\xi_i) \Delta s_i = f(\xi_i)(s_i - s_{i-1}),$$

其中 $\xi_i \in [s_{i-1}, s_i]$. 当分点增加使分割变细时,近似值

$$\sum_{i=1}^{n} f(\xi_i) \Delta s_i \quad (\Delta s_i = s_i - s_{i-1})$$

将越来越接近我们所求的值. 于是问题再一次归结为求下列形式的极限

$$W = \lim_{\max\{\Delta s_i\} \to 0} \sum_{i=1}^{n} f(\xi_i) \Delta s_i. \tag{2.1}$$

这样的例子还很多,比如,已知运动物体的速度,求它在一定时间间隔内所走的路程. 我们同样可以通过这种分割、近似代替、求和、取极限的步骤,将问题化成求一个已知函数的上述形式的极限. 这个极限就是函数的定积分.

思考题 已知一个沿直线运动的质点的瞬时速度为 $v(t)$ $(0 \leqslant t \leqslant a)$. 请将该质点自时刻 $t=0$ 到 $t=a$ 所走的距离写成 (2.1) 式的极限形式.

我们现在给出定积分的正式定义:

定义 设 $f(x)$ 是定义在区间 $[a,b]$ 上的函数. 对于区间 $[a,b]$ 插入分点 $x_i (i=0,1,\cdots,n)$,使它们满足

$$T: a = x_0 < x_1 < x_2 < \cdots < x_{n-1} < x_n = b,$$

我们称之为对区间 $[a,b]$ 的一种**分割**,并记之为 T. 又记 $\Delta x_i = x_i - x_{i-1} (i = 1, \cdots, n)$,$\lambda(T) = \max\{\Delta x_i \mid i = 1, \cdots, n\}$. 若对任意的分割 T 及任意选取的

中间值 $\xi_i \in [x_{i-1}, x_i]$，下列极限

$$\lim_{\lambda(T) \to 0} \sum_{i=1}^{n} f(\xi_i) \Delta x_i$$

都存在，则称这个极限值为 f 在 $[a,b]$ 上的**定积分**，记为

$$\int_a^b f(x) \mathrm{d}x.$$

如果函数 f 的上述极限存在，则称 f 在区间 $[a,b]$ 上**可积**.

这里函数 f 称为**被积函数**，而 b 与 a 分别称为积分的**上限**与**下限**. x 称为**积分变量**，$[a,b]$ 称为**积分区间**.

定积分定义中的和 $\sum_{i=1}^{n} f(\xi_i) \Delta x_i$ 称为**黎曼和**. 上述积分称做**黎曼积分**，而上述函数的可积也称做**黎曼可积**.

定积分有显明的几何意义：

当 $[a,b]$ 上的连续函数 $f(x) \geqslant 0$ 时，其定积分

$$I = \int_a^b f(x) \mathrm{d}x$$

恰好代表由 $y = f(x)$，$x = a$，$x = b$ 及 x 轴所围成的曲边梯形的面积. 当 $f(x) \leqslant 0$ 时，定积分 I 代表相应曲边梯形的面积乘以 -1. 当 $f(x)$ 在 $[a,b]$ 上有正有负时，定积分 I 则等于在 x 轴上方或下方的若干个曲边梯形面积（如图 2.13 所示）之**代数和**.

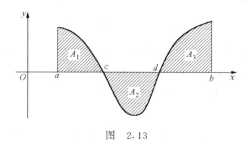

图   2.13

在图 2.13 所示的例子中，定积分

$$I = \int_a^b f(x) \mathrm{d}x = \int_a^c f(x) \mathrm{d}x + \int_c^d f(x) \mathrm{d}x + \int_d^b f(x) \mathrm{d}x$$

$$= A_1 - A_2 + A_3,$$

其中 A_1, A_2, A_3 代表图中相应曲边梯形的面积.

思考题   请给出定积分 $s = \int_0^a v(t) \mathrm{d}t$ 的物理解释，其中 $v(t)$ 为质点的瞬

时速度,并假定 $v(t)$ 在 $[0,b)$ 与 $(c,a]$ 上大于零,而在 $[b,c]$ 上小于或等于零.

在上述定积分的定义中要求积分上限 b 大于积分下限 a. 为了今后运算方便,我们约定

(1) $\displaystyle\int_a^b f(x)\mathrm{d}x = 0$,当 $b=a$;

(2) $\displaystyle\int_a^b f(x)\mathrm{d}x = -\int_b^a f(x)\mathrm{d}x$,当 $b<a$.

这种约定不仅使运算上带来方便,而且在物理上也是合理的. 比如,变力从 a 到 b 所做的功是它自 b 到 a 所做功的负值.

在上述积分的定义中,黎曼和 $\displaystyle\sum_{i=1}^{n} f(\xi_i)\Delta x_i$ 并不是 $\lambda(T)$ 的函数,甚至也不是分割 T 的函数. 因此,上述定义中的极限

$$\lim_{\lambda(T)\to 0} \sum_{i=1}^{n} f(\xi_i)\Delta x_i$$

应当有明确定义. 下面我们用 ε-δ 的说法,给出它的定义.

我们说极限

$$\lim_{\lambda(T)\to 0} \sum_{i=1}^{n} f(\xi_i)\Delta x_i$$

存在并等于 I 是指:对于任意 $\varepsilon>0$,存在 $\delta>0$,使得对于任意分割 T 及任意 $\xi_i \in [x_{i-1}, x_i]$ $(i=1,\cdots,n)$,都有

$$\left| \sum_{i=1}^{n} f(\xi_i)\Delta x_i - I \right| < \varepsilon,$$

只要 $\lambda(T)<\delta$.

并非所有函数都是可积的,比如狄利克雷函数 $D(x)$ 在任意区间 $[a,b]$ 都不可积. 事实上,若在 $D(x)$ 的黎曼和中所有 ξ_i 都取有理数,则其黎曼和等于 $b-a$. 若所有 ξ_i 都取无理数,则其黎曼和等于 0. 可见,其黎曼和无极限可言.

关于函数可积性的讨论已超出本教程的要求范围,这里无法详细讨论. 现在我们不加证明地指出:闭区间上的**连续函数**或**单调函数**都是该闭区间上的**可积函数**. 我们还要指出:一个可积函数一定是有界函数.

2. 定积分的性质

上面我们用黎曼和的极限定义了定积分,并给出了黎曼和的极限以严格的定义. 尽管黎曼和的极限不同于一般函数的极限,但过去讲过的有关极限的定理,如极限的四则运算和极限的不等式定理,对于黎曼和的极限而言

依旧成立. 利用这些定理, 立即推出定积分的若干基本性质:

(1) 设 $y=f(x)$ 在 $[a,b]$ 上可积, 且 $f(x) \geqslant 0$, 则

$$\int_a^b f(x) \mathrm{d}x \geqslant 0.$$

(2) 设 $y=f(x)$ 及 $y=g(x)$ 在 $[a,b]$ 上可积, 则 $y=f(x) \pm g(x)$ 在 $[a,b]$ 上可积, 且

$$\int_a^b [f(x) \pm g(x)] \mathrm{d}x = \int_a^b f(x) \mathrm{d}x \pm \int_a^b g(x) \mathrm{d}x.$$

(3) 若 $y=f(x)$ 及 $y=g(x)$ 在 $[a,b]$ 上可积, 且 $f(x) \geqslant g(x)$, $\forall x \in [a,b]$, 则

$$\int_a^b f(x) \mathrm{d}x \geqslant \int_a^b g(x) \mathrm{d}x.$$

(4) 若 $y=f(x)$ 在 $[a,b]$ 上可积, 则对任意常数 C 而言, 函数 $y=Cf(x)$ 也可积, 且有

$$\int_a^b Cf(x) \mathrm{d}x = C \int_a^b f(x) \mathrm{d}x.$$

(5) 设 $y=f(x)$ 在 $[a,b]$ 上可积, 则对任意 $c \in (a,b)$ 而言, 函数 $y=f(x)$ 在 $[a,c]$ 上及在 $[c,b]$ 上都可积, 且

$$\int_a^b f(x) \mathrm{d}x = \int_a^c f(x) \mathrm{d}x + \int_c^b f(x) \mathrm{d}x.$$

注 由此可推出更一般的结论: 当 $c \in [a,b]$ 时, 只要 $f(x)$ 还在区间 $[c,a]$ 或 $[b,c]$ 上可积, 则上述公式仍成立. 事实上, 若 $c<a$. 这时可将 a 看做为区间 $[c,b]$ 内的一点而套用上述公式得

$$\int_c^b f(x) \mathrm{d}x = \int_c^a f(x) \mathrm{d}x + \int_a^b f(x) \mathrm{d}x.$$

移项即得

$$\begin{aligned}\int_a^b f(x) \mathrm{d}x &= \int_c^b f(x) \mathrm{d}x - \int_c^a f(x) \mathrm{d}x \\ &= \int_c^b f(x) \mathrm{d}x + \int_a^c f(x) \mathrm{d}x.\end{aligned}$$

同理可证, 当 $b>c$ 时公式也成立.

(6) 设 $y=f(x)$ 在 $[a,b]$ 上可积, 又设函数 $y=g(x)$ 在 $[a,b]$ 上有定义, 且仅在有限个点处与函数 $y=f(x)$ 取不同值, 那么 $y=g(x)$ 在 $[a,b]$ 上也可积, 且有

$$\int_a^b f(x)\mathrm{d}x = \int_a^b g(x)\mathrm{d}x.$$

这一性质告诉我们：仅在有限个点改变函数值并不影响其可积性及积分值.

这一性质可以根据定积分的定义直接证明. 事实上, 对于 $[a,b]$ 的同一分割 T 及相同的中间点 ξ_i 的选取, f 的黎曼和与 g 的黎曼和中至多有有限项不同. 当 $\lambda(T)\to 0$ 时, 这有限项之和的极限为零. 因此, 两个黎曼和有相同的极限.

(7) 若 $y=f(x)$ 在 $[a,b]$ 上可积, 则 $y=|f(x)|$ 在 $[a,b]$ 上也可积, 且

$$\left|\int_a^b f(x)\mathrm{d}x\right| \leqslant \int_a^b |f(x)|\mathrm{d}x.$$

我们略去这一性质的证明.

最后, 我们指出, 定积分只依赖于被积函数及积分区间, 而与定积分中所使用的变量符号无关. 比如,

$$\int_a^b f(x)\mathrm{d}x = \int_a^b f(t)\mathrm{d}t.$$

这是因为定积分是黎曼和的极限. 当分割取定后且每个小区间中的中间点取定后, 函数 f 的黎曼和就唯一确定. 这与函数 f 的自变量用 x 表示或是用 t 表示毫无关系. 因此定积分中积分变量符号的更换不影响它的值.

历史的注记

在牛顿与莱布尼茨时代, 积分并没有严格的定义. 牛顿把求导运算称做 "流数术", 而把积分运算作为求导运算的逆运算, 称做 "反流数术". 莱布尼茨则把积分视做无限个无穷小量之和. 起初他用 omn 表示积分, 后来改用 $\int$ 来表示积分. 这里的积分号 $\int$ 是 "sum" 的首字母 "s" 的拉长. 在莱布尼茨看来, 若 $\dfrac{\mathrm{d}z}{\mathrm{d}x}=f(x)$, 也即 $\mathrm{d}z=f(x)\mathrm{d}x$, 那么

$$z = \int \mathrm{d}z = \int f(x)\mathrm{d}x.$$

我们至今使用着莱布尼茨这种记号, 它为我们带来很大方便.

关于积分的明确定义首先是由柯西给出的. 他假定函数 $y=f(x)$ 在 $[x_0,x]$ 上连续, 将区间 $[x_0,x]$ 用有序的分点 $x_0,x_1,\cdots,x_n=x$ 划分成若干小区间, 并考虑和数

$$S = \sum_{i=1}^{n} f(x_{i-1})(x_i - x_{i-1}).$$

他定义 $f(x)$ 在 $[x_0, x]$ 的积分就是分割小区间长度趋于零时上述和 S 的极限. 柯西证明了闭区间上的连续函数的上述积分是存在的,并在此基础上对微积分基本定理(牛顿-莱布尼茨公式)给予严格地表述与证明.

黎曼(B. Riemann,1826—1866)研究了一般函数的可积性问题,把柯西关于连续函数定积分的定义加以修改,其中 $f(x_{i-1})$ 换成 $f(\xi_i)$, ξ_i 是 $[x_{i-1}, x_i]$ 中的任意一点. 因此,现代形式的定积分的定义是由黎曼给出的.

20 世纪初,法国数学家勒贝格(H. Lebesgue,1875—1941)引入了点集合测度的概念,并在此基础上建立了一种新的积分,被称为勒贝格积分. 勒贝格积分克服了黎曼积分的某些局限性,成为近代分析学乃至其他数学领域的基础.

黎曼,19 世纪最富有开创性的德国数学家,逝世时年仅 40 岁. 1851 年他的博士论文,为复变函数与黎曼曲面论奠定了基础,其中一条定理后来被称为黎曼映射定理,成为几何函数论的基础. 1854 年他在哥廷根大学任教就职讲演中,提出了全新的几何观念,成为现代黎曼几何的发端. 1858 年他关于素数分布的论文研究了黎曼 ζ 函数,为解析数论奠定了基础. 他所提出的关于黎曼 ζ 函数零点分布的猜想至今尚未解决. 现代数学的许多分支处处可以看到黎曼的影响.

习　题　2.6

1. 根据定积分的定义直接求下列定积分:

(1) $\displaystyle\int_a^b k\mathrm{d}x$,其中 k 为常数;　　　(2) $\displaystyle\int_a^b x\mathrm{d}x$.

2. 设函数 $x = \varphi(y)$ 在 $[c, d]$ 上连续且 $\varphi(y) > 0$. 试用定积分表示由曲线 $x = \varphi(y)$, $y = c$, $y = d$ 及 y 轴所围的图形的面积;又设 $c \geqslant 0$,函数 $x = \varphi(y)$ 在 $[c, d]$ 上严格递增. 试求积分和

$$\int_c^d \varphi(y)\mathrm{d}y + \int_a^b \psi(x)\mathrm{d}x,$$

其中 $y = \psi(x)$ 是 $x = \varphi(y)$ 的反函数, $a = \varphi(c)$, $b = \varphi(d)$.

3. 写出函数 $y = x^2$ 在区间 $[0, 1]$ 上的黎曼和,其中分割为 n 等分,中间点 ξ_i 取为分割小区间的左端点. 求出当 $n \to \infty$ 时该黎曼和的极限(提示:利用公式 $1^2 + 2^2 + \cdots + n^2 = \dfrac{1}{6}n(n+1)(2n+1)$).

4. 求定积分

$$\int_0^1 \sqrt{x}\,\mathrm{d}x$$

(提示：利用第 2 题与第 3 题).

5. 证明下列不等式：

(1) $\dfrac{\pi}{2} < \displaystyle\int_0^{\frac{\pi}{2}} (1+\sin x)\mathrm{d}x < \pi$；　　　　(2) $\sqrt{2} < \displaystyle\int_0^1 \sqrt{2+x-x^2}\,\mathrm{d}x < \dfrac{3}{2}$.

6. 判别下列各题中两个积分值之大小：

(1) $\displaystyle\int_0^1 \mathrm{e}^x \mathrm{d}x$ 与 $\displaystyle\int_0^1 \mathrm{e}^{x^2}\mathrm{d}x$；　　　　(2) $\displaystyle\int_0^{\frac{\pi}{2}} x^2 \mathrm{d}x$ 与 $\displaystyle\int_0^{\frac{\pi}{2}} (\sin x)^2 \mathrm{d}x$；

(3) $\displaystyle\int_0^1 x\mathrm{d}x$ 与 $\displaystyle\int_0^1 \sqrt{1+x^2}\,\mathrm{d}x$.

7. 设函数 $y=f(x)$ 在 $[a,b]$ 上有定义，并且假定 $y=f(x)$ 在任何闭子区间上有最大值与最小值. 对于任意一个分割：

$$T: x_0 = a < x_1 < x_2 < \cdots < x_{n-1} < x_n = b,$$

记 m_i 为 $y=f(x)$ 在 $[x_{i-1}, x_i]$ 中的最小值，而 M_i 为 $y=f(x)$ 在 $[x_{i-1}, x_i]$ 中的最大值. 证明 $y=f(x)$ 在 $[a,b]$ 上可积的充分必要条件是极限

$$\lim_{\lambda(T)\to 0} \sum_{i=1}^n m_i \Delta x_i \quad \text{与} \quad \lim_{\lambda(T)\to 0} \sum_{i=1}^n M_i \Delta x_i$$

存在并且相等.

§9　变上限定积分

前面我们引入了不定积分与定积分的概念. 本节我们讨论连续函数的变上限的定积分，从而沟通定积分与不定积分之间的联系.

设 $y=f(x)$ 在 $[a,b]$ 上连续. 由上一节的讨论知，这时函数 $y=f(x)$ 在 $[a,b]$ 上可积，从而对于任一点 $x \in [a,b]$，函数 $y=f(x)$ 在区间 $[a,x]$ 上是可积的. 上限为 x 的定积分

$$\int_a^x f(t)\mathrm{d}t \quad (x \in [a,b])$$

称做函数 $y=f(x)$ 的**变上限积分**. 这里我们在积分中把 f 的自变量写成 t，主要是为了避免与积分上限 x 发生混淆. 显然，上述变上限积分是关于 x 的一个函数.

后面我们将要证明：当函数 $y=f(x)$ 在 $[a,b]$ 上连续时，变上限的积分就是 $f(x)$ 的一个原函数. 为此，我们先证明一个预备性定理——积分中值定理.

定理 1（积分中值定理）　设函数 $f(x)$ 在区间 $[a,b]$ 上连续，则在 $[a,b]$ 内至少存在一点 c，使得

$$\int_a^b f(x)\mathrm{d}x = f(c)\cdot(b-a).$$

证   因为 $f(x)$ 在 $[a,b]$ 上连续,它在 $[a,b]$ 上就有最大值与最小值,设

$$m \leqslant f(x) \leqslant M, \quad x \in [a,b].$$

由 §8 定积分的性质(3)有

$$\int_a^b m\mathrm{d}x \leqslant \int_a^b f(x)\mathrm{d}x \leqslant \int_a^b M\mathrm{d}x,$$

由此推出

$$m \leqslant \frac{\int_a^b f(x)\mathrm{d}x}{b-a} \leqslant M.$$

再由连续函数的介值定理,存在 $c \in [a,b]$,使得

$$f(c) = \frac{\int_a^b f(x)\mathrm{d}x}{b-a},$$

即 $\int_a^b f(x)\mathrm{d}x = f(c)\cdot(b-a)$.   证毕.

从几何上来看,上述定理的意义是,由一条曲线弧 $y = f(x)$ $(a \leqslant x \leqslant b)$ 所构成的曲边梯形的面积,恰好相当于过弧上某点 $(c, f(c))$ 处的水平直线段所对应的矩形的面积(见图 2.14).

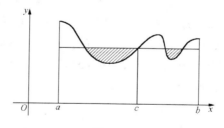

图   2.14

思考题   试利用积分中值定理说明:一个沿直线运动的质点,在任何一段时间间隔内的平均速度总是这段时间间隔中某一个时刻的瞬时速度.

定理 2   设 f 在 $[a,b]$ 上连续,则其变上限积分

$$F_0(x) = \int_a^x f(t)\mathrm{d}t$$

是 $[a,b]$ 上的连续函数,且在 (a,b) 内可导并有

$$F_0'(x) = f(x), \quad \forall x \in (a,b).$$

证 由积分中值定理,对于任意一点 $x_0 \in [a,b]$ 及 $x > x_0$, $x \in (a,b]$,我们有

$$F_0(x) - F_0(x_0) = \int_{x_0}^{x} f(t)\mathrm{d}t = f(c)(x - x_0) \to 0,$$

当 $x \to x_0 + 0$ 时（其中 $x_0 < c < x$）. 由此推出

$$\lim_{x \to x_0 + 0} F_0(x) = F_0(x_0).$$

以上证明了 $F_0(x)$ 在 x_0 处右连续. 由于 x_0 是 $[a,b]$ 上的任意一点,也即证明了 $F_0(x)$ 在 $[a,b]$ 中每一点都右连续.

对任意一点 $x_0 \in (a,b]$, 及 $x < x_0$, $x \in [a,b)$,同理可证

$$\lim_{x \to x_0 - 0} F_0(x) = F_0(x_0),$$

即 $F_0(x)$ 在 $(a,b]$ 中每一点都左连续. 再结合刚才所得 $F_0(x)$ 在 $[a,b]$ 上右连续的结论,我们便证明了 $F_0(x)$ 在 $[a,b]$ 上的连续性.

设 $x_0 \in (a,b)$ 及 $x \in (a,b)$,则由定理 1 可知存在一点 c 在 x 与 x_0 之间,且有

$$F_0(x) - F_0(x_0) = \int_{x_0}^{x} f(t)\mathrm{d}t = f(c)(x - x_0),$$

由此推出

$$\frac{F_0(x) - F_0(x_0)}{x - x_0} = f(c),$$

当 $x \to x_0$ 时,$c \to x_0$,于是由函数 f 的连续性可知 $x \to x_0$ 时 $f(c) \to f(x_0)$,因而

$$\lim_{x \to x_0} \frac{F_0(x) - F_0(x_0)}{x - x_0} = f(x_0).$$

证毕.

这个定理告诉我们：**连续函数的变上限的积分就是该连续函数的一个原函数**. 变上限积分将定积分与不定积分联系在一起.

这个定理是证明微积分基本定理的基础.

变上限积分有明显的物理意义与几何意义. 瞬时速度为 $v(t)$ 的运动质点自时刻 $t = 0$ 到 $t = x$ 所走过的路程为

$$s(x) = \int_{0}^{x} v(t)\mathrm{d}t.$$

那么,路程函数的导数就是瞬时速度,也即 $s'(x) = v(x)$,这是再自然不过的事了.

当我们把变上限积分

$$S(x) = \int_a^x f(t)\mathrm{d}t$$

看做是变动中的曲边梯形的面积时（见图 2.15），上述定理的几何意义就十分清楚了：曲边梯形的面积 $S(x)$ 在一点 x 处的变化率 $\dfrac{\mathrm{d}S}{\mathrm{d}x}$ 恰好等于 $f(x)$.

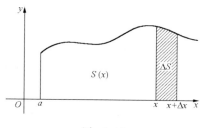

图　2.15

前面讨论中我们只考虑了 $x>a$ 的情况，实际上，当 $x<a$ 时，同样成立公式：

$$\frac{\mathrm{d}}{\mathrm{d}x}\int_a^x f(t)\mathrm{d}t = f(x),$$

只要其中函数 $y=f(x)$ 在所考虑的区间上连续即可.

例 1　设

$$F(x) = \int_0^{2x+1} \mathrm{e}^t \sin 5t\,\mathrm{d}t,$$

求 $F'(x)=?$

解　我们将 $F(x)$ 视为函数

$$G(y) = \int_0^y \mathrm{e}^t \sin 5t\,\mathrm{d}t$$

与 $y=2x+1$ 的复合函数. 于是，我们有

$$F'(x) = G'(y)y' = \mathrm{e}^y \sin 5y \cdot 2 = 2\mathrm{e}^{2x+1}\sin 5(2x+1).$$

有时我们还需要考虑变下限的积分：

$$\int_x^b f(t)\mathrm{d}t.$$

这时，由于它可以变换成变上限积分：

$$\int_x^b f(t)\mathrm{d}t = -\int_b^x f(t)\mathrm{d}t,$$

于是，在 $f(x)$ 连续的条件下有

$$\frac{\mathrm{d}}{\mathrm{d}x}\int_x^b f(t)\mathrm{d}t = -f(x).$$

例 2 求函数

$$F(x) = \int_{x^2}^x \sqrt{1+t}\,\mathrm{d}t$$

的导数.

解 将 $F(x)$ 写成

$$F(x) = \int_0^x \sqrt{1+t}\,\mathrm{d}t + \int_{x^2}^0 \sqrt{1+t}\,\mathrm{d}t,$$

于是我们得到

$$F'(x) = \sqrt{1+x} - 2x\sqrt{1+x^2}.$$

习 题 2.7

1. 求下列变上限(或下限)的积分所定义的函数的导函数:

(1) $F(x) = \int_1^{x^2} \dfrac{\mathrm{d}t}{1+t^2}$;　　　　　　(2) $G(x) = \int_0^{1+x^2} \sin t^2 \mathrm{d}t$;

(3) $H(x) = \int_x^1 t^2 \cos t \mathrm{d}t$;　　　　　　(4) $L(x) = \int_x^{x^2} \mathrm{e}^{-t^2}\mathrm{d}t$.

2. 设 $y=f(x)$ 在 $[a,b]$ 上连续. 证明

$$F_0(x) = \int_a^x f(t)\mathrm{d}t$$

在 a 处有右导数,且 $F_0'(a+0)=f(a)$.

3. 设 $y=f(x)$ 在 $[a,b]$ 上连续. 假定 f 有一个原函数 $F(x)$ 且 $F(a)=0$. 证明:当 $a \leqslant x \leqslant b$ 时,

$$F(x) = \int_a^x f(t)\mathrm{d}t.$$

4. 证明:当 $x \in (0,+\infty)$ 时,

$$\ln x = \int_1^x \frac{\mathrm{d}t}{t}.$$

5. 设 $y=f(x)$ 在 $[a,b]$ 上可积,且 $|f(x)| \leqslant L\ (\forall\, x \in [a,b])$,其中 L 为常数. 证明:变上限积分

$$F(x) = \int_a^x f(t)\mathrm{d}t$$

在 $[a,b]$ 上满足李普希茨条件:

$$|F(x_1) - F(x_2)| \leqslant L|x_1 - x_2| \quad (x_1, x_2 \in [a,b]).$$

6. 求函数

$$G(x) = \int_0^x \left(\mathrm{e}^t \int_0^t \sin z \mathrm{d}z \right) \mathrm{d}t$$

的二阶导数.

§10   微积分基本定理

下面我们要证明微积分理论中最重要的一个定理——微积分基本定理. 它将告诉我们：**一个连续函数的定积分可通过它的一个原函数在积分区间的两个端点的值来计算**. 这样, 定积分的计算就归结为求原函数.

在牛顿与莱布尼茨创立微积分之前, 人们早就知道利用求极限的办法来计算某些图形的面积, 比如我国古代的"割圆术". 定积分概念的引入使这种方法得到一般化. 然而, 如果没有一个有效的计算定积分的方法, 那么其应用的价值将大受限制. 通过上面§8习题2.6第3题可以看出, 根据定积分定义计算积分

$$\int_0^1 x^2 \mathrm{d}x,$$

要用到求和公式

$$1^2 + 2^2 + 3^2 + \cdots + n^2 = \frac{1}{6}n(n+1)(2n+1).$$

但是用此方法去计算其他定积分就会遇到很大困难, 甚至束手无策. 比如, 计算

$$\int_0^1 \mathrm{e}^x \sin x \mathrm{d}x.$$

这时问题归结为求极限

$$\lim_{n \to \infty} \sum_{k=1}^n \frac{1}{n} \mathrm{e}^{\frac{k}{n}} \sin \frac{k}{n},$$

而这是十分困难的. 牛顿与莱布尼茨建立了一个公式

$$\int_a^b f(x)\mathrm{d}x = F(b) - F(a),$$

其中 $F(x)$ 是 $f(x)$ 的一个原函数, 这为计算定积分建立了一个一般方法. 它把求定积分的问题归结为一个求原函数的问题.

定理(微积分基本定理)   设函数 f 在闭区间 $[a,b]$ 上连续. 又设 F 是 f 在 (a,b) 上的一个原函数, 也即

$$F'(x) = f(x), \quad \forall x \in (a,b),$$

且 F 在 $[a,b]$ 上连续, 这时我们有

$$\int_a^b f(x)\mathrm{d}x = F(b) - F(a).$$

这个公式又称**牛顿-莱布尼茨公式**.

证 令

$$F_0(x) = \int_a^x f(t)\mathrm{d}t,$$

由上一节定理 2 有

$$F_0'(x) = f(x), \quad \forall \ x \in (a,b).$$

这样,$F'(x) - F_0'(x) = 0$,于是

$$F(x) = F_0(x) + C, \quad \forall \ x \in (a,b),$$

其中 C 是一个常数. 再由 $F(x)$ 及 $F_0(x)$ 在 $[a,b]$ 上的连续性,

$$F(a) = \lim_{x \to a+0} F(x) = \lim_{x \to a+0} (F_0(x) + C)$$
$$= F_0(a) + C = C.$$

同理:$F(b) = F_0(b) + C$,于是

$$F_0(b) = \int_a^b f(t)\mathrm{d}t = F(b) - C = F(b) - F(a).$$

证毕.

牛顿-莱布尼茨公式可以写成

$$\int_a^b \frac{\mathrm{d}F}{\mathrm{d}x}\mathrm{d}x = F(b) - F(a) \quad 或 \quad \int_a^b \mathrm{d}F = F(x)\Big|_a^b,$$

其中 $F(x)\Big|_a^b$ 表示 $F(b) - F(a)$. 这种写法充分体现了积分运算与微分运算的互逆关系.

例 1 求定积分 $\int_0^1 (\mathrm{e}^x + x)\mathrm{d}x$.

解 很容易验证 $\left(\mathrm{e}^x + \dfrac{1}{2}x^2\right)' = \mathrm{e}^x + x$,也就是说 $\left(\mathrm{e}^x + \dfrac{1}{2}x^2\right)$ 是 $(\mathrm{e}^x + x)$ 的一个原函数并满足微积分基本定理的条件. 于是根据牛顿-莱布尼茨公式,我们得到

$$\int_0^1 (\mathrm{e}^x + x)\mathrm{d}x = \left(\mathrm{e}^x + \frac{1}{2}x^2\right)\Big|_0^1 = \mathrm{e} - \frac{1}{2}.$$

例 2 验证

$$F(x) = \frac{1}{2}\mathrm{e}^x(\sin x - \cos x)$$

是 $f(x) = \mathrm{e}^x \sin x$ 的一个原函数,并计算定积分 $\int_0^1 \mathrm{e}^x \sin x \mathrm{d}x$.

解 事实上,我们有

$$F'(x) = \frac{1}{2}e^x(\sin x - \cos x) + \frac{1}{2}e^x(\cos x + \sin x) = e^x\sin x.$$

可见，$F(x)$ 是 $f(x)=e^x\sin x$ 的一个原函数. 于是我们无须处理前述的复杂的极限而得到

$$\int_0^1 e^x\sin x\,\mathrm{d}x = F(1) - F(0) = \frac{e}{2}(\sin 1 - \cos 1) + \frac{1}{2}.$$

当然在这个例子中是在已知 $e^x\sin x$ 的原函数 $F(x)$ 的条件下求得定积分的值的. 在下一章我们将系统地讲授原函数的求法.

例 3   由微积分基本定理不难验证下列表达式：

$$\arcsin x = \int_0^x \frac{\mathrm{d}t}{\sqrt{1-t^2}} \quad (-1 < x < 1),$$

$$\arctan x = \int_0^x \frac{\mathrm{d}t}{1+t^2}, \qquad \ln x = \int_1^x \frac{\mathrm{d}t}{t} \quad (x > 0).$$

这些公式告诉我们一个有趣的事实：反三角函数及对数函数可以表示成某些简单函数的积分. 特别地，我们有

$$\frac{\pi}{4} = \int_0^1 \frac{\mathrm{d}t}{1+t^2}.$$

例 4   求曲线 $y=x^2$ 及 $y=\sqrt{x}$ 所围的面积.

解   很容易看出所求的面积（见图 2.16）

$$S = \int_0^1 (\sqrt{x} - x^2)\mathrm{d}x,$$

并且容易验证 $\frac{2}{3}x^{\frac{3}{2}} - \frac{1}{3}x^3$ 是 $\sqrt{x} - x^2$ 的一个原函数，故

$$S = \int_0^1 (\sqrt{x} - x^2)\mathrm{d}x$$

$$= \left(\frac{2}{3}x^{\frac{3}{2}} - \frac{1}{3}x^3\right)\Big|_0^1 = \frac{1}{3}.$$

图 2.16

在这个例子中，被积函数的原函数是很容易求出的. 但是在很多情况下，求一个给定函数的原函数就不这样简单. 在下面的一章中，我们将专门讨论求原函数的一些一般方法.

最后我们指出，在使用牛顿-莱布尼茨公式时要注意验证定理的条件. 比如，在使用牛顿-莱布尼茨公式时，要求被积函数是连续的. 又比如，$F'(x)=f(x)$ 在积分区间中处处成立，不能有一点例外，否则有可能导致错

误结果(见本节习题).

历史的注记

　　微积分的创立是科学史上的一件大事.现在人们把微积分的创立归功于牛顿与莱布尼茨两个人,他们以不同的角度、记号与方法,彼此独立地建立了微积分的基本概念与基本定理.在 17 世纪末至 18 世纪初,曾经发生了一场"谁是微积分的第一发明人"之争.这场争论持续了很久,并在双方的追随者之间演变得十分激烈,造成了当时欧洲大陆数学家与英国数学家的隔阂.直到牛顿与莱布尼茨都去世以后才逐渐平息.经过人们对历史资料详细地公正地考查,业已证实他们是彼此独立地创立了微积分.在时间上,牛顿发明较早,而莱布尼茨正式发表较早;二人间没有"谁借鉴了谁"的问题.关于"微积分优先权"的争论作为"最不幸的一章"留在了科学史上.

　　牛顿(Isaac Newton,1642—1727)出生于英格兰一农民家庭.1661 年入剑桥大学三一学院.笛卡儿的《几何学》和沃利斯的《无穷算术》对其影响很深.1665 年夏至 1667 年春,因瘟疫流行,剑桥大学关闭,牛顿返回家乡.在此期间他对微积分的探讨取得了突破性的进展.先后建立了"正流数术"(微分法)、"反流数术"(积分法),并在 1666 年 10 月完成了一篇总结性论文《流数简论》,在同事中传阅,但未正式发表.《流数简论》标志着牛顿创立的微积分的诞生.在 1667 年返回剑桥大学后的 25 年间,他除了从事其他研究之外,依然坚持对微积分的探索,不断改进、完善与深化其理论.在此期间他先后完成了《运用无限多项方程的分析》、《流数法与无穷级数》和《曲线求积术》.1687 年牛顿出版了其力学名著《自然哲学的数学原理》,书中修正了他关于流数的观点.他以几何直观为基础把流数解释为"消失量的最终比",显露了某种模糊的极限思想.但终究未能为微积分奠定坚实的逻辑基础.

　　莱布尼茨(G. W. Leibniz,1646—1716)出生于德国莱比锡的一个教授家庭.他原先学习法律,并获法学博士学位.1672 年被派往巴黎任德国驻法大使.他在巴黎逗留的四年期间,与荷兰数学家、物理学家惠更斯(C. Huygens)的交往使他对数学的研究发生了兴趣.从此他开始思考求曲线切线以及求曲线所围面积等问题.这就是说他不是从运动学的背景,而是从几何学的背景,开始了他对微积分的研究.在他的研究中颇受帕斯卡与巴罗等人的影响.1684 年莱布尼茨发表了关于微分学的论文《一种求极大与极小值和求切线的新方法》.应该说,这是有史以来第一篇正式发表的关于微积分的论文. 1686 年他又发表了关于积分学的论文,其中叙述了求积问题与求切线问题的互逆关系. 应该特别指出,在这些论文中所广泛使用的 $\mathrm{d}y$,$\mathrm{d}x$,$\dfrac{\mathrm{d}y}{\mathrm{d}x}$ 和 $\int f(x)\mathrm{d}x$ 等记号,至今为我们所采用. 记号 d 与 $\int$ 生动地体现了求差与求和的特征以及它们之间的互逆关系.

应该指出,莱布尼茨的贡献是多方面的,即使在数学上,也不只限于微积分. 他对二进制、符号逻辑、计算机的制造,都有过重要贡献.

习　题　2.8

1. 用牛顿-莱布尼茨公式计算下列定积分:

(1) $\displaystyle\int_0^1 x^3\mathrm{d}x$;　　(2) $\displaystyle\int_a^b \mathrm{e}^x\mathrm{d}x$;　　(3) $\displaystyle\int_0^{2\pi} \sin x\mathrm{d}x$;　　(4) $\displaystyle\int_1^2 \frac{\mathrm{d}x}{x}$;

(5) $\displaystyle\int_0^\pi (2\sin x + x^3)\mathrm{d}x$;

(6) $\displaystyle\int_0^1 \left(x^5 + \frac{1}{3}x^3 + \frac{1}{2}x + 1 \right)\mathrm{d}x$.

2. 验证 $\dfrac{1}{2}x^2 - \dfrac{1}{x}$ 是 $x + \dfrac{1}{x^2}$ 的一个原函数并计算定积分

$$\int_2^4 \left(x + \frac{1}{x^2} \right)\mathrm{d}x.$$

试问下式

$$\int_{-1}^1 \left(x + \frac{1}{x^2} \right)\mathrm{d}x = \left(\frac{1}{2}x^2 - \frac{1}{x} \right)\Big|_{-1}^1$$

是否成立? 为什么?

3. 将下列极限视做适当函数的黎曼和,然后使用牛顿-莱布尼茨公式求该极限的值:

(1) $\displaystyle\lim_{n\to\infty}\sum_{k=1}^n \frac{1}{n}\sin\frac{k}{n}$;　　　　(2) $\displaystyle\lim_{n\to\infty}\sum_{k=1}^n \frac{k^3}{n^4}$;

(3) $\displaystyle\lim_{n\to\infty}\sum_{k=1}^n \frac{1}{n+k}$.

4. 将下列定积分改成若干个区间上定积分之和,然后分别使用牛顿-莱布尼茨公式求出其值:

(1) $\displaystyle\int_{-1}^1 |x|\mathrm{d}x$;　　　　(2) $\displaystyle\int_{-1}^1 \mathrm{sgn}x\mathrm{d}x$;　　　　(3) $\displaystyle\int_0^1 x\left| \frac{1}{2} - x \right|\mathrm{d}x$;

(4) $\displaystyle\int_0^{2\pi} |\sin x|\mathrm{d}x$;　　(5) $\displaystyle\int_0^2 (x - [x])\mathrm{d}x$.

5. 设 $F(x)$ 在 $[a,b]$ 上有连续的导函数 $F'(x)$. 试证明: 存在一点 $c\in[a,b]$,使

$$F(b) - F(a) = F'(c)(b - a).$$

第二章总练习题

1. 讨论函数

$$f(x) = \begin{cases} |x-3|, & x \geqslant 1 \text{ 时,} \\ \dfrac{x^2}{4} - \dfrac{3}{2}x + \dfrac{13}{4}, & x < 1 \text{ 时} \end{cases}$$

的连续性与可导性.

2. 设函数

$$f(x) = \begin{cases} 2x - 2, & x < -1 \text{ 时,} \\ Ax^3 + Bx^2 + Cx + D, & -1 \leqslant x \leqslant 1 \text{ 时,} \\ 5x + 7, & x > 1 \text{ 时.} \end{cases}$$

试确定常数 A, B, C, D 的值,使 $f(x)$ 在 $(-\infty, +\infty)$ 上可导.

3. 设函数 $g(x) = (\sin 2x) f(x)$,其中函数 $f(x)$ 在 $x=0$ 处连续. 问:$g(x)$ 在 $x=0$ 处是否可导,若可导,求出 $g'(0)$.

4. 两函数 $f(x) = \dfrac{x^2 + \sin^2 x}{1 + x^2}$ 与 $g(x) = \dfrac{-\cos^2 x}{1 + x^2}$ 为什么有相同的导函数?

5. 设函数 $f(x)$ 在 $[-1,1]$ 上有定义,且满足

$$x \leqslant f(x) \leqslant x^2 + x, \quad -1 \leqslant x \leqslant 1.$$

证明:$f'(0)$ 存在且等于 1.

6. 设 $f(x) = |x^2 - 4|$. 求 $f'(x)$.

7. 设 $y = \dfrac{1+x}{1-x}$ $(x \neq 1)$,求 $\dfrac{\mathrm{d}^3 y}{\mathrm{d}x^3}$.

8. 设函数 $f(x)$ 在 $(-\infty, +\infty)$ 上有定义,且满足下列性质:

(1) $f(a+b) = f(a) \cdot f(b)$,a, b 为任意实数;

(2) $f(0) = 1$; (3) 在 $x = 0$ 处可导.

证明:对任意 $x \in (-\infty, +\infty)$,都有 $f'(x) = f'(0) \cdot f(x)$.

9. 设

$$f(x) = \begin{cases} 1/2^{2n}, & x = 1/2^n, \\ 0, & x \neq 1/2^n \end{cases} \quad (n = 1, 2, \cdots);$$

$$g(x) = \begin{cases} 1/2^{n+1}, & x = 1/2^n, \\ 0, & x \neq 1/2^n \end{cases} \quad (n = 1, 2, \cdots).$$

问:$f(x)$ 在 $x=0$ 处是否可导?$g(x)$ 在 $x=0$ 处是否可导?

10. 设 $y = f(x)$ 及 $y = g(x)$ 在 $[a,b]$ 上连续. 证明:

$$\left(\int_a^b f(x)g(x)\mathrm{d}x \right)^2 \leqslant \int_a^b f^2(x)\mathrm{d}x \cdot \int_a^b g^2(x)\mathrm{d}x.$$

$\Bigg($ 提示:将不等式 $\displaystyle\int_a^b [f(x) + tg(x)]^2 \mathrm{d}x \geqslant 0$ 左端的被积函数展开为参数 t 的二次三项

式.﹚

11. 求出函数

$$f(x) = \frac{1}{2}x + \frac{1}{2^2}x^2 + \cdots + \frac{1}{2^n}x^n$$

在 $x=1$ 点的导数. 再将函数 $f(x)$ 写成 $f(x) = \dfrac{x/2 - (x/2)^{n+1}}{1 - x/2}$ 的形式, 再求 $f'(1)$. 由此证明下列等式:

$$\frac{1}{2} + \frac{2}{2^2} + \frac{3}{2^3} + \cdots + \frac{n}{2^n} = 2 - \frac{n+2}{2^n}$$

(此式在第一章总练习题中用归纳法证过).

12. 用类似上题的办法证明

$$1 + 2x + 3x^2 + \cdots + nx^{n-1} = \frac{1 - (n+1)x^n + nx^{n+1}}{(1-x)^2},$$

其中 $x \neq 1$.

13. 设 $y = f(x)$ 在 $[0,1]$ 上连续, 且在 $[0,1]$ 内 $f(x) > 0$. 证明

$$\int_0^1 \frac{1}{f(x)} \mathrm{d}x \geqslant \frac{1}{\displaystyle\int_0^1 f(x)\mathrm{d}x}.$$

(提示: 利用第 10 题的结果.)

14. 利用公式 $\ln x = \displaystyle\int_1^x \frac{\mathrm{d}t}{t}$ 证明:

(a) $\dfrac{1}{n+1} < \ln\left(1 + \dfrac{1}{n}\right) < \dfrac{1}{n}$ $(n > 0)$;

(b) $\dfrac{1}{2} + \dfrac{1}{3} + \cdots + \dfrac{1}{n} < \ln n < 1 + \dfrac{1}{2} + \cdots + \dfrac{1}{n-1}$;

(c) $\mathrm{e}^{1-\frac{1}{n+1}} < \left(1 + \dfrac{1}{n}\right)^n < \mathrm{e}$.

第三章　积分的计算及应用

从微积分基本定理中我们看到了求原函数(不定积分)的重要性.本章将系统地介绍求不定积分的方法,同时讨论定积分的计算及应用.

本章的内容多属于技术性或方法性的,概念性或理论性讨论较少.对读者而言,重要的是通过多做练习,来掌握求积分的基本方法.

§1　不定积分的换元法

换元法是常见的求不定积分的一种方法.我们先讲第一换元法.

1. 不定积分第一换元法

设 $F'(y)=f(y)$, $y=\varphi(x)$ 可导.由复合函数的微商公式我们得到

$$\frac{\mathrm{d}}{\mathrm{d}x}F(\varphi(x)) = f(\varphi(x))\varphi'(x),$$

于是,我们有

$$\int f(\varphi(x))\varphi'(x)\mathrm{d}x = F(\varphi(x)) + C.$$

这就是所谓的不定积分的**第一换元公式**.

这个公式启示我们:如果我们能将被积函数分作两个部分,其中第一部分可以看做是某个中间变量 y 的函数,且此函数的原函数是已知的,并且其中的第二部分恰好就是中间变量 y 的导函数,这时我们的不定积分就可以求出来了.

上述换元公式也可写成下列更便于应用的形式:

$$\int f(\varphi(x))\mathrm{d}\varphi(x) = F(\varphi(x)) + C.$$

例 1　求 $\int \tan x\mathrm{d}x$.

解　我们将所求不定积分写成 $\int \dfrac{\sin x}{\cos x}\mathrm{d}x$.注意到 $\sin x = -(\cos x)'$,令 $y=\cos x$,则

$$\int \tan x \mathrm{d}x = -\int \frac{\mathrm{d}y}{y} = -\ln|y| + C = -\ln|\cos x| + C.$$

在这个题目中不引入 y,而写成下列形式可能更为方便:

$$\int \tan x \mathrm{d}x = \int \frac{\sin x}{\cos x}\mathrm{d}x = -\int \frac{\mathrm{d}\cos x}{\cos x} = -\ln|\cos x| + C.$$

从这里使我们看到莱布尼茨所创立的记号

$$\int f(x)\mathrm{d}x$$

给我们带来的方便.

例 2   求 $\int \sin(ax+b)\mathrm{d}x$,其中 $a \neq 0$.

解   显然这时我们应引入一个中间变量 $y = ax + b$. 这时,

$$\int \sin(ax + b)\mathrm{d}x = \frac{1}{a}\int \sin(ax + b)\mathrm{d}(ax + b)$$
$$= -\frac{1}{a}\cos(ax + b) + C.$$

例 3   求 $\int \frac{x\mathrm{d}x}{1+x^4}$.

解   这里的 $x\mathrm{d}x$ 可以看做是 $\frac{1}{2}\mathrm{d}x^2$,而将 $y = x^2$ 作为中间变量. 于是

$$\int \frac{x\mathrm{d}x}{1 + x^4} = \frac{1}{2}\int \frac{\mathrm{d}x^2}{1 + x^4} = \frac{1}{2}\arctan x^2 + C.$$

例 4   求 $\int \sin nx \sin mx \mathrm{d}x$ $(0 < n < m)$.

解   首先应将被积函数化作两个三角函数的和或差,然后分别求其不定积分. 事实上,

$$\int \sin nx \sin mx \mathrm{d}x = \frac{1}{2}\int [\cos(m - n)x - \cos(m + n)x]\mathrm{d}x$$

$$= \frac{1}{2}\int \cos(m - n)x\mathrm{d}x - \frac{1}{2}\int \cos(m + n)x\mathrm{d}x$$

$$= \frac{1}{2}\left[\frac{1}{m - n}\int \cos(m - n)x\mathrm{d}(m - n)x\right.$$

$$\left. -\frac{1}{m + n}\int \cos(m + n)x\mathrm{d}(m + n)x\right]$$

$$= \frac{1}{2}\left[\frac{1}{m - n}\sin(m - n)x - \frac{1}{m + n}\sin(m + n)x\right] + C.$$

例 5   求 $\int \frac{\mathrm{d}x}{a^2 - x^2}$ $(a > 0)$.

解   与上题类似,我们将被积函数化成两个简单函数之和:

$$\int \frac{\mathrm{d}x}{a^2 - x^2} = \frac{1}{2a} \int \left(\frac{1}{a-x} + \frac{1}{a+x} \right) \mathrm{d}x$$

$$= \frac{1}{2a} \int \frac{1}{a-x} \mathrm{d}x + \frac{1}{2a} \int \frac{1}{a+x} \mathrm{d}x$$

$$= \frac{-1}{2a} \int \frac{1}{a-x} \mathrm{d}(a-x) + \frac{1}{2a} \int \frac{1}{a+x} \mathrm{d}(a+x)$$

$$= \frac{-1}{2a} \ln|a-x| + \frac{1}{2a} \ln|a+x| + C$$

$$= \frac{1}{2a} \ln \left| \frac{a+x}{a-x} \right| + C.$$

例 6 求 $\int \dfrac{\mathrm{d}x}{a^2 + x^2}$ $(a \neq 0)$.

解 先提出分母上的因子 a^2,再用换元法:

$$\int \frac{\mathrm{d}x}{a^2 + x^2} = \frac{1}{a^2} \int \frac{\mathrm{d}x}{1 + \left(\dfrac{x}{a} \right)^2} = \frac{1}{a} \int \frac{1}{1 + \left(\dfrac{x}{a} \right)^2} \mathrm{d}\left(\frac{x}{a} \right)$$

$$= \frac{1}{a} \arctan \frac{x}{a} + C.$$

例 7 求 $\int \dfrac{\mathrm{d}x}{\sqrt{a^2 - x^2}}$ $(a > 0)$.

解 $\displaystyle \int \frac{\mathrm{d}x}{\sqrt{a^2 - x^2}} = \int \frac{\mathrm{d}x}{\sqrt{a^2 \left[1 - \left(\dfrac{x}{a} \right)^2 \right]}} = \int \frac{\dfrac{1}{a} \mathrm{d}x}{\sqrt{1 - \left(\dfrac{x}{a} \right)^2}}$

$$= \int \frac{1}{\sqrt{1 - \left(\dfrac{x}{a} \right)^2}} \mathrm{d}\left(\frac{x}{a} \right) = \arcsin \frac{x}{a} + C.$$

今后很多不定积分都可化成例 6 或例 7 中的形式,记住这两个不定积分的结果是有益的.

例 8 求 $\int \dfrac{\mathrm{d}x}{\sin x}$.

解 $\displaystyle \int \frac{\mathrm{d}x}{\sin x} = \int \frac{\mathrm{d}x}{2\sin \dfrac{x}{2} \cos \dfrac{x}{2}} = \int \frac{\mathrm{d}x}{2\tan \dfrac{x}{2} \cos^2 \dfrac{x}{2}}$

$$= \int \frac{\mathrm{d}\dfrac{x}{2}}{\tan \dfrac{x}{2} \cos^2 \dfrac{x}{2}} = \int \frac{\mathrm{d}\tan \dfrac{x}{2}}{\tan \dfrac{x}{2}} = \ln \left| \tan \frac{x}{2} \right| + C$$

或者

$$\int \frac{\mathrm{d}x}{\sin x} = \int \frac{\sin x \mathrm{d}x}{\sin^2 x} = -\int \frac{\mathrm{d}\cos x}{1 - \cos^2 x} = \frac{1}{2}\ln\left|\frac{1 - \cos x}{1 + \cos x}\right| + C.$$

最后一步用到了例 5 的结果.

读者或许已发现,两种解法最终结果形式上不尽相同,但是利用半角公式很容易证实它们是完全一致的.

总结上述例题的经验,我们看到使用第一换元法求一个不定积分时,其要点是首先将被积函数的一部分移入微分号"d"内,使积分化成下列形式:

$$\int f(\varphi(x))\mathrm{d}\varphi(x),$$

而 $f(y)\mathrm{d}y$ 恰好又是某个 $F(y)$ 的微分,这时所求的不定积分便等于

$$F(\varphi(x)) + C,$$

这种方法有时也称做"凑微分法".

2. 不定积分的第二换元法

在第一换元法中,我们是引入了一个中间变量 $y = \varphi(x)$,它是积分变量 x 的函数. 而在第二换元法中,我们是将积分变量 x 作为中间变量,视其为另一变量 t 的函数: $x = \varphi(t)$. 希望将其代入积分后化简被积函数的形式,并最终求得原函数. 第二换元法的一般形式如下: 令 $x = \varphi(t)$,并假定 $\varphi(t)$ 可导,这时 $\mathrm{d}x = \varphi'(t)\mathrm{d}t$,被积函数变成 t 的函数,而 t 变成新的积分变量:

$$\int f(x)\mathrm{d}x = \int f(\varphi(t))\varphi'(t)\mathrm{d}t.$$

经过这样的变换之后,如果 $f(\varphi(t))\varphi'(t)$ 的原函数为已知的,比如是 $F(t)$,那么

$$\int f(x)\mathrm{d}x = F(t) + C = F[\varphi^{-1}(x)] + C,$$

其中 φ^{-1} 为 φ 的反函数. 这称做**第二换元法**.

在使用第二换元法时,我们要求变量替换函数 $x = \varphi(t)$ 一定有反函数,并且在最后的结果中要将 t 换成 x 的函数.

例 9   求 $\displaystyle\int \frac{\mathrm{d}x}{\sqrt{x+1}+1}$ $(x > -1)$.

解   令 $x = t^2 - 1$ $(t > 0)$,这时其反函数 $t = \sqrt{x+1}$,且 $\mathrm{d}x = 2t\mathrm{d}t$,于是有

$$\int \frac{\mathrm{d}x}{\sqrt{x+1}+1} = \int \frac{2t\mathrm{d}t}{t+1} = 2\int\left(1 - \frac{1}{t+1}\right)\mathrm{d}t$$

$$= 2[t - \ln(t+1)] + C.$$

我们应当将变量 t 再换成 x 的函数,也即将 $t = \sqrt{x+1}$ 代入上式,便得

$$\int \frac{\mathrm{d}x}{\sqrt{x+1}+1} = 2[\sqrt{x+1} - \ln(\sqrt{x+1}+1)] + C.$$

由本例看出,在使用第二换元法时,在求得 t 之原函数后还应当将 t 换成 $\varphi^{-1}(x)$.

例 10 求 $\int \sqrt{a^2 - x^2}\mathrm{d}x$ $(a>0)$.

解 令 $x = a\sin t \left(-\frac{\pi}{2}<t<\frac{\pi}{2}\right)$,这时我们有

$$\int \sqrt{a^2 - x^2}\mathrm{d}x = \int \sqrt{a^2 - a^2\sin^2 t} \cdot a\cos t\mathrm{d}t$$

$$= a^2 \int \cos^2 t\mathrm{d}t = \frac{a^2}{2}\int (1 + \cos 2t)\mathrm{d}t$$

$$= \frac{a^2}{2}\left(t + \frac{1}{2}\sin 2t\right) + C = \frac{a^2}{2}(t + \sin t\cos t) + C$$

$$= \frac{a^2}{2}\left(\arcsin \frac{x}{a} + \frac{x}{a}\sqrt{1 - \left(\frac{x}{a}\right)^2}\right) + C$$

$$= \frac{a^2}{2}\arcsin \frac{x}{a} + \frac{1}{2}x\sqrt{a^2 - x^2} + C.$$

例 11 求 $\int \frac{\mathrm{d}x}{\sqrt{a^2 + x^2}}$ $(a>0)$.

解 令 $x = a\tan t\left(-\frac{\pi}{2}<t<\frac{\pi}{2}\right)$,则

$$\int \frac{\mathrm{d}x}{\sqrt{a^2 + x^2}} = \int \frac{a\sec^2 t\mathrm{d}t}{\sqrt{a^2\sec^2 t}} = \int \frac{\mathrm{d}t}{\cos t}$$

$$= \int \frac{\mathrm{d}t}{\sin\left(\frac{\pi}{2} + t\right)} = \int \frac{\mathrm{d}\left(\frac{\pi}{2} + t\right)}{\sin\left(\frac{\pi}{2} + t\right)}$$

$$= \frac{1}{2}\ln\left|\frac{1 - \cos\left(\frac{\pi}{2} + t\right)}{1 + \cos\left(\frac{\pi}{2} + t\right)}\right| + C \text{(利用例 8)}$$

$$= \frac{1}{2}\ln\left|\frac{1 + \sin t}{1 - \sin t}\right| + C = \frac{1}{2}\ln \frac{(1 + \sin t)^2}{1 - \sin^2 t} + C$$

$$= \ln\left|\frac{1 + \sin t}{\cos t}\right| + C = \ln|\sec t + \tan t| + C.$$

由图 3.1 所示的直角三角形可看出，当 $\tan t = \dfrac{x}{a}$ 时，$\sec t = \dfrac{\sqrt{x^2+a^2}}{a}$，代入上式得

$$\int \frac{\mathrm{d}x}{\sqrt{x^2+a^2}} = \ln\left| \frac{x}{a} + \frac{\sqrt{x^2+a^2}}{a} \right| + C$$

$$= \ln\left| x + \sqrt{x^2+a^2} \right| + C.$$

在最后一步中，我们将 $-\ln a$ 合并到任意常数 C 中.

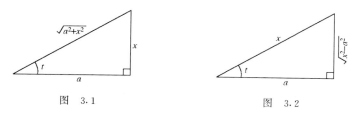

图　3.1   图　3.2

例 12　求 $\displaystyle\int \frac{\mathrm{d}x}{\sqrt{x^2-a^2}}$　$(a>0)$.

解　分 $x>a$ 与 $x<-a$ 两种情况讨论. 先设 $x>a$，这时令 $x=a\sec t$，t 的变化范围为 $(0,\pi/2)$，并有

$$\int \frac{\mathrm{d}x}{\sqrt{x^2-a^2}} = a\int \frac{1}{\sqrt{a^2\tan^2 t}} \cdot \frac{\sin t}{\cos^2 t}\mathrm{d}t$$

$$= \int \frac{\mathrm{d}t}{\cos t} \text{（利用例 11 中的结果）}$$

$$= \ln|\sec t + \tan t| + C.$$

利用图 3.2 可以看出，当 $\sec t = \dfrac{x}{a}$ 时，$\tan t = \dfrac{\sqrt{x^2-a^2}}{a}$. 因此，我们有

$$\int \frac{\mathrm{d}x}{\sqrt{x^2-a^2}} = \ln\left| \frac{x}{a} + \frac{\sqrt{x^2-a^2}}{a} \right| + C$$

$$= \ln\left| x + \sqrt{x^2-a^2} \right| + C.$$

当 $x<-a$ 时，可令 $x=-a\sec t$，这时 t 的变化范围同样在 $(0,\pi/2)$ 内，完全用类似的方法可以求得，在这种情况下上述结果仍然成立.

总结例 11 与例 12 的结果，我们有

$$\int \frac{\mathrm{d}x}{\sqrt{x^2 \pm a^2}} = \ln\left| x + \sqrt{x^2 \pm a^2} \right| + C.$$

这个公式今后会经常用到，建议读者记住它.

从上面的例子中可以看到，在第二换元法中我们作变换 $x=\varphi(t)$，其目

的在于使被积函数由原来的 $f(x)$ 换成 $f(\varphi(t))\varphi'(t)$，而后者较易于求不定积分. 在上述例子中，是通过适当的三角函数变换将 $x^2 \pm a^2$ 的无理式化成三角函数的有理式.

习 题 3.1

求下列不定积分：

1. $\displaystyle\int \sqrt{1+2x}\,\mathrm{d}x.$

2. $\displaystyle\int \frac{3x}{(x^2+1)^2}\,\mathrm{d}x.$

3. $\displaystyle\int x\sqrt{2x^2+7}\,\mathrm{d}x.$

4. $\displaystyle\int (2x^{\frac{3}{2}}+1)^{\frac{2}{3}}\sqrt{x}\,\mathrm{d}x.$

5. $\displaystyle\int \frac{\mathrm{e}^{\frac{1}{x}}}{x^2}\,\mathrm{d}x.$

6. $\displaystyle\int \frac{\mathrm{d}x}{(2-x)^{100}}.$

7. $\displaystyle\int \frac{\mathrm{d}x}{3+5x^2}.$

8. $\displaystyle\int \frac{\mathrm{d}x}{\sqrt{7-3x^2}}.$

9. $\displaystyle\int \frac{\mathrm{d}x}{\sqrt{x}\,(1+x)}.$

10. $\displaystyle\int \frac{\mathrm{e}^x}{2+\mathrm{e}^{2x}}\,\mathrm{d}x.$

11. $\displaystyle\int \frac{\mathrm{d}x}{\sqrt{\mathrm{e}^{-2x}-1}}.$

12. $\displaystyle\int \frac{\mathrm{d}x}{\mathrm{e}^x-\mathrm{e}^{-x}}.$

13. $\displaystyle\int \frac{\ln\ln x}{x\ln x}\,\mathrm{d}x.$

14. $\displaystyle\int \frac{\mathrm{d}x}{1+\cos x}.$

15. $\displaystyle\int \frac{\mathrm{d}x}{1-\sin x}.$

16. $\displaystyle\int \frac{x^{14}}{(x^5+1)^4}\,\mathrm{d}x.$

17. $\displaystyle\int \frac{x^{2n-1}}{x^n-1}\,\mathrm{d}x.$

18. $\displaystyle\int \frac{\mathrm{d}x}{x(x^5+2)}.$

19. $\displaystyle\int \frac{\ln(x+2)-\ln x}{x(x+2)}\,\mathrm{d}x.$

20. $\displaystyle\int \frac{\mathrm{e}^{\arctan x}+x\ln(1+x^2)}{1+x^2}\,\mathrm{d}x.$

21. $\displaystyle\int \sin 2x\cos 2x\,\mathrm{d}x.$

22. $\displaystyle\int \sin^2\frac{x}{2}\cos\frac{x}{2}\,\mathrm{d}x.$

23. $\displaystyle\int \sin 5x\sin 6x\,\mathrm{d}x.$

24. $\displaystyle\int \frac{2x-1}{\sqrt{1-x^2}}\,\mathrm{d}x.$

25. $\displaystyle\int \frac{x^3+x}{\sqrt{1-x^2}}\,\mathrm{d}x.$

26. $\displaystyle\int \frac{\mathrm{d}x}{(a^2-x^2)^{3/2}}\ (a>0).$

27. $\displaystyle\int \frac{\sqrt{x^2-a^2}}{x}\,\mathrm{d}x\ (a>0).$

28. $\displaystyle\int \frac{x^2}{\sqrt{a^2-x^2}}\,\mathrm{d}x\ (a>0).$

29. $\displaystyle\int \frac{\mathrm{d}x}{\sqrt{1+\mathrm{e}^{3x}}}.$

30. $\displaystyle\int \frac{x^3}{\sqrt{1+x^8}}\,\mathrm{d}x.$

31. $\displaystyle\int \frac{\mathrm{d}x}{x^6\sqrt{1+x^2}}.$

32. $\displaystyle\int \frac{\mathrm{e}^{2x}}{\sqrt[3]{1+\mathrm{e}^x}}\,\mathrm{d}x.$

33. $\displaystyle\int \frac{\mathrm{d}x}{\sqrt{3+x-x^2}}.$

34. $\displaystyle\int \sqrt{7+x-x^2}\,\mathrm{d}x.$

35. $\int \dfrac{\mathrm{d}x}{1+\sqrt{x-1}}$.

§2   分部积分法

分部积分法是另一个求不定积分的常用方法.

设 u 与 v 都是可微函数,根据函数乘积的求导公式,我们有
$$u(x)v'(x) = \big[u(x)v(x)\big]' - u'(x)v(x).$$
两边取不定积分即有
$$\int u(x)v'(x)\mathrm{d}x = u(x)v(x) - \int u'(x)v(x)\mathrm{d}x,$$
或者写成
$$\int u(x)\mathrm{d}v(x) = u(x)v(x) - \int v(x)\mathrm{d}u(x).$$
这就是所谓的**分部积分公式**.

利用分部积分公式去求不定积分的方法称做**分部积分法**. 分部积分法的基本想法是：将要求的不定积分 $\int u(x)\mathrm{d}v(x)$ 转化成求不定积分 $\int v(x)\mathrm{d}u(x)$,如果不定积分 $\int v(x)\mathrm{d}u(x)$ 容易求得,那么原来的不定积分也就随之求出来了.

例 1   求 $\int x^2\mathrm{e}^x\mathrm{d}x$.

解   我们首先把积分表达式写成 $\int x^2\mathrm{d}\mathrm{e}^x$,然后根据分部积分公式有
$$\int x^2\mathrm{d}\mathrm{e}^x = x^2\mathrm{e}^x - \int \mathrm{e}^x\mathrm{d}x^2 = x^2\mathrm{e}^x - 2\int \mathrm{e}^x x\mathrm{d}x.$$
这就是说,通过一次分部积分将被积分函数中 x 的方幂降低了一次. 很自然会想到再用一次分部积分公式即可把被积函数中 x 的方幂降为零. 事实上,
$$\int x\mathrm{e}^x\mathrm{d}x = \int x\mathrm{d}\mathrm{e}^x = x\mathrm{e}^x - \int \mathrm{e}^x\mathrm{d}x = x\mathrm{e}^x - \mathrm{e}^x + C.$$
将此结果代入上式即得
$$\int x^2\mathrm{e}^x\mathrm{d}x = (x^2 - 2x + 2)\mathrm{e}^x + C.$$

在这个例子中,如果一开始我们不是将 e^x 移至微分号"d"内,而是将 x^2 移入"d"内,即写成

$$\frac{1}{3}\int e^x dx^3,$$

那么这样做是徒劳的,它将 x 方幂升高而不会求出任何结果.由此可见,选择被积函数的适当部分移至微分号内是分部积分法的关键.选择的原则是使用分部积分公式后,公式的右端得以化简.

例 2 求 $\int x^3 \ln x dx$.

解
$$\int x^3 \ln x dx = \frac{1}{4}\int \ln x dx^4 = \frac{1}{4}x^4 \ln x - \frac{1}{4}\int x^4 \cdot d\ln x$$
$$= \frac{1}{4}x^4 \ln x - \frac{1}{4}\int x^3 dx = \frac{1}{4}x^4 \ln x - \frac{1}{16}x^4 + C.$$

在这个例子中,我们把 x^3 先移至微分号内,即将 $x^3 dx$ 写成 $\frac{1}{4}dx^4$.虽然 x 的方幂升高了,但是经分部积分之后,右端积分的积分号内变成 $x^4 d\ln x = x^4 (\ln x)' dx = x^3 dx$,对数函数不再出现.这自然就化简了.

例 3 求 $\int \arctan x dx$.

解 将 $\arctan x$ 视做公式中的 $u(x)$,而将 x 视做 $v(x)$,这时我们有

$$\int \arctan x dx = x \arctan x - \int x d\arctan x$$
$$= x \arctan x - \int \frac{x dx}{1+x^2}$$
$$= x \arctan x - \frac{1}{2}\int \frac{d(x^2+1)}{1+x^2}$$
$$= x \arctan x - \frac{1}{2}\ln(1+x^2) + C.$$

例 4 求 $\int \sqrt{a^2 - x^2} dx$.

解 与上例类似可得

$$\int \sqrt{a^2 - x^2} dx = x\sqrt{a^2 - x^2} + \int \frac{x^2}{\sqrt{a^2 - x^2}} dx$$
$$= x\sqrt{a^2 - x^2} - \int \frac{a^2 - x^2}{\sqrt{a^2 - x^2}} dx + a^2 \int \frac{dx}{\sqrt{a^2 - x^2}}$$
$$= x\sqrt{a^2 - x^2} - \int \sqrt{a^2 - x^2} dx + a^2 \arcsin \frac{x}{a} + C.$$

通过移项即得
$$\int \sqrt{a^2 - x^2} dx = \frac{x}{2}\sqrt{a^2 - x^2} + \frac{a^2}{2}\arcsin \frac{x}{a} + C.$$

这与上一节中例 10 所得结果完全一致.

在这个例子中,经分部积分和适当变形后,又出现了我们要求的不定积分,但符号不同,这时经过移项即得要求的不定积分.这种情况在许多问题中会遇到.下面例 5 也与此类似.

例 5   求 $\int e^{ax}\cos bx\mathrm{d}x$(其中常数 $a>0,b>0$).

解   我们先将 e^{ax} 移入微分号"d"内再用分部积分公式:

$$\int e^{ax}\cos bx\mathrm{d}x = \frac{1}{a}\int \cos bx\mathrm{d}e^{ax} = \frac{1}{a}\left[\cos bx \cdot e^{ax} - \int e^{ax}\mathrm{d}\cos bx\right]$$

$$= \frac{1}{a}\left[\cos bx \cdot e^{ax} + b\int e^{ax}\sin bx\mathrm{d}x\right].$$

对上式右端的不定积分再一次用分部积分法:

$$\int e^{ax}\sin bx\mathrm{d}x = \frac{1}{a}\int \sin bx\mathrm{d}e^{ax} = \frac{1}{a}\left[\sin bx e^{ax} - b\int e^{ax} \cdot \cos bx\mathrm{d}x\right].$$

将上式代入前一式右端并记

$$J = \int e^{ax}\cos bx\mathrm{d}x,$$

便得关于 J 的一个方程式:

$$J = \left(\frac{1}{a}\cos bx + \frac{b}{a^2}\sin bx\right)e^{ax} - \frac{b^2}{a^2}J.$$

由此方程即可求得

$$J = \frac{1}{a^2 + b^2}(a\cos bx + b\sin bx)e^{ax} + C.$$

同理可得

$$\int e^{ax}\sin bx\mathrm{d}x = \frac{1}{a^2 + b^2}(a\sin bx - b\cos bx)e^{ax} + C.$$

还有一类不定积分,用分部积分法不能直接得出结果,但可导出一个递推公式,我们可由递推公式推出所要结果.

例 6   求

$$I_n = \int \frac{\mathrm{d}t}{(t^2 + a^2)^n} \quad (n>1, a>0).$$

解   由分部积分有

$$I_n = \frac{t}{(t^2 + a^2)^n} + 2n\int \frac{t^2}{(t^2 + a^2)^{n+1}}\mathrm{d}t$$

$$= \frac{t}{(t^2 + a^2)^n} + 2nI_n - 2na^2\int \frac{\mathrm{d}t}{(t^2 + a^2)^{n+1}}$$

$$= \frac{t}{(t^2 + a^2)^n} + 2nI_n - 2na^2 I_{n+1}.$$

由此得到递推公式

$$I_{n+1} = \frac{2n-1}{2na^2} I_n + \frac{t}{2na^2(t^2 + a^2)^n}.$$

利用这个递推公式可将 I_n 的下标依次降低,直到 I_1,而

$$I_1 = \int \frac{\mathrm{d}t}{t^2 + a^2} = \frac{1}{a}\arctan \frac{t}{a} + C.$$

这样就可求得 I_n. 比如

$$I_2 = \frac{1}{2a^2} I_1 + \frac{t}{2a^2(t^2 + a^2)}$$

$$= \frac{1}{2a^3}\arctan \frac{t}{a} + \frac{t}{2a^2(t^2 + a^2)} + C.$$

无论是分部积分法也好,还是换元法也好,它们的适应范围是有限的. 而且在一个具体题目中应该用什么办法,这没有一定之规,只能通过对具体题目的观察和分析,通过摸索与不断总结经验找到门路.

求不定积分有相当的技巧性,而熟才能生巧,只有适当地多做些练习,才能掌握这些技巧.

除了基本积分表之外,我们建议读者还要记住下列不定积分公式:

$$\int \tan x \mathrm{d}x = -\ln|\cos x| + C;$$

$$\int \cot x \mathrm{d}x = \ln|\sin x| + C;$$

$$\int \frac{\mathrm{d}x}{x^2 + a^2} = \frac{1}{a}\arctan \frac{x}{a} + C \quad (a > 0);$$

$$\int \frac{\mathrm{d}x}{x^2 - a^2} = \frac{1}{2a}\ln \left| \frac{x-a}{x+a} \right| + C \quad (a > 0);$$

$$\int \frac{\mathrm{d}x}{\sqrt{a^2 - x^2}} = \arcsin \frac{x}{a} + C \quad (a > 0);$$

$$\int \frac{\mathrm{d}x}{\sqrt{x^2 \pm a^2}} = \ln|x + \sqrt{x^2 \pm a^2}| + C.$$

在结束本节前我们要指出,并非所有初等函数的不定积分都是可以"积出来"的;更确切地说,并非所有初等函数的原函数都是初等函数,比如人们业已证明

$$\int \frac{\sin x}{x}\mathrm{d}x, \quad \int e^{-x^2}\mathrm{d}x, \quad \int \sin x^2 \mathrm{d}x,$$

$$\int \cos x^2 \mathrm{d}x, \quad \int \frac{\cos x}{x}\mathrm{d}x, \quad \int \frac{1}{\ln x}\mathrm{d}x,$$

$$\int \frac{\mathrm{d}x}{\sqrt{1-k^2\sin^2 x}}, \quad \int \sqrt{1-k^2\sin^2 x}\,\mathrm{d}x \ (0 < k < 1),$$

等等都不能用初等函数表示,尽管它们的被积函数都十分简单.

习　题　3.2

求下列不定积分:

1. $\int x\ln x\mathrm{d}x.$

2. $\int x^2 \mathrm{e}^{ax}\mathrm{d}x.$

3. $\int x\sin 2x\mathrm{d}x.$

4. $\int \arcsin x\mathrm{d}x.$

5. $\int \arctan x\mathrm{d}x.$

6. $\int \mathrm{e}^{2x}\cos 3x\mathrm{d}x.$

7. $\int \frac{\sin 3x}{\mathrm{e}^x}\mathrm{d}x.$

8. $\int \mathrm{e}^{ax}\sin bx\mathrm{d}x.$

9. $\int \sqrt{1+9x^2}\,\mathrm{d}x.$

10. $\int x\mathrm{ch}x\mathrm{d}x.$

11. $\int \ln(x+\sqrt{1+x^2})\mathrm{d}x.$

12. $\int (\arccos x)^2\mathrm{d}x.$

13. $\int \frac{x\arccos x}{(1-x^2)^2}\mathrm{d}x.$

14. $\int \arctan\sqrt{x}\,\mathrm{d}x.$

15. $\int \frac{\arcsin x}{x^2}\mathrm{d}x.$

16. $\int x^3(\ln x)^2\mathrm{d}x.$

17. $\int \frac{x\arctan x}{(1+x^2)^{5/2}}\mathrm{d}x.$

18. $\int x\ln(x+\sqrt{1+x^2})\mathrm{d}x.$

§3　有理式的不定积分与有理化方法

　　我们曾经指出有些被积函数的原函数不是初等函数,我们无法通过有限步骤把这类不定积分"积出来".那么,一个很自然的问题是到底哪些函数是可以"积出来"的呢?本节要告诉读者的是关于自变量 x 的有理式、关于三角函数的有理式以及关于某些根式的有理式都是可以"积出来"的.

1. 有理式的不定积分

　　所谓 x 的有理函数是指两个多项式之比,即

$$\frac{P(x)}{Q(x)} \equiv \frac{a_0 x^n + \cdots + a_n}{b_0 x^m + \cdots + b_m},$$

通常我们假定 $P(x)$ 与 $Q(x)$ 没有公因子, $a_0 \neq 0, b_0 \neq 0$.

当 $m>n$ 时,上述有理式称为**真分式**;否则称为**假分式**. 我们只讨论真分式就足够了,因为任何一个假分式都可表示成一个多项式加一个真分式. 而求多项式的积分是容易的.

对于一个有理真分式 $P(x)/Q(x)$,求不定积分的关键步骤是将 $P(x)/Q(x)$ 表示成部分分式之和. 所谓**部分分式**是指下列四种最简单的真分式:

$$\frac{A}{x-a}, \quad \frac{A}{(x-a)^n} \ (n>1);$$

$$\frac{Bx+C}{x^2+px+q}, \quad \frac{Bx+C}{(x^2+px+q)^n} \ (n>1),$$

其中 A,B,C,a,p,q 为常数,n 为自然数,x^2+px+q 是一个没有实根的二次三项式,也即 $p^2<4q$.

要想将一个有理真分式 $P(x)/Q(x)$ 表示成部分分式之和,首先要找出有理式分母 $Q(x)$ 的根. 假定 $Q(x)$ 有 k 个互不相同的实根 $a_1,\cdots,a_k$,而它们的重数分别是 $n_1,\cdots,n_k$. 又假定 $Q(x)$ 有 l 对互不相同的共轭复根 $\alpha_1\pm\mathrm{i}\beta_1$, $\alpha_2\pm\mathrm{i}\beta_2,\cdots,\alpha_l\pm\mathrm{i}\beta_l$,其重数分别为 $m_1,\cdots,m_l$. 这样,我们有

$$Q(x)=(x-a_1)^{n_1}\cdots(x-a_k)^{n_k}(x^2+p_1x+q_1)^{m_1}\cdots(x^2+p_lx+q_l)^{m_l},$$

其中 $p_i=-2\alpha_i$,$q_i=\alpha_i^2+\beta_i^2$,$p_i^2<4q_i(i=1,2,\cdots,l)$. 根据代数中的一条定理,$P/Q$ 可表示成

$$\frac{P(x)}{Q(x)}=\sum_{j=1}^{k}\sum_{n=1}^{n_j}\frac{A_{nj}}{(x-a_j)^n}+\sum_{i=1}^{l}\sum_{m=1}^{m_i}\frac{B_{mi}x+C_{mi}}{(x^2+p_ix+q_i)^m},$$

其中 A_{nj},B_{mi},C_{mi} 均为常数.

考虑到初学者对双重求和号可能不够熟悉,我们将上式写成更为明显的形式:

$$\begin{aligned}\frac{P(x)}{Q(x)}=&\frac{A_{11}}{(x-a_1)}+\frac{A_{21}}{(x-a_1)^2}+\cdots+\frac{A_{n_11}}{(x-a_1)^{n_1}}\\&+\cdots+\frac{A_{1k}}{(x-a_k)}+\frac{A_{2k}}{(x-a_k)^2}+\cdots+\frac{A_{n_kk}}{(x-a_k)^{n_k}}\\&+\frac{B_{11}x+C_{11}}{x^2+p_1x+q_1}+\cdots+\frac{B_{m_11}x+C_{m_11}}{(x^2+p_1x+q_1)^{m_1}}\\&+\cdots+\frac{B_{1l}x+C_{1l}}{x^2+p_lx+q_l}+\cdots+\frac{B_{m_ll}x+C_{m_ll}}{(x^2+p_lx+q_l)^{m_l}}.\end{aligned}$$

简单地说,**如果 $Q(x)$ 有一个 n 重实根 a,则 $P(x)/Q(x)$ 的部分分式中一定包含下列形式的 n 项部分分式之和:**

$$\frac{A_1}{x-a} + \cdots + \frac{A_n}{(x-a)^n}.$$

而若 $Q(x)$ 中包含因子 $(x^2+px+q)^m (q>p^2/4)$ 时,则 $P(x)/Q(x)$ 的部分分式中一定包含下列形式的 m 项部分分式之和:

$$\frac{B_1 x + C_1}{x^2 + px + q} + \cdots + \frac{B_m x + C_m}{(x^2 + px + q)^m}.$$

将 $Q(x)$ 的全体因子对应的这些部分分式之和全都加起来,就等于 $\dfrac{P(x)}{Q(x)}$.

现在,我们举例说明上述结论. 比如,我们考虑某个有理真分式 $\dfrac{P(x)}{Q(x)}$,已知其分母 $Q(x)$ 可以表成下列形式:

$$Q(x) = a(x-1)(x-2)^2(x^2+1)^3(x^2+x+1).$$

那么,这个分式可以分解成下列形式的部分分式之和:

$$\frac{A_{11}}{x-1} + \left(\frac{A_{12}}{x-2} + \frac{A_{22}}{(x-2)^2} \right)$$
$$+ \left(\frac{B_{11}x + C_{11}}{x^2+1} + \frac{B_{21}x + C_{21}}{(x^2+1)^2} + \frac{B_{31}x + C_{31}}{(x^2+1)^3} \right)$$
$$+ \frac{B_{12}x + C_{12}}{x^2+x+1}.$$

以后我们会看到这里的常数 A_{ij}, B_{ij} 与 C_{ij} 可以通过比较两端的系数逐一定出.

以上我们说明了:任一真分式都可分解成若干项部分分式之和,并指明了具体的分解方法.

这样一来全部的问题归结为求上述四种典型的部分分式的不定积分.

对于第一、二种部分分式,其不定积分是显然的:

$$\int \frac{A\mathrm{d}x}{x-a} = A\ln|x-a| + C,$$

$$\int \frac{A\mathrm{d}x}{(x-a)^n} = \frac{A}{1-n}(x-a)^{1-n} + C \quad (n>1).$$

而第三种部分分式的不定积分也是不难的:

$$\int \frac{(Bx+C)\mathrm{d}x}{x^2+px+q} = \frac{B}{2}\int \frac{\mathrm{d}\left(x + \dfrac{p}{2} \right)^2}{\left(x + \dfrac{p}{2} \right)^2 + \left(q - \dfrac{p^2}{4} \right)}$$

$$+ \left(C - \frac{Bp}{2} \right) \int \frac{\mathrm{d}x}{\left(x + \dfrac{p}{2} \right)^2 + \left(q - \dfrac{p^2}{4} \right)}$$

$$= \frac{B}{2}\ln|x^2 + px + q|$$

$$+ \frac{C - \dfrac{Bp}{2}}{\sqrt{q - \dfrac{p^2}{4}}} \arctan \frac{x + \dfrac{p}{2}}{\sqrt{q - \dfrac{p^2}{4}}} + C.$$

对于第四种部分分式，我们有

$$\int \frac{(Bx + C)\mathrm{d}x}{(x^2 + px + q)^n} = \frac{B}{2}\int \frac{\mathrm{d}\left(x + \dfrac{p}{2}\right)^2}{\left[\left(x + \dfrac{p}{2}\right)^2 + \left(q - \dfrac{p^2}{4}\right)\right]^n}$$

$$+ \left(C - \frac{Bp}{2}\right)\int \frac{\mathrm{d}x}{\left[\left(x + \dfrac{p}{2}\right)^2 + \left(q - \dfrac{p^2}{4}\right)\right]^n}$$

$$= \frac{B}{2(1 - n)}\left[\left(x + \frac{p}{2}\right)^2 + \left(q - \frac{p^2}{4}\right)\right]^{1-n}$$

$$+ \left(C - \frac{Bp}{2}\right)\int \frac{\mathrm{d}x}{\left[\left(x + \dfrac{p}{2}\right)^2 + \left(q - \dfrac{p^2}{4}\right)\right]^n}.$$

而最后一个不定积分可以用上一节例 6 中的递推公式.

以上我们证明了有理函数是可以"积出来"的，并且提供了求这种不定积分的实际途径.

例 1　求 $\displaystyle\int \frac{x^3 + 1}{x(x-1)^3}\,\mathrm{d}x.$

这里被积有理式的分母有两个实根：$x = 0$ 为单根，而 $x = 1$ 为 3 重根.因此其部分分式分解应为

$$\frac{x^3 + 1}{x(x-1)^3} = \frac{A_{11}}{x} + \frac{A_{12}}{x - 1} + \frac{A_{22}}{(x - 1)^2} + \frac{A_{32}}{(x - 1)^3},$$

其中 A_{ij} 为常数，可通过比较系数法确定.

事实上，上式右端通分后得

$$\frac{x^3 + 1}{x(x-1)^3} = \frac{A_{11}(x-1)^3 + A_{12}x(x-1)^2 + A_{22}x(x-1) + A_{32}x}{x(x-1)^3},$$

也即

$$x^3 + 1 \equiv A_{11}(x-1)^3 + A_{12}x(x-1)^2 + A_{22}x(x-1) + A_{32}x.$$

令恒等式两端同次幂的系数相等,得一方程组:

$$\begin{cases} 1 = A_{11} + A_{12}, \\ 0 = -3A_{11} - 2A_{12} + A_{22}, \\ 0 = 3A_{11} + A_{12} - A_{22} + A_{32}, \\ 1 = -A_{11}. \end{cases}$$

由此方程组可解得 $A_{11} = -1, A_{12} = 2, A_{22} = 1, A_{32} = 2$. 这样,我们有

$$\frac{x^3+1}{x(x-1)^3} = \frac{-1}{x} + \frac{2}{x-1} + \frac{1}{(x-1)^2} + \frac{2}{(x-1)^3},$$

于是

$$\int \frac{(x^3+1)\mathrm{d}x}{x(x-1)^3} = -\ln|x| + 2\ln|x-1| - \frac{1}{x-1} - \frac{1}{(x-1)^2} + C$$

$$= \ln \frac{|x-1|^2}{|x|} - \frac{x}{(x-1)^2} + C.$$

上面我们用比较等式两端 x 的同次幂的系数的办法,定出了常数. 有时也可以用其他办法来定出这些常数. 比如,在例 1 里,我们可在恒等式

$$x^3 + 1 \equiv A_{11}(x-1)^3 + A_{12}x(x-1)^2 + A_{22}x(x-1) + A_{32}x$$

的两端中令 $x=0$ 得 $A_{11} = -1$,令 $x=1$ 得 $A_{32} = 2$,于是有

$$x^3 + 1 + (x-1)^3 - 2x = A_{12}x(x-1)^2 + A_{22}x(x-1),$$

化简并约去两端的公因子 x 后为

$$2x^2 - 3x + 1 = A_{12}(x-1)^2 + A_{22}(x-1),$$

也即 $(2x-1) = A_{12}(x-1) + A_{22}$,由此推出 $A_{12} = 2$,$A_{22} = 1$.

例 2 求 $\int \frac{4}{x^3+4x}\mathrm{d}x$.

被积函数之分母有实根 $x=0$ 及复根 $2\mathrm{i}$ 及 $-2\mathrm{i}$,都是一重根,故设

$$\frac{4}{x^3+4x} = \frac{A}{x} + \frac{Bx+C}{x^2+4},$$

于是 $4 \equiv A(x^2+4) + Bx^2 + Cx$. 令 $x=0$ 得 $A=1$, 代入有 $Bx^2 + Cx \equiv 4 - (x^2+4) \equiv -x^2$,也即 $Bx + C \equiv -x$,由此推出 $B=-1, C=0$.

这样,我们得到 $\frac{4}{x^3+4x} = \frac{1}{x} - \frac{x}{x^2+4}$, 于是

$$\int \frac{4\mathrm{d}x}{x^3+4x} = \ln|x| - \frac{1}{2}\ln(x^2+4) + C.$$

例 3 $\int \frac{x^3+x^2+2}{x(x^2+2)^2}\mathrm{d}x$.

被积函数的分母含有因子 $(x^2+2)^2$,另外有一个实单根 $x=0$,故可设

$$\frac{x^3+x^2+2}{x(x^2+2)^2}=\frac{A}{x}+\frac{Bx+C}{x^2+2}+\frac{B'x+C'}{(x^2+2)^2},$$

也即有

$$x^3+x^2+2=A(x^2+2)^2+(Bx+C)x(x^2+2)+B'x^2+C'x.$$

令 $x=0$ 得 $A=\dfrac{1}{2}$，这样

$$x^3+x^2+2-\frac{1}{2}(x^2+2)^2=(Bx+C)x(x^2+2)+B'x^2+C'x,$$

化简得 $\qquad x^2-x-\dfrac{1}{2}x^3=Bx^3+Cx^2+2Bx+B'x+2C+C'.$

比较两边的系数即得 $B=-\dfrac{1}{2}$，$C=1$，$B'=0$，$2C+C'=0$，也即 $C'=-2C=-2$。因此

$$\begin{aligned}
\int\frac{x^3+x^2+2}{x(x^2+2)^2}\mathrm{d}x &= \frac{1}{2}\int\frac{1}{x}\mathrm{d}x-\int\frac{\frac{1}{2}x-1}{x^2+2}\mathrm{d}x-\int\frac{2}{(x^2+2)^2}\mathrm{d}x\\
&=\frac{1}{2}\ln|x|-\frac{1}{4}\ln|x^2+2|\\
&\quad+\frac{1}{\sqrt{2}}\arctan\frac{x}{\sqrt{2}}-2\int\frac{\mathrm{d}x}{(x^2+2)^2}.
\end{aligned}$$

对于最后一个积分或者用已知的递推公式(上节例 6)，或者直接用分部积分求：

$$\begin{aligned}
\int\frac{\mathrm{d}x}{(x^2+2)^2} &= -\int\frac{1}{2x}\mathrm{d}\left(\frac{1}{x^2+2}\right)=-\frac{1}{2x(x^2+2)}-\frac{1}{2}\int\frac{\mathrm{d}x}{x^2(x^2+2)}\\
&=-\frac{1}{2x(x^2+2)}-\frac{1}{4}\int\left(\frac{1}{x^2}-\frac{1}{x^2+2}\right)\mathrm{d}x\\
&=-\frac{1}{2x(x^2+2)}+\frac{1}{4}\cdot\frac{1}{x}\\
&\quad+\frac{1}{4\sqrt{2}}\arctan\frac{x}{\sqrt{2}}+C.
\end{aligned}$$

总之，我们得到

$$\begin{aligned}
\int\frac{x^3+x^2+2}{x(x^2+2)^2}\mathrm{d}x &= \frac{1}{2}\ln|x|-\frac{1}{4}\ln|x^2+2|+\frac{1}{x(x^2+2)}\\
&\quad-\frac{1}{2x}+\frac{1}{2\sqrt{2}}\arctan\frac{x}{\sqrt{2}}+C.
\end{aligned}$$

2. 三角函数有理式的不定积分

下面我们讨论三角函数的有理式的不定积分. 所谓三角函数的有理式就是指对三角函数及常数函数进行有限次加、减、乘、除所得的表达式.

一般说来, 若 $R(x, y)$ 是 x 与 y 的有理式(也即 x, y 的两个多项式之商), 则称 $R(\sin x, \cos x)$ 是一个三角函数之有理式.

例如, $(\cos^2 x + \sin^5 x)/2\sin x$ 是三角函数之有理式, 而 $\sqrt{1 + \sin^2 x}$ 则不是, $\sin \frac{1}{2} x + \sin x$ 也不是.

对于三角函数有理式, 求不定积分的一般方法是作变量替换

$$t = \tan \frac{x}{2}.$$

这个变量替换俗称为**万能替换**, 因为它将三角函数有理式变为关于 t 的有理函数, 而后者总是可积的.

设 $R(x, y)$ 是关于 x, y 的有理式, 而我们要求的不定积分是

$$\int R(\sin x, \cos x) \mathrm{d}x.$$

因为 $\sin x = 2\sin \frac{x}{2} \cos \frac{x}{2} = 2\tan \frac{x}{2} \cdot \left(1 + \tan^2 \frac{x}{2}\right)^{-1}$, 故 $\sin x = 2t/(1 + t^2)$. 又因为 $\cos x = 2\cos^2 \frac{x}{2} - 1$, 故 $\cos x = (1 - t^2)/(1 + t^2)$. 而 $\mathrm{d}t = \frac{1}{2} \sec^2 \frac{x}{2} \mathrm{d}x$, 也即 $\mathrm{d}x = 2(1 + t^2)^{-1} \mathrm{d}t$. 这样, 在变量替换之后上述积分变成

$$\int R\left(\frac{2t}{1 + t^2}, \frac{1 - t^2}{1 + t^2}\right) \cdot \frac{2}{1 + t^2} \mathrm{d}t.$$

这时被积函数变成 t 的一个有理式, 而有理式我们是会积的.

例 4   求 $\displaystyle\int \frac{\cot x \mathrm{d}x}{\sin x + \cos x - 1}$.

解   令 $t = \tan \frac{x}{2}$, 则

$$\mathrm{d}x = \frac{2\mathrm{d}t}{1 + t^2}, \quad \sin x = \frac{2t}{1 + t^2}, \quad \cos x = \frac{1 - t^2}{1 + t^2}, \quad \cot x = \frac{1 - t^2}{2t},$$

$$\int \frac{\cot x \mathrm{d}x}{\sin x + \cos x - 1} = \int \frac{\dfrac{1 - t^2}{2t} \cdot \dfrac{2}{1 + t^2} \mathrm{d}t}{\dfrac{2t}{1 + t^2} + \dfrac{1 - t^2}{1 + t^2} - 1}$$

$$= \int \frac{1 + t}{2t^2} \mathrm{d}t = \frac{1}{2} \int \frac{1}{t^2} \mathrm{d}t + \frac{1}{2} \int \frac{1}{t} \mathrm{d}t$$

$$= -\frac{1}{2t} + \frac{1}{2}\ln|t| + C$$

$$= -\frac{\cos\dfrac{x}{2}}{2\sin\dfrac{x}{2}} + \frac{1}{2}\ln\left|\tan\frac{x}{2}\right| + C.$$

万能替换虽然对一般三角函数有理式总是适用的,但是有时比较麻烦.因此,在一个具体问题面前,如果可以用其他方法求出积分时,则不一定要用这种替换.如下面各例.

例 5 求 $\displaystyle\int\frac{\sin x\cos x}{1+\sin^2 x}\mathrm{d}x$.

解 此题中被积函数可写成 $f(\sin x)\cos x$ 的形式.这时很自然想到作变量替换 $t=\sin x$. 这时 $\mathrm{d}t=\cos x\mathrm{d}x$,并有

$$\int\frac{\sin x\cos x}{1+\sin^2 x}\mathrm{d}x = \int\frac{t\mathrm{d}t}{1+t^2} = \frac{1}{2}\ln(1+t^2) + C$$

$$= \frac{1}{2}\ln(1+\sin^2 x) + C.$$

例 6 求 $\displaystyle\int\frac{\cos x\mathrm{d}x}{\sin x+\cos x}$.

解 将被积函数的分母同除以 $\cos x$,并令 $t=\tan x$,则有

$$\int\frac{\cos x\mathrm{d}x}{\sin x+\cos x} = \int\frac{\mathrm{d}x}{1+\tan x} = \int\frac{1}{1+t}\cdot\frac{\mathrm{d}t}{1+t^2}$$

$$= \frac{1}{2}\int\left(\frac{1}{1+t} - \frac{t-1}{1+t^2}\right)\mathrm{d}t$$

$$= \frac{1}{2}\left[\ln|1+t| - \frac{1}{2}\ln(1+t^2) + \arctan t\right] + C$$

$$= \frac{1}{2}\left[\ln|1+\tan x| - \ln|\sec x| + x\right] + C$$

$$= \frac{1}{2}\left[\ln|\cos x+\sin x| + x\right] + C.$$

例 7 求 $\displaystyle\int\sin^4 x\cos^2 x\mathrm{d}x$.

解 注意到被积函数都是 $\sin x$ 及 $\cos x$ 的偶次方幂,我们可以利用倍角公式降低其方幂.于是我们有

$$\int\sin^4 x\cos^2 x\mathrm{d}x = \int\left(\frac{1-\cos 2x}{2}\right)^2\cdot\frac{1+\cos 2x}{2}\mathrm{d}x$$

$$= \frac{1}{8}\int(\cos^3 2x - \cos^2 2x - \cos 2x + 1)\mathrm{d}x$$

$$= \frac{1}{16}\int (1 - \sin^2 2x)\mathrm{d}\sin 2x - \frac{1}{8}\int \frac{1 + \cos 4x}{2}\mathrm{d}x$$

$$+ \frac{1}{8}\int (1 - \cos 2x)\mathrm{d}x$$

$$= \frac{1}{16}\Big(x - \frac{1}{3}\sin^3 2x - \frac{1}{4}\sin 4x \Big) + C.$$

3. 某些根式的不定积分

除了三角函数有理式之外,某些特殊形式的无理式的积分也能经过变量替换,使被积函数变成新变量的有理式,从而求出其积分.

设 $R(x,y)$ 为关于 x,y 的有理式,我们考虑不定积分

$$\int R(x,\sqrt[n]{ax + b})\mathrm{d}x \quad (a \neq 0),$$

其中 n 为自然数,这个积分的被积函数可以通过变换 $t = \sqrt[n]{ax+b}$ 而有理化,因为这时 $x = (t^n - b)/a$,因而

$$\mathrm{d}x = \frac{nt^{n-1}}{a}\mathrm{d}t.$$

于是 $$\int R(x,\sqrt[n]{ax + b})\mathrm{d}x = \int R\Big(\frac{t^n - b}{a},t \Big) \frac{nt^{n-1}}{a}\mathrm{d}t,$$

上式右端的被积函数是 t 的有理式.

例 8 求 $\displaystyle\int \frac{\mathrm{d}x}{3x + \sqrt[3]{3x + 2}}$.

解 令 $t = \sqrt[3]{3x+2}$,这时 $x = \frac{1}{3}(t^3 - 2)$,$\mathrm{d}x = t^2\mathrm{d}t$,并有

$$\int \frac{\mathrm{d}x}{3x + \sqrt[3]{3x + 2}} = \int \frac{t^2\mathrm{d}t}{t^3 + t - 2}.$$

这样积分变成一个关于 t 的有理式的积分. 由于

$$\frac{t^2}{t^3 + t - 2} = \frac{1}{4}\Big(\frac{1}{t - 1} + \frac{3t + 2}{t^2 + t + 2} \Big).$$

根据前面的公式,我们得到

$$\int \frac{t^2\mathrm{d}t}{t^3 + t - 2} = \frac{1}{4}\ln|t - 1| + \frac{3}{8}\ln(t^2 + t + 2)$$

$$+ \frac{1}{4\sqrt{7}}\arctan\frac{2t + 1}{\sqrt{7}} + C.$$

将 $t = \sqrt[3]{3x+2}$ 代入上式即得到最终结果:

$$\int \frac{\mathrm{d}x}{3x + \sqrt[3]{3x+2}} = \frac{1}{4}\ln | \sqrt[3]{3x+2} - 1 |$$

$$+ \frac{3}{8}\ln(\sqrt[3]{(3x+2)^2} + \sqrt[3]{3x+2} + 2)$$

$$+ \frac{1}{4\sqrt{7}}\arctan \frac{2\sqrt[3]{3x+2} + 1}{\sqrt{7}} + C.$$

更一般地,对于形如

$$\int R\left[x, \sqrt[n]{\frac{ax+b}{cx+d}}\right]\mathrm{d}x$$

的积分,类似于上面的方法,可通过变换 $t = \sqrt[n]{\frac{ax+b}{cx+d}}$ 将被积函数有理化.

例 9 求 $\int x\sqrt{\frac{x-1}{x+1}}\mathrm{d}x$.

解 令 $t = \sqrt{\frac{x-1}{x+1}}$,这时 $x = \frac{1+t^2}{1-t^2}$,$\mathrm{d}x = \frac{4t}{(1-t^2)^2}\mathrm{d}t$,并有

$$\int x\sqrt{\frac{x-1}{x+1}}\mathrm{d}x = \int \frac{1+t^2}{1-t^2} \cdot t \cdot \frac{4t}{(1-t^2)^2}\mathrm{d}t = \int \frac{4t^2(1+t^2)}{(1-t^2)^3}\mathrm{d}t.$$

这样积分变成了关于 t 的有理式的积分. 以下便可以按照已知的办法求出关于 t 的原函数,然后再以 $t = \sqrt{\frac{x-1}{x+1}}$ 代入即可.

求不定积分的方法还有许多,我们不能在这里一一介绍. 我们应指出,在计算机高度发展的今天,一些功能强大的数学软件包,不仅仅能进行各种数值计算,而且能进行某些逻辑符号演算,其中包括微分运算及求不定积分的演算.

但是,基本积分表,基本的换元法与分部积分法,以及有理化方法,对于初学者而言还应掌握,因为求不定积分是解微分方程和求定积分的基础,我们总不能对一些非常基本的积分也要查书或求助于计算机.

习 题 3.3

求下列不定积分:

1. $\int \frac{x-1}{x^2+6x+8}\mathrm{d}x$.

2. $\int \frac{3x^4+x^2+1}{x^2+x-6}\mathrm{d}x$.

3. $\int \frac{2x^2-5}{x^4-5x^2+6}\mathrm{d}x$.

4. $\int \frac{\mathrm{d}x}{(x-1)^2(x-2)}$.

5. $\int \dfrac{x^2}{1-x^4}\mathrm{d}x.$

6. $\int \dfrac{\mathrm{d}x}{x^3+1}.$

7. $\int \dfrac{1}{1+x^4}\mathrm{d}x.$

8. $\int \dfrac{x^3+x^2+2}{(x^2+2)^2}\mathrm{d}x.$

9. $\int \dfrac{\mathrm{e}^x\mathrm{d}x}{\mathrm{e}^{2x}+3\mathrm{e}^x+2}.$

10. $\int \dfrac{\cos x\mathrm{d}x}{\sin^2 x+\sin x-6}.$

11. $\int \dfrac{x^3\mathrm{d}x}{x^4+x^2+2}.$

12. $\int \dfrac{\mathrm{d}x}{(x+2)(x^2-2x+2)}.$

13. $\int \dfrac{\mathrm{d}x}{2+\sin x}.$

14. $\int \dfrac{\mathrm{d}x}{1+\sin x+\cos x}.$

15. $\int \cot^4 x\mathrm{d}x.$

16. $\int \sec^4 x\mathrm{d}x.$

17. $\int \dfrac{\cos x\mathrm{d}x}{5-3\cos x}.$

18. $\int \dfrac{\cos^3 x\mathrm{d}x}{\sin x+\cos x}.$

19. $\int \sin^5 x\cos^2 x\mathrm{d}x.$

20. $\int \sin^6 x\mathrm{d}x.$

21. $\int \sin^2 x\cos^4 x\mathrm{d}x.$

22. $\int \dfrac{\mathrm{d}x}{\sin x+2\cos x}.$

23. $\int \dfrac{\sin x\cos x}{\sin^2 x+\cos^4 x}\mathrm{d}x.$

24. $\int \dfrac{\mathrm{d}x}{\sin^4 x}.$

25. $\int \sqrt{\dfrac{1-x}{1+x}}\mathrm{d}x.$

26. $\int \dfrac{1-\sqrt{x-1}}{1+\sqrt[3]{x-1}}\mathrm{d}x.$

27. $\int \dfrac{\sqrt{x+1}+\sqrt{x-1}}{\sqrt{x+1}-\sqrt{x-1}}\mathrm{d}x.$

28. $\int \dfrac{\mathrm{d}x}{\sqrt[3]{(x+1)^2(x-1)^4}}.$

29. $\int \dfrac{x\mathrm{d}x}{\sqrt{x^2-x+3}}.$

30. $\int \dfrac{x}{(1+x^{\frac{1}{3}})^{1/2}}\mathrm{d}x.$

31. $\int \dfrac{\sqrt{x}}{\sqrt[4]{x^3}+1}\mathrm{d}x.$

32. $\int \dfrac{2x+3}{\sqrt{x^2+x}}\mathrm{d}x.$

33. $\int \dfrac{2+x}{\sqrt{4x^2-4x+5}}\mathrm{d}x.$

34. $\int \sqrt{5-2x+x^2}\mathrm{d}x.$

§4　定积分的分部积分法则与换元积分法则

牛顿-莱布尼茨公式建立了定积分与原函数之间的联系:

$$\int_a^b f(x)\mathrm{d}x = F(x)\Big|_a^b,$$

其中 $F(x)$ 是 $f(x)$ 的一个原函数.因此从原则上说,只要求出被积函数的一个原函数,即可算出定积分的值.但是,求出原函数有时并非易事,甚至不可能.因此,我们有必要直接讨论有关定积分计算的一些基本法则.

1. 定积分的分部积分公式

不定积分的分部积分公式是

$$\int uv'\mathrm{d}x = uv - \int vu'\mathrm{d}x.$$

由此及牛顿-莱布尼茨公式立即推出定积分的分部积分法则：

定理 1 设 $u(x)$ 及 $v(x)$ 在 $[a,b]$ 上可导且其导函数在 $[a,b]$ 上连续,则我们有

$$\int_a^b u(x)v'(x)\mathrm{d}x = u(x)v(x)\Big|_a^b - \int_a^b v(x)u'(x)\mathrm{d}x.$$

定积分的分部积分公式也可以写成下列形式：

$$\int_a^b u(x)\mathrm{d}v(x) = u(x)v(x)\Big|_a^b - \int_a^b v(x)\mathrm{d}u(x).$$

例 1 求定积分 $\int_1^2 x\ln x\mathrm{d}x$.

解 我们将所求定积分写成下列形式：

$$\int_1^2 x\ln x\mathrm{d}x = \frac{1}{2}\int_1^2 \ln x\mathrm{d}x^2.$$

由分部积分公式得,

$$\int_1^2 x\ln x\mathrm{d}x = \frac{1}{2}x^2\ln x\Big|_1^2 - \frac{1}{2}\int_1^2 x^2\mathrm{d}\ln x = 2\ln 2 - \frac{1}{2}\int_1^2 x\mathrm{d}x$$

$$= 2\ln 2 - \frac{1}{4}x^2\Big|_1^2 = 2\ln 2 - \frac{3}{4}.$$

这个例题当然也可以先用不定积分的分部积分法求得原函数：

$$\int x\ln x\mathrm{d}x = \frac{1}{2}x^2\ln x - \frac{1}{4}x^2 + C.$$

然后再用牛顿-莱布尼茨公式：

$$\int_1^2 x\ln x\mathrm{d}x = \left(\frac{1}{2}x^2\ln x - \frac{1}{4}x^2\right)\Big|_1^2 = 2\ln 2 - \frac{3}{4}.$$

这两种方法本质上是一样的,但前者似乎较简捷.

利用定积分的分部积分法则有时不能一步得出结果,但它可能导出某种递推公式,从而推出所求的积分值,下面是一个典型的例子.

例 2 求定积分

$$I_n = \int_0^{\frac{\pi}{2}} \sin^n x\mathrm{d}x, \quad n \geqslant 2.$$

解 将 I_n 写成

$$I_n = -\int_0^{\frac{\pi}{2}} \sin^{n-1}x \mathrm{d}\cos x,$$

由分部积分公式得

$$I_n = -\left.(\sin^{n-1}x\cos x)\right|_0^{\frac{\pi}{2}} + \int_0^{\frac{\pi}{2}}\cos x \mathrm{d}(\sin^{n-1}x)$$

$$= (n-1)\int_0^{\frac{\pi}{2}}\sin^{n-2}x\cos^2 x\mathrm{d}x$$

$$= (n-1)\int_0^{\frac{\pi}{2}}\sin^{n-2}x(1-\sin^2 x)\mathrm{d}x$$

$$= (n-1)I_{n-2} - (n-1)I_n.$$

这样,我们得递推公式

$$I_n = \frac{n-1}{n}I_{n-2}.$$

每用一次这个递推公式,I_n 的下标就减少 2,故最后可能达到 I_0 或 I_1,依照 n 的奇偶而定:

$$I_{2k} = \frac{2k-1}{2k} \cdot \frac{2k-3}{2k-2} \cdot \cdots \cdot \frac{1}{2}I_0,$$

$$I_{2k+1} = \frac{2k}{2k+1} \cdot \frac{2k-2}{2k-1} \cdot \cdots \cdot \frac{2}{3}I_1,$$

其中

$$I_0 = \int_0^{\frac{\pi}{2}}(\sin x)^0\mathrm{d}x = \frac{\pi}{2}, \quad I_1 = \int_0^{\frac{\pi}{2}}\sin x\mathrm{d}x = 1.$$

上面的结果可简写成

$$\int_0^{\frac{\pi}{2}}\sin^{2k}x\mathrm{d}x = \frac{(2k-1)!!}{(2k)!!} \cdot \frac{\pi}{2}, \quad k = 1,2,\cdots;$$

$$\int_0^{\frac{\pi}{2}}\sin^{2k+1}x\mathrm{d}x = \frac{(2k)!!}{(2k+1)!!}, \quad k = 0,1,2,\cdots,$$

其中 $n!!$ 表示不超过 n 的"二进阶乘",如

$$8!! = 8 \cdot 6 \cdot 4 \cdot 2, \quad 7!! = 7 \cdot 5 \cdot 3 \cdot 1.$$

例 2 中讨论的定积分今后在应用中要用到.

2. 定积分的换元积分法则

设已知 $F(x)$ 是 $f(x)$ 的一个原函数,又假定函数 $x = \varphi(t)$ 在区间 $[\alpha,\beta]$ 上有连续的导函数并且使得 $F[\varphi(t)]$ 是有意义的,那么 $F[\varphi(t)]$ 则是

$f[\varphi(t)]\varphi'(t)$ 的一个原函数,于是由微积分基本定理可知

$$\int_\alpha^\beta f[\varphi(t)]\varphi'(t)\mathrm{d}t = F[\varphi(t)]\Big|_\alpha^\beta = F[\varphi(\beta)] - F[\varphi(\alpha)].$$

又若令 $a = \varphi(\alpha)$,$b = \varphi(\beta)$,则有

$$F(\varphi(\beta)) - F(\varphi(\alpha)) = F(b) - F(a) = \int_a^b f(x)\mathrm{d}x.$$

这样,我们得到

$$\int_a^b f(x)\mathrm{d}x = \int_\alpha^\beta f[\varphi(t)]\varphi'(t)\mathrm{d}t,$$

其中 $a = \varphi(\alpha)$,$b = \varphi(\beta)$.

上述讨论实际上证明了下述定理:

定理 2 设 $f(x)$ 在 $[A,B]$ 上连续,又设 $\varphi(t)$ 在 $[\alpha,\beta]$ 上有连续的导函数,且当 t 在 $[\alpha,\beta]$ 中变动时 $\varphi(t)$ 在 $[A,B]$ 内变动.假定

$$\varphi(\alpha) = a, \quad \varphi(\beta) = b, \quad a,b \in [A,B],$$

则

$$\int_a^b f(x)\mathrm{d}x = \int_\alpha^\beta f(\varphi(t))\varphi'(t)\mathrm{d}t.$$

这里我们指出:利用这个公式求定积分时并不要求 φ 有反函数,这一点和求不定积分的换元法有所不同.在求不定积分时,如果将积分变量 x 通过 $x=\varphi(t)$ 而换成 t,在求出关于 t 的原函数后,还应该将 t 反解为 x 的函数(因为我们要求的是关于 x 的原函数).但是在求定积分时这一步可以不要了,而只需相应地改变其积分上下限就成了.因此,在定积分的换元法则中,可以不要求 φ 有反函数.

对于初学者来说,正确地写出换元后的积分上下限是十分重要的.当所作变换为 $x=\varphi(t)$ 时,t 的下限 α 应与 x 的下限 a 对应,也即 $a=\varphi(\alpha)$. t 的上限 β 应与 x 的上限 b 对应,也即 $b=\varphi(\beta)$.也就是说,在应用上述公式时,只需考虑上下限的对应关系:$a=\varphi(\alpha)$,$b=\varphi(\beta)$,而无须考虑 α,β 中谁大谁小.这是因为这个定理证明的基础是牛顿-莱布尼茨公式,而这一公式并不限定上限大于下限.

例 3 求定积分

$$\int_0^1 \frac{\sqrt{x}}{1+\sqrt{x}}\mathrm{d}x.$$

解 令 $\sqrt{x}=t$.这时 $x=t^2(t\geqslant 0)$,$\mathrm{d}x=2t\mathrm{d}t$,又 $t=0,1$ 分别与 $x=0,1$ 对应,故有

$$\int_0^1 \frac{\sqrt{x}}{1+\sqrt{x}}dx = \int_0^1 \frac{2t^2dt}{1+t} = 2\int_0^1 \left(t-1+\frac{1}{t+1}\right)dt$$

$$= 2\left[\frac{t^2}{2}-t+\ln(1+t)\right]\Big|_0^1 = 2\ln 2 - 1.$$

在这个题目中,相当于定理中的 $\varphi(t)=t^2, a=0, b=1$. 作换元后积分下限 α 应满足 $\varphi(\alpha)=0$,因此 $\alpha=0$,而上限 β 应满足 $\varphi(\beta)=1$. 这时 β 可取 1 或 -1,但是在上述变换中令 $t=\sqrt{x}$,因此 t 应该取非负值,故 -1 不合要求.

例 4   计算椭圆(见图 3.3)

$$\frac{x^2}{a^2} + \frac{y^2}{b^2} \leqslant 1 \quad (a>0, b>0)$$

的面积 S.

解   显然,所要求的面积可以写成定积分

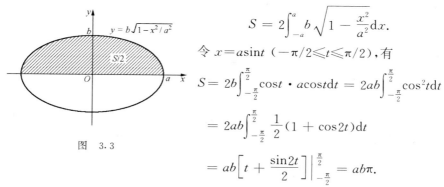

$$S = 2\int_{-a}^a b\sqrt{1-\frac{x^2}{a^2}}dx.$$

令 $x=a\sin t\ (-\pi/2 \leqslant t \leqslant \pi/2)$,有

$$S = 2b\int_{-\frac{\pi}{2}}^{\frac{\pi}{2}} \cos t \cdot a\cos t\,dt = 2ab\int_{-\frac{\pi}{2}}^{\frac{\pi}{2}} \cos^2 t\,dt$$

$$= 2ab\int_{-\frac{\pi}{2}}^{\frac{\pi}{2}} \frac{1}{2}(1+\cos 2t)dt$$

$$= ab\left[t+\frac{\sin 2t}{2}\right]\Big|_{-\frac{\pi}{2}}^{\frac{\pi}{2}} = ab\pi.$$

图   3.3

例 4 证明了椭圆的面积公式

$$S = ab\pi.$$

这表明椭圆的面积等于两个半轴之积再乘以 π. 当椭圆的两个半轴相等时,椭圆就化成圆,而这时上述公式恰好就是圆面积公式.

例 5   证明 $\displaystyle\int_0^{\frac{\pi}{2}} \cos^n x\,dx = \int_0^{\frac{\pi}{2}} \sin^n x\,dx.$

证   令 $x=\pi/2-t\ (0 \leqslant t \leqslant \pi/2)$,有

$$\int_0^{\frac{\pi}{2}} \cos^n x\,dx = \int_{\frac{\pi}{2}}^0 \sin^n t \cdot (-dt) = \int_0^{\frac{\pi}{2}} \sin^n t\,dt = \int_0^{\frac{\pi}{2}} \sin^n x\,dx.$$

由例 5 可知,例 2 中关于积分 $\displaystyle\int_0^{\frac{\pi}{2}} \sin^n x\,dx$ 的记号及递推公式,对于积分

$\int_0^{\frac{\pi}{2}} \cos^n x \mathrm{d}x$ 也适用.

例 6　求 $\int_0^a x^4 \sqrt{a^2 - x^2} \mathrm{d}x$.

解　令 $x = a\cos t$ $(0 \leqslant t \leqslant \pi/2)$,注意 $t = 0$ 时 $x = a$,$t = \pi/2$ 时 $x = 0$,根据上、下限的对应原则,当积分变量换成 t 后,积分上限为 0,而下限为 $\pi/2$(注意:这里下限比上限大). 故有

$$\int_0^a x^4 \sqrt{a^2 - x^2} \mathrm{d}x = \int_{\frac{\pi}{2}}^0 a^4 \cos^4 t \cdot a\sin t \cdot (-a\sin t) \mathrm{d}t$$

$$= a^6 \int_0^{\frac{\pi}{2}} \cos^4 t (1 - \cos^2 t) \mathrm{d}t = a^6 (I_4 - I_6) = \frac{\pi}{32} a^6.$$

这里用到了 $I_n = \int_0^{\frac{\pi}{2}} \sin^n x \mathrm{d}x = \int_0^{\frac{\pi}{2}} \cos^n x \mathrm{d}x$ 的递推公式.

作适当的变量变换往往成为某些定积分计算的关键. 下面就是一个有趣的例子. 但该例技巧性很强,没有一般意义.

例 7　求 $\int_{-\frac{\pi}{2}}^{\frac{\pi}{2}} \frac{\sin^2 x}{1 + \mathrm{e}^x} \mathrm{d}x$.

解　首先,将积分作如下变形:

$$\int_{-\frac{\pi}{2}}^{\frac{\pi}{2}} \frac{\sin^2 x}{1 + \mathrm{e}^x} \mathrm{d}x = \int_{-\frac{\pi}{2}}^0 \frac{\sin^2 x}{1 + \mathrm{e}^x} \mathrm{d}x + \int_0^{\frac{\pi}{2}} \frac{\sin^2 x}{1 + \mathrm{e}^x} \mathrm{d}x.$$

对等式右端第一项积分作变量替换 $x = -t$,我们有

$$\int_{-\frac{\pi}{2}}^0 \frac{\sin^2 x}{1 + \mathrm{e}^x} \mathrm{d}x = -\int_{\frac{\pi}{2}}^0 \frac{\sin^2 t}{1 + \mathrm{e}^{-t}} \mathrm{d}t = \int_0^{\frac{\pi}{2}} \frac{\mathrm{e}^t}{1 + \mathrm{e}^t} \sin^2 t \mathrm{d}t$$

$$= \int_0^{\frac{\pi}{2}} \frac{\mathrm{e}^x}{1 + \mathrm{e}^x} \sin^2 x \mathrm{d}x,$$

于是,我们得到

$$\int_{-\frac{\pi}{2}}^{\frac{\pi}{2}} \frac{\sin^2 t}{1 + \mathrm{e}^t} \mathrm{d}t = \int_0^{\frac{\pi}{2}} \left(\frac{1}{1 + \mathrm{e}^x} + \frac{\mathrm{e}^x}{1 + \mathrm{e}^x} \right) \sin^2 x \mathrm{d}x$$

$$= \int_0^{\frac{\pi}{2}} \sin^2 x \mathrm{d}x = I_2 = \frac{\pi}{4}.$$

3. 偶函数、奇函数及周期函数的定积分

现在我们通过定积分的换元法则导出奇函数、偶函数及周期函数的定积分的一些特殊性质. 为此, 先回顾一下这些函数的定义.

一个定义在对称区间 $[-a,a]$ 上的函数 f 若满足

$$f(x)=f(-x), \quad \forall\ x\in[-a,a],$$

则称之为**偶函数**; 若 f 满足

$$f(x)=-f(-x), \quad \forall\ x\in[-a,a],$$

则称之为**奇函数**. 大家熟知的余弦函数 $\cos x$ 是偶函数, 而正弦函数 $\sin x$ 是奇函数. 从函数的图形看, 偶函数关于 y 轴对称, 而奇函数关于坐标原点对称.

命题 1   设 f 为 $[-a,a]$ 上的偶函数, 而 g 为 $[-a,a]$ 上的奇函数, 并假定它们都是可积的. 则有

$$\int_{-a}^{a}f(x)\mathrm{d}x = 2\int_{0}^{a}f(x)\mathrm{d}x, \quad \int_{-a}^{a}g(x)\mathrm{d}x = 0.$$

这个结论的几何意义是十分明显的(见图 3.4 与图 3.5).

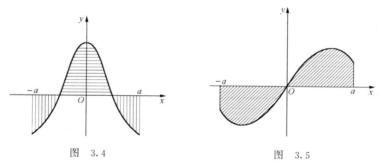

图   3.4   图   3.5

证明是容易的. 事实上,

$$\int_{-a}^{a}f(x)\mathrm{d}x = \int_{0}^{a}f(x)\mathrm{d}x + \int_{-a}^{0}f(x)\mathrm{d}x.$$

因为 f 是偶函数, $f(-x)=f(x)$, 故对上式右端第二个积分作变量替换 $x=-t$ 后有

$$\int_{-a}^{0}f(x)\mathrm{d}x = \int_{a}^{0}f(-t)\mathrm{d}(-t) = \int_{0}^{a}f(-t)\mathrm{d}t = \int_{0}^{a}f(t)\mathrm{d}t.$$

于是, 我们得到

$$\int_{-a}^{a}f(x)\mathrm{d}x = 2\int_{0}^{a}f(x)\mathrm{d}x.$$

注意到 $g(x)=-g(-x)$，对 $g(x)$ 重复上述步骤并注意

$$\int_{-a}^{0}g(x)\mathrm{d}x=-\int_{-a}^{0}g(-t)\mathrm{d}t=-\int_{0}^{a}g(t)\mathrm{d}t$$

$$=-\int_{0}^{a}g(x)\mathrm{d}x,$$

于是 $\int_{-a}^{a}g(x)\mathrm{d}x=0$．证毕．

这个命题告诉了我们下述结论：

在以原点为中心的对称区间上对奇函数积分，其积分值为零；在这样的区间上对偶函数积分，其积分值等于在右半区间上的积分值的两倍．

利用这一结论在计算某些定积分时可简化计算．

例 8　计算 $\int_{-\frac{\pi}{2}}^{\frac{\pi}{2}}\cos^5x\mathrm{d}x$．

解　注意到 $\cos^5x$ 为偶函数，我们有

$$\int_{-\frac{\pi}{2}}^{\frac{\pi}{2}}\cos^5x\mathrm{d}x=2\int_{0}^{\frac{\pi}{2}}\cos^5x\mathrm{d}x=\frac{16}{15}.$$

设 $y=f(x)$ 在 $(-\infty,+\infty)$ 内有定义．若存在一个数 $T\neq0$，使得对一切 $x\in(-\infty,+\infty)$ 都有

$$f(x+T)=f(x),$$

则称 $f(x)$ 是一个**周期函数**，而 T 称做 f 的**周期**．

若 $f(x)$ 是一个以 T 为周期的周期函数，则对任意整数 $n\neq0,nT$ 也是 f 的一个周期．可见，一个周期函数总有无穷多个周期．假若周期函数的周期中有最小的正周期，则称之为最小周期．例如，$\sin x$ 以 2π 为其最小周期．但是，并非周期函数总有最小正周期．比如，狄利克雷函数 $D(x)$ 以任意正的有理数为其周期，而正的有理数集合无最小元素．

顺便指出，周期函数 $y=f(x)$ 可以不要求在整个数轴有定义，而只要其在定义域 X 满足下列条件即可：

$$\forall x\in X\Longrightarrow x+T\in X,$$

其中 T 是 f 的周期．为了方便，今后我们总假定周期函数在整个数轴上有定义．

命题 2　设 $f(x)$ 是实轴上的连续函数，并且以 T 为周期，则对于任意的实数 a，下列公式成立：

$$\int_{0}^{T}f(x)\mathrm{d}x=\int_{a}^{a+T}f(x)\mathrm{d}x.$$

图 3.6 帮助我们理解这个命题. 为证明上式只要证明该函数从 0 到 a 的积分等于它从 T 到 $T+a$ 的积分就成了,也即只要证明 $\int_0^a f(x)\mathrm{d}x = \int_T^{a+T} f(x)\mathrm{d}x$（见图 3.6）.

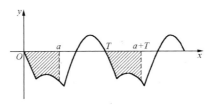

图   3.6

证   我们先将积分分作两段:

$$\int_a^{a+T} f(x)\mathrm{d}x = \int_a^T f(x)\mathrm{d}x + \int_T^{T+a} f(x)\mathrm{d}x.$$

对于等式右端第二个积分作变量替换 $t=x-T$,我们得到

$$\int_T^{T+a} f(x)\mathrm{d}x = \int_0^a f(t+T)\mathrm{d}t = \int_0^a f(t)\mathrm{d}t.$$

这里我们用到了函数的周期性. 于是

$$\int_a^{a+T} f(x)\mathrm{d}x = \int_a^T f(x)\mathrm{d}x + \int_0^a f(t)\mathrm{d}t$$

$$= \int_0^T f(x)\mathrm{d}x.$$

证毕.

这个命题告诉我们: 对于以 T 为周期的函数,在任意一个长度为 T 的区间上积分,其积分值都相等.

例 9   求 $\int_0^n (x-[x])\mathrm{d}x$,其中 n 为正整数,而 $[x]$ 为不超过 x 的最大整数.

解   显然,被积函数 $x-[x]$ 是以 1 为周期的函数. 根据命题 2,我们有

$$\int_0^n (x - [x])\mathrm{d}x = n\int_0^1 (x - [x])\mathrm{d}x.$$

注意到当 $0\leqslant x<1$ 时, $[x]=0$,于是我们得到

$$\int_0^n (x - [x])\mathrm{d}x = n\int_0^1 x\mathrm{d}x = \frac{n}{2}.$$

习 题 3.4

求下列各定积分：

1. $\displaystyle\int_{-1}^{1}\frac{x\,\mathrm{d}x}{\sqrt{5-4x}}$.

2. $\displaystyle\int_{0}^{\ln 2}x\mathrm{e}^{-x}\mathrm{d}x$.

3. $\displaystyle\int_{0}^{1}x^2\sqrt{1-x^2}\,\mathrm{d}x$.

4. $\displaystyle\int_{0}^{\pi}x\sin x\,\mathrm{d}x$.

5. $\displaystyle\int_{0}^{4}\sqrt{x^2+9}\,\mathrm{d}x$.

6. $\displaystyle\int_{0}^{\frac{1}{2}}\frac{x^2}{\sqrt{1-x^2}}\mathrm{d}x$.

7. $\displaystyle\int_{0}^{1}\sqrt{4-x^2}\,\mathrm{d}x$.

8. $\displaystyle\int_{0}^{3}x\sqrt[3]{1-x^2}\,\mathrm{d}x$.

9. $\displaystyle\int_{-\frac{\pi}{2}}^{\frac{\pi}{2}}\sqrt{\cos x-\cos^3 x}\,\mathrm{d}x$.

10. $\displaystyle\int_{0}^{\frac{\pi}{2}}\cos^n 2x\,\mathrm{d}x$（$n$ 为正整数）.

11. $\displaystyle\int_{0}^{a}(a^2-x^2)^{\frac{n}{2}}\mathrm{d}x$.

12. $\displaystyle\int_{0}^{\frac{\pi}{2}}\sin^{11}x\,\mathrm{d}x$.

13. $\displaystyle\int_{0}^{\pi}\sin^6\frac{x}{2}\,\mathrm{d}x$.

14. $\displaystyle\int_{0}^{\pi}(x\sin x)^2\,\mathrm{d}x$.

15. $\displaystyle\int_{0}^{\frac{\pi}{4}}\mathrm{tg}^4 x\,\mathrm{d}x$.

16. $\displaystyle\int_{0}^{1}\arcsin x\,\mathrm{d}x$.

17. $\displaystyle\int_{0}^{\pi}\ln(x+\sqrt{x^2+a^2})\,\mathrm{d}x$.

18. 设 $f(x)$ 在 $[a,b]$ 上连续，证明

$$\int_{a}^{b}f(x)\mathrm{d}x = (b-a)\int_{0}^{1}f[a+(b-a)x]\mathrm{d}x.$$

19. 证明：$\displaystyle\int_{0}^{a}x^3 f(x^2)\mathrm{d}x = \frac{1}{2}\int_{0}^{a^2}xf(x)\mathrm{d}x$.

20. 证明：$\displaystyle\int_{0}^{1}x^m(1-x)^n\mathrm{d}x = \int_{0}^{1}x^n(1-x)^m\mathrm{d}x$.

21. 利用分部积分公式证明：若 $f(x)$ 连续，则

$$\int_{0}^{x}\left[\int_{0}^{t}f(x)\mathrm{d}x\right]\mathrm{d}t = \int_{0}^{x}f(t)\cdot(x-t)\mathrm{d}t.$$

22. 利用换元积分法证明：

$$\int_{0}^{\pi}xf(\sin x)\mathrm{d}x = \pi\int_{0}^{\frac{\pi}{2}}f(\sin x)\mathrm{d}x.$$

23. 利用上题结果，求

$$\int_{0}^{\pi}\frac{x\sin x}{1+\cos^2 x}\mathrm{d}x.$$

24. 设函数 $f(x)$ 在 $(-\infty,+\infty)$ 上连续，以 T 为周期，证明：

（1）函数

$$F(x) = \frac{x}{T}\int_{0}^{T}f(t)\mathrm{d}t - \int_{0}^{x}f(t)\mathrm{d}t$$

也以 T 为周期；

(2) $\lim\limits_{x \to +\infty} \dfrac{1}{x} \int_0^x f(t)\mathrm{d}t = \dfrac{1}{T} \int_0^T f(t)\mathrm{d}t.$

25. 设 $f(x)$ 是以 T 为周期的连续函数，$f(x_0) \neq 0$，且 $\int_0^T f(x)\mathrm{d}x = 0$，证明：$f(x)$ 在区间 (x_0, x_0+T) 内至少有两个根.

26. 求定积分

$$\int_0^{2m\pi} \frac{\mathrm{d}x}{\sin^4 x + \cos^4 x},$$

其中 m 为正整数.

§5   定积分的若干应用

除了我们所熟知的利用定积分来计算曲边形的面积、变力做功之外，定积分还有许多其他应用.

1. 曲线弧长的计算

设平面上给定一条曲线弧 $\overset{\frown}{AB}$. 它的参数方程为

图   3.7

$$\begin{cases} x = x(t), \\ y = y(t), \end{cases} \quad \alpha \leqslant t \leqslant \beta.$$

当 $t = \alpha$ 时对应于端点 A，$t = \beta$ 时对应于端点 B（见图 3.7）.

我们假定函数 $x(t)$ 及 $y(t)$ 有连续的导函数 $x'(t)$ 及 $y'(t)$. 这时曲线的切线连续变动. 通常把满足这种条件的曲线称为**光滑曲线**. 光滑曲线总是可以计算弧长的.

我们将 $[\alpha, \beta]$ 分成 n 份：

$$\alpha = t_0 < t_1 < \cdots < t_n = \beta,$$

那么在 $\overset{\frown}{AB}$ 上也即有相应的点：$M_i = (x(t_i), y(t_i))$，$i = 0, 1, \cdots, n$. 记 Δs_i 为弧 $\overset{\frown}{M_{i-1}M_i}$ 的长度. 当分点充分密时 Δs_i 近似于弦 $\overline{M_{i-1}M_i}$ 的长度：

$$\Delta s_i \approx \sqrt{[x(t_i) - x(t_{i-1})]^2 + [y(t_i) - y(t_{i-1})]^2}.$$

而当 t_{i-1} 与 t_i 充分接近时，有

$$x(t_i) - x(t_{i-1}) \approx x'(t_{i-1})(t_i - t_{i-1}),$$
$$y(t_i) - y(t_{i-1}) \approx y'(t_{i-1})(t_i - t_{i-1}).$$

故
$$\Delta s_i \approx \sqrt{[x'(t_{i-1})]^2 + [y'(t_{i-1})]^2}\, \Delta t_i,$$

其中 $\Delta t_i = t_i - t_{i-1}$. 令 $\lambda = \max\{\Delta t_i\colon 1 \leqslant i \leqslant n\}$. 那么当 $\lambda \to 0$ 时，$\overparen{AB}$ 上的分点所形成的弦 $\{\overline{M_{i-1}M_i}\}$ $(i=1,2,\cdots,n)$ 的最长者也趋于零. 这样我们有理由将 $\overparen{AB}$ 的弧长 s 看做下列极限：

$$\lim_{\lambda \to 0} \sum_{i=1}^{n} \sqrt{[x'(t_{i-1})]^2 + [y'(t_{i-1})]^2}\, \Delta t_i,$$

也即

$$s = \int_{\alpha}^{\beta} \sqrt{[x'(t)]^2 + [y'(t)]^2}\, dt.$$

当曲线不是由参数方程给出，而是由 $y=f(x)$ $(a \leqslant x \leqslant b)$ 给出时，x 本身可以替代上述的 t 作为参数：

$$\begin{cases} x=t, \\ y=f(t), \end{cases} \quad a \leqslant t \leqslant b.$$

这样，其弧长公式应为

$$s = \int_{a}^{b} \sqrt{1 + [f'(x)]^2}\, dx.$$

当曲线由极坐标方程

$$r = r(\theta) \quad (\alpha \leqslant \theta \leqslant \beta)$$

给出时，可将 θ 作为参数而得参数方程

$$\begin{cases} x(\theta) = r(\theta)\cos\theta, \\ y(\theta) = r(\theta)\sin\theta, \end{cases} \quad \alpha \leqslant \theta \leqslant \beta.$$

这时

$$\begin{cases} x'(\theta) = r'(\theta)\cos\theta - r(\theta)\sin\theta, \\ y'(\theta) = r'(\theta)\sin\theta + r(\theta)\cos\theta, \end{cases}$$

由此可算出

$$x'^2(\theta) + y'^2(\theta) = r^2(\theta) + r'^2(\theta).$$

于是弧长公式是

$$s = \int_{\alpha}^{\beta} \sqrt{r^2(\theta) + r'^2(\theta)}\, d\theta.$$

当曲线弧 $\overparen{AB}$ 由参数方程表出时，起点 A 至点 $(x(t), y(t))$ 的弧长为 t 的函数

$$s(t) = \int_{\alpha}^{t} \sqrt{[x'(t)]^2 + [y'(t)]^2}\, dt,$$

这时 $s(t)$ 对 t 的导数为

$$\frac{\mathrm{d}s}{\mathrm{d}t} = \sqrt{[x'(t)]^2 + [y'(t)]^2},$$

其微分为

$$\mathrm{d}s = \sqrt{[x'(t)]^2 + [y'(t)]^2}\,\mathrm{d}t.$$

这就是所谓参数方程下的**弧微分**.

当曲线由函数 $y = f(x)$ 给出时,其弧微分是

$$\mathrm{d}s = \sqrt{1 + [f'(x)]^2}\mathrm{d}x.$$

当曲线由极坐标方程 $r = r(\theta)$ 给出时,其弧微分是

$$\mathrm{d}s = \sqrt{r^2(\theta) + r'^2(\theta)}\mathrm{d}\theta.$$

思考题　请给出这个弧微分公式以几何解释.

例1　设想在 Oxy 平面上有一个半径为 R 的圆盘,在其边缘上固定一点 A. 设开始时 A 点与坐标原点重合,且圆盘与 x 轴相切于该点,当圆盘沿 x 轴滚动时,A 的轨迹称为旋轮线(见图 3.8).求这条旋轮线的第一拱(自开始至 A 再次遇到 x 轴)的弧长.

解　很容易看出旋轮线的方程为

$$\begin{cases} x = R(\theta - \sin\theta), \\ y = R(1 - \cos\theta), \end{cases}$$

其中参数 θ 的几何意义如图 3.8 所示,第一拱所对应的参数范围应为 $0 \leqslant \theta \leqslant 2\pi$,因此所求的弧长应为

$$s = \int_0^{2\pi} \sqrt{R^2(1 - \cos\theta)^2 + R^2\sin^2\theta}\,\mathrm{d}\theta$$

$$= R\int_0^{2\pi} \sqrt{2(1 - \cos\theta)}\,\mathrm{d}\theta = 2R\int_0^{2\pi} \left| \sin\frac{\theta}{2} \right|\mathrm{d}\theta.$$

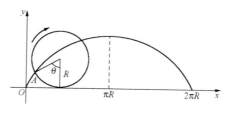

图　3.8

注意当 θ 自 0 变到 2π 时 $\sin\dfrac{\theta}{2} \geqslant 0$,故

$$s = 2R \int_0^{2\pi} \sin \frac{\theta}{2} \mathrm{d}\theta = 4R \int_0^\pi \sin t \mathrm{d}t = 8R.$$

例 2 求椭圆周

$$\frac{x^2}{a^2} + \frac{y^2}{b^2} = 1 \quad (\text{其中 } a \geqslant b > 0)$$

的弧长.

解 椭圆周落在第一、二象限的部分可用下列函数表示

$$y = \frac{b}{a} \sqrt{a^2 - x^2} \quad (-a \leqslant x \leqslant a).$$

这时弧微分应为

$$\mathrm{d}s = \sqrt{1 + (y')^2} \mathrm{d}x = \sqrt{1 + \frac{\frac{b^2}{a^2} x^2}{a^2 - x^2}} \mathrm{d}x = \sqrt{\frac{a^2 + \left(\frac{b^2}{a^2} - 1 \right) x^2}{a^2 - x^2}} \mathrm{d}x.$$

故整个椭圆之弧长应为

$$s = 2 \int_{-a}^{a} \sqrt{\frac{a^2 + cx^2}{a^2 - x^2}} \mathrm{d}x \quad \left(c = \frac{b^2}{a^2} - 1 \right).$$

当 $a = b$ 时椭圆退化为圆,这时 $c = 0$,$a = b$ 是圆的半径,并有

$$s = 2 \int_{-a}^{a} \frac{a \mathrm{d}x}{\sqrt{a^2 - x^2}} = 2a \int_{-a}^{a} \frac{\mathrm{d} \frac{x}{a}}{\sqrt{1 - \left(\frac{x}{a} \right)^2}} = 2a \arcsin \frac{x}{a} \Big|_{-a}^{a} = 2\pi a.$$

这就是通常圆周周长的公式.

但是,当 $a \neq b$ 时事情就复杂了:这时,$c \neq 0$,不定积分

$$\int \sqrt{\frac{a^2 + cx^2}{a^2 - x^2}} \mathrm{d}x$$

的原函数不是初等函数,这是已经证明了的事实.这个积分称为**椭圆积分**.它无论在应用上还是在数学基础理论研究中,椭圆积分都有重要价值.

2. 旋转体的体积

设 $y = f(x)$ 是 $[a,b]$ 上的一个非负连续函数,那么它与直线 $x = a$、$x = b$ 及 x 轴围成了曲边梯形.设想将这个曲边梯形绕 x 轴旋转一周,则得到一个旋转体.日常所见到的许多磁器及玻璃制品等都是这类旋转体.我们的问题是如何计算这种旋转体的体积与侧面积.

将区间 $[a,b]$ 用分点

$$a = x_0 < x_1 < x_2 < \cdots < x_{n-1} < x_n = b$$

分成 n 个小区间 $[x_{i-1}, x_i]$，$i = 1, 2, \cdots, n$. 通过各分点作垂直于 x 轴的截面，这时就将旋转体分作 n 片，令 ΔV_i 表示第 i 片的体积 (见图 3.9).

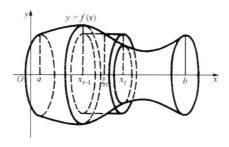

图   3.9

在每个区间 $[x_{i-1}, x_i]$ 中取一点 ξ_i，我们用高度为 Δx_i，底面半径为 $f(\xi_i)$ 的正圆柱的体积来作 ΔV_i 的近似值，也即

$$\Delta V_i \approx \pi [f(\xi_i)]^2 \Delta x_i.$$

那么

$$V = \sum_{i=1}^{n} \Delta V_i \approx \pi \sum_{i=1}^{n} [f(\xi_i)]^2 \Delta x_i.$$

与前面一样，我们令 $\lambda = \max\{\Delta x_i : i = 1, \cdots, n\}$. 当 $\lambda \to 0$ 时，我们认为上述作为近似值的和式的极限就是所求的体积，于是

$$V = \pi \int_a^b f^2(x) \mathrm{d}x.$$

例 3　设区域 D 是椭圆周 $4(x-4)^2 + 9y^2 = 9$ 所围成. 求 D 绕下列各直线旋转一周所形成的旋转体的体积：(1) x 轴；(2) y 轴；(3) $x = 1$ 直线.

解　(1) 这时应首先根据椭圆方程将 y 解为 x 的函数：

$$y = \pm \sqrt{1 - \frac{4}{9}(x-4)^2} \quad \left(\frac{5}{2} \leqslant x \leqslant \frac{11}{2} \right)$$

(根据题意，根式前取正号或负号均可). 这时所求旋转体之体积为

$$V_1 = \pi \int_{\frac{5}{2}}^{\frac{11}{2}} \left[1 - \frac{4}{9}(x-4)^2 \right] \mathrm{d}x = \pi \left[x - \frac{4}{27}(x-4)^3 \right] \Big|_{\frac{5}{2}}^{\frac{11}{2}} = 2\pi.$$

(2) 这时 D 旋转所形成的旋转体是一个椭圆环，其体积可视为右半椭圆周

$$x = 4 + \frac{3}{2}\sqrt{1 - y^2} \quad (-1 \leqslant y \leqslant 1)$$

与左半椭圆周

$$x = 4 - \frac{3}{2}\sqrt{1-y^2} \quad (-1 \leqslant y \leqslant 1)$$

分别绕 y 轴旋转时所形成的旋转体体积之差. 因此

$$V_2 = \pi\int_{-1}^{1}\left[\left(4 + \frac{3}{2}\sqrt{1-y^2}\right)^2 - \left(4 - \frac{3}{2}\sqrt{1-y^2}\right)^2\right]\mathrm{d}y$$

$$= 24\pi\int_{-1}^{1}\sqrt{1-y^2}\mathrm{d}y = 12\pi^2.$$

(3) 这时情形与(2)类似, 我们有

$$V_3 = \pi\int_{-1}^{1}\left[\left(4 + \frac{3}{2}\sqrt{1-y^2} - 1\right)^2 - \left(4 - \frac{3}{2}\sqrt{1-y^2} - 1\right)^2\right]\mathrm{d}y$$

$$= 18\pi\int_{-1}^{1}\sqrt{1-y^2}\mathrm{d}y = 9\pi^2.$$

3. 旋转体的侧面积

现在我们讨论旋转体的侧面积. 我们依然假定旋转体是由曲线弧

$$\Gamma: y = f(x) \quad (a \leqslant x \leqslant b, f(x) > 0)$$

与 x 轴及直线 $x=a, x=b$ 所围曲边梯形绕 x 轴旋转形成的. 为了计算旋转体之侧面积, 我们需要假定函数 $y=f(x)$ 有连续的导数 $f'(x)$.

对区间 $[a,b]$ 进行分割:

$$T: x_0 = a < x_1 < \cdots < x_{n-1} < x_n = b,$$

并考虑其中一个小区间 $[x_{i-1}, x_i]$ 及其所对应的弧:

$$\Gamma_i: y = f(x) \quad (x_{i-1} \leqslant x \leqslant x_i).$$

我们记 F 为上述旋转体的整个侧面积, 而 ΔF_i 为小弧段 Γ_i 旋转一周的侧面积. 那么, 显然 $F = \sum\limits_{i=1}^{n}\Delta F_i$. 又记 Δs_i 为 Γ_i 的弧长, 那么很容易看出

$$\Delta F_i \approx 2\pi f(x_{i-1})\Delta s_i.$$

又因为

$$\Delta s_i \approx \mathrm{d}s\big|_{x_{i-1}} = \sqrt{1 + f'^2(x_{i-1})}\Delta x_i,$$

故

$$\Delta F_i \approx 2\pi f(x_{i-1})\sqrt{1 + f'^2(x_{i-1})}\Delta x_i.$$

因此, 我们得到

$$F \approx \sum_{i=1}^{n}2\pi f(x_{i-1})\sqrt{1 + f'^2(x_{i-1})}\Delta x_i.$$

这样,我们有理由认为侧面积

$$F = 2\pi \int_a^b f(x) \sqrt{1 + f'^2(x)} dx.$$

同理可以证明:当曲线 Γ 是由参数方程

$$\begin{cases} x = x(t), \\ y = y(t) \end{cases} \quad (\alpha \leqslant t \leqslant \beta,\ y(t) > 0)$$

给出时,旋转体的侧面积公式是

$$F = 2\pi \int_\alpha^\beta y(t) \sqrt{[x'(t)]^2 + [y'(t)]^2} dt.$$

请读者自己导出,当曲线弧由极坐标 $r = r(\theta)$ $(\alpha \leqslant \theta \leqslant \beta)$ 给出时旋转体侧面积公式.

例 4   求抛物线段

$$y^2 = 4(4 - x) \quad (-1 \leqslant x \leqslant 7/2)$$

绕 x 轴旋转一周时旋转体之侧面积.

解   我们首先从抛物线方程中将 y 解出使之成为 x 的函数:

$$y = \pm\, 2\sqrt{4 - x} \quad (-1 \leqslant x \leqslant 7/2),$$

根式前的±号代表着抛物线的上下两支.根据公式中 $y > 0$ 的要求,我们取正号.这时,经过简单计算得到

$$y' = -1/\sqrt{4 - x} \quad \text{与} \quad \sqrt{1 + y'^2} = \sqrt{\frac{5 - x}{4 - x}}.$$

于是,所求侧面积为

$$\begin{aligned} F &= 2\pi \int_{-1}^{\frac{7}{2}} 2\sqrt{4 - x} \cdot \sqrt{\frac{5 - x}{4 - x}} dx \\ &= 4\pi \int_{-1}^{\frac{7}{2}} \sqrt{5 - x}\, dx = 14\sqrt{6}\, \pi. \end{aligned}$$

在前面的讨论中,为了利用定积分来求某一个量 Q,我们多次重复分割、近似代替、求和、取极限的过程,以求得积分式.其实,我们不必每次都重复这些步骤,而可直接使用所谓"微元法".事实上,在上述四个步骤中,关键一步是"近似代替",即寻求适当的表达式 $q(x)$,使

$$\Delta Q = q(x)\Delta x + o(\Delta x) \quad (\Delta x \to 0),$$

即 $dQ = q(x)dx$. 由此便得 Q 的积分表达式

$$Q = \int_a^b dQ = \int_a^b q(x) dx.$$

从上可见,只要能先求出 dQ 的表达式 $q(x)dx$,便立即可写出 Q 的积分表达式.

现在以求曲线 $y=f(x)$ 的旋转体侧面积为例,说明"微元法"的步骤. 我们考虑一点 $x\in[a,b]$ 及其改变量 $\Delta x=dx$,并假定 $x+dx\in[a,b]$. 当自变量在 x 到 $x+dx$ 变动时相应的侧面积的改变量是 ΔF. 它的线性主要部分 dF 可以认为是由长度为 ds(从 x 到 $x+dx$ 时曲线 $y=f(x)$ 的弧微分)的线段绕 x 轴旋转一周得到的微小侧面积,注意到这个微元线段离 x 轴的距离为 $f(x)$,即得到:

$$dF = 2\pi f(x)ds = 2\pi f(x)\sqrt{1+[f'(x)]^2}dx.$$

由此可见

$$F = 2\pi\int_a^b f(x)\sqrt{1+[f'(x)]^2}dx.$$

这种办法的特点在于先求出所求量对应于小区间 $[x,x+dx]$ 的微分表达式,然后再通过积分给出所求量. 在这一过程中不再出现改变量,而一律代之以相应的微分. 故将这种方法称为**微元法**.

4. 曲线弧的质心与转动惯量

考虑平面上的一条光滑曲线弧 $\overset{\frown}{AB}$,其参数方程是

$$\begin{cases} x=x(t), \\ y=y(t) \end{cases} \quad (\alpha\leqslant t\leqslant\beta),$$

其中 $t=\alpha$ 时对应于端点 A,$t=\beta$ 时对应于端点 B. 假设在这条曲线弧上布满着质量,在点 $(x(t),y(t))$ 处的质量密度(线密度)为 $\rho(t)$. 试求这条有质量的曲线弧关于 x 轴及 y 轴的静力矩、质心的坐标及关于 x 轴与 y 轴的转动惯量.

取定曲线上一点 $(x(t),y(t))$,并考虑 t 到 $t+dt$ 的一个微小变动,这时在曲线弧上有相应的一段小弧长,其弧微分为 ds. 这段弧所承载的质量近似为 $\rho(t)ds$,设想质量 $\rho(t)ds$ 全部集中于点 $(x(t),y(t))$. 这时,这段弧关于 x 轴及 y 轴的静力矩分别是

$$dM_x=y(t)\rho(t)ds, \quad dM_y=x(t)\rho(t)ds.$$

注意到弧微分的表达式

$$ds=\sqrt{[x'(t)]^2+[y'(t)]^2}dt,$$

把全部小弧段的静力矩"加"在一起即得曲线弧关于 x 轴及 y 轴的静力矩分别是

$$M_x = \int_a^\beta y(t)\rho(t)\sqrt{[x'(t)]^2 + [y'(t)]^2}\,dt,$$

$$M_y = \int_a^\beta x(t)\rho(t)\sqrt{[x'(t)]^2 + [y'(t)]^2}\,dt.$$

类似地,其总质量应为

$$M = \int_a^\beta \rho(t)\sqrt{[x'(t)]^2 + [y'(t)]^2}\,dt.$$

这样,我们就得到这条曲线弧的质心的坐标(X, Y)应为

$$X = \frac{M_y}{M} = \frac{1}{M}\int_a^\beta x(t)\rho(t)\sqrt{[x'(t)]^2 + [y'(t)]^2}\,dt,$$

$$Y = \frac{M_x}{M} = \frac{1}{M}\int_a^\beta y(t)\rho(t)\sqrt{[x'(t)]^2 + [y'(t)]^2}\,dt.$$

一个质量为 m 的质点绕一固定轴旋转的转动惯量为 $J = mr^2$,其中 r 是质点到固定轴的距离. 设想在点$(x(t), y(t))$处集中了质量 ρds,那么它关于 x 轴及 y 轴的转动惯量分别是

$$dJ_x = y^2(t)\rho(t)ds,$$

$$dJ_y = x^2(t)\rho(t)ds.$$

因此,整个弧对 x 轴与 y 轴的转动惯量分别是

$$J_x = \int_a^\beta y^2(t)\rho(t)\sqrt{[x'(t)]^2 + [y'(t)]^2}\,dt,$$

$$J_y = \int_a^\beta x^2(t)\rho(t)\sqrt{[x'(t)]^2 + [y'(t)]^2}\,dt.$$

观察曲线弧 $\overset{\frown}{AB}$ 关于 x 轴的静力矩 M_x 的积分表达式,我们会发现它与 $\overset{\frown}{AB}$ 绕 x 轴的旋转体之侧面积有一定联系:

现在我们假定质量密度 $\rho(t) \equiv \rho \equiv$ 常数,且设 $\alpha \leqslant t \leqslant \beta$ 时 $y(t) > 0$,这时

$$M_x = \rho\int_a^\beta y(t)ds = \frac{\rho}{2\pi}F,$$

其中 F 是 $\overset{\frown}{AB}$ 绕 x 轴的旋转体的侧面积. 因此, M_x 恰好就是 $\overset{\frown}{AB}$ 绕 x 轴的旋转体的侧面积乘 ρ 并除以 2π.

另一方面由于 $\rho(t) \equiv \rho \equiv$ 常数, $\overset{\frown}{AB}$ 的总质量

$$M = \rho\int_a^\beta ds = \rho l,$$

其中 l 为 $\overset{\frown}{AB}$ 的弧长. 于是 $\overset{\frown}{AB}$ 的质心的 y 坐标 Y 是

$$Y = \frac{M_x}{M} = \frac{\rho F/2\pi}{\rho l} = \frac{F}{2\pi l},$$

也即

$$F = 2\pi lY.$$

由此我们得到下述结论：

平面上一条质量分布均匀曲线绕一条不通
过它的直线轴旋转一周，所得到的旋转体之侧
面积恰好等于它的质心绕同一轴旋转所得的圆
周长乘以曲线的弧长。

有时人们称此结论为**古鲁丁(Guldin)定理**。

例 5　求由圆周 $x^2 + (y-h)^2 = r^2 (h > r >$
$0)$(图 3.10)绕 x 轴旋转所成圆环体的侧面积。

图　3.10

解　圆周长 $l = 2\pi r$，圆周的质心坐标为
$(0, h)$，由古鲁丁定理可得圆环侧面积

$$F = 2\pi l \cdot h = 4\pi^2 rh.$$

5. 平面极坐标下图形的面积

我们假定曲线 $\overset{\frown}{AB}$ 的方程由极坐标给出：

$$r = r(\theta) \quad (\alpha \leqslant \theta \leqslant \beta, r(\theta) > 0).$$

现在我们讨论曲线段 $\overset{\frown}{AB}$ 与两个向径 $\theta = \alpha$ 与 $\theta = \beta$ 所围扇形之面积 S 的求
法(见图 3.11)。

在 $[\alpha, \beta]$ 中任取一点 θ，并考虑一个小的微元 $\mathrm{d}\theta$. 这时对应于 $[\theta, \theta + \mathrm{d}\theta]$
在 $\overset{\frown}{AB}$ 上有一小的弧段，该弧段之长度近似为 $\mathrm{d}s = r(\theta)\mathrm{d}\theta$. 该弧段与极坐标
原点形成了一个以 $\mathrm{d}\theta$ 为圆心角的扇形，其面积近似为 $\mathrm{d}S = \dfrac{1}{2}r(\theta)\mathrm{d}s$，也即

$$\mathrm{d}S = \frac{1}{2}r^2(\theta)\mathrm{d}\theta.$$

于是，所求面积为

$$S = \frac{1}{2}\int_\alpha^\beta r^2(\theta)\mathrm{d}\theta.$$

例 6　求三叶玫瑰线

$$r(\theta) = a\sin 3\theta \quad (0 \leqslant \theta \leqslant 2\pi)$$

的面积(见图 3.12)。

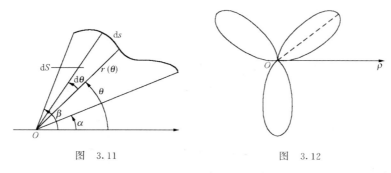

图 3.11   图 3.12

解   由图形的对称性可知,所求面积等于 $0 \leqslant \theta \leqslant \dfrac{\pi}{6}$ 时对应面积之 6 倍,故所求面积为

$$S = 6 \cdot \frac{1}{2}\int_0^{\frac{\pi}{6}} a^2 \sin^2 3\theta \mathrm{d}\theta = \frac{\pi}{4}a^2.$$

定积分的应用还有许多,我们不可能一一列举,读者将在学习其他学科时会感受这一点.

习   题   3.5

求下列曲线所围成的图形的面积:

1. $y = x^2$ 与 $x = y^2$.

2. $y = x$, $y = 1$ 与 $y = \dfrac{x^2}{4}$.

3. $y^2 = 2x + 1$ 与 $x - y = 1$.

4. $y = 0$ 与 $\begin{cases} x = a(t - \sin t), \\ y = a(1 - \cos t), \end{cases}$ $0 \leqslant t \leqslant 2\pi$ $(a > 0)$.

5. $y = x^2 - 4$ 与 $y = -x^2 - 2x$.

6. $x^2 + y^2 = 8, y = \dfrac{1}{2}x^2$(分上、下两部分).

7. $y = 4 - x^2$ 与 $y = -x + 2$.

8. 求双纽线

$$r^2 = a^2 \cos 2\varphi \quad (a > 0)$$

所围图形的面积 A.

求下列曲线围成的平面图形绕 x 轴旋转所成旋转体的体积:

9. $x^{2/3} + y^{2/3} = a^{2/3}$ $(a > 0)$.

10. $y = e^x - 1$, $x = \ln 3$, $y = 0$.

求下列曲线围成的平面图形绕 y 轴旋转所成旋转体的体积:

11. $ay^2 = x^3, x = 0$ 及 $y = b$ $(a > 0, b > 0)$.

12. $x=\dfrac{\sqrt{8\ln y}}{y}$, $x=0$, $y=$e.

13. 设 $y=f(x)$ 在区间 $[a,b]$ $(a>0)$ 上连续且不取负值,试用微元法推导:由曲线 $y=f(x)$,直线 $x=a,x=b$ 及 x 轴围成的平面图形绕 y 轴旋转所成立体的体积为

$$V = 2\pi\int_a^b xf(x)\mathrm{d}x.$$

14. 求由曲线 $y=$e^x,$x=1,x=2$ 及 x 轴所围成的平面图形绕 y 轴旋转所成立体的体积.

15. 证明:半径为 a,高为 h 的球缺的体积为

$$V=\pi h^2\left(a-\dfrac{h}{3}\right).$$

16. 求曲线 $y=\dfrac{x^3}{6}+\dfrac{1}{2x}$ 在 $x=1$ 到 $x=3$ 之间的弧长.

17. 求曲线 $r=a\sin^3\dfrac{\theta}{3}$ 的全长.

18. 求星形线 $x=a\cos^3 t,y=a\sin^3 t$ 的周长.

19. 求心脏线 $r=a(1+\cos\theta)$ 的全长.

20. 试证:双纽线 $r^2=2a^2\cos 2\theta(a>0)$ 的全长 L 可表为

$$L = 4\sqrt{2}\,a\int_0^1\dfrac{\mathrm{d}x}{\sqrt{1-x^4}}.$$

21. 求抛物线 $y=1+\dfrac{x^2}{4}$ $(0\leqslant x\leqslant 2)$ 绕 x 轴旋转所得的旋转体的侧面积.

22. 求 $\dfrac{x^2}{a^2}+\dfrac{y^2}{b^2}=1(0<b\leqslant a)$ 分别绕长、短轴旋转而成的椭球面的面积.

23. 计算圆弧 $x^2+y^2=a^2(a-h\leqslant y\leqslant a,0<h<a)$ 绕 y 轴旋转所得球冠的面积.

24. 求心脏线 $r=a(1+\cos\theta)$ 绕极轴旋转所成的旋转体的侧面积.

25. 有一细棒长 10 m,已知距左端点 x 处的线密度是 $\rho(x)=(7+0.2x)$ kg/m,求这细棒的质量.

26. 求半径为 a 的均匀半圆周的重心坐标.

27. 有一均匀细杆,长为 l,质量为 M,计算细杆绕距离一端 $l/5$ 处的转动惯量.

28. 设有一均匀圆盘,半径为 a,质量为 M.求它对于通过其圆心且与盘面垂直的轴之转动惯量 I.

29. 有一均匀的圆锥形陀螺,质量为 M,底半径为 a,高为 h,试求此陀螺关于其对称轴的转动惯量.

30. 楼顶上有一绳索的一头沿墙壁下垂(见图 3.13).该绳索的密度为 2 kg/m.若绳索下垂部分长 5 m,求将下垂部分全部拉到楼顶上所需做的功.

图 3.13

31. 设 $y=f(x)$ 在 $[a,b]$ 上连续,非负.将由 $y=f(x),x=a,x=b$ 及 x 轴围成的曲

边梯形垂直放置于水中,使 y 轴与水平面相齐(见图 3.14),求水对此曲边梯形的侧压力.

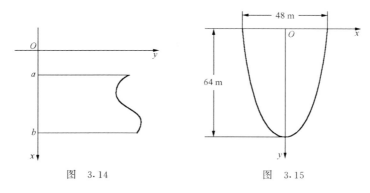

图　3.14   图　3.15

32. 一水闸门的边界线为一抛物线,沿水平面之宽度为 48 m,最低处在水面下 64 m,见图 3.15.求水对闸门的压力.

*§6　定积分的近似计算①

前面所讲的定积分的计算基本上是以牛顿-莱布尼茨公式为基础的,也就是说要求出被积函数的原函数之后才能算出定积分的值.但是我们已经知道,可以"积出来"的函数只是其中的一部分,而"积不出来"的函数却相当多.因此,单靠牛顿-莱布尼茨公式是不成的,对定积分建立有效的近似计算方法是十分必要的.

定积分的近似计算已经被许多人深入地研究过了,有许多方法正在被广泛地应用之中.最简单的方法有矩形法、梯形法与辛普森法.本节的主要目的是介绍这三种方法.

1. 矩形法

设函数 $y=f(x)$ 在 $[a,b]$ 上连续,令

$$\Delta x=\frac{b-a}{n},\quad x_i=a+i\Delta x\quad(i=1,2,\cdots,n),$$

$$y_i=f(x_i)\quad(i=1,2,\cdots,n),$$

————————

① 电子计算机的软件已经为定积分的近似计算提供了强大的工具,因此,本节的内容实用价值不大.在学时不足时,本节可以略去.

那么,我们就有积分和

$$\sigma_n = \sum_{i=1}^{n} f(x_i)\Delta x = \frac{b-a}{n}\sum_{i=1}^{n} y_i,$$

并有

$$\int_a^b f(x)\mathrm{d}x \approx \frac{b-a}{n}\sum_{i=1}^{n} y_i.$$

这就是通常**矩形法的公式**.它的基本想法是用小矩形来替代分割后的小曲边梯形(见图 3.16).

图 3.16   图 3.17

当然,也可以将区间$[x_{i-1},x_i]$上的函数值取在左端点上,这时的公式是

$$\int_a^b f(x)\mathrm{d}x \approx \frac{b-a}{n}\sum_{i=1}^{n} y_{i-1}.$$

这两种取法的效果是一样的. 设

$$R_n = \int_a^b f(x)\mathrm{d}x - \frac{b-a}{n}\sum_{i=1}^{n} y_i,$$

即 R_n 是用 σ_n 来近似定积分时的误差. 可以证明

$$|R_n| \leqslant \frac{(b-a)^2}{2n}M,$$

其中 M 是 $|f'(x)|$ 在$[a,b]$上的最大值,此时要求 $f'(x)$ 在$[a,b]$上连续.

2. 梯形法

梯形法是对矩形法的一种改进,它用小的梯形来近似小的曲边梯形(见图 3.17). 在前面的同样的假设下,**梯形法的近似公式**是

$$\int_a^b f(x)\mathrm{d}x \approx \frac{b-a}{n}\sum_{i=1}^{n} \frac{y_{i-1}+y_i}{2} = \frac{b-a}{n}\left(\frac{y_0+y_n}{2} + \sum_{i=1}^{n-1} y_i\right).$$

比较梯形法与矩形法的公式可以发现,两者在公式上相差甚少,只是将矩形法中的 y_0(或 y_n)换成$(y_0+y_n)/2$.

设被积函数 $f(x)$ 在$[a,b]$上有连续的二阶导函数 $f''(x)$,则梯形法公式的误差

$$R_n = \int_a^b f(x)\mathrm{d}x - \frac{b-a}{n}\left(\frac{y_0+y_n}{2} + \sum_{i=1}^{n-1} y_i\right)$$

满足

$$|R_n| \leqslant \frac{(b-a)^3}{12n^2}M,$$

其中 M 为 $|f''(x)|$ 在 $[a,b]$ 上的上界.

可见,这里的误差是以 $1/n^2$ 的速度趋于零(当 $n\to\infty$ 时),而矩形法的误差则是以 $1/n$ 的速度趋于零(当 $n\to\infty$ 时).在这个意义上,梯形法一般说来较矩形法优越.

例 1   利用梯形法求定积分

$$\int_{\frac{\pi}{4}}^{\frac{\pi}{2}} \frac{\sin x}{x}\mathrm{d}x$$

的近似值,精确到第三位小数.

现在,我们打算结合这个例子介绍一点近似计算中若干常用的术语,比如公式误差、计算误差及有效数字等等.这些知识是进行数值计算时必不可少的.

在作近似计算时有两种误差:**公式误差**与**计算误差**.前面所说的 R_n 是公式误差,是近似公式本身带来的误差.而所谓计算误差是在计算过程中所带来的误差.例如,在使用矩形法或梯形法时不可避免的要计算函数值 y_i,而每个 y_i 的值在大多数情况下要用近似值表示.如果每个 y_i 都有误差,n 个 y_i 相加时积累的误差可能很大.因此,计算误差是一个要认真对待的事,为了保证预定的精密度,在设计近似计算方案时必须兼顾公式误差与计算误差.

通常人们说一个数的近似值在小数点后有 n 位有效数字(或者说精确至小数点后第 n 位)是指近似值的误差小于 0.5×10^{-n}.比如,3.1416 是 π 的近似值,它在小数点后有 4 位有效数字.通常,为了得到一个数的近似值,总是在小数点后某一位做四舍五入.如果这种四舍五入是在小数点后第 $n+1$ 位作的,那么这个近似值在小数点后有 n 位有效数字.这里应当提醒读者,对于小数点后有 n 位有效数字的两个近似值进行运算,其结果一般说来小数点后有效数字不再是 n 位(其误差有可能大于 0.5×10^{-n}).

现在,我们回到原来的问题上.

题目要求我们对给定的定积分做近似计算,精确到第三位小数.这实际上就是要求我们公式误差及计算误差之和不超过 5×10^{-4}.

我们先讨论公式误差.

设 $f=\sin x/x$,那么

$$f''(x)=\frac{2\sin x-x^2\sin x-2x\cos x}{x^3}.$$

可以证明,上式的分子在 $\left[\dfrac{\pi}{4},\dfrac{\pi}{2}\right]$ 上递减且恒为负值,故可估出分子的绝对值小于 0.47,从而

$$|f''(x)|\leqslant 0.47\times\frac{1}{|x^3|}<0.47\times 2.065<1.$$

于是公式误差

$$|R_n|\leqslant\frac{\left(\dfrac{\pi}{2}-\dfrac{\pi}{4}\right)^3}{12n^2}\times 1\leqslant\frac{0.042}{n^2}.$$

当取 $n=20$ 时,$|R_n|<1.1\times 10^{-4}$.

现在取 $n=20$.公式误差占去 1.1×10^{-4},故计算误差应不超过 3.9×10^{-4}.

如何估计计算误差并不是一件很简单的事,现在,我们将 21 个函数值作近似,然后相加,假如每个函数值的近似值的小数点后 m 位是有效的,即误差小于 $5\times 10^{-m-1}$,那么最保守的计算误差估计为:

$$21\times 5\times 10^{-m-1}=1.05\times 10^{-m+1}.$$

因此,为保证题目要求的精度应当取 $m=5$,即保证每个函数值要有 5 位有效数字即可.

我们说这种估计计算误差的方式是保守的,是因为它假定了每个近似值的误差都有相同的符号.然而,近似值是由精确值在一定位数后四舍五入而来,误差可正可负,21 个近似数的误差都是正的,或都是负的可能性较小.因此上述估计是基于这种最坏可能的基础上的,是十分保守的.非保守的误差估计涉及统计学知识,我们无法在这里讨论,事实上,在这个题目中取 $m=4$,就有相当把握保证计算误差在限定范围之内.

当取 $m=4$ 时积分的近似值为 0.6114,这里我们省去了全部计算过程.

3. 辛普森法

辛普森法又称为抛物线法.前面两种办法的特点是在小的曲边梯形中,以直代曲(以直线段去替代曲线段).这样做误差自然较大.而辛普森法是用抛物线弧去替代被积函数的曲线弧.

为了讨论这一方法,我们先来讨论抛物线弧所构成的曲边梯形的面积.

设 $y = Ax^2 + Bx + C$ 是一条通过三点 (x_0, y_0), (x_1, y_1), (x_2, y_2)(其中 $x_0 < x_1 < x_2$)的抛物线,也即

$$y_0 = Ax_0^2 + Bx_0 + C,$$
$$y_1 = Ax_1^2 + Bx_1 + C,$$
$$y_2 = Ax_2^2 + Bx_2 + C.$$

现在进一步假定 $x_1 = \frac{1}{2}(x_0 + x_2)$,可以证明

$$\int_{x_0}^{x_2} (Ax^2 + Bx + C)\mathrm{d}x = \frac{x_2 - x_0}{6}(y_0 + 4y_1 + y_2).$$

事实上,我们有

$$\int_{x_0}^{x_2} (Ax^2 + Bx + C)\mathrm{d}x$$

$$= \frac{1}{3}A(x_2^3 - x_0^3) + \frac{1}{2}B(x_2^2 - x_0^2) + C(x_2 - x_0)$$

$$= (x_2 - x_0)\left[\frac{A}{3}(x_2^2 + x_2 x_0 + x_0^2) + \frac{B}{2}(x_2 + x_0) + C\right]$$

$$= \frac{x_2 - x_0}{6}\left[y_2 + y_0 + A(x_2 + x_0)^2 + 2B(x_2 + x_0) + 4C\right]$$

$$= \frac{x_2 - x_0}{6}\left[y_2 + y_0 + 4y_1\right].$$

设 $y = f(x)$ 是给定在 $[a, b]$ 上的连续函数. 我们将 $[a, b]$ 区间分作 $2n$ 等份:

$$a = x_0 < x_1 < \cdots < x_{2n-1} < x_{2n} = b.$$

令 $y_i = f(x_i)$,并记

$$M_i = (x_i, y_i) \quad (i = 0, 1, \cdots, 2n).$$

通过点 M_{2k}, M_{2k+1} 及 M_{2k+2} 作抛物线

$$y = A_k x^2 + B_k x + C_k,$$

并用

$$\int_{x_{2k}}^{x_{2k+2}} (A_k x^2 + B_k x + C_k)\mathrm{d}x$$

去近似 $f(x)$ 在 $[x_{2k}, x_{2k+2}]$ 上的积分,即得

$$\int_{x_{2k}}^{x_{2k+2}} f(x)\mathrm{d}x \approx \frac{x_{2k+2} - x_{2k}}{6}(y_{2k} + 4y_{2k+1} + y_{2k+2}).$$

也即

$$\int_{x_{2k}}^{x_{2k+2}} f(x)\mathrm{d}x \approx \frac{b-a}{6n}(y_{2k} + 4y_{2k+1} + y_{2k+2}).$$

将上述近似公式自 $k=0$ 加到 $k=n-1$，即得

$$\int_a^b f(x)\mathrm{d}x = \int_{x_0}^{x_{2n}} f(x)\mathrm{d}x$$

$$\approx \frac{b-a}{6n}\Big(\sum_{k=0}^{n-1} y_{2k} + 4\sum_{k=0}^{n-1} y_{2k+1} + \sum_{k=0}^{n-1} y_{2k+2} \Big)$$

$$= \frac{b-a}{6n}\Big(y_0 + y_{2n} + 2\sum_{k=1}^{n-1} y_{2k} + 4\sum_{k=0}^{n-1} y_{2k+1} \Big).$$

令 R_n 是这个近似公式的误差，已经证明了这个误差有下列估计

$$|R_n| \leqslant \frac{(b-a)^5}{180 \cdot (2n)^4} \cdot M,$$

其中 M 是 f 的四阶导数 $f^{(4)}(x)$ 的绝对值在 $[a,b]$ 上的上界. 显然，当 n 较大时这个误差要小于矩形法或梯形法的误差.

这里关于辛普森法不打算给出具体的例子.

定积分的近似计算还有另外一层应用价值. 那就是在某些实际问题中常常无法得到被积函数的表达式，而只能测得函数在某些点的值. 在这种情况下，应用定积分的近似计算则是势在必行.

例如，为了测定一条河的水流量，除去测量水的流速之外，重要的是计算河在某处的横断面积. 但是我们不可能将横断面上的水深写成到岸边距离的函数，而只能测得在若干点处水深的值，比如每隔 10 米测量一次水深. 利用测得的这些数据和定积分的计算公式，我们就可以求得河的横断面积的近似值.

习　题　3.6

1. 利用定积分近似计算 π 的值：

(1) 证明公式 $\dfrac{\pi}{4} = \int_0^1 \dfrac{\mathrm{d}x}{1+x^2}$；

(2) 令 $f(x) = \dfrac{1}{1+x^2}$，给出 $|f'(x)|$ 在区间 $[0,1]$ 上的上界；

(3) 在使用矩形法近似计算上述定积分时，欲使公式误差小于 5×10^{-5}，应取矩形法中分点个数 $n >$？

(4) 用电脑计算 π，精确至小数点后 4 位. (如用计算器计算可降低为精确至小数点后 1 位).

2. 自河的一岸开始沿河的横截方向，每隔 5 m 测量一次水深，一直测到对岸，依次

得到如下 21 个数据(单位：m)：

$$0,0.9,1.2,3.5,2.8,4.6,8.8,7.5,9.6,12.1,13.8,$$

$$20.1,18.2,15.6,11.9,9.2,7.6,5.3,4.5,2.7,0.$$

假定河宽为 100 m. 试用辛普森法计算河床的垂直横截面积.

第三章总练习题

1. 为什么运用牛顿-莱布尼茨公式于下列积分会得到不正确结果：

(1) $\displaystyle\int_{-1}^{1}\frac{\mathrm{d}}{\mathrm{d}x}\left(\mathrm{e}^{\frac{1}{x}}\right)\mathrm{d}x$;

(2) $\displaystyle\int_{0}^{2\pi}\frac{\mathrm{d}\tan x}{2+\tan^{2}x}$.

2. 证明奇连续函数的原函数之一为偶函数，而偶连续函数的原函数之一为奇函数.

3. 设 $f(x)$ 是一个分段函数：

$$f(x)=\begin{cases}\sin x, & x\geqslant 0,\\ x^{3}, & x<0,\end{cases}$$

求定积分 $\displaystyle\int_{a}^{b}f(x)\mathrm{d}x=?$ 其中 $a<0,b>0$.

4. 求微商

$$\frac{\mathrm{d}}{\mathrm{d}x}\int_{0}^{1}\sin(x+t)\mathrm{d}t.$$

(提示：通过变量替换将上述定积分化成变上限与变下限的积分)

5. 试证明

$$\lim_{h\to 0}\int_{0}^{1}f(x+ht)\mathrm{d}t=f(x),$$

其中 $f(x)$ 是实轴上的连续函数.

6. 求极限 $\displaystyle\lim_{n\to\infty}\int_{0}^{1}(1-x^{2})^{n}\mathrm{d}x$. $\left(\text{提示：积分 }\displaystyle\int_{0}^{1}(1-x^{2})^{n}\mathrm{d}x=\int_{0}^{\frac{\pi}{2}}\cos^{2n+1}x\mathrm{d}x=I_{2n+1},\text{并}\right.$ 利用关于 I_{n} 的公式. $\Big)$

7. 求不定积分

$$\int\frac{\sin x+\cos x}{2\sin x-3\cos x}\mathrm{d}x.$$

若用万能变换公式，则较繁. 现提示下列步骤：

(1) 设 A 与 B 是两个待定常数，使得

$$\sin x+\cos x=A(2\sin x-3\cos x)+B(2\sin x-3\cos x)',$$

求 $A=?$ 及 $B=?$

(2) 将上式代入所求不定积分的被积函数中，求出该不定积分.

思考题 上述办法是否有一般性？试说明它适用一切三角函数之一次有理式：

$$\int \frac{a\cos x + b\sin x}{c\cos x + d\sin x}dx,$$

其中 $c^2+d^2\neq0$.

8. 通过适当的有理化方法或变量替换求下列积分:

(1) $\int \sqrt{e^x - 2}dx$;

(2) $\int \frac{xe^x}{\sqrt{e^x - 2}}dx$;

(3) $\int \sqrt{\frac{x}{1 - x\sqrt{x}}}dx$;

(4) $\int \frac{dx}{1 + \sqrt{x} + \sqrt{1 + x}}$.

9. 设 $R(X,Y)$ 为 X 与 Y 的有理式,且有

$$R(-\sin x,-\cos x)=R(\sin x,\cos x).$$

这时令 $t=\tan x$ 即可将 $R(\sin x,\cos x)$ 的不定积分有理化.试求不定积分

$$\int \frac{dx}{\sin^4 x + \cos^4 x}.$$

10. 设函数 $f(x)$ 以 T 为周期,令

$$g(x) = f(x) - \frac{1}{T}\int_0^T f(x)dx.$$

证明:函数 $h(x)=\int_0^x g(t)dt$ 也以 T 为周期.

11. 设函数 $f(x)$ 在区间 $[a,b]$ 上连续,且 $\int_a^b f(x)dx=0$. 证明:在 (a,b) 内至少存在一点 c,使 $f(c)=0$.

12. 设函数 $f(x)$ 在区间 $[a,b]$ 上连续,且 $\int_a^b f^2(x)dx=0$,证明:$f(x)\equiv0,x\in[a,b]$.

13. 设 $f(x)$ 在 $(-\infty,+\infty)$ 上可积,证明:

(1) 对任意实数 a,有

$$\int_0^a f(x)dx = \int_0^a f(a - x)dx;$$

(2) $\int_0^\pi \frac{x\sin x}{1+\cos^2 x}dx=\frac{\pi^2}{4}$;

(3) $\int_0^{\pi/2} \frac{\sin^2 x}{\cos x+\sin x}dx=\frac{1}{\sqrt{2}}\ln(1+\sqrt{2})$.

14. 一质点作直线运动,其加速度为 $a(t)=(2t - 3)$ m/s². 若 $t=0$ 时 $x=0$ 且 $v=-4$ m/s,求:

(1) 质点改变运动方向的时刻;

(2) 头 5 秒钟内质点所走的总路程.

15. 一运动员跑完 100 m 共用了 10.2 s. 在跑头 25 m 时,以等加速度进行,然后保持等速运动跑完了剩余路程.求在跑头25 m时的加速度.

16. (1) 利用定积分的几何意义,证明不等式

$$\frac{1}{n+1}<\ln \frac{n+1}{n}<\frac{1}{n}, \quad n=1,2,\cdots$$

$\left(提示：考虑定积分 \displaystyle\int_n^{n+1} \frac{1}{x}\mathrm{d}x\right)$ ；

（2）令

$$x_n = 1 + \frac{1}{2} + \cdots + \frac{1}{n-1} - \ln n,$$

$$y_n = 1 + \frac{1}{2} + \cdots + \frac{1}{n-1} + \frac{1}{n} - \ln n,$$

$$n = 2,3,\cdots.$$

证明：序列 $\{x_n\}$ 单调上升，而序列 $\{y_n\}$ 单调下降；

（3）证明极限

$$\lim_{n\to\infty}\left(1 + \frac{1}{2} + \cdots + \frac{1}{n} - \ln n\right)$$

存在.（已经知道此极限值为 0.5772156649…，被称为欧拉常数）

17. 证明：当 $x>0$ 时，

$$\int_x^1 \frac{1}{1+t^2}\mathrm{d}t = \int_1^{1/x} \frac{1}{1+t^2}\mathrm{d}t.$$

18. 设 $f(x)$ 在 $(-\infty,+\infty)$ 上可积，且对一切实数 x，均有

$$f(2-x) = -f(x).$$

求实数 $a\neq2$，使 $\displaystyle\int_a^2 f(x)\mathrm{d}x = 0$.

19. 利用定积分的性质，证明不等式

$$\ln(1+x)\leqslant\arctan x, \quad 0\leqslant x\leqslant1.$$

20. （1）设 $f(x)$ 在 $[0,a]$ 上可积，证明：

$$\int_0^a \frac{f(x)}{f(x)+f(a-x)}\mathrm{d}x = \frac{a}{2};$$

（2）利用（1）中的公式，求下列定积分的值：

$$\int_0^2 \frac{x^2}{x^2-2x+2}\mathrm{d}x; \qquad \int_0^{\pi/2} \frac{\sin x}{\sin x+\cos x}\mathrm{d}x.$$

21. 设 $f(x) = \displaystyle\int_{\sin x}^{\tan x}(1+xt^2)\mathrm{d}t$，求 $\dfrac{\mathrm{d}f(x)}{\mathrm{d}x}$.

22. 求定积分 $I = \displaystyle\int_0^{\pi/2}\cos^2 3\theta\,\mathrm{d}\theta$ 的值.

23. 求定积分 $I = \displaystyle\int_0^{2\pi}|\sin x - \cos x|\mathrm{d}x$ 的值.

24. 设 $0<x_0<x_1$. 求定积分

$$I = \int_{x_0}^{x_1}\sqrt{(x-x_0)(x_1-x)}\mathrm{d}x$$

的值. $\left(提示：将被积函数变形：设 a = \dfrac{x_1-x_0}{2}，并令 u = x - \dfrac{(x_0+x_1)}{2}\right)$

25. 求下列曲线所围图形之面积：

（1）$y = x^2 - 6x + 8$ 与 $y = 2x - 7$；

（2）$y = x^4 + x^3 + 16x - 4$ 与 $y = x^4 + 6x^2 + 8x - 4$；

（3）$y^2 = x - 1$ 与 $y = x - 3$；

（4）$y = \sin x, y = \cos x$ 与 $x = \pi/2$.

26. 设区域 σ 由曲线 $y = \cos x, y = 1$ 及 $x = \pi/2$ 所围成. 将 σ 绕 x 轴旋转一周, 得一旋转体的体积 V. 试用两种形式不同的定积分表示体积 V, 并求 V 的值.

27. 求下列定积分的值：

（1）$\displaystyle\int_{\sqrt{2}}^{2} \frac{\mathrm{d}u}{u\sqrt{u^2 - 1}}$；　　　　（2）$\displaystyle\int_{-200}^{200} (91x^{21} - 80x^{33} + 5580x^{97} + 1)\mathrm{d}x$.

28. 设函数 $f(x)$ 在 $[0, 7]$ 上可积, 且已知

$$\int_0^2 f(x)\mathrm{d}x = 5, \quad \int_2^5 f(x)\mathrm{d}x = 6, \quad \int_0^7 f(x)\mathrm{d}x = 3.$$

（1）求 $\displaystyle\int_0^5 f(x)\mathrm{d}x$ 的值；　　　　（2）求 $\displaystyle\int_5^7 f(x)\mathrm{d}x$ 的值；

（3）证明：在 $(5, 7)$ 内至少存在一点 c, 使 $f(c) < 0$.

29. 设 $f(x) = \sin x, h(x) = \dfrac{1}{x^2}, g(x) = \begin{cases} 1, & -\pi \leqslant x \leqslant 2, \\ 2, & 2 < x \leqslant \pi. \end{cases}$ 试求下列定积分的值或表达式：

（1）$\displaystyle\int_{-\pi/2}^{\pi/2} f(x)g(x)\mathrm{d}x$；　　（2）$\displaystyle\int_1^3 g(x)h(x)\mathrm{d}x$；　　（3）$\displaystyle\int_{\pi/2}^{x} f(t)g(t)\mathrm{d}t, \ 0 \leqslant x \leqslant \pi$.

30. 设函数 $f(x)$ 在区间 $[a, b]$ 上连续, 严格单调递增 $(a > 0)$, $g(y)$ 是 $f(x)$ 的反函数, 利用定积分的几何意义证明下列公式：

$$\int_a^b f(x)\mathrm{d}x = bf(b) - af(a) - \int_{f(a)}^{f(b)} g(y)\mathrm{d}y,$$

并作图解释这一公式.

31. （1）设函数 $\varphi(x)$ 在 $[0, +\infty)$ 上连续且严格单调递增. 又设当 $x \to +\infty$ 时 $\varphi(x) \to +\infty$, 且 $\varphi(0) = 0$. 证明：对任意实数 $a \geqslant 0, B \geqslant 0$, 下列不等式成立：

$$aB \leqslant \int_0^a \varphi(x)\mathrm{d}x + \int_0^B \varphi^{-1}(y)\mathrm{d}y,$$

其中 $\varphi^{-1}(y)$ 是 $\varphi(x)$ 的反函数.

（2）利用（1）中的不等式, 对任意实数 $a, b \geqslant 0, \ p, q \geqslant 1$ 且 $\dfrac{1}{p} + \dfrac{1}{q} = 1$, 证明下列闵科夫斯基不等式成立：

$$ab \leqslant \frac{a^p}{p} + \frac{b^q}{q}.$$

32. 设 $a > 0$, 求 a 的值, 使由曲线 $y = 1 + \sqrt{x}\,\mathrm{e}^{x^2}, y = 1$ 及 $x = a$ 所围的区域绕直线 $y = 1$ 旋转所得之旋转体的体积等于 2π.

33. 作由极坐标方程

$$r = 1 + \sin 2\theta$$

所确定的函数的图形, 并求它所围区域的面积.

第四章　微分中值定理与泰勒公式

从前面的几章中,我们看到了微积分的概念及其基本定理有效地解决了物理及几何中的许多问题.本章将进一步讨论微积分在研究函数性质方面的应用,其核心内容是微分中值定理与泰勒公式.微分中值定理建立了导数与函数值之间的联系,使我们得以根据导数某些性质去推断函数值的性态;而泰勒公式则告诉我们,一个函数可以由一个多项式来近似替代.两者增进了我们对函数性质的理解,并有重要的应用价值.

作为微分中值定理及泰勒公式的应用,本章还将讨论未定式的极限、极值问题、函数作图、曲线的曲率等内容.

§1　微分中值定理

中值定理是微分学中的重要定理.它建立了函数值与导数之间的联系.在第二章中我们曾提到了一个简单而基本的命题:一个区间中导数恒等于零的函数必为常数.假若不用中值定理,这一结论的证明将是麻烦的.

中值定理的一种特殊形式是罗尔(Rolle,1652—1719)定理.

定理 1（罗尔定理）　设 $y=f(x)$ 在闭区间 $[a,b]$ 上连续,且 $f(a)=f(b)$.又设 $y=f(x)$ 在 (a,b) 内可导,则必存在一点 $c\in(a,b)$,使得
$$f'(c)=0.$$

证　若 $y=f(x)$ 是常数函数,则 (a,b) 中任意一点 x 均满足 $f'(x)=0$,故 (a,b) 中任意一点都可取作为 c.这时定理结论显然成立.

现在假定 $y=f(x)$ 不是常数函数,这时 $f(a)(=f(b))$ 不可能既是 $f(x)$ 的最大值又是 $f(x)$ 的最小值.因此,f 的最大值和最小值中必至少有一个在 (a,b) 内达到.为确定起见,假定最大值在 (a,b) 内达到.也就是说存在一点 $c\in(a,b)$ 使得 $f(c)$ 是 f 在 $[a,b]$ 上的最大值:
$$f(x)\leqslant f(c),\quad \forall\ x\in[a,b].$$

利用 f 在 c 点之可导性,可知极限
$$\lim_{x\to c}\frac{f(x)-f(c)}{x-c}$$

存在,并等于 $f'(c)$. 注意到 $f(x) \leqslant f(c)$,可以看出,比式 $\dfrac{f(x)-f(c)}{x-c}$ 的右极限

$$\lim_{x \to c+0} \frac{f(x)-f(c)}{x-c} \leqslant 0,$$

而其左极限

$$\lim_{x \to c-0} \frac{f(x)-f(c)}{x-c} \geqslant 0.$$

而上述极限的存在性要求右极限与左极限相等,于是

$$f'(c) = \lim_{x \to c} \frac{f(x)-f(c)}{x-c} = 0.$$

当函数的最小值在 (a,b) 内达到时,讨论完全类似. 证毕.

关于罗尔定理的证明,我们要强调指出,它本质上依赖于闭区间上的连续函数有最大值与最小值这一定理.

罗尔定理的几何意义是:一条可微的曲线弧,如果两端点之连线平行于 x 轴,则在弧上非端点处有一点,使得过该点的切线也平行于 x 轴(见图 4.1).

图 4.1　　　　　　　　　　图 4.2

显然,这是一条关于曲线弧的几何性质的命题. 任何几何性质应该与坐标轴的选取无关. 换句话说,要求端点连线平行于 x 轴不是本质的. 如果我们放弃这个条件,会自然想到应该成立下列命题:在一条可微的曲线弧上一定存在一点(非端点),过该点的切线平行于两端点的连线.

这一几何命题翻译成分析的语言就是我们所说的**微分中值定理**.

定理 2(微分中值定理)　设 $y = f(x)$ 在 $[a,b]$ 上连续,在 (a,b) 内可导,则必存在一点 $c \in (a,b)$,使得

$$f'(c) = \frac{f(b)-f(a)}{b-a}. \tag{4.1}$$

从几何上看,$[f(b)-f(a)]/(b-a)$ 是 $y = f(x)$ 所代表的曲线弧的两个

端点$(a,f(a))$与$(b,f(b))$的连线的斜率.$f'(c)$等于这个值表明曲线弧上点$(c,f(c))$处的切线平行于两端点之连线(见图4.2).

证 令

$$g(x)=f(x)-\frac{f(b)-f(a)}{b-a}(x-a).$$

很容易验证:g 在$[a,b]$上是连续函数,且在(a,b)内可导,并且

$$g(a)=g(b)(=f(a)).$$

于是,对 g 应用罗尔定理,就得到:存在一点$c\in(a,b)$使得$g'(c)=0$,也即

$$f'(c)-\frac{f(b)-f(a)}{b-a}=0.$$

定理证毕.

微分中值定理又称为**拉格朗日中值定理**.公式(4.1)也称为**微分中值公式**.这一公式有另外两种表述形式.若用 x_0 与 x 分别替代 a 与 b(或 b 与 a),则该公式可写成如下形式:

$$f(x)=f(x_0)+f'(c)(x-x_0),$$

其中 $x_0,x\in[a,b]$,c 介于 x_0 与 x 之间,依赖于 x_0 与 x 的选取.有时公式(4.1)也写成

$$f(x_0+\Delta x)=f(x_0)+f'(x_0+\theta\Delta x)\Delta x,$$

其中 θ 是大于 0 而小于 1 的一个数,依赖于 x_0 与 Δx 的选取.

公式(4.1)写成上述的两种形式,更便于应用.应当注意,在这两种形式中 x 可以大于 x_0,也可以小于 x_0,而 Δx 可正可负.

推论 设$y=f(x)$在一个区间(A,B)内可导,并且其导函数 $f'(x)$在(A,B)中处处为零,则 $y=f(x)$在(A,B)内为常数函数.

证 在(A,B)中任意取定一点 a.对于任意$x\in(A,B)$,$x\neq a$,我们在区间$[a,x]$(或$[x,a]$)上应用拉格朗日定理即得

$$f(x)=f(a)+f'(c)(x-a),$$

其中 c 是介于 a 与 x 之间的一点.根据假定 $f'(c)=0$,故 $f(x)=f(a)$.由于 x 是区间中任意的点,这表明 f 是一个常数函数.证毕.

这就补充证明了前两章中反复应用过的一个命题.这一命题曾在讨论不定积分以及微积分基本定理时是一个重要依据.

思考题 试用质点运动的瞬时速度与路程函数的关系,来说明罗尔定理与拉格朗日定理的物理意义.

微分中值定理在研究函数的性质上有重要的作用,它是一个"桥梁",建

立了函数的导数与函数的改变量之间的联系. 比如, 若函数 f 在一个区间内的导数 $f'(x)$ 总是严格大于 0 的, 那么, 由微分中值定理可知: 对于该区间上的任意两点 $x_1 > x_2$, 有

$$f(x_1) - f(x_2) = f'(c)(x_1 - x_2) > 0,$$

也即 $f(x_1) > f(x_2)$. 也就是说, f 在这个区间上是严格递增的. 完全类似地, 由函数 f 的导数 $f'(x)$ 处处严格小于 0 可以推出 f 是严格递减的.

由上述论证中可以看出, 如果将条件放宽到 $f'(x) \geqslant 0$(或 $\leqslant 0$), 那么结论也就相应地改成递增(或递减). 不再是严格递增(或严格递减).

这样, 我们证明了下述定理:

定理 3 设 $y = f(x)$ 在 $[a, b]$ 上连续, 在 (a, b) 上可导. 若

$$f'(x) > 0 (\geqslant 0), \quad \forall\, x \in (a, b),$$

则函数 f 在 $[a, b]$ 上严格递增(递增); 若

$$f'(x) < 0\ (\leqslant 0), \quad \forall\, x \in (a, b),$$

则函数 f 在 $[a, b]$ 上严格递减(递减).

这个定理的几何意义也是十分清楚的, 见图 4.3 与 4.4.

如果我们在函数 $y = f(x)$ 所代表的曲线的切线上标上一个箭头, 使切线的方向指向自变量增加的方向, 那么我们就会发现当导数大于 0 时, 切线指向右上方, 而当导数小于 0 时, 切线指向右下方. 切线总是指向右上方时, 意味着相应的函数递增; 而切线总是指向右下方时, 意味着相应的函数递减.

图 4.3 图 4.4

我们还应提醒读者注意, 定理 3 的逆命题不一定成立. 事实上, 严格递增的函数的导数未必处处大于 0. 比如, $y = x^3$ 是严格递增的, 但在 $x = 0$ 处导数为 0.

定理 3 为研究函数的单调区间提供了有效的办法.

例 1　设 $f(x)=x^3-3x^2+1$. 求 $y=f(x)$ 的单调区间.

解　显然，$f'(x)=3x^2-6x=3x(x-2)$. 故只在 $x=0$ 及 2 处导数为零，在 $(-\infty,0)$ 中 $f'(x)>0$，f 是严格递增的，在 $(0,2)$ 中 $f'(x)<0$，f 是严格递减的. 在 $(2,\infty)$ 中 $f'(x)>0$，f 是严格递增的.

微分中值定理或积分中值定理的另一个应用是证明不等式.

例 2　证明不等式：

$$\frac{x}{1+x}<\ln(1+x)<x,\quad \forall\ x>0.$$

证　对于任意取定的 $x>0$，我们对函数 $\ln(1+x)$ 在区间 $[0,x]$ 上应用微分中值定理 $\left(\text{或者对积分}\displaystyle\int_0^x\frac{\mathrm{d}t}{1+t}\text{ 应用积分中值定理}\right)$，可知存在 c：$0<c<x$ 使得

$$\ln(1+x)-\ln 1=\frac{1}{1+c}\,x.$$

将 c 分别以其上界或下界代入，就得到

$$\frac{x}{1+x}<\ln(1+x)<x.$$

※ 历史的注记 ※

拉格朗日(J. L. Lagrange，1736—1813)，著名法国数学家，著有《分析力学》一书. 这是牛顿之后的又一部经典力学著作，其中运用变分原理与分析方法建立了完整的力学体系. 他在数学的众多分支领域有杰出贡献，被认为是对分析数学产生全面影响的数学家之一.

习　题　4.1

1. 验证函数 $f(x)=x^3-3x^2+2x$ 在区间 $[0,1]$ 及 $[1,2]$ 上满足罗尔定理的条件并分别求出导数为 0 的点.

2. 讨论下列函数 $f(x)$ 在区间 $[-1,1]$ 上是否满足罗尔定理的条件，若满足，求 $c\in(-1,1)$ 使 $f'(c)=0$.

(1) $f(x)=(1+x)^m(1-x)^n$，m,n 为正整数；

(2) $f(x)=1-\sqrt[3]{x^2}$.

3. 写出函数 $f(x)=\ln x$ 在区间 $[1,e]$ 上的微分中值公式，并求出其中的 $c=?$

4. 应用拉格朗日中值定理，证明下列不等式：

(1) $|\sin x-\sin y|\leqslant|x-y|$；

(2) $|\tan y - \tan x| \geqslant |y - x|$，$x, y \in (-\pi/2, \pi/2)$；

(3) $\dfrac{b-a}{b} < \ln \dfrac{b}{a} < \dfrac{b-a}{a}$，其中 $0 < a < b$.

5. 证明多项式 $P(x) = (x^2 - 1)(x^2 - 4)$ 的导函数的三个根都是实根，并指出它们的范围.

6. 设 $c_1, c_2, \cdots, c_n$ 为任意实数，证明：函数 $f(x) = c_1 \cos x + c_2 \cos 2x + \cdots + c_n \cos nx$ 在 $(0, \pi)$ 内必有根.

7. 设函数 $f(x)$ 与 $g(x)$ 在 (a, b) 内可微，$g(x) \neq 0$，且

$$\begin{vmatrix} f(x) & g(x) \\ f'(x) & g'(x) \end{vmatrix} \equiv 0, \quad x \in (a, b).$$

证明：存在常数 k，使 $f(x) = kg(x)$，$x \in (a, b)$.

8. 设 $f(x)$ 在 $(-\infty, +\infty)$ 上可微，且

$$f'(x) \equiv k, \quad -\infty < x < +\infty,$$

证明：$f(x) = kx + b$，$-\infty < x < +\infty$，其中 k, b 为常数.

9. 证明下列等式：

(1) $\arcsin x + \arccos x = \pi/2$，$-1 \leqslant x \leqslant 1$；

(2) $\arctan x = \arcsin \dfrac{x}{\sqrt{1 + x^2}}$，$-\infty < x < +\infty$.

10. 证明不等式：

$$\dfrac{2}{\pi} x < \sin x < x,$$

其中 $0 < x < \pi/2$. $\left(\text{提示：考虑函数 } f(x) = \dfrac{\sin x}{x}.\right)$

11. 设函数 $f(x)$ 在 (a, b) 内可微，对任意一点 $x_0 \in (a, b)$. 若 $\lim\limits_{x \to x_0} f'(x)$ 存在，则

$$\lim_{x \to x_0} f'(x) = f'(x_0).$$

*12.（达布中值定理） 设 $y = f(x)$ 在 (A, B) 区间中可导. 又设 $[a, b] \subset (A, B)$，且 $f'(a) < f'(b)$. 证明：对任意给定的 η：$f'(a) < \eta < f'(b)$，都存在一点 $c \in (a, b)$ 使得

$$f'(c) = \eta.$$

（提示：先证 $f'(a) < 0, f'(b) > 0, \eta = 0$ 的情况成立.）

§2 柯西中值定理与洛必达法则

柯西中值定理是拉格朗日中值定理的一种推广. 这种推广的主要意义是在于给出求极限的洛必达（L' Hospital，1661—1704）法则.

定理 1（柯西中值定理） 设 $y = f(x)$ 与 $y = g(x)$ 在 $[a, b]$ 上连续，在 (a, b) 内可导，且 $g'(x) \neq 0$，则必存在一点 $c \in (a, b)$，使得

$$\frac{f(b)-f(a)}{g(b)-g(a)}=\frac{f'(c)}{g'(c)}.$$

很容易会想到这个结论是分别对 f 及 g 使用拉格朗日定理然后相除的结果. 其实,这是不对的,因为拉格朗日中值定理中的中间点 c 与函数及区间有关,对 f 及 g 分别使用拉格朗日中值定理时所得的中间点可能不是同一点,而现在定理中要求的是同一点.

证 证明与拉格朗日中值定理的证明相类似,也是考虑一个辅助函数. 为此先指出,由定理的条件 $g'(x)\neq0$ 及罗尔定理立即推出 $g(a)\neq g(b)$. 现在我们作辅助函数:

$$h(x)=f(x)-\frac{f(b)-f(a)}{g(b)-g(a)}[g(x)-g(a)],$$

则容易验证,$h(x)$ 在 $[a,b]$ 上连续,在 (a,b) 内可导,且 $h(a)=h(b)$(均等于 $f(a)$);也就是说 h 满足罗尔定理的条件. 对 h 应用罗尔定理,可知存在一点 $c\in(a,b)$ 使得 $h'(c)=0$,也即

$$f'(c)-\frac{f(b)-f(a)}{g(b)-g(a)}g'(c)=0.$$

这就证明了我们的定理. 证毕.

柯西中值定理的几何意义与拉格朗日中值定理完全相同:都是表明在一条平面可微曲线弧上有一点,该点处的切线平行于两个端点的连线. 它们的差别在于在拉格朗日定理中的曲线弧是由 $y=f(x)$ 给出,而在柯西定理中曲线弧是由参数方程

$$\begin{cases} x=g(t), \\ y=f(t) \end{cases} \quad (a\leqslant t\leqslant b)$$

给出. 事实上,在柯西定理的条件下,这个参数方程所代表的曲线的端点连线在 Oxy 平面上的斜率是

$$\frac{f(b)-f(a)}{g(b)-g(a)}.$$

而曲线在 $t=c$ 点处的切线斜率是

$$\frac{\mathrm{d}y}{\mathrm{d}x}=\frac{f'(c)}{g'(c)}.$$

柯西中值定理的一个重要应用是给出了求未定型极限的**洛必达法则**.

现在我们先来解释什么是**未定型**. 我们考虑两个函数 $y=f(x)$ 及 $y=g(x)$. 设它们在一点 a 附近有定义(a 点可除外),当 $x\to a$ 时有极限 $\lim\limits_{x\to a}f(x)$ 和 $\lim\limits_{x\to a}g(x)$. 当 $\lim\limits_{x\to a}g(x)\neq0$ 时,比值 $f(x)/g(x)$ 在 $x\to a$ 时有极限

$$\lim_{x \to a} \frac{f(x)}{g(x)} = \frac{\lim\limits_{x \to a} f(x)}{\lim\limits_{x \to a} g(x)},$$

这时求极限是毫无困难的. 若 $\lim\limits_{x \to a} g(x) = 0$, 而 $\lim\limits_{x \to a} f(x) \neq 0$, 这时比值

$$\frac{f(x)}{g(x)} \to \infty \quad (x \to a).$$

这时结论也是清楚的. 最困难的是 $\lim\limits_{x \to a} g(x) = 0$ 与 $\lim\limits_{x \to a} f(x) = 0$ 同时发生的情况. 在这种情况下, 当 $x \to a$ 时比值 $\frac{f(x)}{g(x)}$ 的变化趋势有多种可能性: 可能有极限, 如 $\lim\limits_{x \to 0} \frac{\sin x}{x} = 1$; 也可能没有极限, 如

$$\frac{x \sin \dfrac{1}{x}}{x} = \sin \frac{1}{x} \quad (x \to 0);$$

甚至有可能趋于 ∞, 比如

$$\frac{x^2 + \sin^2 x}{x^3} \to \infty \quad (x \to 0).$$

正因为如此, 当 $\lim\limits_{x \to a} g(x) = \lim\limits_{x \to a} f(x) = 0$ 时, 我们称比式 $\frac{f(x)}{g(x)}$ 是 $\frac{0}{0}$ 型**未定式**.

洛必达法则为处理 $\frac{0}{0}$ 型未定式以及其他型的未定式提供了一种途径.

定理 2 (洛必达法则) 设 $y = f(x)$ 及 $y = g(x)$ 在 a 点的一个空心邻域内有定义, 并在该邻域内可导且 $g'(x) \neq 0$. 假若 $\lim\limits_{x \to a} f(x) = \lim\limits_{x \to a} g(x) = 0$, 并且当 $x \to a$ 时 $\frac{f'(x)}{g'(x)}$ 的极限存在, 则当 $x \to a$ 时 $\frac{f(x)}{g(x)}$ 的极限存在, 且

$$\lim_{x \to a} \frac{f(x)}{g(x)} = \lim_{x \to a} \frac{f'(x)}{g'(x)}.$$

证 我们补充定义 $f(a) = g(a) = 0$. 于是, 由定理所给条件, 这时 $f(x)$ 和 $g(x)$ 在 a 的一个邻域内 (包含 a 点在内) 连续. 设 x 是在该邻域内任意取定的一点, $x \neq a$. 在 $[a, x]$ 上或 $[x, a]$ 上应用柯西中值定理, 可知存在一点 c 介于 a 与 x 之间, 记之为 c_x, 使得

$$\frac{f(x)}{g(x)} = \frac{f(x) - f(a)}{g(x) - g(a)} = \frac{f'(c_x)}{g'(c_x)}.$$

因为 c_x 介于 a 与 x 之间, 故当 $x \to a$ 时 c_x 也趋于 a. 令 $x \to a$, 并对上式取极限即有

$$\lim_{x \to a} \frac{f(x)}{g(x)} = \lim_{c_x \to a} \frac{f'(c_x)}{g'(c_x)} = \lim_{x \to a} \frac{f'(x)}{g'(x)}.$$

证毕.

例 1   求极限 $\lim\limits_{x \to 0} \dfrac{\ln(1+x) - x}{x^2}$.

解   显然，这是一个 $\dfrac{0}{0}$ 型未定式，应用洛必达法则有

$$\lim_{x \to 0} \frac{\ln(1+x) - x}{x^2} = \lim_{x \to 0} \frac{\dfrac{1}{1+x} - 1}{2x} = \frac{1}{2} \lim_{x \to 0} \frac{-1}{1+x} = -\frac{1}{2}.$$

这里提醒读者，式子可以按现在的次序书写，但心中应该明白：这里的

推理步骤是反过来的. 严格地讲是因为极限 $\lim\limits_{x \to 0} \dfrac{\dfrac{1}{1+x} - 1}{2x}$ 存在，才肯定了极

限 $\lim\limits_{x \to 0} \dfrac{\ln(1+x) - x}{x^2}$ 存在并等于 $-\dfrac{1}{2}$.

在应用洛必达法则时应当注意两件事：首先要验证所讨论的式子是否是未定式. 如果不是未定式就不能用洛必达法则. 其次，当 $f'(x)/g'(x)$ 的极限不存在时，不能断定 $f(x)/g(x)$ 的极限也不存在. 例如，

$$f(x) = x^2 \sin \frac{1}{x}, \quad g(x) = x.$$

显然，当 $x \to 0$ 时 $f(x)/g(x) \to 0$，但是

$$\frac{f'(x)}{g'(x)} = 2x \sin \frac{1}{x} - \cos \frac{1}{x},$$

当 $x \to 0$ 时没有极限.

有些题目中使用一次洛必达法则还不能得到结果. 这时就需使用多次.

例 2   求极限 $\lim\limits_{x \to 0} \dfrac{e^x - 1 - x - \dfrac{1}{2}x^2}{x^3}$.

解   这是一个 $\dfrac{0}{0}$ 型未定式，分子与分母求导后仍是 $\dfrac{0}{0}$ 型未定式，继续对分子与分母求导二次后才归结为非未定式并存在极限，故

$$\lim_{x \to 0} \frac{e^x - 1 - x - \dfrac{1}{2}x^2}{x^3} = \lim_{x \to 0} \frac{e^x - 1 - x}{3x^2}$$

$$= \lim_{x \to 0} \frac{e^x - 1}{6x} = \lim_{x \to 0} \frac{e^x}{6} = \frac{1}{6}.$$

与关于例 1 的说明类似，这里的推理步骤与式子的次序相反：由于上

式中第四个极限存在,才肯定了第三个极限存在并有等式关系.这样依次反推上去,直至肯定第一个极限存在并等于最后一个极限.

显然,洛必达法则对于其他极限过程,如 $x\to a+0$,或 $x\to a-0$,也是成立的.这是不需重新证明的,前面所作的证明完全适用于这两种情况.

对于 $x\to\infty$(或 $x\to+\infty$ 或 $x\to-\infty$)的极限过程,洛必达法则仍然成立.但定理的叙述与证明须要改写.下面仅以 $x\to\infty$ 的情况为例给出定理的证明.

定理 3 设 $y=f(x)$ 及 $y=g(x)$ 在 $\mathbf{R}\backslash[-A,A]$ 中可导且 $g'(x)\neq0$,其中 $A>0$.假若 $\lim\limits_{x\to\infty}f(x)=\lim\limits_{x\to\infty}g(x)=0$,且极限

$$\lim_{x\to\infty}\frac{f'(x)}{g'(x)}$$

存在,则当 $x\to\infty$ 时 $f(x)/g(x)$ 的极限存在,并且

$$\lim_{x\to\infty}\frac{f(x)}{g(x)}=\lim_{x\to\infty}\frac{f'(x)}{g'(x)}.$$

证 令 $F(x)=f(1/x)$,$G(x)=g(1/x)$,那么函数 F 与 G 在 $(-\delta,\delta)\backslash\{0\}$ 中有定义并且可导,其中 $\delta=1/A$.在 $x=0$ 点补充定义 $F(0)=0$,$G(0)=0$.则根据假定 $\lim\limits_{x\to\infty}f(x)=\lim\limits_{x\to\infty}g(x)=0$ 可知,F 及 G 在 $(-\delta,\delta)$ 中连续.此外,假设中极限

$$\lim_{x\to\infty}\frac{f'(x)}{g'(x)}$$

的存在性蕴含着极限 $\lim\limits_{x\to0}F'(x)/G'(x)$ 存在并且

$$\lim_{x\to0}\frac{F'(x)}{G'(x)}=\lim_{x\to\infty}\frac{f'(x)}{g'(x)}.$$

对于 F 与 G 应用定理 2,即得到

$$\lim_{x\to0}\frac{F(x)}{G(x)}=\lim_{x\to0}\frac{F'(x)}{G'(x)},$$

也即

$$\lim_{x\to0}\frac{f(x)}{g(x)}=\lim_{x\to\infty}\frac{f'(x)}{g'(x)}.$$

证毕.

对于 $x\to+\infty$ 或 $x\to-\infty$ 的情况,相应于定理 3 中的结论依然成立.

除了 $\dfrac{0}{0}$ 型未定式之外,还有 $\dfrac{\infty}{\infty}$ 型未定式.顾名思义所谓 $\dfrac{\infty}{\infty}$ 型未定式是分子与分母都趋于无穷的比式.

对于 $\dfrac{\infty}{\infty}$ 型未定式,同样有洛必达法则.现在仅以 $x \to a$ 的极限过程为例,叙述如下.

定理 4 设 $y = f(x)$ 及 $y = g(x)$ 在 a 点的一个空心邻域 $(a-\delta, a+\delta) \setminus \{a\}$ 中可导,且 $g'(x) \neq 0$. 假定 $\lim\limits_{x \to a} f(x) = \infty$, $\lim\limits_{x \to a} g(x) = \infty$,且极限

$$\lim_{x \to a} \frac{f'(x)}{g'(x)}$$

存在,则当 $x \to a$ 时 $\dfrac{f(x)}{g(x)}$ 的极限存在,并且

$$\lim_{x \to a} \frac{f(x)}{g(x)} = \lim_{x \to a} \frac{f'(x)}{g'(x)}.$$

证明较长,这里从略.

对于所有其他类型的极限过程,如 $x \to a+0$, $x \to a-0$, $x \to \infty$, $x \to +\infty$ 或 $x \to -\infty$, $\dfrac{\infty}{\infty}$ 型未定式的洛必达法则都是成立的.这里不再一一叙述.

例 3 证明 $\lim\limits_{x \to +\infty} \dfrac{P(x)}{e^x} = 0$,其中 $P(x)$ 为 x 的一个 n 次多项式,$n > 1$.

证 设 $P(x) = a_0 x^n + \cdots + a_n$,则 $P(x)$ 的 n 阶导数 $P^{(n)}(x) = a_0 n!$ 是一常数.而 e^x 的 n 阶导数仍是它本身.由

$$\lim_{x \to +\infty} \frac{P^{(n)}(x)}{e^x} = 0,$$

根据洛必达法则推出:

$$\lim_{x \to +\infty} \frac{P^{(n-1)}(x)}{e^x} = \lim_{x \to +\infty} \frac{P^{(n)}(x)}{e^x} = 0.$$

反复运用洛必达法则,最后即推出:

$$\lim_{x \to +\infty} \frac{P(x)}{e^x} = \lim_{x \to +\infty} \frac{P'(x)}{e^x} = \cdots = \lim_{x \to +\infty} \frac{P^{(n)}(x)}{e^x} = 0.$$

证毕.

这里应该说明,在这个例子中每使用一次洛必达法则时,都应当说明所讨论的式子是一个 $\dfrac{\infty}{\infty}$ 型未定式,这是很容易说明的:事实上,分母 e^x 总是无穷大量,而分子 $P^{(k)}(x)$ 是一个 $n-k$ 次多项式$(1 \leqslant k < n)$,对于每个小于 n 的 k,$P^{(k)}(x)$ 在 $x \to +\infty$ 时也是一个无穷大量.

除去 $\dfrac{0}{0}$ 型与 $\dfrac{\infty}{\infty}$ 型的未定式之外,尚有许多其他型的未定式,如 $0 \cdot \infty$ 型,$\infty - \infty$ 型,0^0 型,∞^0 型,以及 1^∞ 型.处理这些类型的未定式的原则是设

法经过变形后化成 $\dfrac{0}{0}$ 型或 $\dfrac{\infty}{\infty}$ 型,再使用洛必达法则.

例 4　求极限 $\lim\limits_{x \to 0+0} x^x$.

解　这是一个 0^0 型未定式,通过取对数

$$\ln x^x = x\ln x = \frac{\ln x}{1/x}$$

化成 $\dfrac{\infty}{\infty}$ 型未定式,使用洛必达法则后得

$$\lim_{x \to 0+0} \ln x^x = \lim_{x \to 0+0} \frac{\dfrac{1}{x}}{-\dfrac{1}{x}} \quad ... = 0.$$

由指数函数的连续性得到

$$\lim_{x \to 0+0} x^x = \lim_{x \to 0+0} \mathrm{e}^{x\ln x} = \mathrm{e}^{\lim\limits_{x \to 0+0} x\ln x} = 1.$$

例 5　求极限 $\lim\limits_{x \to 1}\left(\dfrac{1}{\ln x} - \dfrac{1}{x-1}\right)$.

解　这是 $\infty - \infty$ 型未定式. 此式可化为

$$\frac{1}{\ln x} - \frac{1}{x-1} = \frac{x-1-\ln x}{(x-1)\ln x}.$$

归结为 $\dfrac{0}{0}$ 型未定式,使用洛必达法则即得

$$\lim_{x \to 1}\left(\frac{1}{\ln x} - \frac{1}{x-1}\right) = \lim_{x \to 1}\frac{x-1-\ln x}{(x-1)\ln x} = \lim_{x \to 1}\frac{1-1/x}{\ln x + \dfrac{x-1}{x}}$$

$$= \lim_{x \to 1}\frac{x-1}{x\ln x + x - 1} = \lim_{x \to 1}\frac{1}{\ln x + 2} = \frac{1}{2}.$$

习　题　4. 2

用洛必达法则求下列极限:

1. $\lim\limits_{x \to 0}\dfrac{2^x - 1}{3^x - 1}$.

2. $\lim\limits_{x \to 0}\dfrac{\cos x - 1}{x - \ln(1+x)}$.

3. $\lim\limits_{x \to 0}\left(\dfrac{1}{\ln(x+\sqrt{1+x^2})} - \dfrac{1}{\ln(1+x)}\right)$.

4. $\lim\limits_{x \to \frac{\pi}{2}}\dfrac{\tan 3x}{\tan x}$.

5. $\lim\limits_{x \to 0}\dfrac{\ln(\cos ax)}{\ln(\cos bx)}$.

6. $\lim\limits_{x \to 0+0} x^a \ln x \quad (a>0)$.

7. $\lim\limits_{x \to 0}\dfrac{\mathrm{e}^{-1/x^2}}{x^{100}}$.

8. $\lim\limits_{x \to \frac{\pi}{2}-0}(\tan x)^{2x-\pi}$.

9. $\lim\limits_{x \to \infty}(a^{1/x}-1)x \quad (a>0)$.

10. $\lim\limits_{y \to 0}\dfrac{y - \arcsin y}{\sin^3 y}$.

11. $\lim\limits_{y\to 1}\left(\dfrac{y}{y-1}-\dfrac{1}{\ln y}\right).$

12. $\lim\limits_{x\to 0}\dfrac{1-x^2-e^{-x^2}}{x\sin^3 x}.$

13. $\lim\limits_{x\to 0}\left(\dfrac{\arctan x}{x}\right)^{1/x^2}.$

14. $\lim\limits_{x\to +\infty}\left(\dfrac{\pi}{2}-\arctan x\right)^{\frac{1}{\ln x}}.$

15. $\lim\limits_{x\to 0}\dfrac{\tan x-x}{x-\sin x}.$

16. $\lim\limits_{x\to 0}\dfrac{\mathrm{ch}\,x-\cos x}{x^2}.$

17. $\lim\limits_{x\to 1}\dfrac{x^x-x}{\ln x-x+1}.$

18. $\lim\limits_{x\to +\infty}\left(\dfrac{2}{\pi}\arctan x\right)^x.$

§3 泰 勒 公 式

洛必达法则的另一项重要应用是证明泰勒公式,而后者在研究函数性质上无疑是一个极重要的公式.

在第一章中曾证明过,当函数 $y=f(x)$ 在一点 x_0 处可导时,我们有
$$f(x)=f(x_0)+f'(x_0)(x-x_0)+o(x-x_0)\quad(x\to x_0).$$
这就是说,当 x 充分靠近 x_0 时,函数 $f(x)$ 的值可以由一个线性函数 $f(x_0)+f'(x_0)(x-x_0)$ 近似代替,其误差项是比 $(x-x_0)$ 更高阶的无穷小量.

这一结果启发我们用 $(x-x_0)$ 的高阶多项式去逼近函数值 $f(x)$,可能得到更高的精确度. 自然,这有可能要求 f 有更强的条件,比如高阶导数之存在.

我们先来看如何用 $(x-x_0)$ 的二次多项式来逼近 $f(x)$. 这时,我们假定 $f(x)$ 在 x_0 点有二阶导数. 也就是说,$f'(x)$ 在 x_0 点附近有定义且在 x_0 点可导,于是将上式应用于 $f'(x)$,我们有
$$f'(x)=f'(x_0)+f''(x_0)(x-x_0)+o(x-x_0)\quad(x\to x_0).$$
为了得到关于 $f(x)$ 的近似式,设想将上式中的自变量 x 换成 t,然后对 t 积分,自 x_0 积到 x,就得到
$$f(x)=f(x_0)+f'(x_0)(x-x_0)+\frac{1}{2}f''(x_0)(x-x_0)^2$$
$$+\int_{x_0}^x o(t-x_0)\mathrm{d}t.$$
应当说明,这里的推导是不严格的,所以它不是证明,而只是为了发现 $(x-x_0)$ 的高阶多项式的逼近形式而作的一个探索. 我们有理由希望上式中的积分项是 $o\big((x-x_0)^2\big)$. 于是逼近 $f(x)$ 的二阶多项式很可能就是
$$f(x_0)+f'(x_0)(x-x_0)+\frac{1}{2}f''(x_0)(x-x_0)^2,$$
也即下式成立:

$$f(x) = f(x_0) + f'(x_0)(x - x_0) + \frac{1}{2} f''(x_0)(x - x_0)^2$$

$$+ o((x - x_0)^2) \quad (x \to x_0).$$

现在我们证明上式确实成立. 令

$$T_2(x) = f(x_0) + f'(x_0)(x - x_0) + \frac{1}{2} f''(x_0)(x - x_0)^2.$$

要证明上述公式成立, 实际上就是要证明

$$\lim_{x \to x_0} \frac{f(x) - T_2(x)}{(x - x_0)^2} = 0.$$

上式左端恰好是一个 $\frac{0}{0}$ 型未定式的极限. 分子与分母分别求导之后得到

$$\frac{f'(x) - f'(x_0) - f''(x_0)(x - x_0)}{2(x - x_0)} = \frac{f'(x) - f'(x_0)}{2(x - x_0)} - \frac{1}{2} f''(x_0).$$

当 $x \to x_0$ 时, 由 f 在 x_0 的二阶导数的存在性可知上式趋于零. 于是, 利用洛必达法则就证明了

$$\lim_{x \to x_0} \frac{f(x) - T_2(x)}{(x - x_0)^2} = \lim_{x \to x_0} \frac{f'(x) - T_2'(x)}{2(x - x_0)} = 0.$$

现在, 我们有理由猜想, 当 f 在 x_0 点有 n 阶导数时, 下面的结果应当成立:

$$f(x) = T_n(x) + o((x - x_0)^n) \quad (x \to x_0),$$

其中

$$T_n(x) = f(x_0) + \frac{f'(x_0)}{1!}(x - x_0) + \cdots + \frac{1}{n!} f^{(n)}(x_0)(x - x_0)^n.$$

这个多项式称为 n **阶泰勒多项式.**

定理 1（**局部泰勒公式**）　设 $y = f(x)$ 在 x_0 点的某个邻域内有定义, 并在 x_0 点有 n 阶导数, $n \geqslant 1$, 则在 x_0 点附近有下列展式:

$$f(x) = f(x_0) + \frac{f'(x_0)}{1!}(x - x_0) + \cdots + \frac{1}{n!} f^{(n)}(x_0)(x - x_0)^n$$

$$+ o((x - x_0)^n) \quad (x \to x_0).$$

此式称为 n **阶局部泰勒公式.**

证　连续地使用 $(n-1)$ 次洛必达法则, 我们有

$$\lim_{x \to x_0} \frac{f(x) - T_n(x)}{(x - x_0)^n} = \lim_{x \to x_0} \frac{f'(x) - T_n'(x)}{n(x - x_0)^{n-1}} = \cdots$$

$$= \lim_{x \to x_0} \frac{f^{(n-1)}(x) - T_n^{(n-1)}(x)}{n!(x - x_0)}$$

$$= \lim_{x \to x_0} \left[\frac{f^{(n-1)}(x) - f^{(n-1)}(x_0)}{n!(x - x_0)} - \frac{1}{n!} f^{(n)}(x_0) \right] = 0.$$

这里最后一步用到 f 在 x_0 点 n 阶导数的存在性. 证毕.

因为上述形式的泰勒公式只告诉我们当 $x \to x_0$ 时函数值的性态,所以这样的泰勒公式被称为**局部泰勒公式**,其余项 $o((x-x_0)^n)$ 有时称为**佩亚诺**(Peano,1858—1932)**型余项**.

函数 $y = f(x)$ 在 $x_0 = 0$ 点的泰勒公式称为**麦克劳林公式**.

现在我们给出一些常见初等函数的局部泰勒公式.

例1　求 $y = e^x$ 在 $x = 0$ 点的局部泰勒公式.

很明显,e^x 的任意阶导数在 $x = 0$ 的值都是 1,故有

$$e^x = 1 + \frac{x}{1!} + \frac{1}{2!} x^2 + \cdots + \frac{1}{n!} x^n + o(x^n) \quad (x \to 0).$$

例2　求 $y = \sin x$ 在 $x = 0$ 点的局部泰勒公式.

问题的关键在于求出 $\sin x$ 在 $x = 0$ 点的 n 阶导数的值. 为此,我们将 $(\sin x)' = \cos x$ 写成 $(\sin x)' = \sin\left(\frac{\pi}{2} + x\right)$,于是对于一般自然数 n,

$$(\sin x)^{(n)} = \sin\left(\frac{n\pi}{2} + x\right).$$

这样,我们有

$$(\sin x)^{(2k)}\big|_{x=0} = 0, \quad k = 1, 2, \cdots;$$
$$(\sin x)^{(2k+1)}\big|_{x=0} = (-1)^k, \quad k = 0, 1, \cdots.$$

这就是说,在正弦函数的泰勒公式中,x 的偶次方幂的系数均为零, 而 x 的奇次方幂的系数的符号正负相间:

$$\sin x = x - \frac{1}{3!} x^3 + \frac{1}{5!} x^5 - \cdots + \frac{(-1)^k}{(2k+1)!} x^{2k+1}$$
$$+ o(x^{2k+1}) \quad (x \to 0).$$

或者认为展式结束于偶数项:

$$\sin x = x - \frac{1}{3!} x^3 + \frac{1}{5!} x^5 - \cdots + \frac{(-1)^k}{(2k+1)!} x^{2k+1}$$
$$+ o(x^{2k+2}) \quad (x \to 0).$$

例3　求 $y = \cos x$ 在 $x = 0$ 的局部泰勒公式.

因为 $(\cos x)' = -\sin x$,故当 $n > 1$ 时,

$$(\cos x)^{(n)} = -(\sin x)^{(n-1)} = -\sin\left(\frac{n-1}{2} \pi + x\right).$$

由此可以归纳为

$$(\cos x)^{(2k+1)}\big|_{x=0}=0,\quad k=0,1,\cdots;$$
$$(\cos x)^{(2k)}\big|_{x=0}=(-1)^k,\quad k=1,2,\cdots.$$

于是, $\cos x$ 在 $x=0$ 点的泰勒公式为

$$\cos x=1-\frac{1}{2!}x^2+\frac{1}{4!}x^4-\cdots+\frac{(-1)^k}{(2k)!}x^{2k}+o(x^{2k+1})\quad(x\to0).$$

例 4　$(1+x)^\alpha$ 在 $x=0$ 点的局部泰勒公式为:

$$(1+x)^\alpha=1+\frac{\alpha}{1!}x+\frac{\alpha(\alpha-1)}{2!}x^2+\cdots$$
$$+\frac{\alpha(\alpha-1)\cdots(\alpha-n+1)}{n!}x^n+o(x^n)\quad(x\to0).$$

这一公式的验证留给读者.

我们要指出,这一公式在形式上很像二项式展开式. 但这里 α 不一定是整数,也不一定是有理数. 它可以是任意的实数.

当 α 是正整数 m 时,如果展开的阶数 n 等于 m,那么这时上述公式恰好是 $(1+x)^m$ 的牛顿二项展开式,因此此式是二项展开式之推广.

例 5　$\ln(1+x)$ 在 $x=0$ 点的泰勒公式为:

$$\ln(1+x)=x-\frac{x^2}{2}+\frac{x^3}{3}-\cdots+(-1)^{n-1}\frac{x^n}{n}+o(x^n)\quad(x\to0).$$

为证明这个公式,我们应求出 $\ln(1+x)$ 在 $x=0$ 点的 n 阶导数. 直接套用第二章中的结果,或用归纳法证明

$$[\ln(1+x)]^{(n)}=(-1)^{n-1}\frac{(n-1)!}{(1+x)^n},$$

并求出它在 $x=0$ 处的值:

$$[\ln(1+x)]^{(n)}\big|_{x=0}=(-1)^{n-1}(n-1)!,$$

然后代入一般形式的泰勒公式即得上述公式.

另外一个办法是,先考虑等式

$$\frac{1}{1+t}=1-t+t^2-\cdots+(-1)^{n-1}t^{n-1}+\frac{(-1)^nt^n}{1+t}.$$

将上式对 t 积分,自 0 积到 x,即得

$$\ln(1+x)=x-\frac{x^2}{2}+\frac{x^3}{3}-\cdots+(-1)^{n-1}\frac{x^n}{n}+\int_0^x\frac{(-t)^n}{1+t}dt.$$

现在只要证明最后一个积分是 $o(x^n)$ 就可以了.

事实上,当 $x>0$ 时,

$$\left|\int_0^x\frac{(-t)^n}{1+t}dt\right|=\int_0^x\frac{t^n}{1+t}dt<\int_0^xt^ndx=\frac{1}{n+1}x^{n+1}.$$

当 $x<0$ 时,由换元法可得 $\int_0^x \frac{(-t)^n}{1+t}\mathrm{d}t = -\int_0^{|x|} \frac{t^n}{1-t}\mathrm{d}t$,这时不妨假定 $|x|<1/2$,于是有

$$\left|\int_0^x \frac{(-t)^n}{1+t}\mathrm{d}t\right| = \int_0^{|x|} \frac{t^n}{1-t}\mathrm{d}t < 2\int_0^{|x|} t^n\mathrm{d}t = 2\cdot\frac{1}{n+1}|x|^{n+1}.$$

总之,不论 x 是正数还是负数,当 $|x|<1/2$ 时总有

$$\left|\int_0^x \frac{(-t)^n}{1+t}\mathrm{d}t\right| \leqslant 2\int_0^{|x|} |t|^n\mathrm{d}t = \frac{2}{n+1}|x|^{n+1}.$$

因此,当 $x\to 0$ 时这个积分是 x^n 的高阶无穷小量,即 $o(x^n)$. 这样,我们同样证明了

$$\ln(1+x) = x - \frac{x^2}{2} + \frac{x^3}{3} - \cdots + (-1)^{n-1}\frac{x^n}{n}$$
$$+ o(x^n) \quad (x\to 0).$$

但是,这里有一个问题. 如果没有前面第一种办法,那么我们如何来断言我们按第二种办法所证明的等式恰好就是泰勒公式呢?

这里实际上提出了一个一般问题:设 $y=f(x)$ 在一点 $x=x_0$ 有 n 阶导数. 假定我们已知成立下列公式

$$f(x) = A_0 + A_1(x-x_0) + \cdots + A_n(x-x_0)^n$$
$$+ o\big((x-x_0)^n\big) \quad (x\to x_0),$$

其中 $A_1,\cdots,A_n$ 为常数. 我们要问:这个公式是否一定是 f 在 x_0 处的泰勒公式? 也就是问这个公式右端的多项式是否一定是泰勒多项式?

问题的答案是肯定的. 事实上,令 $x\to x_0$,对上式取极限即得

$$A_0 = \lim_{x\to x_0} f(x) = f(x_0).$$

这样,当 $x\neq x_0$ 时,

$$\frac{f(x)-f(x_0)}{x-x_0} = A_1 + A_2(x-x_0) + \cdots + A_n(x-x_0)^{n-1}$$
$$+ o\big((x-x_0)^{n-1}\big).$$

再令 $x\to x_0$,对上式取极限即得

$$f'(x_0) = A_1.$$

为了确定 A_2,我们需用洛必达法则:

$$A_2 = \lim_{x\to x_0} \frac{f(x)-f(x_0)-f'(x_0)(x-x_0)}{(x-x_0)^2}$$
$$= \lim_{x\to x_0} \frac{f'(x)-f'(x_0)}{2(x-x_0)} = \frac{1}{2}f''(x_0).$$

余此类推,最后可以通过$(n-1)$次洛必达法则证明 $A_n=f^{(n)}(x_0)/n!$. 这样,我们证明了下列定理:

定理 2 设 $y=f(x)$ 在 x_0 点附近有定义,且在 x_0 点 n 阶导数存在. 假如有 $n+1$ 个常数 $A_0,A_1,\cdots,A_n$ 使得下式成立:

$$f(x)=A_0+A_1(x-x_0)+\cdots+A_n(x-x_0)^n$$
$$+o(x-x_0)^n \quad (x\to x_0),$$

则有

$$A_k=\frac{1}{k!}f^{(k)}(x_0),\quad k=0,1,\cdots,n,$$

其中 $f^{(0)}(x_0)=f(x_0)$.

这就是说,不管你是用怎样的办法证明了 $f(x)$ 可以用 $(x-x_0)$ 的某个 n 次多项式逼近,其误差当 $x\to x_0$ 时是 $(x-x_0)^n$ 的高阶无穷小量,那么这个 $(x-x_0)$ 的 n 次多项式再加上 $o((x-x_0)^n)$ 就一定是 $f(x)$ 在 x_0 点的泰勒公式.

这个定理也称做**局部泰勒展开式的唯一性定理**.

有了这一结论,在求某个函数的泰勒公式时,我们就不一定通过求函数在某点的各阶导数值来求,而可以用其他变通的办法了.

例 6 求 $y=e^{-x^2}$ 在 $x=0$ 点的局部泰勒公式.

解 我们已知 $y=e^x$ 的泰勒公式. 将 $-x^2$ 替代 x 代入到 e^x 的泰勒公式中即得

$$e^{-x^2}=1+(-x^2)+\frac{1}{2!}(-x^2)^2+\cdots+\frac{1}{n!}(-x^2)^n$$
$$+o((x^2)^n) \quad (x^2\to 0)$$
$$=1-x^2+\frac{1}{2!}x^4-\cdots+\frac{(-1)^n}{n!}x^{2n}+o(x^{2n}) \quad (x\to 0).$$

泰勒公式为求 $\dfrac{0}{0}$ 型未定式的极限提供了方便,使我们不必使用洛必达法则而求得未定式的极限.

例 7 求

$$\lim_{x\to 0}\frac{e^x-1-x-\frac{x}{2}\sin x}{\sin x-x\cos x}.$$

解 粗略地估计上式分子与分母都是 x 的 3 阶无穷小量. 于是,我们首先将分子与分母展开至 x^3 项:

$$\mathrm{e}^x - 1 - x - \frac{x}{2}\sin x$$

$$= 1 + x + \frac{x^2}{2} + \frac{x^3}{6} + o(x^3) - 1 - x - \frac{x}{2}\left(x - \frac{1}{6}x^3 + o(x^3)\right)$$

$$= \frac{1}{6}x^3 + \frac{1}{12}x^4 + o(x^4) + o(x^3)$$

$$= \frac{1}{6}x^3 + o(x^3),$$

$$\sin x - x\cos x = x - \frac{1}{6}x^3 + o(x^3) - x\left(1 - \frac{1}{2}x^2 + o(x^3)\right)$$

$$= \frac{1}{3}x^3 + o(x^3).$$

于是,我们有

$$\frac{\mathrm{e}^x - 1 - x - \dfrac{x}{2}\sin x}{\sin x - x\cos x} = \frac{\dfrac{1}{6}x^3 + o(x^3)}{\dfrac{1}{3}x^3 + o(x^3)},$$

从而得到
$$\lim_{x \to 0} \frac{\mathrm{e}^x - 1 - x - \dfrac{x}{2}\sin x}{\sin x - x\cos x} = \frac{1}{2}.$$

在这个题目中,我们用到了下述事实:

$$xo(x^3) = o(x^4) \quad \text{与} \quad o(x^4) + o(x^3) = o(x^3).$$

请读者根据 o 的定义自己证明,并希望读者能熟练运用类似的关系式.

局部泰勒公式也可以用来处理其他类型的不定式.

例 8 设 $m > 1$,求极限

$$\lim_{x \to \infty}\left[(x^m + x^{m-1})^{1/m} - (x^m - x^{m-1})^{1/m}\right].$$

解 将 $(x^m + x^{m-1})^{1/m}$ 写成 $x\left(1 + \dfrac{1}{x}\right)^{1/m}$,并注意到 $x \to \infty$ 时,$\dfrac{1}{x} \to 0$. 由 $(1+x)^\alpha$ 的局部泰勒公式有

$$\left(1 + \frac{1}{x}\right)^{1/m} = 1 + \frac{1}{m} \cdot \frac{1}{x} + o\left(\frac{1}{x}\right) \quad (x \to \infty).$$

因此
$$x\left(1 + \frac{1}{x}\right)^{1/m} = x + \frac{1}{m} + o(1) \quad (x \to \infty),$$

其中 $o(1)$ 代表一个无穷小量 $(x \to \infty)$. 这里我们用到了 $x \cdot o\left(\dfrac{1}{x}\right) = o(1)$. 这一点读者可以由"$o$"的定义验证.

类似地,我们有

$$(x^m - x^{m-1})^{1/m} = x\left(1 - \frac{1}{x}\right)^{1/m} = x - \frac{1}{m} + o(1) \quad (x \to \infty).$$

这样最后得到

$$\lim_{x \to \infty}\left[(x^m + x^{m-1})^{\frac{1}{m}} - (x^m - x^{m-1})^{\frac{1}{m}}\right] = \frac{2}{m}.$$

最后一步我们用到 $o(1) - o(1) = o(1)$，这是因为两个无穷小量之差是一个无穷小量.

思考题　求极限：

$$\lim_{n \to \infty} n\left[\left(1 + \frac{1}{n}\right)^n - e\right] = ?$$

$\left(\text{提示}：\left(1 + \frac{1}{n}\right)^n = e^{n\ln\left(1 + \frac{1}{n}\right)}.\right)$

无论是求 $\dfrac{0}{0}$ 型未定式的极限或估计一个无穷小量的阶，都需要记熟常见的基本初等函数的局部泰勒公式，尤其是下列一些公式：

(1) $e^x = 1 + x + \dfrac{1}{2!}x^2 + \cdots + \dfrac{1}{n!}x^n + o(x^n)$　$(x \to 0)$;

(2) $\sin x = x - \dfrac{1}{3!}x^3 + \cdots + (-1)^{n-1}\dfrac{x^{2n-1}}{(2n-1)!} + o(x^{2n})$　$(x \to 0)$;

(3) $\cos x = 1 - \dfrac{1}{2!}x^2 + \cdots + (-1)^n\dfrac{x^{2n}}{(2n)!} + o(x^{2n+1})$　$(x \to 0)$;

(4) $(1+x)^\alpha = 1 + \alpha x + \dfrac{\alpha(\alpha-1)}{2!}x^2 + \cdots$

$\qquad\qquad + \dfrac{\alpha(\alpha-1)\cdots(\alpha-n+1)}{n!}x^n + o(x^n)$　$(x \to 0)$;

(5) $\ln(1+x) = x - \dfrac{x^2}{2} + \dfrac{x^3}{3} - \cdots + (-1)^{n-1}\dfrac{x^n}{n} + o(x^n)$　$(x \to 0)$.

一般说来，在 $x \to 0$ 的局部泰勒公式中，"o"中 x 的方次与泰勒多项式的次数相同. 但在 $\sin x$ 及 $\cos x$ 的泰勒公式中，"o"中 x 的方次却比泰勒多项式的次数高一次. 这是因为在这两个泰勒多项式中，与"o"中 x 同方次幂的系数为 0 的缘故.

◇◇◇◇◇◇◇◇◇◇◇◇
历史的注记
◇◇◇◇◇◇◇◇◇◇◇◇

泰勒(B. Taylor, 1685—1731)，英国数学家，18 世纪早期英国牛顿学派的代表人物之一. 1715 年他正式公布了他的重要发现，后人称之为泰勒公式. 当时这一公式是用流数的形式写出的，用现代的形式写出即

$$f(x + h) = f(x) + hf'(x) + \frac{h^2}{2!}f''(x) + \cdots.$$

当时他的证明是不严谨的,也没有顾及公式中无穷和的数学含义.当时在泰勒看来任意一个一元函数都能展开成一个幂级数.

§4   关于泰勒公式的余项

上一节中所证明的泰勒公式

$$f(x) = f(x_0) + \frac{f'(x_0)}{1!}(x - x_0) + \cdots + \frac{f^{(n)}(x_0)}{n!}(x - x_0)^n$$
$$+ o\big((x - x_0)^n\big) \quad (x \to x_0)$$

中,误差项 $o\big((x-x_0)^n\big)$ 只告诉我们它是当 $x \to x_0$ 时比 $(x-x_0)^n$ 更高阶的无穷小量,但并没有具体地告诉我们,对于给定的一个 x 它的数值有多大.因此,我们自然希望对于泰勒公式中的误差项有一个具体的估计式或一个更为明显的表达式.

拉格朗日中值定理告诉我们

$$f(x) = f(x_0) + f'(\xi)(x - x_0),$$

其中 ξ 是介于 x_0 与 x 之间的某一点,这个公式可以看做是泰勒公式在 $n=0$ 时对误差项有明显表达式的一个公式.从这一种特殊情况出发,我们似乎有理由猜想下列公式成立:

$$f(x) = f(x_0) + \frac{f'(x_0)}{1!}(x - x_0) + \cdots + \frac{f^{(n)}(x_0)}{n!}(x - x_0)^n$$
$$+ \frac{f^{(n+1)}(\xi)}{(n + 1)!}(x - x_0)^{n+1},$$

其中 ξ 是介于 x_0 与 x 之间的某一点.

事实上这一公式是成立的.

因为这一公式是拉格朗日中值定理之推广,故其中的余项称为**拉格朗日余项**,而整个公式称为**带有拉格朗日余项的泰勒公式**.

定理   设 $y=f(x)$ 在 (A,B) 内有 $n+1$ 阶导数,则对 (A,B) 中任意取定的一点 x_0 及任意的 $x \in (A,B)$,有

$$f(x) = f(x_0) + \frac{f'(x_0)}{1!}(x - x_0) + \cdots + \frac{f^{(n)}(x_0)}{n!}(x - x_0)^n$$
$$+ \frac{f^{(n+1)}(\xi)}{(n + 1)!}(x - x_0)^{n+1},$$

其中 ξ 是介于 x_0 与 x 之间的某一点.

证 假如 $x=x_0$,则上述公式显然成立.因此,不妨设 $x \neq x_0$.我们令

$$F(t)=f(t)-f(x_0)-\frac{f'(x_0)}{1!}(t-x_0)-\cdots-\frac{f^{(n)}(x_0)}{n!}(t-x_0)^n,$$

$$G(t)=(t-x_0)^{n+1},$$

其中 $x_0 \leqslant t \leqslant x$ 或 $x \leqslant t \leqslant x_0$.很容易验证

$$F(x_0)=G(x_0)=0,$$

$$F^{(k)}(x_0)=G^{(k)}(x_0)=0,\quad k=1,\cdots,n.$$

由柯西中值定理

$$\frac{F(x)}{G(x)}=\frac{F(x)-F(x_0)}{G(x)-G(x_0)}=\frac{F'(x_1)}{G'(x_1)},$$

其中 x_1 是介于 x_0 与 x 之间的一点.注意到 $F'(x_0)=G'(x_0)=0$,再次应用柯西中值定理有

$$\frac{F'(x_1)}{G'(x_1)}=\frac{F'(x_1)-F'(x_0)}{G'(x_1)-G'(x_0)}=\frac{F''(x_2)}{G''(x_2)},$$

其中 x_2 是介于 x_0 与 x_1 之间的一点,也即是介于 x_0 与 x 之间的一点.如此下去,共使用 $n+1$ 次柯西中值定理,最后得到

$$\frac{F(x)}{G(x)}=\frac{F^{(n+1)}(x_{n+1})}{G^{(n+1)}(x_{n+1})},$$

其中 x_{n+1} 是介于 x_0 与 x 之间的一点.另一方面,不难看出

$$F^{(n+1)}(t)=f^{(n+1)}(t),\quad G^{(n+1)}(t)=(n+1)!,$$

故我们得到

$$\frac{F(x)}{G(x)}=\frac{f^{(n+1)}(x_{n+1})}{(n+1)!},$$

也即

$$F(x)=\frac{f^{(n+1)}(x_{n+1})}{(n+1)!}(x-x_0)^{n+1}.$$

将 x_{n+1} 换成 ξ,上式就是要证的公式.证毕.

这一定理在函数值的计算方面有重要意义.事实上,迄今为止各种初等函数的数值表,如三角函数表与对数函数表等,都是根据带有拉格朗日余项或其他形式的余项的泰勒公式计算来的.

拉格朗日余项为泰勒公式的误差提供了估计.设 M 是 $|f^{(n+1)}(t)|$ 在 $[x_0,x]$ 上或 $[x,x_0]$ 上的一个上界.那么泰勒公式的误差

$$R_n(x)=f(x)-f(x_0)-\frac{f'(x_0)}{1!}(x-x_0)-\cdots-\frac{f^{(n)}(x_0)}{n!}(x-x_0)^n$$

有下列估计式：

$$|R_n(x)| \leqslant \frac{M}{(n+1)!} |x-x_0|^{n+1}.$$

例 设 $-\pi/4 < x < \pi/4$，在使用带拉格朗日余项的泰勒公式计算 $\sin x$ 时，为使公式误差小于 5×10^{-7}，应在泰勒公式中取多少项？

解 因为 $(\sin x)^{(n)} = \sin\left(x + \frac{n}{2}\pi\right)$，故 $\sin x$ 的带拉格朗日余项的泰勒公式应为

$$\sin x = x - \frac{x^3}{3!} + \cdots + (-1)^{n-1}\frac{x^{2n-1}}{(2n-1)!} + (-1)^n\frac{\cos\xi}{(2n+1)!}x^{2n+1}.$$

其误差小于

$$\frac{|x|^{2n+1}}{(2n+1)!} \leqslant \frac{(\pi/4)^{2n+1}}{(2n+1)!} \leqslant \frac{1}{(2n+1)!}.$$

为使误差小于 5×10^{-7}，取 $n = 5$ 即可，因为

$$\frac{1}{11!} < 3 \times 10^{-8}.$$

下面是几个常见初等函数的带有拉格朗日余项的泰勒公式：

(1) $e^x = 1 + x + \dfrac{x^2}{2!} + \cdots + \dfrac{x^n}{n!} + \dfrac{e^\xi}{(n+1)!}x^{n+1}$ $(-\infty < x < +\infty)$;

(2) $\sin x = x - \dfrac{x^3}{3!} + \cdots + (-1)^{n-1}\dfrac{x^{2n-1}}{(2n-1)!}$

$\qquad\qquad + (-1)^n\dfrac{\cos\xi}{(2n+1)!}x^{2n+1}$ $(-\infty < x < +\infty)$;

(3) $\cos x = 1 - \dfrac{x^2}{2!} + \cdots + (-1)^n\dfrac{x^{2n}}{(2n)!}$

$\qquad\qquad + (-1)^{n+1}\dfrac{\cos\xi}{(2n+2)!}x^{2n+2}$ $(-\infty < x < +\infty)$;

(4) $(1+x)^\alpha = 1 + \alpha x + \dfrac{\alpha(\alpha-1)}{2!}x^2 + \cdots + \dfrac{\alpha(\alpha-1)\cdots(\alpha-n+1)}{n!}x^n$

$\qquad\qquad + \dfrac{\alpha(\alpha-1)\cdots(\alpha-n)}{(n+1)!}(1+\xi)^{\alpha-n-1} \cdot x^{n+1}$

$\qquad\qquad\qquad\qquad (-1 < x < +\infty)$;

(5) $\ln(1+x) = x - \dfrac{x^2}{2} + \dfrac{x^3}{3} - \cdots + (-1)^{n-1}\dfrac{x^n}{n}$

$\qquad\qquad + (-1)^n\dfrac{x^{n+1}}{(n+1)(1+\xi)^{n+1}}$ $(-1 < x < +\infty)$.

在以上各式中，ξ 是介于 0 与 x 之间的数。

应该指出，在上述公式中，$\ln(1+x)$ 及 $(1+x)^\alpha$ 的泰勒公式的余项，相

对而言较大,换句话说,当我们在泰勒公式中取相同项数时,e^x,$\sin x$ 及 $\cos x$ 的拉格朗日余项一般较小,而 $(1+x)^\alpha$ 与 $\ln(1+x)$ 的拉格朗日余项较大.

泰勒公式对某些个别函数会失去意义,例如函数

$$f(x) = \begin{cases} e^{-1/x^2}, & x \neq 0, \\ 0, & x = 0. \end{cases}$$

首先,我们验证函数 $f(x)$ 在 $x=0$ 点的导数 $f'(0)=0$. 事实上,

$$\frac{\Delta y}{\Delta x} = \frac{f(0+\Delta x) - f(0)}{\Delta x} = \frac{e^{-1/\Delta x^2}}{\Delta x},$$

洛必达法则无法直接应用于这一个 $\frac{0}{0}$ 型未定式,需要将它作一点变形:

$$\frac{\Delta y}{\Delta x} = \frac{\dfrac{1}{\Delta x}}{e^{1/\Delta x^2}} = \frac{t}{e^{t^2}},$$

其中 $t = \dfrac{1}{\Delta x}$. 当 $\Delta x \to 0$ 时,$t \to \infty$. 利用洛必达法则很容易证明

$$f'(0) = \lim_{\Delta x \to 0} \frac{\Delta y}{\Delta x} = \lim_{t \to \infty} \frac{t}{e^{t^2}} = 0.$$

因此,我们证明了

$$f'(x) = \begin{cases} \dfrac{2}{x^3} e^{-1/x^2}, & x \neq 0; \\ 0, & x = 0. \end{cases}$$

用类似于上面的方法,可以证明 $f''(0)=0$,并且可以一般地证明 $f(x)$ 在 $x=0$ 点的各阶导数都等于 0,即

$$f^{(n)}(0) = 0, \quad n = 1, 2, \cdots.$$

因此,对于任意的自然数 n,$f(x)$ 在 $x=0$ 的带拉格朗日余项的公式是

$$f(x) = 0 + \frac{f^{(n+1)}(\xi)}{(n+1)!} x^{n+1}.$$

这里的余项就是函数值本身,这在函数值计算上没有告诉我们任何事情. 这个极端的例子表明泰勒公式对于函数值的计算也不是万能的.

思考题 试比较局部泰勒公式与带拉格朗日余项的泰勒公式在意义上与应用上的差别.

习 题 4.3

1. 求下列函数在 $x=0$ 点的局部泰勒公式:

(1) $\text{sh} x$;   (2) $\dfrac{1}{2} \ln \dfrac{1-x}{1+x}$;   (3) $\sin^2 x$;

(4) $\dfrac{x^2+2x-1}{x-1}$;   (5) $\cos x^3$.

2. 求下列函数在 $x=0$ 点的局部泰勒公式至所指定的阶数:

(1) $e^x \sin x$ (x^4);   (2) $\sqrt{1+x}\,\cos x$ (x^4);

(3) $\sqrt{1-2x+x^3}-\sqrt{1-3x+x^2}$ (x^3).

3. 求下列函数在 $x=0$ 点的局部泰勒公式:

(1) $\arctan x$;   (2) $\arcsin x$.

4. 利用泰勒公式求下列极限:

(1) $\lim\limits_{x\to 0}\dfrac{1-x^2-e^{-x^2}}{x\sin^3 2x}$;   (2) $\lim\limits_{x\to 0}\left(\dfrac{1}{x}-\dfrac{1}{e^x-1}\right)$;

(3) $\lim\limits_{x\to 0}\left(\dfrac{1}{x}-\dfrac{\cos x}{\sin x}\right)\dfrac{1}{\sin x}$.

5. 当 x 较小时,可用 $\sin a+x\cos a$ 近似代替 $\sin(a+x)$,其中 a 为常数.试证其误差不超过 $\dfrac{1}{2}|x|^2$.

6. 设 $0<x\leqslant 1/3$,按公式

$$e^x=1+x+\frac{1}{2}x^2+\frac{1}{6}x^3$$

计算 e^x 的近似值时,试证公式误差不超过 8×10^{-4}.

§5 极 值 问 题

所谓极值问题就是寻求一个给定的函数在一定范围内的极大值或极小值,以及最大值或最小值的问题.

历史上各式各样的极值问题曾经是数学发展的重要源泉之一,而某些极值问题的研究与微分学的发展有直接的联系.

现在,我们利用微分学的知识来讨论极值问题. 我们先引入一些术语.

我们称一点 $x=x_0$ 是函数 $y=f(x)$ 的**极值点**,如果该函数在 x_0 点附近有定义且存在一个邻域 $U_\delta(x_0)$,使得

$$f(x)\leqslant f(x_0),\quad \forall\ x\in U_\delta(x_0)$$

或

$$f(x)\geqslant f(x_0),\quad \forall\ x\in U_\delta(x_0).$$

在前一种情况下,我们称函数值 $f(x_0)$ 为**极大值**,x_0 为**极大值点**,而在后一种情况下,称 $f(x_0)$ 为**极小值**,x_0 为**极小值点**. 极大值与极小值统称为**极值**,极大值点与极小值点统称为**极值点**.

过去,我们曾谈论过一个闭区间 $[a,b]$ 上的连续函数的最大值与最小值. 应该指出,极大值与极小值只是在一个局部范围内函数的最大值与最小

值,在整个区间上它们未必是最大值或最小值.

反过来,一个函数在闭区间上的最大值与最小值也未必一定是极大值与极小值,比如当一个函数的最大值或最小值不是在其定义区间的内点达到,而是在其端点达到,这时就不一定是极大值或极小值.因为这时不存在极值点所要求的邻域.但是,无论如何,函数的最大值(或最小值)如果在定义区间内达到,则必为极大值(或极小值).

由上看出:寻求一个函数在一个闭区间上的最大值(或最小值),只要我们找出它在区间内的全部极大值点(或极小值点),再将这些点所对应的函数值与函数在端点的值加以比较就够了.

下面的定理给出了极值点的必要条件:

定理 1 设 $y=f(x)$ 在 (a,b) 上有定义. 若 $x_0\in(a,b)$ 是 $y=f(x)$ 的极值点,且 $f(x)$ 在 x_0 可导,则 $f'(x_0)=0$.

证 不失一般性,我们假定 x_0 是 f 的极大值点.这时存在 x_0 的一个邻域 $U_\delta(x_0)\subset(a,b)$,使得 $f(x)\leqslant f(x_0)$,$\forall\ x\in U_\delta(x_0)$.这样,我们有

$$\lim_{x\to x_0+0}\frac{f(x)-f(x_0)}{x-x_0}\leqslant 0$$

和

$$\lim_{x\to x_0-0}\frac{f(x)-f(x_0)}{x-x_0}\geqslant 0.$$

函数在 x_0 点的可导性蕴含着上述两个极限相等并且都等于 $f'(x_0)$.于是推出 $f'(x_0)=0$.证毕.

定理 1 也称为费马定理.

历史的注记

费马(P. Fermat, 1601—1665),法国著名数学家;先是学习法律,后以地方议会的议员为其职业.他利用公职之余钻研数学,并在数论、解析几何、概率论等方面有重大贡献.他的著名猜测:方程

$$x^n+y^n=z^n\quad(n>2)$$

无整数解,成了各国数学家而后努力研究的课题,至 20 世纪 90 年代即在他去世三百多年后才得以证明.特别应该指出的是,费马是微积分学的先驱.他在微积分创立之前,就提出了求极大(小)值点的办法,其中实际上给出了求曲线切线的方法.此外,他与笛卡儿差不多同时得到了解析几何的基本观念.他

淡泊名利,很少发表自己的著作.他的许多论述是写在读过的书页的空白处或给友人的信中.他去世后,他的儿子将这些遗作汇集成两大卷书出版.

这个定理告诉我们,对于可导函数而言,极值点的必要条件是函数在该点的导数为零.其几何意义是一条可微弧上极值点所对应的点处的切线与 x 轴平行,如图 4.5 中 A,B,C 三点.

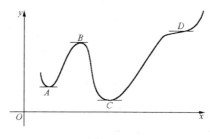

图　4.5

然而,我们应当注意,使导数等于零的点不一定就是极值点.请观察图 4.5 中的点 D.

我们将导数等于零的点称为**驻点**,这是一个老的名字,可能由物理上而得来:如果将考虑的函数看做是一运动物体的路程函数,那么导数等于零意味着其瞬时速度为零,似乎在这一瞬间运动着的物体停驻于原处.

有时人们还将导数等于零的点称做**稳定点**或**临界点**,因为在许多现象中这种点对应的是某种稳定状态或临界状态.

在本讲义中,今后我们将导数等于零的点称之为稳定点.

根据上面的讨论,对于一个可导函数,**极值点要在稳定点中寻求**;但是要注意,**稳定点不一定都是极值点**.

为了确定一个稳定点是否是极值点,一般说来须要考虑在稳定点左侧及右侧附近函数值的性态.比如若在其左侧附近函数递增(或等价地说,其导函数是非负的)而在其右侧附近函数递减(导函数是非正的),这时该稳定点一定是极大值点.

例 1　求出 $f(x)=x^3-6x^2-15x+4$ 的极大值点与极小值点.

解　$f'(x)=3x^2-12x-15=3(x+1)(x-5)$. 故 f 的稳定点是 $x=-1$ 及 $x=5$,且 $f'(x)>0$, $\forall x<-1$;$f'(x)<0$, $\forall x\in(-1,5)$;$f'(x)>0$, $\forall x>5$,因此,$x=-1$ 为极大值点,$x=5$ 为极小值点.

将上述讨论列成下表将更清晰:

	$(-\infty,-1)$	-1	$(-1,5)$	5	$(5,+\infty)$
f'	$+$	0	$-$	0	$+$
f	↗	极大	↘	极小	↗

一般说来,若导函数在一稳定点之两侧改变其符号,则该稳定点必为极值点.

考查函数在稳定点的二阶导数的符号也是确定该稳定点是否是极值点的一个方法.

定理 2　设函数 $y=f(x)$ 在区间 (a,b) 内有一阶导数,$x_0\in(a,b)$ 是它的一个稳定点,且 f 在 x_0 有二阶导数.若 $f''(x_0)<0$,则 x_0 为极大值点;若 $f''(x_0)>0$,则 x_0 为极小值点.

证　我们只讨论 $f''(x_0)>0$ 的情况,另一种情况的讨论完全类似.

因为 $f'(x_0)=0$ 并且

$$0<f''(x_0)=\lim_{x\to x_0}\frac{f'(x)-f'(x_0)}{x-x_0}=\lim_{x\to x_0}\frac{f'(x)}{x-x_0},$$

故有正数 δ,使得 $U_\delta(x_0)\subset(a,b)$ 且

$$\frac{f'(x)}{x-x_0}>0,\quad\forall\,x\in U_\delta(x_0)\setminus\{x_0\}.$$

就是说,$f'(x)$ 在 x_0 之两侧附近与 $(x-x_0)$ 的符号相同.于是 $f'(x)$ 在 x_0 之左侧附近为负,而在其右侧附近为正.因此,$f(x_0)$ 为极小值.证毕.

仍以例 1 中的函数为例.因 $f''(x)=6x-12$,故 $f''(-1)=-18<0$,$f''(5)=18>0$.因此,由定理 2 再次证实 $x=-1$ 为极大值点,$x=5$ 为极小值点.

定理 2 的另外一种证明方法是应用局部泰勒公式.设 $f'(x_0)=0$,$f''(x_0)>0$,那么

$$f(x)=f(x_0)+\frac{1}{2}f''(x_0)(x-x_0)^2+o\big((x-x_0)^2\big)$$

$$=f(x_0)+\left[\frac{1}{2}f''(x_0)+\alpha(x)\right](x-x_0)^2\quad(x\to x_0),$$

其中 $\alpha(x)$ 是一个无穷小量.因此,当 x 充分靠近 x_0 时,$|\alpha(x)|<\frac{1}{2}f''(x_0)$,因而 $\left[\frac{1}{2}f''(x_0)+\alpha(x)\right]$ 与 $f''(x_0)$ 同号,于是由 $f''(x_0)>0$ 得

$$\left[\frac{1}{2}f''(x_0)+\alpha(x)\right](x-x_0)^2\geqslant0.$$

由此推出当 x 充分靠近 x_0 时,$f(x)\geqslant f(x_0)$.

这个证明的好处在于它可以推广到更一般的情况：$f(x)$ 在 x_0 有 $2n$ 阶导数，且

$$f'(x_0) = \cdots = f^{(2n-1)}(x_0) = 0.$$

若 $f^{(2n)}(x_0) > 0$，则 x_0 为极小值点；若 $f^{(2n)}(x_0) < 0$，则 x_0 为极大值点.

这个证明还启示我们，当稳定点处的二阶导数为零时，可以考查其三阶导数（如果它存在的话）. 如果在稳定点处三阶导数不等于零，则该稳定点必不是极值点. 我们建议读者自己证明这一结论，并把它推广到一般情况：函数在稳定点 x_0 处的前 $2n$ 阶导数为零而 $(2n+1)$ 阶导数不为零，则 x_0 必不是极值点.

例 2 研究 $f(x) = x^3 e^{-x}$ 的极值点.

解 我们有 $f'(x) = (3x^2 - x^3)e^{-x}$. 所有稳定点为 $x = 0$ 及 $x = 3$. 容易算得

$$f''(x) = (x^3 - 6x^2 + 6x)e^{-x}.$$

于是，$f''(0) = 0$，$f''(3) = -9e^{-3} < 0$. 根据定理 2，$x = 3$ 是极大值点. 由于 $f''(0) = 0$，故不能判断 $x = 0$ 是否是极值点. 我们求 f 的三阶导数. 经过计算得

$$f'''(x) = (-x^3 + 9x^2 - 18x + 6)e^{-x}.$$

因此，$f'''(0) = 6 > 0$. 可见 $x = 0$ 不是极值点.

很多实际问题要寻求的不是函数的极大值（或极小值），而是要寻求函数在一个闭区间上的最大值（或最小值）. 为了解决最大值（或最小值）问题，一般说来，这需要求出区间内部的全部极大值点（或极小值点），然后将它们的函数值与区间端点处的函数值加以比较，从中挑选出最大者（或最小者），即为最大值（或最小值）.

尽管原则上一般应该如此，但是在有些实际问题中常出现下述情况：即区间内部只有一个极值点. 在这种特殊情况下，可以肯定这个极值点必为"最值点"；而且如果它是极大值（极小值）点，则它对应的函数值必定是整个区间上的最大值（最小值）. 为什么？请读者自行说明.

例 3（光的折射定律） 设有甲、乙两种介质，其交界面为一平面. 假设光自甲种介质中之 A 点发出经过两种介质的交界面而到达乙种介质中的 B 点处. 从物理学上我们知道光所走的路径一定满足折射定律：

$$\frac{\sin\alpha_0}{\sin\beta_0} = \frac{v_1}{v_2},$$

其中 α_0 是光的入射角，而 β_0 是折射角，v_1 与 v_2 分别为光在甲、乙两种介质

中的速度. 证明光所走的路径是时间最少的路径.

我们考虑垂直于两种介质交界面的、且包含 A, B 两点的平面, 并在此平面上取定坐标系, 使 A 点落在 y 轴上, 而交界线与 x 轴重合 (见图 4.6). 假定 A 至交界面的距离为 a, 而 B 至交界面的距离为 b, B 在 x 轴上的垂足 C 至 O 的距离为 d.

现在, 我们假定光在点 $P(x, 0)$ 处进入乙种介质, 其入射角与折射角分别为 α 与 β, 这时光在甲种介质中所走的路程为 $\sqrt{a^2 + x^2}$, 而在乙种介质中所走的路程为 $\sqrt{b^2 + (d - x)^2}$. 这时光自 A 至 B 所需时间为

图 4.6

$$T = \frac{\sqrt{a^2 + x^2}}{v_1} + \frac{\sqrt{b^2 + (d - x)^2}}{v_2}.$$

这里函数 $y = T(x)$ 是在整个实轴上有定义的可导函数, 并且当 $x \to +\infty$ 或 $x \to -\infty$ 时, $T(x) \to +\infty$. 因此, $T(x)$ 至少有一个极小值点. 从而又推出, 它至少有一个稳定点, 即 $T'(x) = 0$ 至少有一个实根.

对 $T(x)$ 求一阶与二阶导数, 我们有

$$T'(x) = \frac{x}{v_1 \sqrt{a^2 + x^2}} - \frac{d - x}{v_2 \sqrt{b^2 + (d - x)^2}}$$

和

$$T''(x) = \frac{a^2}{v_1 (\sqrt{a^2 + x^2})^3} + \frac{b^2}{v_2 (\sqrt{b^2 + (d - x)^2})^3}.$$

由 $T'(0) < 0, T'(d) > 0$, 以及 $T'(x)$ 的连续性, 可看出在 $[0, d]$ 上必有 $T'(x) = 0$ 的根, 又注意到 $T''(x) > 0$, 可知 $T'(x) = 0$ 至多有一个实根 (回顾罗尔定理).

这样, 存在唯一的点 x_0 使得 $T'(x_0) = 0$, 也即

$$\frac{x_0}{v_1 \sqrt{a^2 + x_0^2}} = \frac{d - x_0}{v_2 \sqrt{b^2 + (d - x_0)^2}},$$

并且不难看出 x_0 是 $T(x)$ 的极小值点. 设光在 x_0 处的入射角为 α_0, 折射角为 β_0, 则上式可写成

$$\frac{\sin \alpha_0}{v_1} = \frac{\sin \beta_0}{v_2}.$$

这恰好是折射定律的结论.这样,我们就证明了光所走路径是时间最少的路径.

例 4(最小二乘法)   这是一个有广泛应用的有关数据处理的方法.假定我们要测定某一个量的值,共作了 n 次试验,测得的数据分别是 $a_1, a_2,$ $\cdots, a_n$.到底我们应该取一个怎样的值来代表我们要测定的量呢? 有一个简单而有效的办法:就是找这样一个值 x_0,它使得平方和函数

$$f(x) = \sum_{i=1}^{n} (x - a_i)^2$$

达到最小.用这样的 x_0 作为我们要测定量的值,则有较大的把握使误差较小.

现在我们的问题不是讨论最后一句话的合理性(这要用数理统计的知识说明),而是讨论怎样求出这样的 x_0.

上述函数 $y = f(x)$ 在整个实轴上有定义并当 $x \to +\infty$ 或 $x \to -\infty$ 时,$f(x) \to +\infty$.因此,它有极小值.另外一方面,它的稳定点很容易由

$$f'(x) = 2 \sum_{i=1}^{n} (x - a_i) = 0$$

求出,且不难看出只有一个稳定点:

$$x_0 = \frac{1}{n}(a_1 + \cdots + a_n).$$

前面我们已经说明这个函数至少有一个极小值点.因此,这唯一的稳定点只能是极小值点,并且它对应的极小值也就是函数的最小值.故由上式确定的 x_0 即为我们所求之值.

以上我们利用求平方和函数的最小值的方法,来确定欲测之量的估计值 x_0.这种方法被称为**最小二乘法**,从讨论结果看出,用最小二乘法所确定的 x_0,恰好就是所测得的 n 个数据的算术平均值.

习 题 4.4

1. 求下列函数的单调性区间与极值点:

(1) $y = 3x^5 - 5x^3$;   (2) $y = \dfrac{1}{x^2} - \dfrac{1}{x}$;

(3) $y = \dfrac{2x}{1+x^2}$;   (4) $y = \dfrac{1}{x}\ln^2 x$.

2. 求函数 $f(x) = 2x^3 - 9x^2 + 12x + 2$ 在区间 $[-1,3]$ 上的最大值与最小值,并指明最大值点与最小值点.

3. 将周长为 $2p$ 的等腰三角形绕其底边旋转一周.求使所得旋转体的体积最大的

等腰三角形的底边长度.

4. 求出常数 l 与 k 的值,使函数

$$f(x) = x^3 + lx^2 + kx$$

在 $x = -1$ 处有极值 2,并求出在这样的 l 与 k 之下函数 $f(x)$ 的所有极值点,以及在 $[0,3]$ 上的最小值和最大值.

5. 设一电灯可以沿铅垂线 OB 移动,OA 是一条水平线,长度为 a. 问灯距离 O 点多高时,A 点有最大的照度$\left(\text{提示:照度}J = K\dfrac{\sin\varphi}{r^2}\right)$（见图 4.7）.

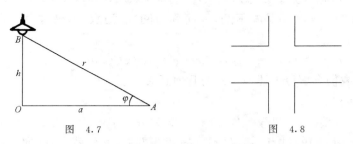

图　4.7　　　　　　　　图　4.8

6. 两条宽分别为 a 及 b 的河垂直相交,若一船能从一河转入另一河,问其最大的长度是多少(见图 4.8)?

7. 在半径为 a 的球内作一内接圆锥体,要使锥体体积最大,问其高及底半径应是多少?

8. 在半径为 a 的半球外作一外切圆锥体,问其高及底半径取多少才能使圆锥体体积最小?

9. 在曲线 $y^2 = 4x$ 上求出到点 $(18,0)$ 的距离最短的点.

10. 试求内接于一已知圆锥体且有最大体积的正圆柱的高度.

11. 试求内接于椭圆 $\dfrac{x^2}{a^2} + \dfrac{y^2}{b^2} = 1$ 且底边平行于 x 轴的最大等腰三角形的面积.

12. 设动点 A 自平面坐标 Oxy 的原点 O 开始,以均速 8 m/min 沿 y 轴正向前进,而点 B 在 x 轴的正向,距离原点 50 m 处,同时沿 x 轴向原点作均速运动,速度为 6 m/min. 问何时 A 与 B 相距最近? 最近的距离是多少?

§6　函数的凸凹性与函数作图

我们已经知道函数的一阶导函数的正负与函数的递增与递减相关,自然希望知道函数的二阶导数的符号反映函数怎样的性质.

我们先看一个很简单的例子 $y = ax^2 (a \neq 0)$. 它的二阶导数 $y'' = 2a$ 是一个常数. 若 $a > 0$,则 $y = ax^2$ 是一个向下凸的抛物线;若 $a < 0$,则 $y = ax^2$ 是一个向上凸的抛物线. 这个例子启示我们:函数的二阶导数的正负号可

能与函数图形的凸凹性有一定的关系.

1. 函数的凸凹性

我们先来定义**函数的凸凹性**.

设 $y=f(x)$ 在 (a,b) 上可导. 我们称它在 (a,b) 上是一个**向上凸**(或简称为**凸**)的函数,如果对于每一点 $x_0 \in (a,b)$,都有

$$f(x) < f(x_0) + f'(x_0)(x-x_0), \quad \forall x \in (a,b), \ x \neq x_0;$$

我们称函数 $y=f(x)$ 是**向下凸**(或简称为**凹**)的函数,如果对每一点 $x_0 \in (a,b)$,都有

$$f(x) > f(x_0) + f'(x_0)(x-x_0), \quad \forall x \in (a,b), \ x \neq x_0.$$

现在我们来解释上述不等式的几何意义.

注意到

$$y = f(x_0) + f'(x_0)(x-x_0)$$

是曲线 $y=f(x)$ 的过点 $(x_0, f(x_0))$ 的切线方程,立刻就发现,向上凸的条件则是要求曲线弧 $y=f(x)$ 总是要在它的切线的下方,而向下凸的条件则是要求曲线弧总是落在切线之上方. 这恰好与我们从几何直观上了解的凸与凹是一致的(见图 4.9 与图 4.10).

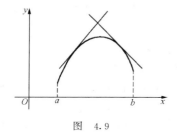

图 4.9   图 4.10

定理 1   设函数 $y=f(x)$ 在 (a,b) 上有二阶导数. 若对于每一点 $x \in (a,b)$,都有 $f''(x) > 0$,则 $y=f(x)$ 在 (a,b) 上是向下凸的;若对于每一点 $x \in (a,b)$,都有 $f''(x) < 0$,则 $y=f(x)$ 在 (a,b) 上是向上凸的.

证   设 $x_0 \in (a,b)$ 为任意一点. 对于任意一点 $x \in (a,b), x \neq x_0$,由带拉格朗日余项的泰勒公式有

$$f(x) = f(x_0) + f'(x_0)(x-x_0) + \frac{1}{2!} f''(\xi)(x-x_0)^2,$$

其中 ξ 是介于 x_0 与 x 之间的一点,若 f'' 在 (a,b) 上总是正的,那么

$$f(x) > f(x_0) + f'(x_0)(x-x_0),$$

即 $y=f(x)$ 是向下凸的. 若 f'' 在 (a,b) 上总是负的, 那么

$$f(x)<f(x_0)+f'(x_0)(x-x_0),$$

即 $y=f(x)$ 是向上凸的. 证毕.

例 1 设 $y=ax^3+bx^2+cx+d\ (a>0)$. 研究这个函数的凸凹性区间.

解 很容易算得 $y''=6ax+2b$. 于是当 $x>-b/3a$ 时, $y''>0$; 而当 $x<-b/3a$ 时, $y''<0$. 可见这个函数在 $(-\infty,-b/3a)$ 上向上凸, 而在 $(-b/3a,\infty)$ 上向下凸, 见图 4.11.

这个例子中, 在点 $x=-b/3a$ 的两侧, 函数的凸凹性恰好相反. 且对应点处相应的切线穿越曲线而过, 并将曲线分作两部分, 而这两部分各自落在切线之一侧.

图 4.11

若 $f(x)$ 在某一点 x_0 的两侧附近, 函数的凸凹性相反, 则称该点为**拐点**. 上例中点 $x=-b/3a$ 就是一个拐点.

对于有连续二阶导数的函数而言, 拐点的必要条件是该函数在此点的二阶导数为零.

定理 2 设 $y=f(x)$ 在 (a,b) 内有连续的二阶导数. 若点 $c\in(a,b)$ 是函数 $y=f(x)$ 的拐点, 则 $f''(c)=0$.

证 用反证法. 设 $f''(c)\ne0$, 不妨设 $f''(c)>0$. 由 $f''(x)$ 的连续性, 必存在 c 的一个邻域 $U_\delta(c)$, 使

$$f''(x)>0, \quad x\in U_\delta(c).$$

于是由定理 1, $f(x)$ 在整个 $U_\delta(c)$ 内都是向下凸的, 不论 x 是在 c 的左侧附近还是在右侧附近, 这与 c 是拐点矛盾. 证毕.

二阶导数为零仅是拐点的必要条件, 但不是充分条件. 例如 $y=x^4$ 在 $x=0$ 的二阶导数为零, 但 $x=0$ 并不是它的拐点. 要判断一个二阶导数为零的点是否是拐点还需要进一步分析.

思考题 设 $y=f(x)$ 在 (a,b) 内有连续的三阶导数. 若存在一点 $c\in(a,b)$ 使得 $f''(c)=0$ 且 $f'''(c)\ne0$, 则 c 点必为 $f(x)$ 之拐点. 试证明这一结论.

2. 函数作图

给定一个函数的表达式, 描绘出它的图形对于我们直观地了解函数的性态当然是十分重要的. 过去我们没有别的办法, 只有描点法, 即计算若干

个函数值得到平面上若干个点,然后再将它们连成曲线.一般说来,为了得到较准确的图形.需要相当多的函数值才成,工作量较大.现在,利用前面有关单调区间、极值点、凸凹性、拐点等讨论作为描绘函数图形的指导,就能较准确地把握函数特征,作出函数的图形.

函数作图的一般步骤如下:

(1) 首先要考查函数的定义域及其在定义域内的连续性、可微性.如果有间断点、不可微点,要将这些点(一般说来这是一些孤立点)的函数值算出(如果存在的话),并描出相应的点.在间断点处还要弄清它的间断性类别及左、右极限,以便把握函数在间断点附近的性态.

(2) 求出函数的导函数,然后找出它的稳定点、单调区间及极值点.

(3) 求出函数的二阶导数,然后确定它的凸凹性区间及拐点.

(4) 当定义域不是有穷区间时,需要研究 $x \to +\infty$(或 $-\infty$)时函数值的变化趋势.特别是要考虑函数有无渐近线.如果有渐近线,应当将其渐近线画出.

这里我们须要讲一下**渐近线**的概念.

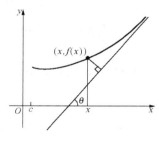

图 4.12

为明确起见,我们讨论 $x \to +\infty$ 的情况,至于 $x \to -\infty$ 的情况完全类似.

设有函数 $y = f(x)$,定义在 $(c, +\infty)$ 上,我们称直线 $y = ax + b$ 是曲线 $y = f(x)$ 当 $x \to +\infty$ 时的一条**渐近线**,如果当 $x \to +\infty$ 时,点 $(x, f(x))$ 到直线 $y = ax + b$ 的距离趋于 0.如图 4.12 所示.

定理 3   设函数 $y = f(x)$ 在 $(c, +\infty)$ 上有定义,则直线 $y = ax + b$ 是 $y = f(x)$ 当 $x \to +\infty$ 时之渐近线的充分必要条件是

$$a = \lim_{x \to +\infty} \frac{f(x)}{x}, \quad b = \lim_{x \to +\infty} (f(x) - ax).$$

证   必要性   设 $y = ax + b$ 是 $y = f(x)$ 的渐近线.又设点 $(x, f(x))$ 到直线 $y = ax + b$ 的距离为 $d(x)$,则 $d(x) \to 0 (x \to +\infty)$.由图 4.12 可看出

$$d(x) = |f(x) - ax - b| \cos\theta,$$

其中 θ 为渐近线 $y = ax + b$ 与 x 轴之夹角.条件 $d(x) \to 0 (x \to +\infty)$ 意味着

$$\lim_{x \to +\infty} (f(x) - ax - b) = 0,$$

即有 $b = \lim_{x \to +\infty} (f(x) - ax)$.由此可得

$$\lim_{x \to +\infty} \left(\frac{f(x)}{x} - a \right) = \lim_{x \to +\infty} \frac{f(x) - ax}{x} = 0,$$

也即

$$a = \lim_{x \to +\infty} \frac{f(x)}{x}.$$

充分性 所给的条件 $\lim\limits_{x \to +\infty} (f(x) - ax) = b$ 蕴含着 $\lim\limits_{x \to +\infty} (f(x) - ax - b) = 0$,而后者意味着 $d(x) \to 0 (x \to +\infty)$. 证毕.

一个特殊情况是 $a = 0$,这时我们有 $\lim\limits_{x \to +\infty} f(x) = b$. 此时称渐近线 $y = b$ 为**水平渐近线**.

另外还有一种情况是前面定义所没有包含的. 即若当 $x \to c$(或 $x \to c+0$ 或 $x \to c-0$)时 $f(x) \to +\infty$ 或 $f(x) \to -\infty$,这时我们称 $x = c$ 是 $y = f(x)$ 的一条**垂直渐近线**.

例 2 求函数 $f(x) = \dfrac{x^3 + x + 1}{(x+1)^2}$ 的渐近线.

解 由

$$\lim_{x \to +\infty} \frac{f(x)}{x} = \lim_{x \to +\infty} \frac{x^3 + x + 1}{x(x+1)^2} = 1,$$

$$\lim_{x \to +\infty} (f(x) - x) = \lim_{x \to +\infty} \left(\frac{x^3 + x + 1}{(x+1)^2} - x \right)$$

$$= \lim_{x \to +\infty} \frac{-2x^2 + 1}{(x+1)^2} = -2.$$

立即得出 $y = f(x)$ 有渐近线 $y = x - 2$.

又因为 $\lim\limits_{x \to -1} f(x) = -\infty$,所以 $x = -1$ 是其垂直渐近线.

当然,并非所有函数都一定有渐近线,例如 $y = e^x$,当 $x \to +\infty$ 时就没有渐近线. 对一般的函数 $f(x)$,由定理 3 可看出,若 $x \to +\infty$ 时 $f(x)/x$ 没有极限,或者虽然 $f(x)/x$ 以 a 为极限,但 $(f(x) - ax)$ 没有极限,都表明函数 $y = f(x)$ 没有渐近线.

下面是一个有关函数作图的例子.

例 3 试作 $y = \dfrac{x^2}{x-1}$ 的简图.

解 函数在 $x = 1$ 处没有定义,且

$$\lim_{x \to 1+0} y(x) = +\infty,$$

$$\lim_{x \to 1-0} y(x) = -\infty.$$

因此,$x = 1$ 是这个函数的一条垂直渐近线. 又

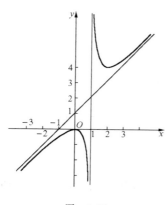

$$\lim_{x \to \infty} \frac{f(x)}{x} = \lim_{x \to \infty} \frac{x^2}{x(x-1)} = 1,$$

$$\lim_{x \to \infty} (f(x) - x) = \lim_{x \to \infty} \frac{x}{x-1} = 1,$$

所以 $y = x + 1$ 是斜渐近线. 另外, 不难算得

$$y' = \frac{x(x-2)}{(x-1)^2}.$$

于是, 它有稳定点 $x = 0$ 及 $x = 2$. 求 y 的二阶导数得

$$y'' = \frac{2}{(x-1)^3}.$$

图 4.13

可见, 它在 $x > 1$ 时向下凸, 而在 $x < 1$ 时向上凸. 作表格:

	$(-\infty, 0)$	0	$(0, 1)$	$(1, 2)$	2	$(2, +\infty)$
y'	$+$	0	$-$	$-$	0	$+$
y''	$-$	$-$	$-$	$+$	$+$	$+$
y	↗凸	极大	↘凸	↘凹	极小	↗凹

为了准确起见, 再计算若干个点上的函数值, 以描出函数图形上的一些点, 比如可用下表列出的特殊点的函数值描点:

x	-2	-1	0	0.5	2	3
y	$-4/3$	$-1/2$	0	-0.5	4	$9/2$

最后, 讨论它的斜渐近线. 根据定理 3 可以求得, 当 $x \to \pm\infty$ 时, 它的渐近线均为

$$y = x + 1.$$

根据这些讨论便可以描绘出这个函数的图形(见图 4.13).

习　题　4.5

1. 求函数 $f(x) = xe^{-x^2}$ 的凸凹性区间及拐点.

作下列函数的图形:

2. $y = x^2 - \frac{1}{3}x^3$.　　　　3. $y = x^2 e^{-x}$.　　　　4. $y = x + \frac{1}{x}$.

5. $y = \frac{(x+1)^3}{(x-1)^2}$.　　　　6. $y = \frac{\ln x}{x}$　$(x > 0)$.

7. 设 $y=f(x)$ 在 (a,b) 内有二阶导数 $f''(x)$，且在 (a,b) 内向上凸．证明：$f''(x) \leqslant 0$，$x \in (a,b)$．

*§7 曲线的曲率

我们已经知道函数的二阶导数的正负号与函数图形的凸凹性有关．现在，我们要进一步指出，函数的一阶导数与二阶导数的绝对值，可决定函数图形的弯曲程度，这就是所谓**曲率**．

怎样定义曲线的曲率呢？先看一个简单例子．设想一个人开汽车沿一条公路行驶．当马路笔直时他感不到前进方向的变化．但遇到公路拐弯时，他感到了前进方向的变化；而且公路弯度越大，前进方向变化也就越大．这里汽车前进方向实际上就是公路作为曲线的切线方向．可见，一条曲线的弯曲程度应该根据它在单位长度内切线方向的变化大小来确定．在图 4.14 和图 4.15 中，两条弧长相等但切线方向变化大小不同的弧，其弯曲程度也就不同．

图 4.14

图 4.15

设 $y=f(x)$ 是定义在 $[a,b]$ 上的一个连续函数，且在 (a,b) 内有二阶导数．这时任一点 $x \in (a,b)$ 所对应的曲线弧 $y=f(x)$ 上点 $(x, f(x))$ 处的切线与 x 轴的夹角

$$\theta(x) = \arctan f'(x).$$

任意固定一点 $x_0 \in (a,b)$，并考虑一个改变量 Δx，那么 $(x_0, f(x_0))$ 处的切线与 $(x_0 + \Delta x, f(x_0 + \Delta x))$ 处的切线间方向角的变化应当是（见图 4.16）

$$\begin{aligned} \Delta\theta &= \theta(x_0 + \Delta x) - \theta(x_0) \\ &= \arctan f'(x_0 + \Delta x) - \arctan f'(x_0). \end{aligned}$$

另一方面，从 $(x_0, f(x_0))$ 到 $(x_0 + \Delta x, f(x_0 + \Delta x))$ 弧的长度是

$$|\Delta s| = \left| \int_{x_0}^{x_0 + \Delta x} \sqrt{1 + [f'(x)]^2} \, dx \right|.$$

图 4.16

这样，我们应该将极限

$$K = \lim_{\Delta r \to 0} \frac{|\Delta\theta|}{|\Delta s|}$$

作为曲线弧 $y = f(x)$ 在 $(x_0, f(x_0))$ 处的曲率之定义.

现在,我们来计算这个极限. 显然,我们有

$$\lim_{\Delta r \to 0} \frac{\Delta\theta}{\Delta x} = \theta'(x_0) = \frac{f''(x_0)}{1 + [f'(x_0)]^2}$$

和

$$\lim_{\Delta r \to 0} \frac{\Delta s}{\Delta x} = \sqrt{1 + [f'(x_0)]^2}.$$

于是,我们得到

$$K = \lim_{\Delta r \to 0} \frac{|\Delta\theta|}{|\Delta s|} = \lim_{\Delta r \to 0} \frac{\left|\frac{\Delta\theta}{\Delta x}\right|}{\left|\frac{\Delta s}{\Delta x}\right|} = \frac{|f''(x_0)|}{\left(\sqrt{1 + [f'(x_0)]^2}\right)^3}.$$

这就是曲线弧 $y = f(x)$ 在 $(x_0, f(x_0))$ 处的**曲率公式**.

例1   任何直线的曲率为 0.

例2   设 $y = \sqrt{R^2 - x^2}$(上半圆周),则该曲线弧上每点的曲率 $= \frac{1}{R}$. 换句话说,半径为 R 的圆周上每点处的曲率是半径之倒数.

事实上,我们有

$$y' = \frac{-x}{\sqrt{R^2 - x^2}}, \quad y'' = \frac{-R^2}{\left(\sqrt{R^2 - x^2}\right)^3};$$

$$1 + y'^2 = \frac{R^2}{R^2 - x^2}, \quad \left(\sqrt{1 + y'^2}\right)^3 = \frac{R^3}{\left(\sqrt{R^2 - x^2}\right)^3}.$$

这样,根据曲率公式可知:

$$K = \frac{|y''|}{\left(\sqrt{1 + y'^2}\right)^3} = \frac{1}{R}.$$

例3   设平面上一条曲线由下列参数方程给出:

$$\begin{cases} x = x(t), \\ y = y(t) \end{cases} \quad (\alpha \leqslant t \leqslant \beta),$$

其中 $x(t)$ 及 $y(t)$ 在 (α, β) 内有二阶导数. 试给出它在一点 $(x(t_0), y(t_0))$ 处的曲率公式.

根据前面的讨论,关键在于给出曲线上一点处的切线与 x 轴的交角 θ 的表达式,在参数方程的情况下,$(x(t), y(t))$ 处的切线与 x 轴之夹角 θ(记为 $\theta(t)$) 应为

$$\theta(t) = \arctan \frac{y'(t)}{x'(t)}.$$

这里用 $\frac{y'}{x'}$ 替代了过去的 $f'\left(即 \frac{\mathrm{d}y}{\mathrm{d}x}\right)$. 这当然是再自然不过的了.

从点 $(x(t_0), y(t_0))$ 到 $(x(t_0 + \Delta t), y(t_0 + \Delta t))$ 的弧长为

$$|\Delta s| = \left| \int_{t_0}^{t_0 + \Delta t} \sqrt{[x'(t)]^2 + [y'(t)]^2} \, \mathrm{d}t \right|.$$

因此,在$(x(t_0),y(t_0))$处曲率应该是

$$\lim_{\Delta \to 0} \frac{|\Delta\theta|}{|\Delta s|} = \frac{|\theta'(t_0)|}{\sqrt{[x'(t_0)]^2 + [y'(t_0)]^2}}.$$

通过计算,我们有

$$\theta'(t_0) = \frac{y''(t_0)x'(t_0) - y'(t_0)x''(t_0)}{[x'(t_0)]^2 + [y'(t_0)]^2}.$$

于是,在$(x(t_0),y(t_0))$处的**曲率公式**为

$$K = \frac{|y''(t_0)x'(t_0) - y'(t_0)x''(t_0)|}{\left(\sqrt{[x'(t_0)]^2 + [y'(t_0)]^2}\right)^3}.$$

例4 求出椭圆周

$$\begin{cases} x = a\cos\theta, \\ y = b\sin\theta \end{cases} \quad (0 \leqslant \theta \leqslant 2\pi, 0 < b \leqslant a)$$

在任意一点$(x(\theta),y(\theta))$处的曲率.

解 根据公式,椭圆上任意一点的曲率应为

$$K = \left| \frac{(-b\sin\theta)(-a\sin\theta) - (b\cos\theta)(-a\cos\theta)}{(a^2\sin^2\theta + b^2\cos^2\theta)^{3/2}} \right|$$

$$= \frac{ab}{[b^2 + (a^2 - b^2)\sin^2\theta]^{3/2}}.$$

前面我们已经看到半径为R的圆周的曲率是半径的倒数$1/R$.有鉴于此,对于一般曲线,如果它上面某点处的曲率为K,$K \neq 0$,则称$1/K$为曲线在该点处的**曲率半径**.这个意思是说,曲线在该点处的弯曲程度就恰如半径为$1/K$的圆周一样.

为了把这种形象化的说法更进一步明确,我们引入**曲率圆**与**曲率圆心**的概念.在曲线上给定的点处作切线之垂直线,此直线被称做法线.在法线上曲线凹进去的一侧确定一点,使它到曲线上给定的点的距离就等于曲率半径.这时以这个点为中心,以曲率半径为半径作一个圆,则该圆与曲线在给定点处有共同的切线,并有共同的曲率(见图4.17).在给定点附近看来,曲线的弯曲状态十分接近于这个圆的弯曲状态.这个圆及其圆心分别称为**曲率圆**及**曲率圆心**.通过计算,可以推导出过给定点(x_0,y_0)的曲率圆的曲率中心(α,β)的公式为

图 4.17

$$\alpha = x_0 - \left.\frac{y'(1+y'^2)}{y''}\right|_{x=x_0},$$

$$\beta = y_0 + \left.\frac{1+y'^2}{y''}\right|_{x=x_0}.$$

曲率圆及曲率圆心的概念在某些工程设计中有应用价值.

习 题 4.6

1. 求下列函数在指定点处的曲率：

(1) $y=3x^3-x+1$，在 $\left(-\dfrac{1}{3},\dfrac{11}{9}\right)$ 处；   (2) $y=\dfrac{x^2}{x-1}$，在 $\left(3,\dfrac{9}{2}\right)$ 处；

(3) $x(t)=a(t-\sin t)$，$y(t)=a(1-\cos t)$（其中 $a>0$ 为常数），在 $t=\pi/2$ 处.

2. 求曲线 $y=2x^2+1$ 上的点 $(0,1)$ 处的曲率圆的方程.

3. 问曲线 $y=2x^2-4x+3$ 上哪一点处曲率最大？并试对其作几何解释.

第四章总练习题

1. 设 $y=f(x)$ 在 $[x_0-h,x_0+h]$ $(h>0)$ 内可导. 证明：存在 $\theta,0<\theta<1$ 使得
$$f(x_0+h)-f(x_0-h)=[f'(x_0+\theta h)+f'(x_0-\theta h)]h.$$

2. 证明：当 $x\geqslant 0$ 时，等式
$$\sqrt{x+1}-\sqrt{x}=\frac{1}{2\sqrt{x+\theta(x)}}$$
中的 $\theta(x)$ 满足 $1/4\leqslant\theta(x)\leqslant 1/2$，且
$$\lim_{x\to 0}\theta(x)=1/4,\quad \lim_{x\to+\infty}\theta(x)=1/2.$$

3. 设
$$f(x)=\begin{cases}\dfrac{3-x^2}{2}, & 0\leqslant x\leqslant 1,\\[2mm] \dfrac{1}{x}, & 1<x<+\infty.\end{cases}$$
求函数 $f(x)$ 在闭区间 $[0,2]$ 上的微分中值定理中的中间值 c.

4. 在闭区间 $[-1,1]$ 上，柯西中值定理对于函数 $f(x)=x^2$ 与 $g(x)=x^3$ 是否成立？并说明理由？

5. 设 $f(x)$ 在 $[a,b]$ 上连续，在 (a,b) 上有二阶导数，且
$$f''(x)\neq 0,\quad x\in(a,b).$$
又 $f(a)=f(b)=0$. 证明：当 $x\in(a,b)$ 时 $f(x)\neq 0$.

6. 设 $f(x)$ 在 $[a,b]$ 上有二阶导数，且 $f(a)=f(b)=0$，又存在 $c\in(a,b)$ 使 $f(c)>0$. 证明：在 (a,b) 内至少存在一点 x_0，使 $f''(x_0)<0$.

7. 证明方程
$$a_0x^n+a_1x^{n-1}+a_2x^{n-2}+\cdots+a_{n-1}x+a_n$$
$$=\frac{a_0}{n+1}+\frac{a_1}{n}+\frac{a_2}{n-1}+\cdots+\frac{a_{n-1}}{2}+\frac{a_n}{1}$$
在 0 与 1 之间有一个根.

8. 设函数 $f(x)$ 在有限区间 (a,b) 内可导，但无界. 证明：$f'(x)$ 在 (a,b) 内也无界.

逆命题是否成立? 试举例说明.

9. 若函数 $f(x)$ 在区间 $[a,b]$ 上有 n 个根(一个 k 重根算作 k 个根),且 $f^{(n-1)}(x)$ 存在. 证明: $f^{(n-1)}(x)$ 在 $[a,b]$ 上至少有一个根. (注意: 若 $f(x)$ 可表成 $f(x) = (x-x_0)^k g(x)$, 且 $g(x_0) \neq 0$, 则称 x_0 为 $f(x)$ 的 k 重根).

10. 证明: 勒让德(Legendre, 1752—1833)多项式

$$P_n(x) = \frac{1}{2^n \cdot n!} \cdot \frac{d^n}{dx^n}[(x^2-1)^n]$$

在 $(-1,1)$ 内有 n 个根. (提示: $(x^2-1)^n$ 在 $[-1,1]$ 上有 $2n$ 个根).

11. 设函数 $f(x)$ 在 $(-\infty, +\infty)$ 内可导,且

$$\lim_{x \to +\infty} f(x) = \lim_{x \to -\infty} f(x).$$

证明: 必存在一点 $c \in (-\infty, +\infty)$,使得 $f'(c) = 0$.

12. 设函数 $f(x)$ 在无穷区间 $(x_0, +\infty)$ 内可导,且 $\lim\limits_{x \to +\infty} f'(x) = 0$,证明: $\lim\limits_{x \to +\infty} \dfrac{f(x)}{x} = 0$.

13. 设函数 $f(x)$ 在无穷区间 $[a, +\infty)$ 内连续,且当 $x > a$ 时 $f'(x) > l > 0$,其中 l 为常数. 证明: 若 $f(a) < 0$,则在区间 $\left(a, a - \dfrac{f(a)}{l}\right)$ 内方程 $f(x) = 0$ 有唯一的实根.

14. 设函数 $f(x)$ 在 $(-\infty, +\infty)$ 上可导,且 $\lim\limits_{x \to \infty} f'(x) = 0$. 现令 $g(x) = f(x+1) - f(x)$. 证明: $\lim\limits_{x \to \infty} g(x) = 0$.

15. 称函数 $f(x)$ 在闭区间 $[a,b]$ 上满足李普希茨条件,若存在常数 $L > 0$,使对任意 $x_1, x_2 \in [a,b]$,都有

$$|f(x_2) - f(x_1)| \leqslant L|x_2 - x_1|.$$

(1) 若 $f'(x)$ 在 $[a,b]$ 上连续,证明: $f(x)$ 在 $[a,b]$ 上满足李普希茨条件.

(2) 在(1)中所述事实的逆命题是否成立?

(3) 举一个在 $[a,b]$ 上连续但不满足李普希茨条件的函数.

16. 设 $F(x)$ 在 $[a,b]$ 内可导,且其导数 $F'(x) = f(x)$ 在 $[a,b]$ 上可积. 证明

$$\int_a^b f(x) dx = F(b) - F(a).$$

17. 若多项式 $P(x) - a$ 与 $P(x) - b$ 的全部根都是单实根,证明: 对任意实数 $c \in (a,b)$,多项式 $P(x) - c$ 的根也全都是单实根.

18. 设函数 $f(x)$ 在 $(-\infty, +\infty)$ 上可导,且 a, b 是 $f(x) = 0$ 的两个实根. 证明: 方程 $f(x) + f'(x) = 0$ 在 (a,b) 内至少有一个实根.

19. 试决定常数 A 的范围,使方程

$$3x^4 - 8x^3 - 6x^2 + 24x + A = 0$$

有四个不相等的实根.

20. 设 $f(x) = 1 - x + \dfrac{x^2}{2} - \dfrac{x^3}{3} + \cdots + (-1)^n \dfrac{x^n}{n}$. 证明: 方程 $f(x) = 0$ 当 n 为奇数时有一个实根; 当 n 为偶数时无实根.

21. 设函数 $u(x)$ 与 $v(x)$ 以及它们的导函数 $u'(x)$ 与 $v'(x)$ 在区间 $[a,b]$ 上都连续，且 $uv'-u'v$ 在 $[a,b]$ 上恒不等于零. 证明：在 $u(x)$ 的相邻两根之间必有 $v(x)$ 的一个根. 反之也对. 即有：$u(x)$ 与 $v(x)$ 的根互相交错地出现. 试举出满足上述条件的函数 $u(x)$ 与 $v(x)$.

22. 证明：当 $x>0$ 时函数 $f(x)=\dfrac{\arctan x}{\text{th} x}$ 单调递增，且 $\arctan x<\dfrac{\pi}{2}(\text{th} x)$，这里的双曲正切函数 $\text{th} x=\dfrac{\text{sh} x}{\text{ch} x}$.

23. 证明：当 $0<x<\dfrac{\pi}{2}$ 时，有 $\dfrac{x}{\sin x}<\dfrac{\tan x}{x}$.

24. 证明下列不等式：

(1) $\text{e}^x>1+x$，$x\neq 0$；　　　(2) $x-\dfrac{x^2}{2}<\ln(1+x)<x$，$x>0$；

(3) $x-\dfrac{x^3}{6}<\sin x<x$，$x>0$.

25. 设 $x_n=(1+q)(1+q^2)\cdots(1+q^n)$，其中常数 $q\in[0,1)$. 证明：序列 $\{x_n\}$ 有极限.

26. 求函数 $f(x)=\tan x$ 在 $x=\pi/4$ 处的三阶泰勒多项式，并由此估计 $\tan(50°)$ 的值.

27. 设 $0<a<b$，证明

$$(1+a)\ln(1+a)+(1+b)\ln(1+b)<(1+a+b)\ln(1+a+b).$$

28. 设有三个常数 a,b,c，满足

$$a<b<c,\quad a+b+c=2,\quad ab+bc+ca=1.$$

证明：$0<a<\dfrac{1}{3}$，$\dfrac{1}{3}<b<1$，$1<c<\dfrac{4}{3}$.（提示：求一个多项式 $P(x)$，使 a,b,c 是 $P(x)=0$ 的三个根. 注意 $P(c)=0$ 并利用 $P(x)$ 在 $\dfrac{1}{3}$ 处的泰勒公式）.

29. 设函数 $f(x)$ 的二阶导数 $f''(x)$ 在 $[a,b]$ 上连续，且对每一点 $x\in[a,b]$，$f''(x)$ 与 $f(x)$ 同号. 证明：若有两点 $c,d\in[a,b]$，使 $f(c)=f(d)=0$，则

$$f(x)\equiv 0,\quad x\in[c,d].$$

30. 求多项式 $P_3(x)=2x^3-7x^2+13x-9$ 在 $x=1$ 处的泰勒公式.

31. 设 $P_n(x)$ 是一个 n 次多项式.

(1) 证明：$P_n(x)$ 在任一点 x_0 处的泰勒公式为

$$P_n(x)=P_n(x_0)+P_n'(x_0)(x-x_0)+\cdots+\frac{1}{n!}P_n^{(n)}(x_0)(x-x_0)^n.$$

(2) 若存在一个数 a，使 $P_n(a)>0$，$P_n^{(k)}(a)\geqslant 0 (k=1,2,\cdots,n)$，证明：$P_n(x)$ 的所有实根都不超过 a.

32. 设函数 $f(x)$ 在 $(0,+\infty)$ 上有二阶导数，又知对一切 $x>0$，有

$$|f(x)|\leqslant A,\quad |f''(x)|\leqslant B,\quad \text{其中 } A,B \text{ 为常数}.$$

证明：$|f'(x)|\leqslant 2\sqrt{AB}$，$x\in(0,+\infty)$.

（提示：利用泰勒展开式：$f(x+\Delta x)=f(x)+f'(x)\Delta x+\dfrac{1}{2}f''(x+\theta\Delta x)\Delta x^2$.）

第五章　向量代数与空间解析几何

向量,也称为矢量,在几何、物理、力学中是一个经常要用到的基本工具. 在本章中,我们首先介绍向量的概念及其各种运算. 然后在此基础上我们讨论空间解析几何,其中主要包括空间直线、空间平面、二次曲面及其分类. 本章的某些内容也为多元微积分的学习作了准备.

§1　向量代数

在物理学中我们遇到过像力、速度、位移这样一些量. 它们与普通量(标量)不同,不仅有大小,而且有方向. 这种既有大小又有方向的量我们称之为**向量**. 通常用有向线段 $\overrightarrow{AB}$ 表示一个向量:线段 AB 的长度表示向量的**大小**,记做 $|\overrightarrow{AB}|$,称为向量的**模**,点 A 到 B 的方向表示向量的方向,A 叫**起始点**,B 叫**终点**.

一般说来,向量与起始点有关. 但是,现在我们所讨论的向量是**自由向量**. 也就是说,我们并不关心其起始点,而只关心其大小与方向. 两个向量如果大小与方向相同,则认为它们是同一个向量. 或者说,一个向量可以自由地将其平行移动至任何位置. 特别地,当两个向量彼此平行时,我们可通过平行移动使它们具有相同的起点. 这时它们必落在同一直线上. 因此,**彼此平行的两个向量也称为共线向量**.

除了用有向线段 $\overrightarrow{AB}$ 表示向量外,我们还用粗体英文字母表示向量,例如 $a,b,c,\cdots$. 这时它们的模记做 $|a|,|b|,|c|,\cdots$. 与向量 a 大小相同而方向相反的向量记做 $-a$,称为 a 的**反向量**.

模为 1 的向量称为**单位向量**. 设 a 是任意一个向量. 我们将沿向量 a 的方向的单位向量记做 a^0. 显然,在平面上或空间中,单位向量有无穷多个.

现在我们引进**零向量**的概念. 零向量是模为零的向量,它的起始点与终点退化成一点. 零向量可以以任何方向作为其方向. 零向量用粗体的 $\mathbf{0}$ 表示.

现在我们来定义向量的各种运算.

任意给定两个非零向量 a 和 b,我们可以定义其**加法运算**. 首先我们通

过平行移动使 a 与 b 有共同起点. 然后, 按照平行四边形法则, 以 a, b 为相邻两边作平行四边形, 将平行四边形之对角线所形成的向量定义为**和向量**, 并记做 $a+b$ (如图 5.1). 这与按照三角形法则 (将 b 的起始点移至 a 的终点, $a+b$ 就是自 a 的起始点至 b 的终点所决定的向量) 所得的结果是完全一致的 (见图 5.2).

图   5.1   图   5.2

零向量与任何向量 a 相加, 其和 $0+a$ 与 $a+0$ 均定义为 a.

显然, 这样定义的**加法运算满足交换律与结合律**:

$$a+b=b+a;$$
$$(a+b)+c=a+(b+c).$$

根据三角形中两边之和大于第三边的事实, 不难验证下列命题对任意两个向量 a 与 b 成立:

$$|a+b| \leqslant |a|+|b| \quad \text{(三角不等式)}.$$

现在我们来定义一个向量 a 与一个实数 λ 的**数乘**运算: λa 是这样的一个向量, 其模为 $|\lambda| \cdot |a|$, 而其方向当 $\lambda > 0$ 时与 a 一致, 当 $\lambda < 0$ 时与 a 相反. 同时我们约定 $\lambda 0 = 0$.

显然, 一个非零向量 a 所确定的单位向量 $a^0 = \dfrac{a}{|a|}$.

我们约定 $a-b=a+(-b)$. 这样, 向量之间有了减法运算.

数乘运算显然满足下列规律:

$$\lambda(a+b) = \lambda a + \lambda b;$$
$$(\lambda \mu)a = \lambda(\mu a);$$
$$(\lambda + \mu)a = \lambda a + \mu a.$$

显然, 若对两个向量 a 与 b 存在一个实数 λ, 使得

$$a = \lambda b \quad \text{或} \quad b = \lambda a,$$

则 a 与 b 共线.

我们约定, 零向量与任何向量均共线.

现在我们来定义两个向量之间的**内积**.

设 a 与 b 是两个非零向量, $\langle a, b \rangle$ 是它们之间的夹角, 为了确定起见, 我

们约定 $\langle a,b \rangle$ 是 a 与 b 所夹的大于或等于零且小于或等于 π 的角. 我们定义向量 a 与 b 的**内积**是

$$a \cdot b = |a| |b| \cos \langle a,b \rangle.$$

当 a 与 b 中有一个为零向量时,我们定义它们的内积为零.

这里定义的内积也称做**数量积**或**点乘**.

在物理中一个恒力 F 沿着位移 s 所做的功就是 $F \cdot s$.

根据点乘定义,可以验证点乘满足下列规律:

(1) $a \cdot b = b \cdot a$ (交换律);

(2) $(\lambda a) \cdot b = \lambda(a \cdot b)$ (与数乘的结合律);

(3) $(a+b) \cdot c = a \cdot c + b \cdot c$ (分配律).

向量点乘的引入为描述两个向量间的垂直关系带来了方便:

$$\boxed{a \text{ 与 } b \text{ 垂直} \Longleftrightarrow a \cdot b = 0.}$$

这里我们约定零向量与任何向量垂直.

向量之间除去点乘之外,尚有**叉乘运算**. 两个向量点乘的结果是一个数量,而现在要定义的叉乘却不同:两个向量叉乘的结果是一个新的向量.

设 a 与 b 是两个不共线的向量,我们定义 a 与 b 的叉乘 $a \times b$ 是一个向量,它垂直于 a 与 b 所决定的平面,其方向根据右手系法则决定,即用右手的四指从 a 握向 b 时拇指的方向作为 $a \times b$ 的方向(见图 5.3),其大小由下式决定:

图 5.3

$$|a \times b| = |a| |b| \sin \langle a,b \rangle,$$

若 a 与 b 共线,则我们约定 $a \times b = 0$.

显然,根据叉乘定义,不论 a 与 b 是否共线,$|a \times b|$ 总等于 $|a| |b| \sin \langle a,b \rangle$ (因为当 a 与 b 共线时 $\langle a,b \rangle$ 是 0 或 π). 当 a 与 b 不共线时,$a \times b$ 的模 $|a \times b|$ 恰好是以 a 与 b 为邻边的平行四边形之面积.

叉乘运算满足以下规律:

(1) $a \times b = -b \times a$ (反交换律);

(2) $\lambda(a \times b) = (\lambda a) \times b = a \times (\lambda b)$ (与数乘的结合律);

(3) $(a+b) \times c = a \times c + b \times c$ (分配律).

证明从略.

我们已经看到向量间点乘的引入为描述向量间的垂直关系带来方便. 现在叉乘的引入则为描述向量共线带来了方便:

$$a \text{ 与 } b \text{ 共线} \Longleftrightarrow a \times b = \mathbf{0}.$$

显然,向量间的叉乘运算不满足交换律的运算. 不仅如此,这种乘法运算还不满足结合律,也即一般不成立 $(a \times b) \times c = a \times (b \times c)$(试举出这样的例子).

设 a, b, c 为任意的三个向量,那么

$$a \cdot (b \times c)$$

是一个实数.这种先作叉乘再作点乘的运算称为**混合积**.

图 5.4

若三个非零向量 a, b, c 不共面,则以它们为棱构成一个平行六面体. $|b \times c|$ 是其底面积,a 在 $b \times c$ 上的投影向量的模恰好就是平行六面体的高. 因此,$|a \cdot (b \times c)|$ 恰好等于这个平行六面体之体积(见图 5.4).

混合积具有下列性质:

$$a \cdot (b \times c) = b \cdot (c \times a).$$

事实上,$a \cdot (b \times c), b \cdot (c \times a)$ 的绝对值均代表同一个平行六面体的体积,故只要说明它们的正负号相同就是了.根据前面的讨论可知,$a \cdot (b \times c)$ 是正是负取决于 a 在 $b \times c$ 上的投影向量是否与 $b \times c$ 方向一致. 换句话说,这取决于 b, c, a 的次序是否构成右手系. 而 b, c, a 是否构成右手系与 c, a, b 是否构成右手系是一致的.这样就证明了上述性质.

根据混合积的绝对值是三个向量形成的平行六面体的体积这一性质,我们有

$$a, b, c \text{ 共面} \Longleftrightarrow a \cdot (b \times c) = 0.$$

习 题 5.1

1. 设 $ABCD$ 为一平行四边形,$\overrightarrow{AB} = a, \overrightarrow{AD} = b$.试用 a 和 b 表示向量 $\overrightarrow{AC}, \overrightarrow{DB}, \overrightarrow{MA}$($M$ 为平行四边形对角线的交点).

2. 设 M 为线段 $\overline{AB}$ 的中点,O 为空间中任意一点,证明:

$$\overrightarrow{OM} = \frac{1}{2}(\overrightarrow{OA} + \overrightarrow{OB}).$$

3. 设 M 为三角形 ABC 的重心, O 为空间中任意一点, 证明:

$$\overrightarrow{OM} = \frac{1}{3}(\overrightarrow{OA} + \overrightarrow{OB} + \overrightarrow{OC}).$$

4. 设平行四边形 $ABCD$ 对角线的交点为 M, O 为空间中任意一点, 证明:

$$\overrightarrow{OM} = \frac{1}{4}(\overrightarrow{OA} + \overrightarrow{OB} + \overrightarrow{OC} + \overrightarrow{OD}).$$

5. 对于任意三个向量 a, b 与 c, 判断下列各式是否总成立?

(1) $(a \cdot b)c = (b \cdot c)a$;

(2) $(a \cdot b)^2 = a^2 \cdot b^2$;

(3) $a \cdot (b \times c) = (c \times a) \cdot b$.

6. 利用向量证明: 三角形两边中点的连线平行于第三边, 且其长度等于第三边长度之半.

7. 利用向量证明:

(1) 菱形的对角线互相垂直, 且平分顶角.

(2) 勾股弦定理.

8. 证明恒等式:

$$(a \times b)^2 + (a \cdot b)^2 \equiv |a|^2 \cdot |b|^2.$$

9. 试用向量 $\overrightarrow{AB}$ 与 $\overrightarrow{AC}$ 表示三角形 ABC 的面积.

10. 给定向量 a, 记 $a \cdot a$ 为 a^2, 即 $a^2 = a \cdot a$. 现设 a, b 为任意两向量, 证明:

$$(a+b)^2 + (a-b)^2 = 2(a^2 + b^2).$$

当 $a \neq 0$, $b \neq 0$, 且 $a \neq b$ 时, 说明上式的几何意义.

11. 对任意两向量 a, b, 证明:

$$(a \times b)^2 \leqslant a^2 b^2.$$

问: 等号成立的充分必要条件是什么. (提示: $a^2 = |a|^2$.)

§2 向量的空间坐标

像在平面上一样, 我们可以在空间中引进直角坐标系. 办法如下: 在空间中取定一点 O, 今后我们称之为坐标原点. 过该点作三条相互垂直的直线, 并在三条直线上取定相同的单位和各自的方向, 使它们成为三条数轴. 然后, 按右手系法则将这三条数轴分别称做 x 轴, y 轴及 z 轴: 即将右手握着 z 轴使拇指指向 z 轴之正向, 这时其他手指的指向是从 x 轴的正向到 y 轴的正向(如图 5.5). 这样, 我们就在空间中建立了一个直角坐标系 $Oxyz$. 点 O 称为**坐标原点**, x 轴, y 轴及 z 轴分别称为**横轴**、**纵轴**及**立轴**, 它们统称为**坐标轴**. 每两个坐标轴决定一个平面, 称做**坐标平面**, 它们分别称为 Oxy 平面, Oyz 平面和 Ozx 平面. 三个坐标平面将空间分作八个部分, 每一部分称做一个**卦限**,如图 5.6. 在空间中建立了直角坐标系之后,空间中的每一点就可以用三个有序的实数表示. 设 P 为空间中任意一点,过 P 点作三个平面分别垂直于三个坐标轴,设它们与三个坐标轴分别交于点 A,B,C(见图 5.7). A,B,C 在各自数轴上的坐标依次是 x,y,z. 那么,我们称 (x,y,z) 为点 P 的**坐标**,其中 x,y,z 分别称做 P 的**横坐标**,**纵坐标**,**立坐标**. 这样,我们便把空间中的每一点都对应于一个有序的三个实数构成的数组.

图　5.5　　　　　　　　图　5.6　　　　　　　　图　5.7

反过来,对于任意给定的三个有序数 (x,y,z),我们一定能唯一确定空间中一个点 P,它以 (x,y,z) 为其坐标. 确定 P 的办法是:过 x 轴、y 轴、z 轴上坐标分别为 x,y,z 的三个点 A,B,C 分别作平面垂直于各自的坐标轴. 这三张平面的交点即为 P 点(如图 5.7).

我们把全体有序的三个实数构成的数组记为 $\mathbf{R}^3$,也即

$$\mathbf{R}^3 = \{(x,y,z) \mid x,y,z \in \mathbf{R}\}.$$

这样,根据前面的说明,空间中的点集合便与 $\mathbf{R}^3$ 建立了一一对应. 通常我们将空间中的点集合与 $\mathbf{R}^3$ 相等同.

平面直角坐标系 Oxy 使得平面上的点集合与 $\mathbf{R}^2 = \{(x,y) \mid x,y \in \mathbf{R}\}$ 建立了一一对应. 因此,我们通常把平面上的点集合与 $\mathbf{R}^2$ 相等同. 这正像我们过去把 $\mathbf{R}$ 与数轴相等同一样.

如果我们把空间中每一个点 P 对应于一个向量 $\overrightarrow{OP}$. 这样,我们就把空间中的点集合与空间中的全体向量建立了一个一一对应:

$$P \to \overrightarrow{OP},$$

并且我们可以将点 P 的坐标 (x,y,z),作为向量 $\overrightarrow{OP}$ 的坐标.

现在,我们来解释向量 $\overrightarrow{OP}$ 的坐标 (x,y,z) 的意义. 为此,我们分别在 x 轴、y 轴及 z 轴取定单位向量 i,j,k,使其方向恰与对应的坐标轴之正向相同,i,j,k 称为**坐标向量**. 这时,根据点 P 的坐标的定义,不难看出,$xi + yj$

是向量 $\overrightarrow{OP}$ 在 Oxy 平面上之投影向量,而
$x\boldsymbol{i}+y\boldsymbol{j}+z\boldsymbol{k}$ 则恰好是 $\overrightarrow{OP}$(见图 5.8):

$$\overrightarrow{OP}=x\boldsymbol{i}+y\boldsymbol{j}+z\boldsymbol{k}.$$

反过来,若 $\overrightarrow{OP}$ 可以表成

$$\overrightarrow{OP}=x\boldsymbol{i}+y\boldsymbol{j}+z\boldsymbol{k},$$

则 $\overrightarrow{OP}$ 之坐标一定是 (x,y,z). 事实上,取
一点 P' 使其坐标为 (x,y,z).那么 $\overrightarrow{OP'}$ 的
坐标为 (x,y,z),且根据前面的讨论有

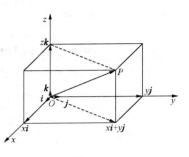

图 5.8

$$\overrightarrow{OP'}=x\boldsymbol{i}+y\boldsymbol{j}+z\boldsymbol{k}.$$

于是 $\overrightarrow{OP}-\overrightarrow{OP'}=\boldsymbol{0}$,即 $\overrightarrow{OP}=\overrightarrow{OP'}$.这样,$P$ 与 P' 重合,从而 (x,y,z) 也是 P
的坐标,由定义它也就是 $\overrightarrow{OP}$ 的坐标.

对于空间中任意一个向量 $\boldsymbol{a}$,$\boldsymbol{a}$ 的坐标就是将 $\boldsymbol{a}$ 进行平移使其起始点与
原点重合时 $\boldsymbol{a}$ 的终点的坐标.

根据前面的讨论,$\boldsymbol{a}$ 的坐标为 (x,y,z) 的充分必要条件是向量 $\boldsymbol{a}$ 可以表
示成

$$\boldsymbol{a}=x\boldsymbol{i}+y\boldsymbol{j}+z\boldsymbol{k}.$$

这个式子也称为 $\boldsymbol{a}$ 关于三个坐标向量的**分解式**.

今后,我们把向量 $\boldsymbol{a}$ 与其坐标 (x,y,z) 相等同.比如,我们可以写成

$$\boldsymbol{a}=(x,y,z).$$

现在我们给出向量运算的坐标表示.

设 $\boldsymbol{a}_1=(x_1,y_1,z_1),\boldsymbol{a}_2=(x_2,y_2,z_2)$,则有

$$\boldsymbol{a}_1+\boldsymbol{a}_2=(x_1+x_2,y_1+y_2,z_1+z_2).$$

事实上,$\boldsymbol{a}_1=x_1\boldsymbol{i}+y_1\boldsymbol{j}+z_1\boldsymbol{k},\boldsymbol{a}_2=x_2\boldsymbol{i}+y_2\boldsymbol{j}+z_2\boldsymbol{k}$,故由向量的运算法则有

$$\boldsymbol{a}_1+\boldsymbol{a}_2=(x_1+x_2)\boldsymbol{i}+(y_1+y_2)\boldsymbol{j}+(z_1+z_2)\boldsymbol{k}.$$

可见,$(x_1+x_2,y_1+y_2,z_1+z_2)$ 是 $\boldsymbol{a}_1+\boldsymbol{a}_2$ 之坐标.

另外,若 $\boldsymbol{a}=(x,y,z)$,则

$$\lambda\boldsymbol{a}=(\lambda x,\lambda y,\lambda z).$$

证明是显然的.

现在,我们考虑内积的坐标表示.

设 $\boldsymbol{a}_1=(x_1,y_1,z_1),\boldsymbol{a}_2=(x_2,y_2,z_2)$,那么

$$\boldsymbol{a}_1=x_1\boldsymbol{i}+y_1\boldsymbol{j}+z_1\boldsymbol{k},\quad \boldsymbol{a}_2=x_2\boldsymbol{i}+y_2\boldsymbol{j}+z_2\boldsymbol{k},$$

注意到内积的运算法则及 $\boldsymbol{i}\cdot\boldsymbol{i}=\boldsymbol{j}\cdot\boldsymbol{j}=\boldsymbol{k}\cdot\boldsymbol{k}=1,\boldsymbol{i}\cdot\boldsymbol{j}=\boldsymbol{j}\cdot\boldsymbol{k}=\boldsymbol{k}\cdot\boldsymbol{i}=0$,即
得

$$\boldsymbol{a}_1 \cdot \boldsymbol{a}_2 = (x_1\boldsymbol{i} + y_1\boldsymbol{j} + z_1\boldsymbol{k}) \cdot (x_2\boldsymbol{i} + y_2\boldsymbol{j} + z_2\boldsymbol{k})$$
$$= x_1x_2 + y_1y_2 + z_1z_2.$$

这就是说,两个向量之内积是它们的对应坐标分量的乘积之和.

内积的坐标表示有很多用途. 如果设 $a = (x, y, z)$, 由定义有 $\boldsymbol{a} \cdot \boldsymbol{a} = |\boldsymbol{a}|^2 \cos\langle \boldsymbol{a}, \boldsymbol{a} \rangle = |\boldsymbol{a}|^2$. 若记 $\boldsymbol{a} \cdot \boldsymbol{a} = \boldsymbol{a}^2$, 则有

$$\boldsymbol{a}^2 = |\boldsymbol{a}|^2.$$

由上式可得

$$|\boldsymbol{a}| = \sqrt{\boldsymbol{a} \cdot \boldsymbol{a}} = \sqrt{x^2 + y^2 + z^2}.$$

由此又推出,向量 $\boldsymbol{a}$ 的单位向量 $\boldsymbol{a}^0$ 的坐标表示:

$$\boldsymbol{a}^0 = \frac{1}{|\boldsymbol{a}|}\boldsymbol{a} = \frac{1}{\sqrt{x^2 + y^2 + z^2}}(x, y, z).$$

例 1　设点 P_1 的坐标为 (x_1, y_1, z_1), 而点 P_2 的坐标为 (x_2, y_2, z_2). 则 P_1 到 P_2 的距离为

$$\sqrt{(x_2 - x_1)^2 + (y_2 - y_1)^2 + (z_2 - z_1)^2}.$$

证　因为 $\overrightarrow{P_1P_2} = \overrightarrow{OP_2} - \overrightarrow{OP_1}$, 所以向量 $\overrightarrow{P_1P_2}$ 的坐标等于 $(\overrightarrow{OP_2} - \overrightarrow{OP_1})$ 的坐标,即 $(x_2 - x_1, y_2 - y_1, z_2 - z_1)$. 因而 $\overrightarrow{P_1P_2}$ 的长度

$$|\overrightarrow{P_1P_2}| = \sqrt{\overrightarrow{P_1P_2} \cdot \overrightarrow{P_1P_2}}$$
$$= \sqrt{(x_2 - x_1)^2 + (y_2 - y_1)^2 + (z_2 - z_1)^2}.$$

$|\overrightarrow{P_1P_2}|$ 也即 P_1 到 P_2 的距离.

例 2　已知空间中有三点 $A(1, 0, 1), B(0, 1, 1), C(1, -1, 1)$. 求 $\overrightarrow{AB}$ 与 $\overrightarrow{AC}$ 之间的夹角.

解　由已知条件可算出 $\overrightarrow{AB} = (-1, 1, 0), \overrightarrow{AC} = (0, -1, 0)$. 设 $\theta = \langle \overrightarrow{AB}, \overrightarrow{AC} \rangle$, 那么

$$\cos\theta = \frac{\overrightarrow{AB} \cdot \overrightarrow{AC}}{|\overrightarrow{AB}||\overrightarrow{AC}|}.$$

而 $\overrightarrow{AB} \cdot \overrightarrow{AC} = -1, |\overrightarrow{AB}| = \sqrt{2}, |\overrightarrow{AC}| = 1$. 故 $\cos\theta = -\dfrac{\sqrt{2}}{2}, \theta = \dfrac{3\pi}{4}$.

现在讨论**叉乘的坐标表示**.

为此,我们介绍行列式的概念. 形如

$$\begin{vmatrix} x & y \\ x_1 & y_1 \end{vmatrix}$$

的数学式称为二阶行列式. 我们规定它的值等于 $xy_1 - yx_1$, 也即

$$\begin{vmatrix} x & y \\ x_1 & y_1 \end{vmatrix} = xy_1 - yx_1.$$

三阶行列式是指

$$\begin{vmatrix} x & y & z \\ x_1 & y_1 & z_1 \\ x_2 & y_2 & z_2 \end{vmatrix},$$

它的值定义为

$$\begin{vmatrix} x & y & z \\ x_1 & y_1 & z_1 \\ x_2 & y_2 & z_2 \end{vmatrix} = x \begin{vmatrix} y_1 & z_1 \\ y_2 & z_2 \end{vmatrix} - y \begin{vmatrix} x_1 & z_1 \\ x_2 & z_2 \end{vmatrix} + z \begin{vmatrix} x_1 & y_1 \\ x_2 & y_2 \end{vmatrix}.$$

行列式将在线性代数中有专门详细的讨论. 现在,我们只要求读者记住二阶与三阶行列式的上述计算公式就足够了.

设 $a_1 = (x_1, y_1, z_1), a_2 = (x_2, y_2, z_2)$. 这时,

$$a_1 \times a_2 = (x_1 i + y_1 j + z_1 k) \times (x_2 i + y_2 j + z_2 k).$$

注意到叉乘的运算规律及:

$$i \times i = j \times j = k \times k = 0,$$
$$i \times j = k, \quad j \times k = i, \quad k \times i = j,$$

我们有

$$a_1 \times a_2 = (y_1 z_2 - y_2 z_1) i + (z_1 x_2 - x_1 z_2) j + (x_1 y_2 - x_2 y_1) k.$$

将这一公式形式地写成行列式更便于记忆:

$$a_1 \times a_2 = \begin{vmatrix} i & j & k \\ x_1 & y_1 & z_1 \\ x_2 & y_2 & z_2 \end{vmatrix}.$$

将此行列式中的三个向量 i, j, k 形式地代替上述三阶行列式定义中的 x, y, z,就是已证得的公式.

例 3 设 $a = (1, 0, 2), b = (2, -1, 1)$. 求一单位向量 c 使之同时垂直于 a 与 b,且 a, b, c 构成右手系.

解 显然,所求的向量为

$$c = \frac{a \times b}{|a \times b|},$$

而根据上述公式有

$$a \times b = \begin{vmatrix} i & j & k \\ 1 & 0 & 2 \\ 2 & -1 & 1 \end{vmatrix} = 2i + 3j - k = (2, 3, -1),$$

由此算出：$|a \times b| = \sqrt{14}$. 故

$$c = \left(\frac{2}{\sqrt{14}}, \frac{3}{\sqrt{14}}, \frac{-1}{\sqrt{14}} \right).$$

叉乘的坐标表示公式为判断两个向量是否共线提供了算法.

例 4   设 $a = (5, 6, 0), b = (1, 2, 3)$. 问 a 与 b 是否共线？

解   因为

$$a \times b = \begin{vmatrix} i & j & k \\ 5 & 6 & 0 \\ 1 & 2 & 3 \end{vmatrix} = 18i - 15j + 4k \neq \mathbf{0},$$

故 a 与 b 不共线.

有了上述向量叉乘的坐标公式之后，混合积的坐标公式就十分容易得到了.

设 $a = (x_1, y_1, z_1), b = (x_2, y_2, z_2), c = (x_3, y_3, z_3)$，则 $c \cdot (a \times b)$ 应该等于 c 与 $a \times b$ 的对应坐标乘积之和. 于是

$$c \cdot (a \times b) = (y_1 z_2 - y_2 z_1) x_3 + (z_1 x_2 - x_1 z_2) y_3 + (x_1 y_2 - x_2 y_1) z_3$$
$$= \begin{vmatrix} x_3 & y_3 & z_3 \\ x_1 & y_1 & z_1 \\ x_2 & y_2 & z_2 \end{vmatrix}.$$

这就是三个向量混合积的坐标表示式，其绝对值是以三个向量为棱的平行六面体的体积公式(当 a, b, c 为右手系时上述行列式为正).

例 5   判断下列三个向量是否共面：

$$a = (3, 0, 5), \quad b = (1, 2, 3), \quad c = (5, 4, 11).$$

解   计算混合积 $a \cdot (b \times c)$ 可知

$$a \cdot (b \times c) = \begin{vmatrix} 3 & 0 & 5 \\ 1 & 2 & 3 \\ 5 & 4 & 11 \end{vmatrix} = 0,$$

可见它们是共面的.

在结束本节前，我们要介绍一个以后会常用的概念——**方向余弦**的概念.

设 a 是一个非零向量，它与 x 轴, y 轴及 z 轴之夹角分别为 α, β, γ，则我

们称 α,β,γ 为向量 $\boldsymbol{a}$ 的**方向角**,其中 $\alpha,\beta,\gamma\in[0,\pi]$,而称 $\cos\alpha,\cos\beta,\cos\gamma$ 为向量 $\boldsymbol{a}$ 之**方向余弦**.

显然,根据定义我们有

$$\cos\alpha=\frac{\boldsymbol{a}\cdot\boldsymbol{i}}{|\boldsymbol{a}|},\quad \cos\beta=\frac{\boldsymbol{a}\cdot\boldsymbol{j}}{|\boldsymbol{a}|},\quad \cos\gamma=\frac{\boldsymbol{a}\cdot\boldsymbol{k}}{|\boldsymbol{a}|}.$$

于是,若 $\boldsymbol{a}$ 的坐标为 (x,y,z),则

$$\cos\alpha=\frac{x}{\sqrt{x^2+y^2+z^2}},\quad \cos\beta=\frac{y}{\sqrt{x^2+y^2+z^2}},\quad \cos\gamma=\frac{z}{\sqrt{x^2+y^2+z^2}}.$$

可见,一个向量的三个方向余弦的平方和为 1:

$$\cos^2\alpha+\cos^2\beta+\cos^2\gamma=1.$$

由此还不难看出,向量

$$\cos\alpha\boldsymbol{i}+\cos\beta\boldsymbol{j}+\cos\gamma\boldsymbol{k}$$

就是单位向量

$$\boldsymbol{a}^0=\frac{\boldsymbol{a}}{|\boldsymbol{a}|}.$$

换句话说,$\boldsymbol{a}$ 的方向余弦 $(\cos\alpha,\cos\beta,\cos\gamma)$ 实际上就是单位向量 $\boldsymbol{a}^0=\boldsymbol{a}/|\boldsymbol{a}|$ 之坐标.

习　题　5.2

1. 写出点 (x,y,z) 分别到 x 轴,y 轴,z 轴,Oxy 平面,Oyz 平面,以及原点的距离.

2. 已知三点 $A=(-1,2,1),B=(3,0,1),C=(2,1,2)$,求 $\overrightarrow{AB},\overrightarrow{BA},\overrightarrow{AC},\overrightarrow{BC}$ 的坐标与模.

3. 设 $\boldsymbol{a}=(3,-2,2),\boldsymbol{b}=(1,3,2),\boldsymbol{c}=(8,6,-2)$,求向量 $3\boldsymbol{a}-2\boldsymbol{b}+\frac{1}{2}\boldsymbol{c}$ 的坐标.

4. 设 $\boldsymbol{a}=(2,5,1),\boldsymbol{b}=(1,-2,7)$,分别求沿 $\boldsymbol{a}$ 和 $\boldsymbol{b}$ 方向的单位向量,并求常数 k,使向量 $k\boldsymbol{a}+\boldsymbol{b}$ 与 xy 平面平行.

5. 设 A,B 两点的坐标分别为 (x_1,y_1,z_1) 和 (x_2,y_2,z_2).求 A,B 连线中点 C 的坐标.

6. 设 $\boldsymbol{a}=(1,-2,3),\boldsymbol{b}=(5,2,-1)$,求

(1) $2\boldsymbol{a}\cdot 3\boldsymbol{b}$；　　(2) $\boldsymbol{a}\cdot\boldsymbol{i}$；　　(3) $\cos\langle\boldsymbol{a},\boldsymbol{b}\rangle$.

7. 设 $|\boldsymbol{a}|=1,|\boldsymbol{b}|=3,|\boldsymbol{c}|=2,|\boldsymbol{a}+\boldsymbol{b}+\boldsymbol{c}|=\sqrt{17+6\sqrt{3}}$ 且 $\boldsymbol{a}\perp\boldsymbol{c},\langle\boldsymbol{a},\boldsymbol{b}\rangle=\pi/3$,求 $\langle\boldsymbol{b},\boldsymbol{c}\rangle=?$.

8. 设 $|\boldsymbol{a}|=2,|\boldsymbol{b}|=6$,试求常数 k,使 $\boldsymbol{a}+k\boldsymbol{b}\perp\boldsymbol{a}-k\boldsymbol{b}$.

9. 设 $\boldsymbol{a}=(1,-2,1),\boldsymbol{b}=(1,-1,3),\boldsymbol{c}=(2,5,-3)$,求:

(1) $\boldsymbol{a}\times\boldsymbol{b}$；　　(2) $\boldsymbol{c}\times\boldsymbol{j}$；　　(3) $(\boldsymbol{a}\times\boldsymbol{b})\cdot\boldsymbol{c}$；

(4) $(a \times b) \times c$;   (5) $a \times (b \times c)$.

10. 在平行四边形 $ABCD$ 中，$\overrightarrow{AB} = (2,1,0)$，$\overrightarrow{AD} = (0,-1,2)$，求两对角线的夹角 $\langle \overrightarrow{AC}, \overrightarrow{BD} \rangle$.

11. 已知三点 $A(3,4,1)$，$B(2,3,0)$，$C(3,5,1)$. 求三角形 ABC 的面积.

12. 证明向量 $a = (3,4,5)$，$b = (1,2,2)$ 和 $c = (9,14,16)$ 是共面的.

13. 已知 $|a| = 1$，$|b| = 5$，$a \cdot b = -3$，求 $|a \times b|$.

14. 设向量 a 的方向余弦为 $\cos\alpha, \cos\beta, \cos\gamma$，在下列各情况时，指出 a 的方向特征.

(1) $\cos\alpha = 0$，$\cos\beta \neq 0$，$\cos\gamma \neq 0$；

(2) $\cos\alpha = \cos\beta = 0$，$\cos\gamma \neq 0$；

(3) $\cos\alpha = \cos\beta = \cos\gamma$.

15. 设 $|a| = \sqrt{2}$，a 的三个方向角 α, β, γ 满足：$\alpha = \beta = \dfrac{1}{2}\gamma$，求 a 的坐标.

16. 设 a, b 为两非零向量，且

$$(7a - 5b) \perp (a + 3b), \quad (a - 4b) \perp (7a - 2b),$$

求 $\cos\langle a, b \rangle$.

§3   空间中平面与直线的方程

假定我们在空间中取定了直角坐标系 $Oxyz$ 及相应的三个单位坐标向量 i, j, k. 现在，我们来讨论空间中平面与直线所满足的方程.

1. 平面的方程

根据已知条件的不同，平面方程可有多种不同的形式. 常见的有下列几种：

设给定一平面，其法向量 n（即垂直于平面的向量）的坐标为 (A, B, C)（A, B, C 不全为零）. 又假定该平面上一点 P_0 的坐标为 (x_0, y_0, z_0)，则平面上任意一点 $P(x, y, z)$ 都使得 $\overrightarrow{P_0 P}$ 与 n 正交，即满足

$$n \cdot \overrightarrow{P_0 P} = 0,$$

也即

$$A(x - x_0) + B(y - y_0) + C(z - z_0) = 0.$$

反过来，空间中任何一点 $P(x, y, z)$ 如果满足这个方程，则一定在给定的平面上.

这个方程是由平面的一个法向量及平面上一已知点的坐标确定的，故通常称之为**平面的点法式方程**. 这个方程可以化成

$$Ax + By + Cz + D = 0$$

的形式,其中 $D=-Ax_0-By_0-Cz_0$ 是常数,x,y,z 的系数 A,B,C 依次是法向量的三个坐标分量.

例 1 已知一平面的法向量为 $(2,3,4)$,平面上一点的坐标为 $(1,1,1)$,则该平面之方程是:

$$2(x-1)+3(y-1)+4(z-1)=0,$$

也即

$$2x+3y+4z-9=0.$$

有了平面的点法式方程,我们很容易计算一点至一平面的距离.

例 2 已知一平面的方程为

$$Ax+By+Cz+D=0 \quad (A^2+B^2+C^2\neq 0).$$

求一点 $P_1(x_1,y_1,z_1)$ 到该平面之距离 d.

解 设 P_1 到该平面的垂足为 P_2,那么所求距离 d 即 P_1 到 P_2 之距离. 又设 $P_0(x_0,y_0,z_0)$ 为平面上任意一点,则 $D=-Ax_0-By_0-Cz_0$. 显然,由图 5.9 可知 $d=|\overrightarrow{P_0P_1}|\,|\cos\langle \boldsymbol{n},\overrightarrow{P_0P_1}\rangle|$. 于是

$$d=\frac{|\overrightarrow{P_0P_1}\cdot \boldsymbol{n}|}{|\boldsymbol{n}|}$$

$$=\frac{|A(x_1-x_0)+B(y_1-y_0)+C(z_1-z_0)|}{\sqrt{A^2+B^2+C^2}}$$

$$=\frac{|Ax_1+By_1+Cz_1+D|}{\sqrt{A^2+B^2+C^2}}.$$

上面的讨论使我们看到空间中一个平面的方程是一个关于 x,y,z 的线性方程:

$$Ax+By+Cz+D=0,$$

其中 A,B,C 不全为零,系数 A,B,C 恰是其法向量的三个坐标.

图 5.9

反过来,任意给定这样一个方程,它必是某个平面所满足的方程. 事实上,对于任意给定的这样一个方程,我们很容易找到它的一个解 (x_0,y_0,z_0),也就是 (x_0,y_0,z_0) 满足

$$Ax_0+By_0+Cz_0+D=0$$

(比如,当 $A\neq 0$ 时,$(-D/A,0,0)$ 即为一个解). 这样,$Ax+By+Cz+D=0$ 的解都满足方程

$$A(x-x_0)+B(y-y_0)+C(z-z_0)=0.$$

因此,$Ax+By+Cz+D=0$ 是由点 (x_0,y_0,z_0) 及法向量 (A,B,C) 所决定的

平面的方程. 以上说明, 空间中的平面与三元一次方程有一一对应的关系, 今后我们将三元一次方程 $Ax+By+Cz+D=0$ 称为平面的**一般式方程**.

例 3   将平面的一般式方程 $3x+4y+6z=1$ 化成点法式方程.

解   先在平面上任意选定一点, 比如 $(-3,1,1)$. 这样, 上述方程可以化成:

$$3(x+3)+4(x-1)+6(y-1)=0.$$

这里法向量的坐标为 $\boldsymbol{n}=(3,4,6)$.

除去点法式及一般式之外, 还有许多其他形式的平面方程, 比如, 已知三个点的坐标:

$$P_1(x_1,y_1,z_1),\ P_2(x_2,y_2,z_2),\ P_3(x_3,y_3,z_3),$$

由这三个点所决定的平面方程称为**三点式方程**.

要想使这三点能够唯一地决定一张平面, 其必要条件是这三个点不在一条直线上. 换句话说, 向量 $\overrightarrow{P_1P_2}$ 与 $\overrightarrow{P_1P_3}$ 不共线, 也即 $\overrightarrow{P_1P_2}\times\overrightarrow{P_1P_3}\neq 0$.

现在, 我们假定给定的三点满足这样的条件, 则该三点所决定的平面以 $\overrightarrow{P_1P_2}\times\overrightarrow{P_1P_3}$ 为其法向量. 一点 $P(x,y,z)$ 在该三点所决定的平面上, 当且仅当 $\overrightarrow{P_1P}$ 垂直于 $\overrightarrow{P_1P_2}\times\overrightarrow{P_1P_3}$, 也即

$$\overrightarrow{P_1P}\cdot(\overrightarrow{P_1P_2}\times\overrightarrow{P_1P_3})=0.$$

把这个混合积写成坐标形式, 即

$$\begin{vmatrix} x-x_1 & y-y_1 & z-z_1 \\ x_2-x_1 & y_2-y_1 & z_2-z_1 \\ x_3-x_1 & y_3-y_1 & z_3-z_1 \end{vmatrix}=0.$$

这就是所谓**平面的三点式方程**. 将此行列式按照第一行展开, 即得到一个关于 x,y,z 的线性方程.

例 4   设已知三点 $P_1(0,0,1)$, $P_2(1,1,0)$ 及 $P_3(1,0,1)$, 求过该三点的平面的方程.

解   所求的平面方程是

$$\begin{vmatrix} x-0 & y-0 & z-1 \\ 1 & 1 & -1 \\ 1 & 0 & 0 \end{vmatrix}=0,$$

即: $y+z-1=0$.

已知一个平面的方程

$$Ax+By+Cz+D=0,$$

如何在空间中确定它的位置, 这是一个很基本的问题. 下面我们讨论这个问

题.

当 A,B,C 中有两个为零时, 比如 $A=B=0$ 时, 这时方程变成

$$Cz+D=0.$$

它的解是 $z=-D/C$, 更确切地说, 作为三元一次方程的解是

$$(x,y,-D/C),$$

其中 x,y 可取任意值. 它在空间中代表着一张平行于 Oxy 坐标平面的平面, 它在 z 轴上的截矩为 $-D/C$.

当 A,B,C 中只有一个为零时, 比如 $A=0$, 这意味着法向量 (A,B,C) 与 x 轴垂直, 这时方程式变成

$$By+Cz+D=0.$$

我们在 Oyz 坐标平面上画出直线 $By+Cz+D=0$, 然后将此直线沿平行于 x 轴的方向移动, 即得到所要的平面.

例 5 $2y+z-1=0$ 表示的平面如图 5.10 所示.

当 A,B,C 三个数均不为零时, 我们先求平面 $Ax+By+Cz+D=0$ 在三个坐标轴上的截距. 事实上, 在 x 轴, y 轴, z 轴上截距分别是 $-\dfrac{D}{A}$, $-\dfrac{D}{B}$, $-\dfrac{D}{C}$. 如果 $D\neq 0$, 则三个截距均不为 0. 而这时方程可写成

$$\frac{x}{-\dfrac{D}{A}}+\frac{y}{-\dfrac{D}{B}}+\frac{z}{-\dfrac{D}{C}}=1.$$

这个方程称为平面的**截距式方程**, 从中可看出

图 5.10

各截距与三个一次项的系数的关系. 在三个坐标轴上的截距知道了, 平面在空间中的位置也就容易想像了. 若 $D=0$, 则表明这时平面通过原点. 在这种情况下, 为了确定平面的位置, 最好画出该平面与两个坐标平面 (比如 Oxy 坐标平面及 Oyz 坐标平面) 的交线. 根据这两条交线即可确定平面的位置了.

例 6 $x+2y+z-1=0$ 表示的平面在 x,y,z 轴的截距分别是 $1,\dfrac{1}{2},1$. 该平面在第一卦限内的部分如图 5.11 所示.

例 7 方程 $3x-2y-z=0$ 代表的平面通过原点. 它与 Oxy 坐标平面 (即 $z=0$ 平面) 的交线是

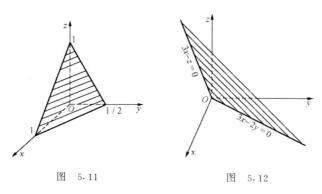

图 5.11   图 5.12

$$3x - 2y = 0, \quad z = 0.$$

而它与 Ozx 坐标平面的交线是

$$3x - z = 0, \quad y = 0.$$

在 Oxy 坐标平面上画出直线 $3x - 2y = 0$,并在 Ozx 坐标平面上画出直线 $3x - z = 0$. 这时所讨论的平面就是通过这两条直线的平面,如图 5.12 所示.

下面我们将讨论,如何根据两个平面的方程来确定这两个平面间的关系——是否平行或垂直,以及它们之间的夹角.

我们知道方程

$$Ax + By + Cz + D = 0$$

所代表的平面的法向量是 (A, B, C). 由此可见,两张平面

$$A_1 x + B_1 y + C_1 z + D_1 = 0,$$
$$A_2 x + B_2 y + C_2 z + D_2 = 0$$

平行之充分必要条件是向量 (A_1, B_1, C_1) 与 (A_2, B_2, C_2) 共线,也即存在一个实数 λ 使得 $\lambda(A_1, B_1, C_1) = (A_2, B_2, C_2)$;换句话说,这两张平面平行的充分必要条件是 A_1, B_1, C_1 与 A_2, B_2, C_2 成比例.

两张平面

$$A_1 x + B_1 y + C_1 z + D_1 = 0,$$
$$A_2 x + B_2 y + C_2 z + D_2 = 0$$

之间的夹角就是它们的法向量 $\boldsymbol{n}_1 = (A_1, B_1, C_1)$ 与 $\boldsymbol{n}_2 = (A_2, B_2, C_2)$ 之间的夹角.设这个夹角为 θ,那么

$$\cos\theta = \frac{\boldsymbol{n}_1 \cdot \boldsymbol{n}_2}{|\boldsymbol{n}_1| \cdot |\boldsymbol{n}_2|},$$

也即

$$\cos\theta = \frac{A_1 A_2 + B_1 B_2 + C_1 C_2}{\sqrt{A_1^2 + B_1^2 + C_1^2}\sqrt{A_2^2 + B_2^2 + C_2^2}}.$$

由此立即推出,上述两平面相互垂直的充分必要条件是

$$A_1 A_2 + B_1 B_2 + C_1 C_2 = 0.$$

最后我们指出上述两张平面重合的充分必要条件是 A_1, B_1, C_1, D_1 与 A_2, B_2, C_2, D_2 成比例. 证明留给读者完成.

例 8 试决定常数 l 与 k 使得平面

$$x + ly + kz = 1$$

与平面 $x + y - z = 8$ 垂直,且过点 $\left(1, 1, -\dfrac{2}{3}\right)$.

解 两平面垂直要求其向量垂直,即有

$$1 + l - k = 0.$$

点 $\left(1, 1, -\dfrac{2}{3}\right)$ 在平面 $x + ly + kz = 1$ 则要求

$$1 + l - \frac{2}{3}k = 1.$$

解关于 l 与 k 的联立方程,我们得 $l = 2, k = 3$.

2. 直线方程

现在,我们转入讨论空间中**直线方程**.

我们知道,在平面上一条直线的方程是关于 x, y 的一个一次方程式. 但是到了空间的情况,一条直线的方程就要通过两个平面方程来描述.

事实上,直线总可以看成两张不平行的平面之交线. 用方程式的语言说,一条直线上的点 (x, y, z) 应当满足一个联立方程

$$\begin{cases} A_1 x + B_1 y + C_1 z + D_1 = 0, \\ A_2 x + B_2 y + C_2 z + D_2 = 0, \end{cases}$$

其中 A_1, B_1, C_1 与 A_2, B_2, C_2 不成比例. 反过来,这个联立方程的解 (x, y, z) 均在两个方程所代表的平面的交线上.

例 9 联立方程

$$\begin{cases} x - 3 = 0, \\ y - 4 = 0 \end{cases}$$

的解是 $(3, 4, z)$,其图形是平面 $x - 3 = 0$ 与 $y - 4 = 0$ 的交线,它平行于 z 轴,如图 5.13 所示.

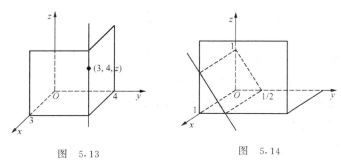

图 5.13   图 5.14

例 10 联立方程

$$\begin{cases} x-1=0, \\ 2y+z-1=0 \end{cases}$$

代表着平面 $x-1=0$ 与平面 $2y+z-1=0$ 的交线(图 5.14).

如上由关于 x,y,z 的一次联立方程组给出的直线方程称做**直线的两面式方程**或**一般方程**.

除一般方程外,尚有直线的参数方程与标准方程.

假如已知一点 $P_0(x_0,y_0,z_0)$,又已知一个非零向量 $e=(a,b,c)$. 那么,过点 P_0 而方向与 e 平行之直线上每点 $P(x,y,z)$ 都使得向量 $\overrightarrow{P_0P}$ 与 e 共线,即存在一个实数 t,使得

$$\overrightarrow{P_0P}=te \quad (-\infty<t<+\infty),$$

写成坐标形式,即

$$\begin{cases} x-x_0=ta, \\ y-y_0=tb, \quad (-\infty<t<+\infty), \\ z-z_0=tc \end{cases}$$

这里 t 是一个参数. 反过来,对于每个实数 t,由这组方程所决定的 (x,y,z) 必定在过 P_0 并与 e 平行的直线上.

这个方程称为**直线的参数方程**. 非零向量 $e=(a,b,c)$ 称为直线的**方向向量**.

从参数方程出发,消去参数 t,又可将方程写成

$$\frac{x-x_0}{a}=\frac{y-y_0}{b}=\frac{z-z_0}{c}.$$

上式通常被称之为**直线的标准方程**.

上述的写法只是一个形式上的写法,当分母中的 a,b,c 均不为零时,它代表着联立方程

$$\begin{cases} a(y-y_0)-b(x-x_0)=0, \\ a(z-z_0)-c(x-x_0)=0. \end{cases}$$

当 $a=0$ 而 b,c 不为零时,我们约定它代表联立方程

$$\begin{cases} x-x_0=0, \\ b(z-z_0)-c(y-y_0)=0. \end{cases}$$

而当 $a=b=0$ 时,我们约定它代表联立方程

$$\begin{cases} x-x_0=0, \\ y-y_0=0. \end{cases}$$

其他情况作类似的相应约定.

这样的约定显然是合理的. 以最后一种情况为例,当 $a=b=0$ 时,意味着直线的方向平行于 $(0,0,c)$,也即平行于 z 轴,因此,过点 (x_0,y_0,z_0) 的且平行于 (a,b,c) 的直线应该是平面 $x-x_0=0$ 及 $y-y_0=0$ 之交线.

上述的说明同时告诉我们如何将一条直线的标准方程化成其一般方程.

反过来,若已知一条直线的一般方程

$$\begin{cases} A_1x+B_1y+C_1z+D_1=0, \\ A_2x+B_2y+C_2z+D_2=0, \end{cases}$$

其中 A_1,B_1,C_1 与 A_2,B_2,C_2 不成比例,那么,如何确定其标准方程呢?

为了求出其标准方程,首先要求出这个联立方程的一个解 (x_0,y_0,z_0). 通常这是容易的,其次要确定这条直线的方向. 作为两张平面的交线一定同时垂直于这两张平面各自的法线. 因此,上述一般方程所代表的直线的方向向量为

$$\boldsymbol{n}_1\times\boldsymbol{n}_2=(A_1,B_1,C_1)\times(A_2,B_2,C_2).$$

然后根据直线上一已知点 $P_0(x_0,y_0,z_0)$ 和直线的方向向量 $\boldsymbol{n}_1\times\boldsymbol{n}_2$ 就可得出直线的标准方程.

例 11 将一般方程

$$\begin{cases} x-y+z-1=0, \\ 2x+y-3z=0 \end{cases}$$

化成标准方程.

解 显然,联立方程有解 $\left(\dfrac{1}{3},\dfrac{-2}{3},0\right)$,而

$$(1,-1,1)\times(2,1,-3)=(2,5,3),$$

于是,直线的标准方程为

$$\frac{x-\dfrac{1}{3}}{2}=\frac{y+\dfrac{2}{3}}{5}=\frac{z}{3}.$$

在结束这一节时我们指出,这一节中公式较多.但都无须死记硬背.重要的是理解平面方程中系数的几何意义,特别是要知道平面方程

$$Ax+By+Cz+D=0$$

中前三个系数 A,B,C 组成的向量 (A,B,C) 是平面的法向量.这一节中的许多公式差不多都是根据这一事实再利用点乘与叉乘运算得到的.

习　题　5.3

1. 指出下列平面位置的特点:

(1) $5x-3z+1=0$;

(2) $x+2y-7z=0$;

(3) $y+5=0$;

(4) $2y-9z=0$;

(5) $x-y-5=0$;

(6) $x=0$.

2. 求下列各平面的方程:

(1) 平行于 y 轴,且通过点 $(1,-5,1)$ 和 $(3,2,-2)$;

(2) 平行于 Oxz 平面,且通过点 $(5,2,-8)$;

(3) 垂直于平面 $x-4y+5z=1$ 且通过点 $(-2,7,3)$ 及 $(0,0,0)$;

(4) 垂直于 Oyz 平面且通过点 $(5,-4,3)$ 及 $(-2,1,8)$.

3. 求通过三点 $A(2,4,8),B(-3,1,5)$ 及 $C(6,-2,7)$ 的平面方程.

4. 设一平面在各坐标轴上的截距都不等于零并相等,且过点 $(5,-7,4)$,求此平面的方程.

5. 已知两点 $A(2,-1,-2)$ 及 $B(8,7,5)$,求过点 B 且与线段 AB 垂直的平面.

6. 求过点 $(2,0,-3)$ 且与两平面 $2x-2y+4z+7=0,3x+y-2z+5=0$ 垂直的平面方程.

7. 求通过 x 轴且与平面 $9x-4y-2z+3=0$ 垂直的平面方程.

8. 求通过直线

$$l_1:\begin{cases}x+2z-4=0,\\3y-z+8=0\end{cases}$$

且与直线

$$l_2:\begin{cases}x-y-4=0,\\y-z-6=0\end{cases}$$

平行的平面方程.

9. 求直线 l_1：$\dfrac{x+3}{3}=\dfrac{y+1}{2}=\dfrac{z-2}{4}$ 与直线

$$l_2：\begin{cases} x=3t+8, \\ y=t+1, \\ z=2t+6 \end{cases}$$

的交点坐标,并求通过此两直线的平面方程.

10. 求通过两直线 l_1：$\dfrac{x-1}{2}=\dfrac{y+1}{-1}=\dfrac{z+1}{1}$ 和 l_2：$\dfrac{x+2}{-4}=\dfrac{y-2}{2}=\dfrac{z}{-2}$ 的平面方程.

11. 证明两直线 l_1：$\dfrac{x-1}{-1}=\dfrac{y}{2}=\dfrac{z+1}{1}$ 与 l_2：$\dfrac{x+2}{0}=\dfrac{y-1}{1}=\dfrac{z-2}{-2}$ 是异面直线.

12. 将下列直线方程化为标准方程及参数方程:

(1) $\begin{cases} 2x+y-z+1=0, \\ 3x-y+2z-8=0; \end{cases}$　　(2) $\begin{cases} x-3z+5=0, \\ y-2z+8=0. \end{cases}$

13. 求通过点 $(3,2,-5)$ 及 x 轴的平面与平面 $3x-y-7z+9=0$ 的交线方程.

14. 当 D 为何值时,直线

$$\begin{cases} 3x-y+2z-6=0, \\ x+4y-z+D=0 \end{cases}$$

与 Oz 轴相交?

15. 试求通过直线 $\begin{cases} x-2z-4=0, \\ 3y-z+8=0 \end{cases}$ 并且与直线 $\begin{cases} x-y-4=0, \\ z-y+6=0 \end{cases}$ 平行的平面方程.

16. 求点 $(1,2,3)$ 到直线 $\dfrac{x}{1}=\dfrac{y-4}{-3}=\dfrac{z-3}{-2}$ 的距离.

17. 求点 $(2,1,3)$ 到平面 $2x-2y+z-3=0$ 的距离与投影.

18. 求两平行直线

$$\frac{x-1}{1}=\frac{y+1}{-2}=\frac{z}{3} \quad 与 \quad \frac{x}{1}=\frac{y+1}{-2}=\frac{z-1}{3}$$

的距离.

19. 求过点 $A(2,1,3)$ 并与直线

$$\frac{x+1}{3}=\frac{y-1}{2}=\frac{z}{-1}$$

垂直且相交的直线方程.

20. 求两平行平面

$$3x+6y-2z-7=0 \quad 与 \quad 3x+6y-2z+14=0$$

之间的距离.

§4　二　次　曲　面

在上一节中我们已经看到一个三元一次方程在空间中代表一张平面.

在本节中我们要讨论一个三元二次方程所代表的曲面.这种曲面被称为**二次曲面**.

三元二次方程的一般形式是

$$Ax^2 + By^2 + Cz^2 + Dxy + Eyz + Fzx + Gx + Hy + Iz + J = 0,$$

其中 $A, \cdots, J$ 是常数,且 A, B, C 不全为零.在空间中取定一个直角坐标系之后,任意给定这样的一个方程,除去个别情况之外,在多数情况下满足这个方程的全体解(x, y, z)形成一张曲面.

从几何或代数上可以证明,对于任意给定的一个三元二次方程,通过一个适当的坐标变换,可以化成 9 种典型形式.下面分别介绍这 9 种典型方程及它们所表示的曲面:

(1) **椭圆锥面**:$\dfrac{x^2}{a^2} + \dfrac{y^2}{b^2} - \dfrac{z^2}{c^2} = 0.$

显然,这个曲面与平行于 Oxy 平面的平面 $z = z_0$ 相截得到的是一个椭圆周:

$$\begin{cases} \dfrac{x^2}{a^2} + \dfrac{y^2}{b^2} = \dfrac{z_0^2}{c^2}, \\ z = z_0. \end{cases}$$

而这个椭圆的两个半轴分别是 $a|z_0|/c$ 与 $b|z_0|/c$.也就是说,该椭圆的半轴与 $|z_0|$ 成正比(见图 5.15).另外,这个曲面与 Oyz 坐标平面的截痕是两条直线:

$$\begin{cases} \dfrac{y}{b} = \dfrac{z}{c}, \\ x = 0, \end{cases} \qquad \begin{cases} \dfrac{y}{b} = -\dfrac{z}{c}, \\ x = 0. \end{cases}$$

而与 Ozx 坐标平面的截痕也是直线:

$$\begin{cases} \dfrac{x}{a} = \dfrac{z}{c}, \\ y = 0, \end{cases} \qquad \begin{cases} \dfrac{x}{a} = -\dfrac{z}{c}, \\ y = 0. \end{cases}$$

我们之所以称该曲面为锥面,是因为这个曲面是由一束过原点的直线所组成.事实上,若点(x_0, y_0, z_0)(不是原点)在该曲面上,则由原点与(x_0, y_0, z_0)所决定

图 5.15

的直线均在曲面上(请读者自行验证).

(2) **椭球面**:$\dfrac{x^2}{a^2} + \dfrac{y^2}{b^2} + \dfrac{z^2}{c^2} = 1.$

这个曲面是可以装在长立方体

$$\{(x, y, z) \mid \ |x| \leqslant a, |y| \leqslant b, |z| \leqslant c\}$$

内的曲面,而且与 x 轴,y 轴,z 轴的交点分别是 $\pm a,\pm b,\pm c$(见图 5.16).

用平行 Oxy 坐标平面的平面 $z=z_0(0\leqslant|z_0|\leqslant c)$ 去截,得到的曲线是一个椭圆周:

$$\begin{cases} \dfrac{x^2}{a^2}+\dfrac{y^2}{b^2}=1-\dfrac{z_0^2}{c^2}, \\ z=z_0. \end{cases}$$

图 5.16

用平行于其他坐标平面的平面相截结果类似.

椭球面的参数方程为

$$\begin{cases} x=a\sin\varphi\cos\theta, \\ y=b\sin\varphi\sin\theta, \\ z=c\cos\varphi, \end{cases}$$

其中 $0\leqslant\theta<2\pi,0\leqslant\varphi\leqslant\pi$.

当 $a=b=c=R$ 时,椭球面变成球面

$$x^2+y^2+z^2=R^2.$$

(3) **单叶双曲面**:$\dfrac{x^2}{a^2}+\dfrac{y^2}{b^2}-\dfrac{z^2}{c^2}=1$.

这个曲面用平面 $z=z_0$ 去截,其截痕是一个椭圆周:

$$\begin{cases} \dfrac{x^2}{a^2}+\dfrac{y^2}{b^2}=1+\dfrac{z_0^2}{c^2}, \\ z=z_0. \end{cases}$$

其半轴分别为 $a\sqrt{1+\dfrac{z_0^2}{c^2}}$ 与 $b\sqrt{1+\dfrac{z_0^2}{c^2}}$,它们随着 z_0 趋于无穷而趋于无穷(见图 5.17).

用平面 $x=x_0$ 或 $y=y_0$ 去截曲面,截痕是两支双曲线($|x_0|\neq a$,$|y_0|\neq b$ 时),或者是两条直线($|x_0|=a$ 或 $|y_0|=b$ 时).

我们之所以称它为单叶双曲面,是因为它是连在一起的一张曲面.而下面将要讨论的双叶双曲面,是彼此不连通的两张曲面.

(4) **双叶双曲面**:$\dfrac{x^2}{a^2}+\dfrac{y^2}{b^2}-\dfrac{z^2}{c^2}=-1$.

显然,$|z|<c$ 时方程无解.因此,在平面 $z=c$ 与 $z=-c$ 之间没有曲面上的点;而在这两张平面上,各只有曲面上的一个点.当用 $z=z_0(|z_0|>c)$ 去截,其截痕是椭圆周:

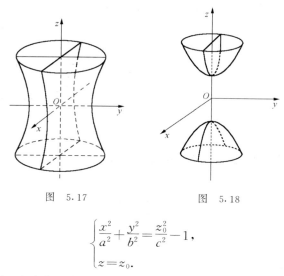

图　5.17　　　　　　　图　5.18

$$\begin{cases} \dfrac{x^2}{a^2} + \dfrac{y^2}{b^2} = \dfrac{z_0^2}{c^2} - 1, \\ z = z_0. \end{cases}$$

可见,曲面由上下两叶组成.

　　用 $x=x_0$ 或 $y=y_0$ 去截曲面,其截痕总是双曲线(图 5.18).

　　(5) 椭圆柱面:$\dfrac{x^2}{a^2} + \dfrac{y^2}{b^2} = 1$.

　　这个曲面在 Oxy 坐标平面上的投影是一个椭圆. 若(x_0,y_0)满足上述方程,则对任意 z,点(x_0,y_0,z)均在该曲面上,因此,过点$(x_0,y_0,0)$且平行于 z 轴的直线落在曲面上. 整个曲面也可以看做是由平行于 z 轴的动直线沿 Oxy 平面上的一个椭圆周平行移动的结果(见图 5.19).

　　一般说来,由平行于某给定方向的动直线沿着给定曲线移动所得到的曲面均称做**柱面**. 动直线称做**母线**,给定曲线称做**准线**. 上述椭圆柱面之准线为椭圆周,其母线平行于 z 轴.

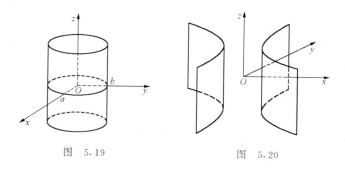

图　5.19　　　　　　　图　5.20

（6）**双曲柱面**：$\dfrac{x^2}{a^2}-\dfrac{y^2}{b^2}=1$.

该曲面是以 Oxy 平面上的双曲线

$$\begin{cases}\dfrac{x^2}{a^2}-\dfrac{y^2}{b^2}=1,\\ z=0\end{cases}$$

为准线的柱面，其母线平行于 z 轴（图 5.20）.

（7）**椭圆抛物面**：$\dfrac{x^2}{a^2}+\dfrac{y^2}{b^2}-z=0$.

当 $z<0$ 时，方程无解. 故曲面只在 $z\geqslant0$ 的部分存在.
对于任意 $z_0>0$，曲面与平面 $z=z_0$ 之截痕是一椭圆周，而
曲面与任意平面 $x=x_0$ 或 $y=y_0$ 相截，其截痕是抛物线，
如图 5.21 所示.

（8）**双曲抛物面**：$\dfrac{x^2}{a^2}-\dfrac{y^2}{b^2}-z=0$.

用任意一张平行于 Oxy 平面的平面 $z=z_0(z_0\neq0)$ 去
截，其截痕都是双曲线：

图 5.21

$$\begin{cases}\dfrac{x^2}{a^2}-\dfrac{y^2}{b^2}=z_0,\\ z=z_0.\end{cases}$$

不过，当 $z_0>0$ 与 $z_0<0$ 时，双曲线的实轴分别平行于 x 轴与 y 轴：当 $z_0>0$
时，上述双曲线方程可化为

$$\begin{cases}\dfrac{x^2}{\left(a\sqrt{z_0}\right)^2}-\dfrac{y^2}{\left(b\sqrt{z_0}\right)^2}=1,\\ z=z_0.\end{cases}$$

双曲线在 Oxy 平面上的投影以 x 轴为实轴. 而当 $z_0<0$ 时，上述双曲线的方
程为

$$\begin{cases}-\dfrac{x^2}{\left(a\sqrt{-z_0}\right)^2}+\dfrac{y^2}{\left(b\sqrt{-z_0}\right)^2}=1,\\ z=z_0,\end{cases}$$

它在 Oxy 平面上的投影以 y 轴为实轴. 曲面与 $z=0$ 的交线恰是两条直线.

用平行于 Ozx 平面的平面 $y=y_0$ 或用平行于 Oyz 平面的平面 $x=x_0$

去截，与曲面之截痕总是抛物线. 但抛物线 $\begin{cases}z=\dfrac{x^2}{a^2}-\dfrac{y_0^2}{b^2},\\ y=y_0\end{cases}$ 的开口向上，而抛

物线 $\begin{cases} z = \dfrac{x_0^2}{a^2} - \dfrac{y^2}{b^2}, \\ x = x_0 \end{cases}$ 的开口向下.

双曲抛物面形如一个马鞍形,因此有时也称为马鞍面(见图 5.22).

图 5.22　　　　　　　　图 5.23

（9）抛物柱面: $\dfrac{x^2}{a^2} - y = 0$.

这是一张以 Oxy 平面上的抛物线

$$\begin{cases} y = \dfrac{x^2}{a^2}, \\ z = 0 \end{cases}$$

为准线的柱面,其母线平行于 z 轴. 见图 5.23.

习　题　5.4

1. 求椭球面

$$2x^2 + 3y^2 + 4z^2 - 4x - 6y + 16z + 16 = 0$$

的中心的坐标及三个半轴之长度.

2. 说出下列曲面的名称,并画出略图:

(1) $8x^2 + 11y^2 + 24z^2 = 1$;

(2) $4x^2 - 9y^2 - 14z^2 = -25$;

(3) $2x^2 + 9y^2 - 16z^2 = -9$;　　(4) $x^2 - y^2 = 2x$;

(5) $2y^2 + z^2 = x$;

(6) $z = xy$　（提示:作 Oxy 平面的坐标变换 $x = x' + y'$, $y = x' - y'$, $z = z'$).

3. 求下列曲面的参数方程:

(1) $(x-1)^2 + (y+1)^2 + (z-3)^2 = R^2$;

(2) $x^2 + \dfrac{y^2}{9} + \dfrac{z^2}{4} = 1$;　　(3) $\dfrac{x^2}{4} + \dfrac{y^2}{9} - \dfrac{z^2}{16} = 1$;

(4) $z = \dfrac{x^2}{a^2} - \dfrac{y^2}{b^2}$;　　(5) $z = \dfrac{x^2}{a^2} + \dfrac{y^2}{b^2}$.

§5　空间曲线的切线与弧长

本节讨论空间一般曲线,其主要工具是向量及微分学.

假定在空间中取定了 $Oxyz$ 坐标系及相应的坐标向量 i, j 和 k. 这时空间中任何一点 $P(x,y,z)$ 与原点连线构成的向量

$$\overrightarrow{OP}=xi+yj+zk.$$

为了方便起见,我们将 $\overrightarrow{OP}$ 记做 r,即有

$$r=xi+yj+zk.$$

今后我们将这个向量 r 看做是点 $P(x,y,z)$ 的向量表示.

什么是空间的曲线?一般地说,空间曲线是指区间 $[a,b]$ 到空间 $\mathbf{R}^3$ 的一个连续映射的像. 这里所谓 $[a,b]$ 到 $\mathbf{R}^3$ 的连续映射

$$\gamma:[a,b]\rightarrow\mathbf{R}^3,$$
$$t\mapsto(x(t),y(t),z(t)),$$

就是指对于每一点 $t\in[a,b]$,都有唯一确定的一点,记做 $(x(t),y(t),z(t))$,与之相对应;并且当 t 在 $[a,b]$ 上连续变动时像点 $(x(t),y(t),z(t))$ 也连续地变动,更确切地说,$x=x(t),y=y(t),z=z(t)$ 是 $[a,b]$ 上的三个连续函数. 点 a 与点 b 所对应的点 $(x(a),y(a),z(a))$ 与 $(x(b),y(b),z(b))$ 都称做曲线的端点.

当我们将 t 看做时间时,那么曲线就可以理解为一个质点在空间中运动的轨迹(见图 5.24).

图　5.24

一条曲线可以用坐标形式给出:

$$\begin{cases} x = x(t), \\ y = y(t), \quad a \leqslant t \leqslant b, \\ z = z(t), \end{cases}$$

称为曲线的**参数方程**，其中 t 称为**参数**. 比如

$$\begin{cases} x = R\cos t, \\ y = R\sin t, \quad 0 \leqslant t \leqslant 2\pi. \\ z = bt, \end{cases}$$

显然，它代表着柱面 $x^2 + y^2 = R^2$ 上一条曲线（如图 5.25）.

参数 t 也可以在一个开区间 (a,b) 上变动. 这时一般不能谈论曲线之端点.

既然空间中的点 $P(x,y,z)$ 可以由向量 $\boldsymbol{r} = \overrightarrow{OP}$ 表示，那么一条空间曲线

$$\begin{cases} x = x(t), \\ y = y(t), \quad a \leqslant t \leqslant b, \\ z = z(t), \end{cases}$$

则可以由一个向量函数 $\boldsymbol{r} = \boldsymbol{r}(t)$ 表示，其中

$$\boldsymbol{r}(t) = x(t)\boldsymbol{i} + y(t)\boldsymbol{j} + z(t)\boldsymbol{k}.$$

图　5.25

这就是曲线的向量表示.

我们称曲线

$$\begin{cases} x = x(t), \\ y = y(t), \quad a \leqslant t \leqslant b \\ z = z(t) \end{cases}$$

是一条光滑曲线，如果 $x(t), y(t)$ 及 $z(t)$ 在 $[a,b]$ 有连续的导数，且对于每一点 $t \in [a,b]$，$x'(t), y'(t)$ 及 $z'(t)$ 不同时为零.

这里要求 $x'(t), y'(t)$ 及 $z'(t)$ 不同时为零，实际上就相当于要求曲线在每一点都有切线. 而 $x'(t), y'(t)$ 及 $z'(t)$ 的连续性则表明曲线的切线随参数 t 而连续变动.

事实上，我们知道切线是割线的极限位置. 过一点 $\boldsymbol{r}(t)$ 的切线的方向应当是

$$\lim_{\Delta t \to 0} \frac{\boldsymbol{r}(t + \Delta t) - \boldsymbol{r}(t)}{\Delta t}$$

$$= \lim_{\Delta t \to 0} \frac{x(t + \Delta t) - x(t)}{\Delta t}\boldsymbol{i} + \lim_{\Delta t \to 0} \frac{y(t + \Delta t) - y(t)}{\Delta t}\boldsymbol{j}$$

$$+ \lim_{\Delta t \to 0} \frac{z(t + \Delta t) - z(t)}{\Delta t} \boldsymbol{k}$$

$$= x'(t)\boldsymbol{i} + y'(t)\boldsymbol{j} + z'(t)\boldsymbol{k}.$$

可见，$x'(t), y'(t)$ 及 $z'(t)$ 不同时为零的假定保证了极限

$$\lim_{\Delta t \to 0} \frac{\boldsymbol{r}(t + \Delta t) - \boldsymbol{r}(t)}{\Delta t}$$

不退化成一个零向量，从而在 $\boldsymbol{r}(t)$ 点有确定的切线方向.

今后，我们将上述极限记做 $\boldsymbol{r}'(t)$（见图 5.26），并假定曲线 $\boldsymbol{r} = \boldsymbol{r}(t)$ 是光滑曲线.

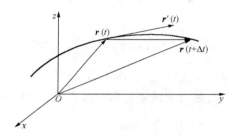

图 5.26

现在我们讨论光滑曲线的切线方程及弧长的公式.

光滑曲线 $\boldsymbol{r} = \boldsymbol{r}(t)(a \leqslant t \leqslant b)$ 在点 $\boldsymbol{r}(t_0)$ 处的切线方程是

$$\boldsymbol{r} = \boldsymbol{r}(t_0) + u\boldsymbol{r}'(t_0),$$

其中 $u \in (-\infty, +\infty)$ 是参数；写成参数方程的形式即

$$\begin{cases} x = x(t_0) + ux'(t_0), \\ y = y(t_0) + uy'(t_0), \quad \forall\ u \in \mathbf{R}. \\ z = z(t_0) + uz'(t_0), \end{cases}$$

由此易得光滑曲线 $\boldsymbol{r}(t)$ 在点 $\boldsymbol{r}(t_0)$ 处的切线方程的标准形式是：

$$\frac{x - x(t_0)}{x'(t_0)} = \frac{y - y(t_0)}{y'(t_0)} = \frac{z - z(t_0)}{z'(t_0)}.$$

显然，当 $\Delta t > 0$ 且充分小时，$\boldsymbol{r}(t_0 + \Delta t) - \boldsymbol{r}(t_0)$ 的方向与 $\boldsymbol{r}'(t_0)$ 的方向接近于一致. 因此，$\boldsymbol{r}'(t_0)$ 作为曲线 $\boldsymbol{r} = \boldsymbol{r}(t)$ 在 $\boldsymbol{r}(t_0)$ 处的切线方向，它指向参数 t 增加的方向.

过点 $\boldsymbol{r}(t_0) = (x(t_0), y(t_0), z(t_0))$ 与该点处的切向量 $\boldsymbol{r}'(t_0)$ 相垂直的平面称做曲线在该点处的**法平面**. 法平面的方程是：

$$x'(t_0)(x - x(t_0)) + y'(t_0)(y - y(t_0)) + z'(t_0)(z - z(t_0)) = 0.$$

例1　求曲线

$$\begin{cases} x = a\cos t, \\ y = a\sin t, \quad (a > 0, b > 0, 0 \leqslant t \leqslant 2\pi) \\ z = bt \end{cases}$$

在$(0, a, b\pi/2)$处的切线及法平面.

解　点$(0, a, b\pi/2)$对应于$t = \pi/2$. 在该点处的切向量为$(-a, 0, b)$. 于是其切线方程为

$$\frac{x - 0}{-a} = \frac{y - a}{0} = \frac{z - b\pi/2}{b},$$

而其法平面方程为

$$-a(x - 0) + b\left(z - \frac{\pi b}{2}\right) = 0.$$

光滑曲线总是可以谈论弧长的. 设$\boldsymbol{r} = \boldsymbol{r}(t) (a \leqslant t \leqslant b)$是一条光滑曲线. 这条曲线的弧长$S$应当是用折线逼近曲线时折线长度的极限, 即

$$S = \lim_{\lambda \to 0} \sum_{i=1}^{n} |\boldsymbol{r}(t_i) - \boldsymbol{r}(t_{i-1})|,$$

其中$a = t_0 < t_1 < \cdots < t_{n-1} < t_n = b$是对区间$[a, b]$的任意一种分割, $\lambda = \max\{t_i - t_{i-1} | i = 1, 2, \cdots, n\}$. 显然,

$$|\boldsymbol{r}(t_i) - \boldsymbol{r}(t_{i-1})|$$
$$= \sqrt{[x(t_i) - x(t_{i-1})]^2 + [y(t_i) - y(t_{i-1})]^2 + [z(t_i) - z(t_{i-1})]^2}$$
$$\approx \sqrt{[x'(t_{i-1})]^2 + [y'(t_{i-1})]^2 + [z'(t_{i-1})]^2} \, (t_i - t_{i-1})$$
$$= |\boldsymbol{r}'(t_{i-1})| \Delta t_i.$$

可见,

$$\sum_{i=1}^{n} |\boldsymbol{r}(t_i) - \boldsymbol{r}(t_{i-1})| \approx \sum_{i=1}^{n} |\boldsymbol{r}'(t_{i-1})| \Delta t_i.$$

可以严格证明在光滑曲线条件下这两个和式有相同的极限. 于是, 我们得到曲线弧长的计算公式

$$S = \int_a^b |\boldsymbol{r}'(t)| \mathrm{d}t \quad \text{或} \quad S = \int_a^b \sqrt{[x'(t)]^2 + [y'(t)]^2 + [z'(t)]^2} \mathrm{d}t.$$

如果不是计算整个曲线的弧长, 而是计算自端点$\boldsymbol{r}(a)$到一点$\boldsymbol{r}(t)$的弧长$s(t)$, 那么

$$s(t) = \int_a^t |\boldsymbol{r}'(t)| \mathrm{d}t = \int_a^t \sqrt{[x'(t)]^2 + [y'(t)]^2 + [z'(t)]^2} \mathrm{d}t.$$

由 $|r'(t)|$ 的连续性可知，函数 $s=s(t)$ 对 t 是可微的，且

$$ds=|r'(t)|dt \quad 或 \quad ds=\sqrt{[x'(t)]^2+[y'(t)]^2+[z'(t)]^2}dt.$$

这就是所谓**弧微分公式**.它是平面曲线弧微分公式之推广.

例 2 求曲线

$$\begin{cases} x=a\cos t, \\ y=a\sin t, \quad (a>0,b>0,0\leqslant t\leqslant\pi) \\ z=bt \end{cases}$$

的弧长 S.

解 根据公式，我们有

$$S=\int_0^\pi \sqrt{a^2\sin^2 t+a^2\cos^2 t+b^2}dt=\pi\sqrt{a^2+b^2}.$$

习 题 5.5

1. 求下列曲线在指定点 P_0 的切线方程及法平面方程：

(1) $x=t,y=t^2,z=t^3,P_0=(1,1,1)$；

(2) 曲面 $z=x^2$ 与 $y=x$ 的交线，$P_0=(2,2,4)$；

(3) 柱面 $x^2+y^2=R^2(R>0)$ 与平面 $z=x+y$ 的交线，$P_0=(R,0,R)$.

2. 求出螺旋线

$$\begin{cases} x=R\cos t, \\ y=R\sin t, \quad (R>0,b>0,0\leqslant t\leqslant 2\pi) \\ z=bt \end{cases}$$

在任意一点处的切线的方向余弦，并证明曲线上任意一点处的切线与 z 轴之夹角为常数.

3. 设 $a=a(t)$ 与 $b=b(t)$ 是两个可导的向量函数，$\alpha<t<\beta$. 证明

$$\frac{d}{dt}(a(t)\cdot b(t))=a'(t)\cdot b(t)+a(t)\cdot b'(t).$$

4. 设 $r=r(t)(\alpha<t<\beta)$ 是一条光滑曲线，且 $|r(t)|=C$（常数）.证明 $r(t)$ 与切线垂直，即

$$r(t)\cdot r'(t)=0 \quad (\alpha<t<\beta).$$

第五章总练习题

1. 设 a,b 为两个非零向量，指出下列等式成立的充分必要条件：

(1) $|a+b|=|a-b|$；   (2) $|a+b|=|a|-|b|$；

(3) $a+b$ 与 $a-b$ 共线.

2. 设 a,b,c 为非零向量,判断下列等式是否成立:

(1) $(a \cdot b)c = a(b \cdot c)$;　　　(2) $(a \cdot b)^2 = a^2 \cdot b^2$;

(3) $a \cdot (b \times c) = (a \times b) \cdot c$.

3. 设 a,b 为非零向量,且 $7a-5b$ 与 $a+3b$ 正交,$a-4b$ 与 $7a-2b$ 正交,求 a^2-b^2.

4. 利用向量运算,证明下列几何命题:

射影定理. 考虑直角三角形 ABC,其中 $\angle A$ 为直角,AD 是斜边上的高,则

$$\overline{AD}^2 = \overline{BD} \cdot \overline{CD}, \quad \overline{AB}^2 = \overline{BD} \cdot \overline{BC}, \quad \overline{AC}^2 = \overline{CD} \cdot \overline{CB}.$$

5. 已知三点 A,B,C 的坐标分别为 $(1,0,0),(1,1,0),(1,1,1)$. 若 $ACDB$ 是一平行四边形,求点 D 的坐标.

6. 设 a,b 为非零向量,证明

$$(a \times b)^2 = a^2 b^2 - (a \cdot b)^2.$$

7. 设有两直线

$$L_1: \frac{x-1}{-1} = \frac{y}{2} = \frac{z+1}{1}, \quad L_2: \frac{x+2}{0} = \frac{y-1}{1} = \frac{z-2}{-2},$$

求平行于 L_1,L_2 且与它们等距的平面方程.

8. 设直线 L 通过点 P_0 且其方向向量为 v,证明:L 外一点 P_1 到 L 的距离 d 可表为

$$d = \frac{|\overrightarrow{P_0P_1} \times v|}{|v|}.$$

9. 设两直线 L_1,L_2 分别通过点 P_1,P_2,且它们的方向向量分别为 v_1,v_2. 证明:L_1 与 L_2 共面的充分必要条件是

$$\overrightarrow{P_1P_2} \cdot (v_1 \times v_2) = 0.$$

10. 设两直线 L_1,L_2 分别通过点 P_1,P_2,且它们的方向向量分别为 v_1,v_2. L_1,L_2 之间的距离 d 定义为

$$d = \min_{\substack{Q_1 \in L_1 \\ Q_2 \in L_2}} |\overrightarrow{Q_1Q_2}|.$$

证明:(1) 当 L_1 与 L_2 平行时,它们之间的距离可表为

$$d = \frac{|\overrightarrow{P_1P_2} \times v_1|}{|v_1|};$$

(2) 当 L_1 与 L_2 为异面直线时,它们间的距离可表为

$$d = \frac{|\overrightarrow{P_1P_2} \cdot (v_1 \times v_2)|}{|v_1 \times v_2|}.$$

11. 设直线 L 的方程为

$$L: \begin{cases} A_1x + B_1y + C_1z + D_1 = 0, \\ A_2x + B_2y + C_2z + D_2 = 0. \end{cases}$$

证明:(1) 对任意两个不全为零的实数 λ_1,λ_2,方程

$$\lambda_1(A_1x + B_1y + C_1z + D_1) + \lambda_2(A_2x + B_2y + C_2z + D_2) = 0$$

表示一个通过直线 L 的平面；

（2）任意给定一个通过直线 L 的平面 π，必存在两个不全为 0 的实数 λ_1,λ_2，使平面 π 的方程为

$$\lambda_1(A_1x+B_1y+C_1z+D_1)+\lambda_2(A_2x+B_2y+C_2z+D_2)=0.$$

解释：通过一条直线的全体平面组成的集合称为**平面束**. 以上（1）,（2）两结论说明：通过直线 L 的平面束可表为

$$\lambda_1(A_1x+B_1y+C_1z+D_1)+\lambda_2(A_2x+B_2y+C_2z+D_2)=0,$$

其中 λ_1,λ_2 为不同时为零的任意常数. 该方程称为过直线 L 的**平面束方程**.

12. 试求通过直线

$$L_1:\begin{cases} x-2z-4=0, \\ 3y-z+8=0 \end{cases}$$

且与直线

$$L_2:x-1=y+1=z-3$$

平行的平面方程.

13. 已知曲面 S 的方程为

$$S:\quad x^2+\frac{y^2}{4}+\frac{z^2}{2}=1,$$

平面 π 的方程为

$$\pi:\quad 2x+y+2z+6=0.$$

（1）求曲面 S 的平行于 π 的切平面方程；

（2）在曲面 S 上求到平面 π 距离为最短及最长的点，并求最短及最长的距离.

14. 直线 $\dfrac{x}{1}=\dfrac{y-1}{0}=\dfrac{z}{1}$ 绕 z 轴旋转一周，求所得旋转曲面的方程.

15. 求双曲线

$$\begin{cases} \dfrac{y^2}{b^2}-\dfrac{z^2}{c^2}=1 \quad (b,c>0), \\ x=0 \end{cases}$$

绕 z 轴旋转一周所得曲面的方程.

16. 求曲线

$$\begin{cases} x^2+y^2+z^2=1, \\ z^2=2y \end{cases}$$

在 Oxy 平面上的投影曲线的方程.

第六章　多元函数微分学

在前面几章中,我们讨论了一个自变量的函数的微积分,即一元函数微积分.但是,许多问题中所涉及的函数是包含多个自变量的函数,即多元函数.因此,将一元函数的微分学与积分学推广到多元函数的情形是十分必要的,也是十分自然的.本章中我们先讨论多元函数的微分学,而将其积分学留到下一章.

多元函数的微分学是以一元函数微分学为基础的.两者之间既有许多类似之处,又在某些地方有实质性的差别.对于这一点读者应当在学习中特别留意.

虽然一元函数的微分学与多元函数的微分学有某种实质差别,然而,二元函数的微分学与三元函数或更多元函数的微分学并无实质的差别.因此,为简单起见,在本章的大部分叙述中以讨论二元函数为主;至于更多个自变量的情况,我们相信读者自己能够得出相应的结论.

§1　多　元　函　数

1. 多元函数的概念

多元函数就是含有多个自变量的函数.例如,三角形之一边 c 是另外两边 a 与 b 及其夹角 θ 的函数:

$$c = \sqrt{a^2 + b^2 - 2ab\cos\theta}.$$

而一定质量的理想气体的压强 p 是其体积 V 及温度 T 的函数:

$$p = k\frac{T}{V} \quad (k = 常数).$$

在这里 c 是三个自变量的函数,而 p 是两个自变量的函数.

为了描述多个自变量,我们需要将它们按照一定次序加以排列而形成一个有序的数组.例如在前面的例子中自变量形成的数组分别是 (a,b,θ) 与 (T,V).

对多元函数可作一个几何上的解释:我们将两个自变量形成的数组,

如上面的 (T,V)，看做是平面上的一个点，而将三个自变量所形成的数组，比如上面的 (a,b,θ)，看做是空间中的一个点．当一个二元函数的两个自变量在一定的允许范围内变化时，相应的数组则对应于平面上的某一个点集合．在这种看法下，一个二元函数实质上就是平面上某个点集合到实数域 $\mathbf{R}$ 的一个映射（见图 6.1）．同样地，一个三元函数实质上就是三维空间中某个点集合到实数域 $\mathbf{R}$ 的一个映射．

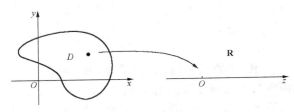

图 6.1

今后，我们将全体有序的实数组 (x,y) 所组成的集合记做 $\mathbf{R}^2$，也即
$$\mathbf{R}^2 = \{(x,y) \mid x \in \mathbf{R}, y \in \mathbf{R}\}.$$
同时，我们将全体有序的三元实数组 (x,y,z) 所组成的集合记做 $\mathbf{R}^3$，也即
$$\mathbf{R}^3 = \{(x,y,z) \mid x \in \mathbf{R}, y \in \mathbf{R}, z \in \mathbf{R}\}.$$

过去我们把实数集合 $\mathbf{R}$ 与具有坐标的直线（数轴）上的全体点相等同．今后，我们将把 $\mathbf{R}^2$ 与 $\mathbf{R}^3$ 分别跟具有坐标的平面与三维空间中的全体点相等同．

在各种实际问题中，我们还会遇到自变量的个数多于 3 的函数．比如，许多物理量不仅依赖于物体在空间中的位置——这需要用三个变量来描述，而且还依赖于时间．像这样的物理量则是一个四元函数．

一般说来，为描述 n 元函数的自变量，需要考虑 n 个有次序的实数组：
$$(x_1, x_2, \cdots, x_n)$$
以及由全体这种数组所组成的集合：
$$\mathbf{R}^n = \{(x_1, x_2, \cdots, x_n) \mid x_j \in \mathbf{R}, j = 1, 2, \cdots, n\}.$$
我们把每一个数组 $(x_1, x_2, \cdots, x_n)$ 称做 $\mathbf{R}^n$ 中的一个**点**．

现在，我们给出多元函数的正式定义．

定义　设有一个集合 $D \subset \mathbf{R}^n$．如果对于集合 D 中每一点 $(x_1, \cdots, x_n)$，按照一定的规则 f，都有一个唯一确定的实数 $u \in \mathbf{R}$ 与之相对应，则称 f 是一个定义在 D 上的n **元函数**．这里 D 被称为 f 的**定义域**．与 $(x_1, \cdots, x_n)$ 相对应的数 u 被称为 f 在 $(x_1, \cdots, x_n)$ 的**值**，并记为 $f(x_1, \cdots, x_n)$．全体函数值的

集合
$$f(D) = \{f(x_1, \cdots, x_n) \,|\, (x_1, \cdots, x_n) \in D\}$$
称为 f 的**值域**.

通常把 $(x_1, \cdots, x_n)$ 称做**自变量**, 而把 u 称做**因变量**. 有时我们也称 u 是 $(x_1, \cdots, x_n)$ 的函数.

显然, 在前边关于三角形边长的例子中, c 作为 (a, b, θ) 的函数, 其定义域为
$$\{(a, b, \theta) \,|\, a > 0, b > 0, 0 < \theta < \pi\},$$
而其值域则是 $(0, +\infty)$.

因为习惯上将 $\mathbf{R}^2$ 中的点用 (x, y) 表示, 而 $\mathbf{R}^3$ 中的点用 (x, y, z) 表示, 故通常的二元函数与三元函数我们用 $u = f(x, y)$ 与 $u = f(x, y, z)$ 表示.

像一元函数情形一样, 多元函数在很多情况下是由一个表达式给出, 这时函数的定义域 D 是一切使得表达式有意义的点 $(x_1, \cdots, x_n)$ 所组成的集合.

前面定义多元函数时, n 元函数是作为 $\mathbf{R}^n$ 中的一个集合 D 到 $\mathbf{R}$ 中的一个映射给出的. 但是二元函数可以有更为直观的几何解释, 这就是函数图形的概念.

我们已经熟悉将一个一元函数 $y = f(x)$ 视做是平面上的一个图形. 更确切地说, 它是平面上一切满足 $y = f(x)$ 的点 (x, y) 之集合.

对于二元函数 $z = f(x, y)$ 也可以有类似的解释. 在取定直角坐标系 $Oxyz$ 的三维空间, 集合
$$\{(x, y, z) \,|\, z = f(x, y), \quad (x, y) \in D\}$$
称为 f 的**图形**, 这里 D 是 f 的定义域.

例 1 函数 $z = \sqrt{r^2 - (x^2 + y^2)}$ 的定义域为
$$D = \{(x, y) \,|\, x^2 + y^2 \leqslant r^2\}.$$
它是 Oxy 平面上的一个圆, 其圆心为原点, 半径为 r. 这个函数的图形则是位于 Oxy 平面上方的半个球面(见图 6.2).

例 2 函数
$$z = \sqrt{y - x^2} + \ln[4 - (x^2 + y^2)]$$
的定义域是满足
$$\begin{cases} y \geqslant x^2, \\ x^2 + y^2 < 4 \end{cases}$$

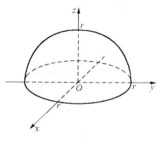

图　6.2

的点(x,y)的全体. 在Oxy平面上,这个集合中的点位于抛物线$y=x^2$上或其上方且在圆周$x^2+y^2=4$之内部,如图 6.3 阴影部分所示. 这个函数的图形是空间中的一张曲面,它在Oxy坐标平面上的投影恰是图 6.3 中的阴影部分.

图 6.3

我们同样可以定义三元函数乃至一般n元函数的图形的概念. 但是,三元函数或n元函数$(n\geqslant3)$的图形需要借助于四维空间或$n+1$维空间. 故这时函数的图形就只能想像而不能画出了,对于我们研究n元函数而言并无实际用途.

2. $\mathbf{R}^n$ 中的集合到 $\mathbf{R}^m$ 的映射

上面讨论的n元函数实质上就是$\mathbf{R}^n$中一个集合到$\mathbf{R}$的一个映射. 这个概念的一般化就是$\mathbf{R}^n$中的一个集合到$\mathbf{R}^m$的映射. 这种映射在数学或物理中是经常用到的.

我们先看两个实例.

例3 平面曲线的参数方程
$$\begin{cases} x = \varphi(t), \\ y = \psi(t) \end{cases} \quad (\alpha \leqslant t \leqslant \beta),$$
其中φ与ψ是在$[\alpha,\beta]$上的连续函数. 这实质上是$\mathbf{R}^1$中的集合$[\alpha,\beta]$到$\mathbf{R}^2$的一个映射. 我们同样把这一映射用一个符号表示:$f:[\alpha,\beta]\to\mathbf{R}^2$. 但是,这时与函数不同,对于每一个$t\in[\alpha,\beta]$,$f(t)$不再是一个值,而应是$\mathbf{R}^2$中一个点. 因此,$f(t)$应由两个坐标刻画,即
$$f(t) = (\varphi(t), \psi(t)).$$

例4 平面上的坐标变换
$$\begin{cases} u = x\cos\alpha - y\sin\alpha, \\ v = x\sin\alpha + y\cos\alpha, \end{cases}$$
其中α为一固定常数. 映射$(x,y)\to(u,v)$是$\mathbf{R}^2$到$\mathbf{R}^2$的一个映射,这里u与v是两个二元函数.

设D为$\mathbf{R}^n$中的一个集合. 又设f是$D\to\mathbf{R}^m$的一个映射. 那么,对于D中的每一个点$(x_1,\cdots,x_n)$,在$\mathbf{R}^m$中都有一个唯一确定的点$(y_1,\cdots,y_m)$与之相对应,这里每一个$y_j(j=1,\cdots,m)$都是由$(x_1,\cdots,x_n)$所确定的. 故y_j是$(x_1,\cdots,x_n)$的一个函数,设它为$f_j(x_1,\cdots,x_n)(j=1,\cdots,m)$. 这样一来,上述

映射 $f:D \to \mathbf{R}^m$ 相当于 m 个 n 元函数：

$$\begin{cases} y_1 = f_1(x_1, \cdots, x_n), \\ \cdots\cdots\cdots \\ y_m = f_m(x_1, \cdots, x_n). \end{cases}$$

因此，$\mathbf{R}^n$ 中的集合到 $\mathbf{R}^m$ 的一个映射可用有序的 m 个 n 元函数表示，其中第 j 个 n 元函数 f_j 称做映射的**第 j 个分量**.

不仅坐标变换是这类映射，而且一般地说，只要我们在讨论问题时需要引用若干个新的变量去替换原有的若干个变量，这时新旧变量之间就形成了一种对应关系. 这种对应关系一般说来就是 $\mathbf{R}^n$ 中的集合到 $\mathbf{R}^m$ 的一个映射；这里 n 是旧变量的个数，而 m 是新变量的个数.

3. $\mathbf{R}^n$ 中的距离、邻域及开集

回顾一元函数极限的定义，立即发现邻域的概念在其中占有重要地位. 因此，要想对于 n 元函数建立极限概念，首先应该在 $\mathbf{R}^n$ 中建立邻域的概念.

我们回顾，在数轴 $\mathbf{R}$ 上邻域概念的建立是基于数轴上两点间的距离. 因此，要在 $\mathbf{R}^n$ 中建立邻域的概念，办法之一是在 $\mathbf{R}^n$ 中建立距离的概念. 我们知道，在数轴 $\mathbf{R}$ 上点 x 到 x_0 的距离为

$$|x - x_0| = \sqrt{(x - x_0)^2}.$$

在平面 $\mathbf{R}^2$ 中点 $P(x, y)$ 到 $P_0(x_0, y_0)$ 的距离为

$$\sqrt{(x - x_0)^2 + (y - y_0)^2},$$

而空间 $\mathbf{R}^3$ 中点 $P(x, y, z)$ 到 $P_0(x_0, y_0, z_0)$ 的距离为

$$\sqrt{(x - x_0)^2 + (y - y_0)^2 + (z - z_0)^2}.$$

因此，很自然地将 $\mathbf{R}^n$ 中的点 $P(x_1, \cdots, x_n)$ 到 $P_0(x_1^0, \cdots, x_n^0)$ 的距离定义为

$$\sqrt{\sum_{j=1}^{n} (x_j - x_j^0)^2}.$$

若将 $\mathbf{R}^n$ 中的两点 P 与 Q 的距离记做 $d(P, Q)$，那么它满足下列条件：

(1) $d(P, Q) \geqslant 0$，当且仅当 $P = Q$ 时等号成立；

(2) $d(P, Q) = d(Q, P)$，$\forall P, Q \in \mathbf{R}^n$；

(3) $d(P, Q) \leqslant d(P, R) + d(R, Q)$，$\forall P, Q, R \in \mathbf{R}^n$.

前面两条性质显然成立，而第三条性质的证明也不困难，留给读者自行证明（参见习题 6.1 的第 4 题）. 第三条中的不等式称做**三角不等式**，在三维

空间中它的几何解释就是三角形的两边之和大于或等于第三边.

在 $\mathbf{R}^n$ 中定义了距离之后,我们就可以在 $\mathbf{R}^n$ 中定义一点 P_0 的邻域了.

定义　设 $P_0 \in \mathbf{R}^n$ 为给定的一点,r 是给定的正数.我们定义 P_0 点的 **r 邻域**是集合

$$U_r(P_0) = \{P \in \mathbf{R}^n \mid d(P_0, P) < r\}.$$

当 $n=1$ 时,一点 $P_0 \in \mathbf{R}$ 的 r 邻域是以该点为中点、以 r 为半径的开区间. 当 $n=2$ 时,一点 $P_0 \in \mathbf{R}^2$ 的 r 邻域是以 P_0 为中心、以 r 为半径的圆的内部(不包含边界),通常也称开圆. 当 $n=3$ 时,一点 $P_0 \in \mathbf{R}^3$ 的 r 邻域就是以 P_0 为中心、以 r 为半径的球的内部(不包含球面),通常也称开球.

在一元函数的微积分中,我们遇到的函数大多定义在一个区间上,它是数轴上的"一段". 但在多元函数中函数的定义域将会较复杂些. 我们将用区域的概念来替代过去的开区间.

现在我们来定义开集及区域的概念.

设 $E \subset \mathbf{R}^n$ 是一个给定的集合.根据集合 E 我们将 $\mathbf{R}^n$ 中的点分作三类:E 的内点、外点与边界点. 一点 $P \in \mathbf{R}^n$ 称为 E 的**内点**,如果存在一个正数 r 使得 P 点的 r 邻域整个包含于 E:

$$U_r(P) \subset E.$$

一点 $P \in \mathbf{R}^n$ 称为 E 的**外点**,如果存在一个正数 r 使得 P 点的 r 邻域与 E 不交:

$$U_r(P) \bigcap E = \varnothing,$$

这里 $\varnothing$ 表示空集. 既非内点又非外点的点称为 E 的**边界点**. 一点 $P \in \mathbf{R}^n$ 是 E 的边界点,当且仅当对于任意的正数 r,P 点的 r 邻域 $U_r(P)$ 中既有 E 中的点又有非 E 中的点.

今后,我们用 ∂E 表示集合 E 的全体边界点的集合.

例 5　设集合 R 是平面 $\mathbf{R}^2$ 中的一个矩形的内部:

$$R = \{(x, y) \mid -a < x < a, -b < y < b\},$$

其中 $a>0, b>0$ 是常数,则原点 $(0,0)$ 是 R 的一个内点,点 (a, b) 是一边界点,点 $(2a, 2b)$ 是一外点. 更一般地说,集合 R 内的每一点都是其内点,而它的四条边上的每一点都是边界点,而矩形之外(不含边)任意一点都是外点.

例 6　设 R_1 是带边的矩形:

$$R_1 = \{(x, y) \mid -a \leqslant x \leqslant a, -b \leqslant y \leqslant b\},$$

其中 $a>0, b>0$ 是常数. 显然,在 $\mathbf{R}^2$ 中 R_1 与例 5 中 R 有相同的内点、外点及边界点. R_1 区别于 R 的地方是 R_1 包含其全部边界点.

根据定义很容易看出,一个集合 E 的全部内点都包含于 E 之中,而 E 的全部外点都不含于 E 之中. 对于 E 的一个边界点则有两种可能性:或者包含于 E,或者不包含于 E.

一个集合 E 称为**开集**,如果它的每一点都是内点.

显然,平面上不带边的任意一个矩形内部,不带边的任意一个圆内部都是 $\mathbf{R}^2$ 中的开集.

E 是开集的充分必要条件是 E 中没有边界点.

一个集合 E 称为**闭集**,如果它包含着它的全部边界点. 例 6 中的 R_1 就是一个闭集.

开集与闭集恰好是两种极端情况,前者不包含任何边界点而后者包含其全部边界点. 显然,有些集合介于两者之间:包含部分边界点但非全部,例如:

$$R_2 = \{(x,y) \mid -a < x \leqslant a, \ -b \leqslant y < b\}$$

(建议读者自己画出这个集合的图). 在 $\mathbf{R}^2$ 中这样的集合则既非开集,也非闭集.

设 E 是 $\mathbf{R}^n$ 中一个开集. 我们说 E 是**连通的**,如果 E 中任意两点都可以用一条落在 E 中的曲线相连接.

$\mathbf{R}^n$ 中的连通的非空开集称为 $\mathbf{R}^n$ 中的**区域**. 它是 $\mathbf{R}$ 上开区间之推广.

在前面的例 5 中矩形 R 是 $\mathbf{R}^2$ 中一个区域.

集合 $E = \{(x,y) \mid x^2+y^2 < 1 \ 或 \ x^2+y^2 > 2\}$ 虽然是开集,但不是连通的,因而不是区域.

开区间 (a,b) 是 $\mathbf{R}^1$ 中的一个区域. 可见,$\mathbf{R}^n$ 中的区域的概念是数轴上开区间的推广.

设 G 是一个区域,∂G 表示 G 的全部边界点组成的集合,那么集合 $G \cup \partial G$ 是一个闭集. 今后,我们记集合 $G \cup \partial G$ 为 $\overline{G}$,并称之为**闭区域**.

例 6 中的带边矩形就是 $\mathbf{R}^2$ 中的一个闭区域.

集合 $E \subset \mathbf{R}^n$ 称为**有界集合**,如果存在一个正数 ρ,使得 E 包含于以原点为心、以 ρ 为半径的球内. 如果不存在这样正数 ρ,则称 E 为**无界集合**.

区域及闭区域有可能是无界的. 如 $\mathbf{R}^2$ 中的带形区域

$$S = \{(x,y) \mid 0 < y < 1\}$$

及其相应的闭区域

$$\overline{S} = \{(x,y) \mid 0 \leqslant y \leqslant 1\}$$

都是无界的.

在研究多元函数微积分时,我们对于**区域**有特殊的兴趣. 它相当于 $\mathbf{R}^1$ 中的开区间. 我们也对**有界闭区域**有特殊兴趣,尤其在讨论连续函数的性质时,它相当于 $\mathbf{R}^1$ 中的闭区间.

习 题 6.1

1. 确定下列函数的定义域并画出定义域的图形:

(1) $z=(x^2+y^2-2x)^{1/2}+\ln(4-x^2-y^2)$;

(2) $z=(x^2-y^2)^{-1}$;

(3) $z=\ln(y-x^2)+\ln(1-y)$;

(4) $z=\arcsin\dfrac{x}{a}+\arccos\dfrac{y}{b}$ $(a>0,b>0)$;

(5) $z=\sqrt{1-x^2-y^2}+\ln(x+y)$;

(6) $z=\arcsin(x^2+y^2)+\sqrt{xy}$.

2. 指出下列集合中哪些集合在 $\mathbf{R}^2$ 中是开集,哪些是区域,哪些是有界区域,哪些是有界闭区域?

(1) $E_1=\{(x,y)\,|\,x>0,y>0\}$;

(2) $E_2=\{(x,y)\,|\,|x|<1,|y-1|<2\}$;

(3) $E_3=\{(x,y)\,|\,y\geqslant x^2,x\geqslant y^2\}$;

(4) $E_4=\left\{(x,y)\,\Big|\,y\neq\sin\dfrac{1}{x}\text{且 }x\neq 0\right\}$.

思考题 E_4 的边界点集合是什么?

3. 设 $\mathbf{Q}$ 是 $\mathbf{R}$ 中的全体有理数集合. 试证明 $\mathbf{Q}$ 的边界点集合 $\partial\mathbf{Q}=\mathbf{R}$.

4. 像在 $\mathbf{R}^3$ 中一样,我们把 $\mathbf{R}^n$ 中的每一点 $(x_1,\cdots,x_n)$ 同时也视做一个向量,并定义两个向量 $\boldsymbol{\alpha}=(x_1,\cdots,x_n)$ 及 $\boldsymbol{\beta}=(y_1,\cdots,y_n)$ 的加法运算

$$\boldsymbol{\alpha}+\boldsymbol{\beta}=(x_1+y_1,\cdots,x_n+y_n)$$

及数乘运算

$$\lambda\boldsymbol{\alpha}=(\lambda x_1,\cdots,\lambda x_n),\quad\forall\,\lambda\in\mathbf{R}.$$

此外,我们也可以定义两个向量之内积:

$$\boldsymbol{\alpha}\cdot\boldsymbol{\beta}=x_1y_1+\cdots+x_ny_n,$$

并规定

$$\sqrt{\boldsymbol{\alpha}\cdot\boldsymbol{\alpha}}=|\boldsymbol{\alpha}|$$

作为向量的模. 试证明:

(1) $|\boldsymbol{\alpha}\cdot\boldsymbol{\beta}|\leqslant|\boldsymbol{\alpha}|\cdot|\boldsymbol{\beta}|$, $\forall\,\boldsymbol{\alpha},\boldsymbol{\beta}\in\mathbf{R}^n$;

(提示:考虑任意一个实数 λ. 由 $|\boldsymbol{\alpha}+\lambda\boldsymbol{\beta}|^2\geqslant 0$ 导出一个以 λ 为变元的二次三项式大于零. 再利用二次三项式非负的条件即得.)

(2) $|\boldsymbol{\alpha}-\boldsymbol{\beta}|\leqslant|\boldsymbol{\alpha}-\boldsymbol{\gamma}|+|\boldsymbol{\gamma}-\boldsymbol{\beta}|$, $\forall\,\boldsymbol{\alpha},\boldsymbol{\beta},\boldsymbol{\gamma}\in\mathbf{R}^n$;

(3) 将点 $P(x_1,\cdots,x_n)$ 及 $Q(y_1,\cdots,y_n)$ 分别看成向量 $\boldsymbol{\alpha}$ 及 $\boldsymbol{\beta}$,则有:P 到 Q 的距离

$$d(P,Q)=|\boldsymbol{\alpha}-\boldsymbol{\beta}|.$$

由此,可由(2)中之不等式导出三角不等式.

当我们把 $\mathbf{R}^n$ 看成一个向量空间并定义了上述加法、数乘运算以及内积后,$\mathbf{R}^n$ 则被称为**欧氏空间**,或更确切地说,**n 维欧氏空间**.

§2   多元函数的极限

本节及下面几节的叙述,仅限于二元函数的情况,但其中的定义与定理,可以很自然地推广到一般多元函数的情况.

1. 二元函数的极限概念

二元函数的极限与一元函数的极限有许多类似之处,但也有其复杂之处.

像一元函数的情况一样,一个二元函数(或多元函数)在一点处的极限,就是指当动点任意接近该点时,动点的函数值所趋向的值.

有关一元函数极限的主要定理,如关于极限的四则运算,极限不等式,以及“夹逼定理”,在多元函数情形都成立.多元函数的极限与一元函数的情形相比,其复杂之处在于动点以更高的“自由度”趋向于一个定点,不像一元函数中那样动点只沿 x 轴至多从左右两侧趋向于定点.

现在,我们给出二元函数的极限的定义.

定义 1   设函数 $z=f(x,y)$ 在点 (x_0,y_0) 的某个空心邻域内有定义.若有一常数 A,对任意给定的正数 ε,都存在正数 δ,使得当

$$0<\sqrt{(x-x_0)^2+(y-y_0)^2}<\delta$$

时,就有 $|f(x,y)-A|<\varepsilon$,则称 (x,y) 趋于 (x_0,y_0) 时 $f(x,y)$ **以 A 为极限**,记做 $\lim\limits_{(x,y)\to(x_0,y_0)}f(x,y)=A$,有时我们也写成 $\lim\limits_{\substack{x\to x_0\\y\to y_0}}f(x,y)=A$.

这里点 (x_0,y_0) 的空心邻域是指它的邻域挖去 (x_0,y_0) 后所成的点集合.

记给定点 (x_0,y_0) 为 P_0,而动点 (x,y) 记为 P.那么,上述不等式的叙述可以改用邻域的叙述:对任意的 $\varepsilon>0$,存在 $\delta>0$,使得当 P 点在 P_0 的空心 δ 邻域内时,$f(P)$ 则落在 A 的 ε 邻域内.换句话说

$$f(U_\delta(P_0)\backslash\{P_0\})\subset U_\varepsilon(A).$$

在上述定义 1 中,我们用

$$0 < \sqrt{(x-x_0)^2 + (y-y_0)^2} < \delta$$

来刻画自变量 (x, y) 充分靠近 (x_0, y_0). 用上述不等式与用下列不等式来定义极限是等价的:

$$|x-x_0| < \delta, \quad |y-y_0| < \delta, \quad \text{且}(x, y) \neq (x_0, y_0).$$

也即下面的定义 2 与定义 1 等价:

定义 2　设函数 $f(x, y)$ 在 (x_0, y_0) 的一个空心邻域内有定义. 若存在一个常数 A,对于任意给定的 $\varepsilon > 0$,都存在一个 $\delta > 0$,使得当

$$|x-x_0| < \delta, \quad |y-y_0| < \delta, \quad \text{且}(x, y) \neq (x_0, y_0)$$

时,便有

$$|f(x, y) - A| < \varepsilon,$$

则称函数 $f(x, y)$ 当 $(x, y) \to (x_0, y_0)$ 时以 A 为极限.

定义 1 与定义 2 的等价性的证明如下:

定义 2 $\Longrightarrow$ 定义 1:

设 $z = f(x, y)$ 在定义 2 的意义下以 A 为极限,那么对任意 $\varepsilon > 0$,都存在 $\delta > 0$ 使得当

$$|x - x_0| < \delta, \quad |y - y_0| < \delta, \quad \text{且}(x, y) \neq (x_0, y_0)$$

时, $|f(x, y) - A| < \varepsilon$. 这样的 $\delta > 0$ 一定满足定义 1 中的要求,因为当

$$\sqrt{(x - x_0)^2 + (y - y_0)^2} < \delta$$

时,必有 $|x-x_0| < \delta$ 与 $|y-y_0| < \delta$(见图 6.4). 这样,我们有

$$|f(x, y) - A| < \varepsilon, \quad \text{只要} \ 0 < \sqrt{(x - x_0)^2 + (y - y_0)^2} < \delta.$$

可见在定义 1 的意义下, $u = f(x, y)$ 也以 A 为极限. 证毕.

定义 1 $\Longrightarrow$ 定义 2:

假定 $z = f(x, y)$ 按照定义 1 当 $(x, y) \to (x_0, y_0)$ 时以 A 为极限. 那么对于任意的 $\varepsilon > 0$,存在 $\rho > 0$,使得当 $0 < \sqrt{(x-x_0)^2 + (y-y_0)^2} < \rho$ 时

$$|f(x, y) - A| < \varepsilon.$$

取 $\delta = \rho / \sqrt{2}$. 这时,当 $|x-x_0| < \delta$, $|y-y_0| < \delta$ 且 $(x, y) \neq (x_0, y_0)$ 时,就有(见图 6.5):

$$0 < \sqrt{(x - x_0)^2 + (y - y_0)^2} < \rho.$$

从而推出 $|f(x, y) - A| < \varepsilon$. 这表明函数 $z = f(x, y)$ 依照定义 2 也以 A 为

极限. 证毕.

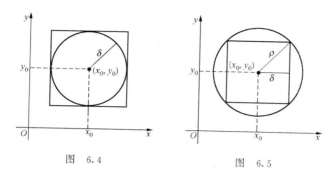

图 6.4   图 6.5

在有些情况下,可能使用定义 1 较为方便;而在另外一些情况下,可能使用定义 2 较为方便. 在讨论具体问题上使用哪种定义,这要视问题中所涉及的函数的表达式而定.

例 1 设 $f(x,y)=x^2+\sin y$. 证明当 $(x,y)\to(3,0)$ 时, $f(x,y)$ 的极限为 9.

证 我们知道,

$$|f(x,y)-9|\leqslant|x^2-9|+|\sin y-0|\leqslant|x+3|\,|x-3|+|y|.$$

这样,当 $|x-3|<1$ 时, $|x+3|\,|x-3|<7|x-3|$.

对于任意给定的 $\varepsilon>0$,取 $\delta=\min(1,\varepsilon/8)$,则当 $|x-3|<\delta,|y-0|<\delta$ 时,

$$|f(x,y)-9|<\frac{7}{8}\varepsilon+\frac{\varepsilon}{8}=\varepsilon.$$

这就证明了我们的结论.

例 2 考虑函数

$$f(x,y)=\frac{x\sin y}{\sqrt{x^2+y^2}},$$

证明 $\lim\limits_{(x,y)\to(0,0)}f(x,y)=0$.

证 根据不等式

$$|x\sin y|\leqslant|xy|\leqslant\frac{1}{2}(x^2+y^2),$$

我们有

$$|f(x,y)-0|\leqslant\frac{1}{2}\sqrt{x^2+y^2}.$$

因此,对于任意给定的 $\varepsilon>0$,取 $\delta=2\varepsilon$,则当 $0<\sqrt{(x-0)^2+(y-0)^2}<\delta$

时,便有

$$|f(x,y)-0|<\varepsilon.$$

这就证明了 $f(x,y)$ 当 $(x,y)\to(0,0)$ 时以 0 为极限. 证毕.

注意在例 1 中我们用了定义 2,而在例 2 中用了定义 1.

尽管二元函数的极限定义与一元函数的极限定义非常类似,但是我们要特别指出,点 $P(x,y)\to P_0(x_0,y_0)$ 的方式很多,P 可以沿直线趋向于 P_0,也可以沿折线趋向于 P_0,甚至还可以沿任意一条曲线趋向于 P_0. 我们称 $(x,y)\to(x_0,y_0)$ 时 $f(x,y)$ 以 A 为极限是指:不论 (x,y) 沿什么路径趋向于 (x_0,y_0),$f(x,y)$ 都要与同一给定的常数 A 能充分靠近. 这样,二元函数的极限问题将比一元函数的极限显得复杂.

根据极限的定义,要求动点 P 沿任何路径趋于 P_0 时,函数都趋向于同一个常数. 这就从反面提供了证明极限不存在的一个方法:**只要能指出两条路径,当 P 沿这两条不同的路径趋于 P_0 时,$f(x,y)$ 趋于不同的常数,我们就可以断言当 $P\to P_0$ 时 $f(P)$ 没有极限.**

例 3 问函数

$$f(x,y)=\frac{|x|}{\sqrt{x^2+y^2}}$$

当 $(x,y)\to(0,0)$ 时是否有极限?

解 令 $y=kx$,k 是任意固定的常数,显然当 $x\to0$ 时,$y\to0$;换句话说,我们考虑点 (x,y) 是沿着直线 $y=kx$ 趋向于 $(0,0)$. 在这种限制下

$$f(x,y)=\frac{|x|}{\sqrt{x^2+k^2x^2}}=\frac{1}{\sqrt{1+k^2}}.$$

这样一来我们看出,当 (x,y) 沿着直线 $y=kx$ 趋向于 $(0,0)$ 时,$f(x,y)$ 以 $1/\sqrt{1+k^2}$ 为其极限. 因此,沿着不同斜率的直线趋向 $(0,0)$ 时,函数 $f(x,y)$ 趋于不同的常数. 由此推出,$f(x,y)$ 当 $(x,y)\to(0,0)$ 时没有极限.

思考题 若当动点 P 沿所有直线 $y=kx$ 趋于 $(0,0)$ 时,$f(x,y)$ 都趋于同一个常数,能否断定 $P\to(0,0)$ 时 $f(x,y)$ 有极限?请研究下面的例子:

$$f(x,y)=\frac{x^4y^4}{(x^2+y^4)^3}.$$

证明当动点 (x,y) 沿任何直线 $y=kx$ 趋向 $(0,0)$ 时,$f(x,y)$ 都趋于 0;而当 (x,y) 沿 $y=\sqrt{x}$ 趋向 $(0,0)$ 时,$f(x,y)$ 趋于 $1/8$.

2. 二元函数的极限运算法则与基本性质

与一元函数的极限类似,二元函数的极限有下列四则运算法则.

定理 1　设函数 $f(x,y)$ 及 $g(x,y)$ 在点 (x_0,y_0) 的一个空心邻域内有定义.若 $\lim\limits_{(x,y)\to(x_0,y_0)}f(x,y)=A$，$\lim\limits_{(x,y)\to(x_0,y_0)}g(x,y)=B$，则

(1) $\lim\limits_{(x,y)\to(x_0,y_0)}[f(x,y)\pm g(x,y)]=A\pm B$；

(2) $\lim\limits_{(x,y)\to(x_0,y_0)}[f(x,y)\cdot g(x,y)]=A\cdot B$；

(3) 当 $B\neq 0$ 时，$\lim\limits_{(x,y)\to(x_0,y_0)}\dfrac{f(x,y)}{g(x,y)}=\dfrac{A}{B}$.

证明完全类似于一元函数的情况,故从略.

定理 2　若在点 (x_0,y_0) 的一个空心邻域内,函数 $f(x,y)$ 及 $g(x,y)$ 有定义,且 $f(x,y)\geqslant g(x,y)$，并且当 $(x,y)\to(x_0,y_0)$ 时，$f(x,y)$ 及 $g(x,y)$ 分别以 A 及 B 为极限,则 $A\geqslant B$，也即

$$\lim\limits_{(x,y)\to(x_0,y_0)}f(x,y)\geqslant\lim\limits_{(x,y)\to(x_0,y_0)}g(x,y).$$

这个定理告诉我们,像一元函数的情况一样,较大的函数的极限大于或等于较小的函数的极限.

定理 3　设函数 $f(x,y),g(x,y)$ 及 $h(x,y)$ 在一点 (x_0,y_0) 的一个空心邻域内有定义,且成立下列不等式

$$f(x,y)\leqslant h(x,y)\leqslant g(x,y).$$

若当 $(x,y)\to(x_0,y_0)$ 时，$f(x,y)$ 与 $g(x,y)$ 都有极限,并且极限值都是 A，则 $h(x,y)$ 也有极限且

$$\lim\limits_{(x,y)\to(x_0,y_0)}h(x,y)=A.$$

这个定理是一元函数中的"夹逼定理"的推广.

多元函数的复合函数要比一元函数的复合函数复杂些.对于二元函数而言,至少有几种形式的复合:(i) f 是 (x,y) 的函数,而 x 与 y 分别是自变量 t 的函数,比如 $x=g(t),y=h(t)$. 这时,二元函数 $f(x,y)$ 的复合函数 $f(g(t),h(t))$ 是一个一元函数.(ii) f 是 (x,y) 的函数,而 x 与 y 分别是自变量 (u,v) 的函数,比如 $x=g(u,v),y=h(u,v)$. 这时,二元函数 $f(x,y)$ 的复合函数 $f(g(u,v),h(u,v))$ 是一个二元函数.(当然，x 与 y 也可能是 n 元函数，$n\geqslant 3$. 这时,函数 $f(x,y)$ 的复合函数便是一个 n 元函数.)(iii) f 是 u 的函数,而 u 是 (x,y) 的函数 $u=g(x,y)$. 这时复合函数 $f(g(x,y))$ 仍是一个二元函数.

可见,多元函数复合的结果,自变量的变元个数可能与原来函数的中间变量的变元个数不同.因此,多元函数的复合函数的极限定理在叙述上要比一元函数情况复杂些.

这里,我们只叙述上述第(ii)与第(iii)种情况下复合函数的极限定理. 至于第(i)种情况及其他情况,读者可以举一反三得到相应的结论.

定理 4　设函数 $x=g(u,v)$ 及 $y=h(u,v)$ 在点 (u_0,v_0) 的一个空心邻域内有定义,且有极限:

$$x_0=\lim_{(u,v)\to(u_0,v_0)}g(u,v),\quad y_0=\lim_{(u,v)\to(u_0,v_0)}h(u,v).$$

又设函数 $f(x,y)$ 在 (x_0,y_0) 的一个空心邻域内有定义,且使得当 (u,v) 在 (u_0,v_0) 的空心邻域内时,函数 $f(g(u,v),h(u,v))$ 有定义;并且当 $(x,y)\to(x_0,y_0)$ 时,函数 $f(x,y)$ 的极限为 A. 则当 $(u,v)\to(u_0,v_0)$ 时,复合函数 $f(g(u,v),h(u,v))$ 也有极限,并且等于 A,也即

$$\lim_{(u,v)\to(u_0,v_0)}f(g(u,v),h(u,v))=\lim_{(x,y)\to(x_0,y_0)}f(x,y).$$

定理 5　设 $z=f(u)$ 是定义在点 u_0 的一个空心邻域内的一元函数,且有极限

$$A=\lim_{u\to u_0}f(u).$$

又设 $u=g(x,y)$ 是定义在点 (x_0,y_0) 的一个空心邻域内的二元函数,且

$$\lim_{(x,y)\to(x_0,y_0)}g(x,y)=u_0,$$

则

$$\lim_{(x,y)\to(x_0,y_0)}f(g(x,y))=A.$$

我们略去这两个定理的证明.

例 4　证明

$$\lim_{(x,y)\to(0,0)}(1+x^2+y^2)^{\frac{1}{x^2+y^2}}=\mathrm{e}.$$

证　令 $u=x^2+y^2$,则

$$(1+x^2+y^2)^{\frac{1}{x^2+y^2}}=(1+u)^{\frac{1}{u}},$$

则由定理 5 及 $\lim\limits_{u\to0}(1+u)^{\frac{1}{u}}=\mathrm{e}$ 立即推出

$$\lim_{(x,y)\to(0,0)}(1+x^2+y^2)^{\frac{1}{x^2+y^2}}=\mathrm{e}.$$

证毕.

例 5　求极限

$$\lim_{(u,v)\to(0,0)}\left(\frac{\sin 2(u^2+v^2)}{u^2+v^2}\right)^{\frac{u\sin v}{\sqrt{u^2+v^2}}}=?$$

解　令

$$x(u,v)=\frac{\sin 2(u^2+v^2)}{u^2+v^2},\quad y(u,v)=\frac{u\sin v}{\sqrt{u^2+v^2}},$$

则由定理 5 及例 2 可知，

$$\lim_{(u,v)\to(0,0)} x(u,v) = 2, \quad \lim_{(u,v)\to(0,0)} y(u,v) = 0.$$

那么,由定理 4 我们得到

$$\lim_{(u,v)\to(0,0)} \left(\frac{\sin 2(u^2 + v^2)}{u^2 + v^2} \right)^{\frac{u\sin v}{\sqrt{u^2+v^2}}} = \lim_{(x,y)\to(2,0)} x^y = 2^0 = 1.$$

*3. 累次极限与全面极限①

这一段的内容是关于多元函数极限概念的一个附注.

一个二元函数 $f(x,y)$ 当其中 y 任意固定时就成为一个一元函数(变元 x 的函数),这时自然可以对 x 取极限.我们假定对于任意固定的 y,下列极限存在

$$\lim_{x\to x_0} f(x,y) = g(y)$$

(这个极限一般来说依赖于被固定的 y,故将它记为 $g(y)$).如果当 $y\to y_0$ 时 $g(y)$ 也有极限,那么,我们称

$$\lim_{y\to y_0} g(y) = \lim_{y\to y_0} \left[\lim_{x\to x_0} f(x,y) \right]$$

是函数 $f(x,y)$ 的**累次极限**. 比如 $f(x,y) = x\sin(x+y)$,这时

$$\lim_{x\to\pi} f(x,y) = \pi\sin(\pi + y),$$

并且

$$\lim_{y\to 1} \lim_{x\to\pi} f(x,y) = \lim_{y\to 1} \pi\sin(\pi + y) = \pi\sin(\pi + 1).$$

与上面完全类似地,可以考虑累次极限:

$$\lim_{x\to x_0} \lim_{y\to y_0} f(x,y).$$

这样,对二元函数而言可以有两种累次极限.

为了与累次极限相区别,我们前面定义的关于 $(x,y)\to(x_0,y_0)$ 时的函数极限称为**全面极限**.

例 6　函数

$$f(x,y) = \frac{xy}{x^2 + y^2}$$

的两个累次极限 $\lim_{y\to 0} \lim_{x\to 0} f(x,y)$ 及 $\lim_{x\to 0} \lim_{y\to 0} f(x,y)$ 显然都是 0.

但是,当 $(x,y)\to(0,0)$ 时,上述函数的全面极限并不存在(考虑沿不同

---

① 在学时不足的条件下,这一段的内容可以省略.

斜率的直线趋向于原点即可).

一般说来,累次极限与全面极限之间没有什么必然联系:全面极限存在并不意味着其累次极限存在;反过来两个累次极限都存在并且相等也不能保证全面极限存在.例如,函数

$$f(x,y) = \begin{cases} (x+y)\sin\dfrac{1}{x}, & x \neq 0; \\ 0, & x = 0 \end{cases}$$

当$(x,y) \to (0,0)$时,其全面极限为0,但它的累次极限 $\lim\limits_{y\to 0}\lim\limits_{x\to 0}f(x,y)$ 并不存在.另外,函数

$$f(x,y) = \frac{|xy|^{\frac{1}{2}}}{\sqrt{x^2+y^2}}$$

的两个累次极限 $\lim\limits_{x\to 0}\lim\limits_{y\to 0}f(x,y)$ 与 $\lim\limits_{y\to 0}\lim\limits_{x\to 0}f(x,y)$ 都存在并且都是 0.但是当$(x,y) \to (0,0)$时其全面极限并不存在(证明办法与前面相同).

总之,累次极限与全面极限是两个不同的概念.一般说来,它们之间没有什么必然联系.在求全面极限时不可用累次极限替代,这样做可能导致错误结果.

习　题　6.2

1. 求下列极限:

(1) $\lim\limits_{(x,y)\to(0,0)}\dfrac{3x^2-y^2+5}{x^2+y^2+2}$;

(2) $\lim\limits_{(x,y)\to(0,0)}\dfrac{\sin(x^3+y^4)}{x^2+y^2}$;

(3) $\lim\limits_{(x,y)\to(0,0)}(x^2+y^2)\sin\dfrac{1}{x^2+y^2}$;

(4) $\lim\limits_{(x,y)\to(0,1)}\dfrac{x^3+(y-1)^3}{x^2+(y-1)^2}$;

(5) $\lim\limits_{(x,y)\to(1,1)}\dfrac{xy-y-2x+2}{x-1}$;

(6) $\lim\limits_{(x,y,z)\to(1,-2,0)}\ln\sqrt{x^2+y^2+z^2}$.

2. 证明:当$(x,y) \to (0,0)$时,下列函数无极限:

(1) $f(x,y) = \dfrac{x^4-y^2}{x^4+y^2}$;

(2) $f(x,y) = \begin{cases} \dfrac{x+y}{x-y}, & y \neq x, \\ 0, & y = x. \end{cases}$

3. 讨论当$(x,y) \to (0,0)$时,下列函数是否有极限,若有极限,求出其值.

(1) $f(x,y) = (x+2y)\ln(x^2+y^2)$;

(2) $f(x,y) = \dfrac{1-\cos(x^2+y^2)}{(x^2+y^2)x^2y^2}$;

(3) $f(x,y) = (x^2+y^2)^{x^2y^2}$;

(4) $f(x,y) = \dfrac{P_n(x,y)}{\rho^{n-1}}$, $n \geqslant 1$, 其中$\rho = \sqrt{x^2+y^2}$, $P_n(x,y)$为 x, y 的 n 次齐次式.所谓x, y的 n 次齐次式是指这样的 x 与 y 的多项式,其中任意一项都是 x 与 y 的方

幂之积,且 x 的次数与 y 的次数之和为 n.

*4. 求下列函数的累次极限 $\lim\limits_{x\to 0}\lim\limits_{y\to 0} f(x,y)$ 及 $\lim\limits_{y\to 0}\lim\limits_{x\to 0} f(x,y)$:

(1) $f(x,y)=\dfrac{|x|-|y|}{|x|+|y|}$;　　　　(2) $f(x,y)=\dfrac{y^3+\sin x^2}{x^2+y^2}$;

(3) $f(x,y)=(1+x)^{\frac{y}{x}}(x\neq 0), f(0,y)\equiv 1$.

§3　多元函数的连续性

1. 多元函数连续性的定义

我们只给出二元函数连续性的定义,至于一般多元函数的连续性定义完全与二元情形类似.

定义　设函数 $u=f(x,y)$ 在点 (x_0,y_0) 的一个邻域内有定义. 若函数 $u=f(x,y)$ 当 $(x,y)\to(x_0,y_0)$ 时有极限,且其极限等于函数值 $f(x_0,y_0)$,也即

$$\lim_{(x,y)\to(x_0,y_0)} f(x,y) = f(x_0,y_0),$$

则称**函数 $f(x,y)$ 在 (x_0,y_0) 点连续.**

函数 $u=f(x,y)$ 在一点 (x_0,y_0) 的连续性也可以用 $\varepsilon\text{-}\delta$ 严格叙述:若对于任意给定的 $\varepsilon>0$,存在一个正数 δ,使得当 $\sqrt{(x-x_0)^2+(y-y_0)}<\delta$ 时 $|f(x,y)-f(x_0,y_0)|<\varepsilon$,则称 $u=f(x,y)$ 在 (x_0,y_0) 点连续.

显然,像在前一节讨论极限时那样,上述不等式

$$\sqrt{(x-x_0)^2+(y-y_0)^2}<\delta$$

可以换成

$$|x-x_0|<\delta,\quad |y-y_0|<\delta,$$

而所定义的连续性是彼此等价的.

如果函数 $u=f(x,y)$ 在区域 D 内有定义且在 D 内每一点都连续,则称 $u=f(x,y)$ **在区域 D 内连续.**

例 1　函数 $f(x,y)=\sin(x+y)+|x+y+1|$ 在 $\mathbf{R}^2$ 中任意一点连续.

证　设 (x_0,y_0) 是 $\mathbf{R}^2$ 中任意给定的一点. 那么,对于任意一点 (x,y) 我们有

$$\left|\sin(x+y)-\sin(x_0+y_0)\right|$$

$$\leqslant 2\left|\sin\frac{(x+y)-(x_0+y_0)}{2}\cos\frac{(x+y)+(x_0+y_0)}{2}\right|$$

$$\leqslant |(x+y)-(x_0+y_0)| \leqslant |x-x_0| + |y-y_0|,$$

而

$$||x+y+1| - |x_0+y_0+1||$$
$$\leqslant |(x+y+1)-(x_0+y_0+1)|$$
$$\leqslant |x-x_0| + |y-y_0|.$$

故我们就有

$$|f(x,y)-f(x_0,y_0)| \leqslant 2|x-x_0| + 2|y-y_0|.$$

对于任意的 $\varepsilon>0$,取 $\delta=\varepsilon/4$. 则当

$$|x-x_0|<\delta, \quad |y-y_0|<\delta$$

时,$|f(x,y)-f(x_0,y_0)|<\varepsilon$. 根据函数在一点 (x_0,y_0) 连续的等价定义,可知函数 $z=f(x,y)$ 在 $\mathbf{R}^2$ 中任意一点 (x_0,y_0) 连续. 证毕.

例 2 设

$$f(x,y) = \begin{cases} \dfrac{x^2 y^2}{x^4+y^4}, & (x,y) \neq (0,0); \\ 0, & (x,y) = (0,0). \end{cases}$$

问 $f(x,y)$ 在何处连续?

解 设 (x_0,y_0) 是任意给定的一点. 当 $(x_0,y_0) \neq (0,0)$ 时,$x_0^4+y_0^4 \neq 0$,并很容易直接证明

$$\lim_{(x,y)\to(x_0,y_0)} (x^4+y^4) = x_0^4+y_0^4,$$

$$\lim_{(x,y)\to(x_0,y_0)} x^2 y^2 = x_0^2 y_0^2.$$

应用极限的四则运算的法则,我们有

$$\lim_{(x,y)\to(x_0,y_0)} f(x,y) = \frac{x_0^2 y_0^2}{x_0^4+y_0^4} = f(x_0,y_0).$$

因此,$f(x,y)$ 在这样的点 (x_0,y_0) 连续. 当 $(x_0,y_0)=(0,0)$ 时,可以按照类似于上一节的办法证明其极限不存在. 事实上,当 (x,y) 沿着直线 $y=kx$(k 为常数)趋向 $(0,0)$ 时,

$$f(x,y) \to \frac{k^2}{1+k^4}.$$

当 k 取不同值时,上述极限值也不同. 可见,$f(x,y)$ 在点 $(0,0)$ 不连续.

2. 关于二元函数连续性的几个定理

我们知道,对于一元函数,四则运算及复合运算均保持函数的连续性.

在多元函数中这些结论依然成立.

下面两个定理完全可以由上一节中相应定理推出.

定理 1 设两个二元函数 $f(x,y)$ 及 $g(x,y)$ 在一点 (x_0,y_0) 连续,则函数 $u=f(x,y)\pm g(x,y)$ 及 $u=f(x,y)\cdot g(x,y)$ 在点 (x_0,y_0) 也连续. 此外,若 $g(x_0,y_0)\neq 0$,则函数 $u=f(x,y)/g(x,y)$ 在 (x_0,y_0) 点连续.

定理 2 设函数 $z=f(x,y)$ 在点 (x_0,y_0) 附近有定义且在点 (x_0,y_0) 连续,又设函数 $u=g(z)$ 在点 $z_0=f(x_0,y_0)$ 附近有定义且在点 z_0 连续,则复合函数 $u=g(f(x,y))$ 在点 (x_0,y_0) 连续.

有了这两个定理,在讨论函数的连续性时就方便多了,尤其是对于常见的初等函数而言,就可免去直接从定义证明之苦.

现在我们定义什么是**多元初等函数**.

我们说一个函数是一个**二元初等函数**,如果它是从自变量 x 与 y 出发进行有限次加减乘除或复合以一元初等函数的结果. 类似地可定义多元初等函数.

例如,在前面的例子中 $z=\sin(x+y)+|x+y+1|$ 可以看成是 $t=x+y$ 复合以 $\sin t$,再加 $|x+y+1|$ 的结果,因而是 x 与 y 的二元初等函数.

根据一元初等函数的连续性及上述定理 1 与定理 2,我们有下列定理:

定理 3 二元初等函数在其定义域内是连续的.

根据定理 3,今后我们在讨论初等二元函数的极限时,只要 (x_0,y_0) 在初等二元函数 $f(x,y)$ 的定义域内,那么当 $(x,y)\to(x_0,y_0)$ 时 $f(x,y)$ 的极限值就是 $f(x_0,y_0)$. 比如:

$$\lim_{(x,y)\to(0,1)} \frac{\cos(x^2+y^2)\arctan(x^3+y^3)}{(x^2+y^2)^{3/2}} = \cos 1 \cdot \arctan 1 = \frac{\pi}{4}\cos 1.$$

3. 映射的连续性

定义 设 $f:D\to\mathbf{R}^m$ 是 $\mathbf{R}^n$ 中的区域 D 到 $\mathbf{R}^m$ 的一个映射,又设 $P_0\in D$ 是区域 D 中的一点. 我们称 $f:D\to\mathbf{R}^m$ 在 P_0 点是**连续的**,如果对于任意给定的 $\varepsilon>0$,都存在 $\delta>0$,使得

$$f(U_\delta(P_0))\subset U_\varepsilon(f(P_0)).$$

如果在区域 D 中每一点都连续,则称 f 在 **D 中连续**.

映射 $f:D\to\mathbf{R}^m$ 在 P_0 点连续是指:对于任意给定的 $\varepsilon>0$,存在一个 $\delta>0$ 使得当 $d(P,P_0)<\delta$ 时,

$$d(f(P),f(P_0))<\varepsilon,$$

这里的前一个 d 表示 $\mathbf{R}^n$ 中两点的距离,而后一个 d 表示 $\mathbf{R}^m$ 中的距离.

当 $m=1$ 时,上述的映射就是一个函数,与已经定义过的多元函数连续性完全一致. 但当 $m>1$ 时,上述映射 $f:D \to \mathbf{R}^m$ 就要用 m 个函数表示才成. 设 $f_j(j=1,\cdots,m)$ 是映射 f 的第 j 个分量,上述定义中的条件即可写成:

$$\sqrt{\sum_{j=1}^{m}\left[f_j(P) - f_j(P_0)\right]^2} < \varepsilon,$$

只要点 P 到 P_0 的距离 $d(P,P_0)<\delta$.

映射 $f:D \to \mathbf{R}^m$ 的连续性也可以由 f 的每一个分量 f_j 的连续性来刻画. 很容易证明下列命题:

若 f 在 P_0 点连续,则显然对任意的 $\varepsilon>0$,存在 $\delta>0$ 使得

$$|f_j(P) - f_j(P_0)| < \varepsilon, \quad j = 1,2,\cdots,m,$$

只要 $d(P,P_0)<\delta$. 这就是说,若 f 在一点 P_0 连续,则它的每一个分量 f_j 在 P_0 点也连续.

这个命题的逆命题也成立,请读者自己证明.

总之,映射 $f:D \to \mathbf{R}^m$ 在一点 $P_0 \in D$ 连续的充分必要条件是 f 的每个分量 f_j 在 P_0 都连续.

例 3 考虑映射

$$f: \quad \mathbf{R}^2 \to \mathbf{R}^2,$$
$$(x,y) \mapsto (u,v),$$

其中 $u=\sin x+\cos y, v=e^x \sin y$. 这里 f 的第一个分量 $u=f_1(x,y)$ 就是 $\sin x+\cos y$,而 f 的第二分量 $v=f_2(x,y)=e^x \sin y$. 这两个分量都是 (x,y) 的连续函数,因而映射 f 在 $\mathbf{R}^2$ 上是连续的.

4. 有界闭区域上连续函数的性质

在第一章中,我们指出过在闭区间上连续的一元函数有一些重要的性质. 现在我们指出,在**有界闭区域**上连续的多元函数,这些性质同样成立.

设 D 是 $\mathbf{R}^n$ 中的一个区域,$\overline{D}$ 是一个闭区域. 假定 $f(x,y)$ 在 $\overline{D}$ 上有定义. 怎样才称 $f(x,y)$ 在 $\overline{D}$ 上连续呢?

现在我们先来定义 f 在边界点上的连续性. 设 P_0 是 D 的一个边界点. 这时 P_0 的任意一个邻域都有 D 中的点,也有非 D 中的点. 因此,函数在 P_0 的任何一个小邻域中都不全是有定义的. 考虑到这一点,我们需要对原来连

续性的定义作一定的修改.

我们称 f 在 $\overline{D}$ 的边界点 P_0 处是连续的,如果对于任意的 $\varepsilon>0$,都存在一个 $\delta>0$,使得当 $P\in U_\delta(P_0)\bigcap\overline{D}$ 时,便有 $|f(P)-f(P_0)|<\varepsilon$;也即

$$f(U_\delta(P_0)\bigcap\overline{D})\subset U_\varepsilon(f(P_0)).$$

换句话说,当 P 落在集合

$$U_\delta(P_0)\bigcap\overline{D}$$

中时,$f(P)$ 与 $f(P_0)$ 之差的绝对值小于 ε. 图 6.6 中表示了集合 $U_\delta(P_0)\bigcap\overline{D}$.

我们称函数 $f:\overline{D}\to\mathbf{R}$ 在闭区域 $\overline{D}$ 上是连续的,如果函数 f 在 $\overline{D}$ 上每一点都是连续的.

有了函数在闭区域上连续的定义后,就可以叙述我们的定理了.

图 6.6

定理 4（有界性定理） 设函数 $f(P)$ 在有界闭区域 $\overline{D}$ 上连续,则 $f(P)$ 在 $\overline{D}$ 上有界,即存在常数 $M>0$,使

$$|f(P)|\leqslant M,\quad\forall P\in\overline{D}.$$

定理 5（最大(小)值定理） 若函数 $f(P)$ 在有界闭区域 $\overline{D}$ 上连续,则 $f(P)$ 在 $\overline{D}$ 上达到最大值与最小值,即存在点 $P_1,P_2\in\overline{D}$,使

$$f(P)\leqslant f(P_1),\quad f(P_2)\leqslant f(P),\quad\forall P\in\overline{D}.$$

定理 6（介值定理） 设函数 $f(P)$ 在闭区域 $\overline{D}$ 上连续,并假定 M 与 m 分别是 $f(P)$ 在 $\overline{D}$ 上的最大值与最小值.则对于任意的 $\eta:m\leqslant\eta\leqslant M$,一定有一点 $P_0\in\overline{D}$ 使得 $f(P_0)=\eta$.

习 题 6.3

1. 下列函数在哪些点处连续?

(1) $z=\dfrac{1}{x^2+y^2}$;　　　(2) $z=\dfrac{1}{\sin x}+\dfrac{1}{\cos y}$;　　　(3) $z=\dfrac{y^2+x}{y^2-2x}$.

2. 设 $\overline{D}$ 是 Oxy 平面上的有界闭区域,$P_0(x_0,y_0)$ 是 D 的外点. 证明:在 $\overline{D}$ 内一定存在与 P_0 的距离最长的点,也存在与 P_0 的距离最短的点.

3. 设函数 $f(x,y)$ 在区域 D 内连续,又点 $(x_i,y_i)\in D$ $(i=1,2,\cdots,n)$. 证明:在 D 内存在点 (ξ,η),使

$$f(\xi,\eta)=\frac{1}{n}\big[f(x_1,y_1)+f(x_2,y_2)+\cdots+f(x_n,y_n)\big].$$

4. 已知二元函数 $u=f(x,y)$ 在 (x_0,y_0) 处连续. 证明:一元函数 $u=f(x,y_0)$ 在 x_0 处连续.

5. 设 $z=f(x,y)$ 在单位圆 $\{(x,y)\,|\,x^2+y^2<1\}$ 内连续. 又设 $x=\varphi(t)$ 及 $y=\psi(t)$ 是 $[0,1]$ 上的连续函数, 且 $\varphi^2(t)+\psi^2(t)<1$. 试证明

$$g(t)=f(x(t),y(t))$$

是 $[0,1]$ 上的连续函数.

6. 举出一个例子说明一个二元函数 $u=f(x,y)$ 在 $D=\{(x,y)\,|\,x^2+y^2<1\}$ 连续, 但它在 D 中是无界的.

§4　偏导数与全微分

1. 一阶偏导数的定义

考虑一个二元函数 $z=f(x,y)$. 当我们将自变量 y 固定时, $z=f(x,y)$ 就是 x 的一个一元函数. 这时它作为 x 的函数, 自然可以考虑它的导数. 这样求得的对 x 的导数称做 $z=f(x,y)$ 对 x 的偏导数. 类似地, 可以考虑 $z=f(x,y)$ 对 y 的偏导数.

我们知道导数是由因变量的改变量与自变量的改变量之比的极限定义的. 因此, 偏导数的正式定义可用极限给出.

定义　设函数 $z=f(x,y)$ 在点 (x_0,y_0) 的某个邻域内有定义, 将 y 固定为 y_0. 若极限

$$\lim_{\Delta x\to 0}\frac{f(x_0+\Delta x,y_0)-f(x_0,y_0)}{\Delta x}$$

存在, 则称该极限值为 $f(x,y)$ 在 (x_0,y_0) 处关于 x 的**偏导数**, 记做

$$f_x(x_0,y_0),\qquad \frac{\partial f(x_0,y_0)}{\partial x},\qquad \frac{\partial z}{\partial x}\bigg|_{(x_0,y_0)}\qquad \text{或}\quad z_x\big|_{(x_0,y_0)}.$$

类似地, 若 $\displaystyle\lim_{\Delta y\to 0}\frac{f(x_0,y_0+\Delta y)-f(x_0,y_0)}{\Delta y}$ 存在, 则称它为 $f(x,y)$ 在 (x_0,y_0) 处关于 y 的**偏导数**, 记做

$$f_y(x_0,y_0),\qquad \frac{\partial f(x_0,y_0)}{\partial y},\qquad \frac{\partial z}{\partial y}\bigg|_{(x_0,y_0)}\qquad \text{或}\quad z_y|_{(x_0,y_0)}.$$

偏导数有时也称为**偏微商**.

从定义看出, $f_x(x_0,y_0)$ 就是 $f(x,y_0)$ 作为 x 的一元函数在 x_0 处的微商, 而 $f_y(x_0,y_0)$ 是函数 $f(x_0,y)$ 作为 y 的一元函数在 y_0 处的微商.

在上述讨论中我们使用了 x_0 或 y_0 表示 x 或 y 的某个固定值, 使它们区别于变动中的 x 或 y. 这在定义偏导数的过程中是必不可少的. 但在建立了偏导数的概念之后, 若计算函数 $z=f(x,y)$ 在点 (x,y) 的偏导数 $f_x(x,y)$

$\left(或写做\dfrac{\partial f}{\partial x}\right)$,只要我们心中记住,$f(x,y)$的表达式的 y 应当看做常数;而在计算 $f_y(x,y)\left(或写做\dfrac{\partial f}{\partial y}\right)$ 时,将 $f(x,y)$ 的表达式中的 x 看做常数.

例 1 设 $z=f(x,y)=x^2+y^2+xy+\mathrm{e}^x\cos y$. 求 $\dfrac{\partial f}{\partial x}$ 及 $\dfrac{\partial f}{\partial y}$.

解 根据前面的说明,求 $\dfrac{\partial f}{\partial x}$ 时应将 f 的表达式中的 y 视做常数. 那么,我们有

$$\frac{\partial f}{\partial x} = 2x + y + \mathrm{e}^x\cos y.$$

求 $\dfrac{\partial f}{\partial y}$ 时,应当把 $f(x,y)$ 的表达式中的 x 视做常数,可得到

$$\frac{\partial f}{\partial y} = 2y + x - \mathrm{e}^x\sin y.$$

例 2 设 $f(x,y)=x^y(x>0,y>0)$,求 $\dfrac{\partial f}{\partial x}$ 与 $\dfrac{\partial f}{\partial y}$.

解 当我们把 y 视做常数,这 x^y 是 x 的幂函数. 因此,得到

$$\frac{\partial f}{\partial x} = yx^{y-1}.$$

当我们把 x 看做常数时,x^y 是 y 的指数函数. 因而,有

$$\frac{\partial f}{\partial y} = x^y\ln x.$$

由前面两个例子可以看出:当我们计算一个初等二元函数的偏导数时,有了一元函数的导数公式就足够了,无须添加什么新的公式. 关键是要弄清在计算时哪一个变量视做常量,哪一个变量视做变量.

例 3 设 $z=f(x,y)=x\ln(x^2+y^2)$,求 $\dfrac{\partial z}{\partial x}\Big|_{(1,2)}$.

解 有两种方法求解此题.

方法一 先将 $y=2$ 代入函数表达式,即求得

$$z=f(x,2)=x\ln(x^2+4).$$

然后,对于 $f(x,2)$ 作为 x 的一元函数求导数即得到

$$\begin{aligned}
\frac{\partial z}{\partial x}\Big|_{(1,2)} &= \frac{\mathrm{d}}{\mathrm{d}x}f(x,2)\Big|_{x=1} \\
&= \left(\ln(x^2+4) + \frac{2x^2}{x^2+4}\right)\Big|_{x=1} \\
&= \ln 5 + 2/5.
\end{aligned}$$

方法二 求出 $\dfrac{\partial z}{\partial x}$ 在任意一点 (x,y) 的表达式,然后再用 $x=1$ 及 $y=2$ 代入. 事实上,很容易算得:

$$\frac{\partial z}{\partial x} = \ln(x^2+y^2) + x \cdot \frac{2x}{x^2+y^2}.$$

这样,$\dfrac{\partial z}{\partial x}\Big|_{(1,2)} = \ln 5 + 2/5$.

很难说这两种方法中哪一个更简便些. 如果在一个具体题目中先代入某个自变量的值可能导致表达式的化简,这时利用前一种方法就会简便些. 下面的例子就说明这一点.

例 4 设 $z = \arctan\dfrac{(x-2)y+y^2}{xy+(x-2)^2y^3}$,求 $\dfrac{\partial z}{\partial y}\Big|_{(2,0)}$.

解 我们先求出 $z(2,y) = \arctan\dfrac{y}{2}$,于是

$$\frac{\partial z}{\partial y}\Big|_{(2,0)} = \frac{\mathrm{d}z(2,y)}{\mathrm{d}y}\Big|_{y=0} = \frac{\frac{1}{2}}{1+\frac{y^2}{4}}\Big|_{y=0} = \frac{1}{2}.$$

二元函数偏导数的概念很容易推广到三元函数乃至一般 n 元函数. 一个三元函数 $u=u(x,y,z)$ 对 x 的偏导数就是固定自变量 y 与 z 后,u 作为 x 的函数的导数. 其他偏导数类推.

例 5 设 $u = (x^2+y^2)z^2 + \sin x^2$. 求 $\dfrac{\partial u}{\partial x}, \dfrac{\partial u}{\partial y}$ 及 $\dfrac{\partial u}{\partial z}$.

解 先求 $\dfrac{\partial u}{\partial x}$,这时应将表达式中 y 与 z 均视做常数. 于是

$$\frac{\partial u}{\partial x} = 2xz^2 + 2x\cos x^2.$$

类似地,我们得到

$$\frac{\partial u}{\partial y} = 2yz^2, \qquad \frac{\partial u}{\partial z} = 2z(x^2+y^2).$$

偏导数的几何意义 由于 $f_x(x_0,y_0) = \dfrac{\mathrm{d}f(x,y_0)}{\mathrm{d}x}\Big|_{x=x_0}$,所以 $f_x(x_0,y_0)$ 的几何意义是平面曲线

$$l_1: \begin{cases} z = f(x,y), \\ y = y_0 \end{cases}$$

在 $x=x_0$ 处的切线关于 x 轴的斜率(见图 6.7). 同理,$f_y(x_0,y_0)$ 的几何意义是平面曲线

$$l_2: \begin{cases} z = f(x,y), \\ x = x_0 \end{cases}$$

在 $y = y_0$ 处的切线关于 y 轴的斜率.

这里 l_1 实际上是曲面 $z = f(x,y)$ 与平面 $y = y_0$ 的交线,而 l_2 是曲面 $z = f(x,y)$ 与平面 $x = x_0$ 的交线.因此,$f_x(x_0, y_0)$ 与 $f_y(x_0, y_0)$ 是曲面 $z = f(x,y)$ 在 (x_0, y_0) 点分别沿着 x 方向与 y 方向的切线的斜率.

图 6.7

我们知道,对于一元函数 $y = f(x)$,它在一点 x_0 有导数,则意味它在该点一定是连续的.对于二元函数而言,在一点 (x_0, y_0) 对于 x 与 y 的偏导数存在,但不能推出它在该点连续.例如,函数

$$u = \operatorname{sgn}(xy)$$

(其中 sgn 为符号函数).当 $x = 0$ 或 $y = 0$ 时 $\operatorname{sgn}(xy) \equiv 0$.因而 $\operatorname{sgn}(xy)$ 在 $(0,0)$ 点两个偏导数都存在并等于 0.但是它在 $(0,0)$ 点并不连续.

2. 高阶偏导数

设函数 $z = f(x,y)$ 在区域 D 内有偏导数 $f_x(x,y)$ 与 $f_y(x,y)$.若这两个偏导函数在 D 内也有偏导数,这就导出 $f(x,y)$ 的二阶偏导数.$f(x,y)$ 的二阶偏导数有四个,分别记做

$$f_{xx}(x,y),\ \frac{\partial^2 f}{\partial x^2}\ \text{或}\ \frac{\partial}{\partial x}\left(\frac{\partial z}{\partial x}\right);\qquad f_{xy}(x,y),\ \frac{\partial^2 f}{\partial x \partial y}\ \text{或}\ \frac{\partial}{\partial y}\left(\frac{\partial z}{\partial x}\right);$$

$$f_{yx}(x,y),\ \frac{\partial^2 f}{\partial y \partial x}\ \text{或}\ \frac{\partial}{\partial x}\left(\frac{\partial z}{\partial y}\right);\quad f_{yy}(x,y),\ \frac{\partial^2 f}{\partial y^2}\ \text{或}\ \frac{\partial}{\partial y}\left(\frac{\partial z}{\partial y}\right),$$

这里 f_{xy} 及 f_{yx} 称做**混合偏导数**.

对于混合偏导数有个记法问题.根据通常的习惯,f_{xy}(或 $\dfrac{\partial^2 f}{\partial x \partial y}$)表示函数先对 x 求偏导数然后再对 y 求偏导数,也即

$$f_{xy} = \frac{\partial}{\partial y}\left(\frac{\partial f}{\partial x}\right).$$

而 f_{yx} 则是先对 y 求偏导数再对 x 求偏导数,也即

$$f_{yx} = \frac{\partial}{\partial x}\left(\frac{\partial f}{\partial y}\right).$$

在某些情况下,两个混合偏导数可能不相等(见本节后习题).混合偏导

数相等是有条件的.

定理 1　若函数 $f(x,y)$ 的两个混合偏导数 $f_{yx}(x,y)$ 和 $f_{xy}(x,y)$ 在区域 D 内连续,则在该区域内这两个二阶偏导数必相等,即

$$f_{xy}(x,y)=f_{yx}(x,y),\quad \forall(x,y)\in D.$$

这个定理的证明较长,故略去.

重要的是,读者应该记住:两个二阶混合偏导数在一个区域内连续可以保证它们彼此相等.

例 6　设 $z=ye^{xy}$,求二阶偏导数.

解　$z_x=y^2e^{xy}$,　$z_y=(1+xy)e^{xy}$,　$z_{xx}=y^3e^{xy}$,

$$z_{xy}=(2y+xy^2)e^{xy},$$

$$z_{yx}=[y+(1+xy)y]e^{xy}=(2y+xy^2)e^{xy},$$

$$z_{yy}=[x+x(1+xy)]e^{xy}=(2x+x^2y)e^{xy}.$$

在本例中我们看到 $z_{xy}=z_{yx}$,即两个不同次序的混合偏导数相等,这是必然的,因为 z_{xy} 与 z_{yx} 是 x 与 y 的连续函数.

定义了二阶偏导数之后,自然可以考虑二阶偏导数之偏导数,即得到三阶偏导数.一个二元函数 $f(x,y)$ 有 4 个二阶偏导数,而每个二阶偏导数又可以分别对 x 与 y 求偏导数,因此一共有 8 个三阶偏导数.这里我们就不必一一写出了.

余此类推,我们可以定义各阶偏导数.

今后,我们用 $C^n(D)$ 表示区域 D 内全体函数 $f(x,y)$ 的集合,其中 f 在 D 中有 n 阶偏导数且每个 n 阶偏导数都在 D 中连续.

有了这个记号之后,由定理 1 便可以推出:

若 $f\in C^2(D)$,则在 D 中 $f_{xy}=f_{yx}$.

例 7　证明 $z=\ln\sqrt{x^2+y^2}$ 满足平面拉普拉斯(Laplace)方程

$$\frac{\partial^2 z}{\partial x^2}+\frac{\partial^2 z}{\partial y^2}=0.$$

证　$\dfrac{\partial z}{\partial x}=\dfrac{x}{x^2+y^2}$,$\dfrac{\partial^2 z}{\partial x^2}=\dfrac{(x^2+y^2)-x\cdot 2x}{(x^2+y^2)^2}=\dfrac{y^2-x^2}{(x^2+y^2)^2}$,由函数关于自变量的对称性可知,$\dfrac{\partial^2 z}{\partial y^2}=\dfrac{x^2-y^2}{(x^2+y^2)^2}$. 于是

$$\frac{\partial^2 z}{\partial x^2}+\frac{\partial^2 z}{\partial y^2}=0.$$

一个含有未知函数的偏导数的方程式称做偏微分方程.显然,上述拉普拉斯方程是一个偏微分方程.诸多的物理现象可以通过拉普拉斯方程描述.

例 7 告诉我们 $z=\ln\sqrt{x^2+y^2}$ 是平面拉普拉斯方程的一个解.

例 8   证明函数 $u=\dfrac{1}{\sqrt{x^2+y^2+z^2}}$ 满足空间拉普拉斯方程:

$$\frac{\partial^2 u}{\partial x^2}+\frac{\partial^2 u}{\partial y^2}+\frac{\partial^2 u}{\partial z^2}=0.$$

证   可算出 $\dfrac{\partial u}{\partial x}=-\dfrac{x}{(x^2+y^2+z^2)^{3/2}}$,

$$\frac{\partial^2 u}{\partial x^2}=-\frac{1}{(x^2+y^2+z^2)^{3/2}}+\frac{3x^2}{(x^2+y^2+z^2)^{5/2}}.$$

由函数关于自变量的对称性知

$$\frac{\partial^2 u}{\partial y^2}=-\frac{1}{(x^2+y^2+z^2)^{3/2}}+\frac{3y^2}{(x^2+y^2+z^2)^{5/2}},$$

$$\frac{\partial^2 u}{\partial z^2}=-\frac{1}{(x^2+y^2+z^2)^{3/2}}+\frac{3z^2}{(x^2+y^2+z^2)^{5/2}},$$

由此不难得出 $\dfrac{\partial^2 u}{\partial x^2}+\dfrac{\partial^2 u}{\partial y^2}+\dfrac{\partial^2 u}{\partial z^2}=0$. 证毕.

若引进算子符号

$$\Delta=\frac{\partial^2}{\partial x^2}+\frac{\partial^2}{\partial y^2}+\frac{\partial^2}{\partial z^2},$$

那么上述方程可写成 $\Delta u=0$. Δ 称为拉普拉斯算子,它只是一种运算符号.

3. 全微分

多元函数的全微分,是一元函数的微分的推广. 对于一元函数,当我们考虑函数改变量的近似表达式时,微分是函数改变量的线性主要部分.

对于二元函数 $z=f(x,y)$,当自变量 x,y 分别有改变量 $\Delta x,\Delta y$ 时,函数 z 的**全增量**为

$$\Delta z=f(x+\Delta x,y+\Delta y)-f(x,y).$$

一般说来,Δz 的表达式是较复杂的,例如对于函数 $f(x,y)=xy^2$,它在点 (x_0,y_0) 处的全增量为

$$\Delta z=y_0^2\Delta x+2x_0y_0\Delta y+x_0\Delta y^2+2y_0\Delta x\Delta y+\Delta x\Delta y^2,$$

共有五项. 但是,除了前面两项是 Δx 与 Δy 的线性函数外,后面三项是 Δx 与 Δy 的二次以上的多项式,当 $\Delta x,\Delta y$ 很小时,后三项比前两项要小得多. 若令 $\rho=\sqrt{(\Delta x)^2+(\Delta y)^2}$,并注意 $\Delta x\to 0$ 与 $\Delta y\to 0$ 的充分必要条件是 $\rho\to 0$,则上面的全增量可表为

$$\Delta z=y_0^2\Delta x+2x_0y_0\Delta y+o(\rho),\quad \rho\to 0.$$

因而可用前面两项近似代替 Δz，即有

$$\Delta z \approx y_0^2 \Delta x + 2x_0 y_0 \Delta y,$$

即 Δz 可用 Δx 与 Δy 的一个线性函数近似代替.

对于一般的二元函数，我们也希望能用 Δx 与 Δy 的一个线性函数来近似代替其全增量，为此我们引进全微分的概念.

定义 设函数 $f(x,y)$ 在点 (x_0, y_0) 的某个邻域内有定义. 若 $f(x,y)$ 的全增量 $\Delta z = f(x_0 + \Delta x, y_0 + \Delta y) - f(x_0, y_0)$ 可写成

$$\Delta z = A\Delta x + B\Delta y + o(\rho), \quad \rho \to 0, \tag{6.1}$$

其中 A, B 只与点 (x_0, y_0) 有关而与自变量的改变量 $\Delta x, \Delta y$ 无关，$\rho = \sqrt{(\Delta x)^2 + (\Delta y)^2}$，则称 $f(x,y)$**在点 (x_0, y_0) 处可微**，并称 $A\Delta x + B\Delta y$ 为 $f(x,y)$**在点 (x_0, y_0) 处的全微分**，记做 $\mathrm{d}z$，即

$$\mathrm{d}z = A\Delta x + B\Delta y.$$

由定义看出，全微分 $\mathrm{d}z$ 是 Δx 与 Δy 的线性函数；当 $\rho \to 0$ 时，它与 Δz 的差是 $o(\rho)$. 因此，z 的全微分 $\mathrm{d}z$ 是 z 的全增量 Δz 的**线性主要部分**.

当函数 $f(x,y)$ 在区域 D 内每一点都可微时，称函数在 **D 内可微**.

设 $z = f(x,y)$ 在点 (x_0, y_0) 可微. 那么，由

$$\Delta z = A\Delta x + B\Delta y + o(\rho)$$

立即推出，当 $(\Delta x, \Delta y) \to (0,0)$ 时，$\Delta z \to 0$，也即

$$\lim_{(\Delta x, \Delta y) \to (0,0)} f(x_0 + \Delta x, y_0 + \Delta y) = f(x_0, y_0).$$

这表明 $f(x,y)$ 在点 (x_0, y_0) 连续. 因而我们有下列定理：

定理 2 若函数 $f(x,y)$ 在点 (x_0, y_0) 处可微，则 $f(x,y)$ 在 (x_0, y_0) 处必连续.

在一元函数中，可微意味着可导. 那么，在多元函数中，可微是否意味着偏导数存在呢? 回答是肯定的.

定理 3 若函数 $f(x,y)$ 在点 (x_0, y_0) 处可微，则它在 (x_0, y_0) 处的两个偏导数存在，且 $f_x(x_0, y_0) = A, f_y(x_0, y_0) = B$，其中 A, B 是 (6.1) 式中的两个常数.

证 已知 $f(x,y)$ 在 (x_0, y_0) 可微，即存在常数 A 与 B 使得 $\Delta f = A\Delta x + B\Delta y + o(\rho)$，$\rho \to 0$. 令 $\Delta y = 0$，这时 $\rho = |\Delta x|$，并有

$$f(x_0 + \Delta x, y_0) - f(x_0, y_0) = A\Delta x + o(|\Delta x|), \quad \Delta x \to 0.$$

由此得

$$\frac{f(x_0 + \Delta x, y_0) - f(x_0, y_0)}{\Delta x} = A + \frac{o(|\Delta x|)}{\Delta x}, \quad \Delta x \to 0.$$

取极限得

$$\lim_{\Delta x \to 0} \frac{f(x_0 + \Delta x, y_0) - f(x_0, y_0)}{\Delta x} = A.$$

上式意味着 $f(x, y)$ 在点 (x_0, y_0) 处关于 x 的偏导数存在且等于 A，即 $f_x(x_0, y_0) = A$.

同理可证 $f_y(x_0, y_0) = B$. 证毕.

根据定理 3，若 $f(x, y)$ 在 (x_0, y_0) 处可微，则在 (x_0, y_0) 处的全微分可写成

$$dz = f_x(x_0, y_0) \Delta x + f_y(x_0, y_0) \Delta y.$$

若 $f(x, y)$ 在区域 D 内可微，则在 D 内任一点 (x, y) 处的全微分可写成

$$dz = f_x(x, y) \Delta x + f_y(x, y) \Delta y.$$

与一元函数的微分类似，自变量的全微分就等于它的改变量，即 $dx = \Delta x, dy = \Delta y$. 这样，全微分公式又可写成

$$dz = f_x(x, y) dx + f_y(x, y) dy$$

或写成

$$df = \frac{\partial f(x, y)}{\partial x} dx + \frac{\partial f(x, y)}{\partial y} dy$$

这样，定理 3 不仅证明了二元函数可微之必要条件是偏导数存在，而且还给出了计算全微分的公式.

现在一个自然的问题是：偏导数存在是否可以推出可微？答案是否定的. 事实上，我们在前面已经看出，偏导数存在并不意味着函数在所考虑的点连续. 比如，对于函数

$$f(x, y) = \begin{cases} \dfrac{xy}{x^2 + y^2}, & (x, y) \neq (0, 0), \\ 0, & (x, y) = (0, 0), \end{cases}$$

我们知道它在 $(0, 0)$ 点的偏导数存在，但它在 $(0, 0)$ 点并不连续. 另一方面，连续是可微之必要条件. 由此可见，这个函数在 $(0, 0)$ 点不可微.

偏导数存在但不可微的例子表明一元函数与多元函数之间在可导与可微的关系上有某种实质性差异.

既然偏导数存在尚不能保证可微，我们自然希望知道在怎样的条件下才能保证函数的可微性. 下面的定理对此给出了回答.

定理 4（可微的充分条件） 若函数 $z=f(x,y)$ 的偏导数 $f_x(x,y)$ 与 $f_y(x,y)$ 在点 (x_0,y_0) 的某个邻域内存在,且这两偏导数在 (x_0,y_0) 处连续,则 $f(x,y)$ 在点 (x_0,y_0) 处可微.

证 考虑全增量并利用拉格朗日中值定理,我们有

$$\Delta z = f(x_0+\Delta x, y_0+\Delta y) - f(x_0,y_0)$$
$$= f(x_0+\Delta x, y_0+\Delta y) - f(x_0, y_0+\Delta y)$$
$$\quad + f(x_0, y_0+\Delta y) - f(x_0,y_0)$$
$$= f_x(x_0+\theta_1\Delta x, y_0+\Delta y)\Delta x$$
$$\quad + f_y(x_0, y_0+\theta_2\Delta y)\Delta y \quad (0<\theta_1,\theta_2<1).$$

由于 f_x, f_y 在 (x_0,y_0) 连续,有

$$f_x(x_0+\theta_1\Delta x, y_0+\Delta y) = f_x(x_0,y_0) + \alpha_1,$$
$$f_y(x_0, y_0+\theta_2\Delta y) = f_y(x_0,y_0) + \alpha_2,$$

其中 $\alpha_1\to 0, \alpha_2\to 0$, 当 $\rho=\sqrt{(\Delta x)^2+(\Delta y)^2}\to 0$ 时. 代入上式得

$$\Delta z = f_x(x_0,y_0)\Delta x + f_y(x_0,y_0)\Delta y + \alpha_1\Delta x + \alpha_2\Delta y.$$

再证 $\rho\to 0$ 时 $\alpha_1\Delta x+\alpha_2\Delta y=o(\rho)$. 事实上

$$0 \leqslant \left|\frac{\alpha_1\Delta x + \alpha_2\Delta y}{\rho}\right| \leqslant |\alpha_1|\left|\frac{\Delta x}{\rho}\right| + |\alpha_2|\left|\frac{\Delta y}{\rho}\right| \leqslant |\alpha_1| + |\alpha_2|,$$

由夹逼定理立得 $\lim\limits_{\rho\to 0}\dfrac{\alpha_1\Delta x+\alpha_2\Delta y}{\rho}=0$,即 $\rho\to 0$ 时 $\alpha_1\Delta x+\alpha_2\Delta y=o(\rho)$. 因此

$$\Delta z = f_x(x_0,y_0)\Delta x + f_y(x_0,y_0)\Delta y + o(\rho), \quad \rho\to 0.$$

这证明了 $f(x,y)$ 在点 (x_0,y_0) 处可微. 证毕.

推论 若 D 是 $\mathbf{R}^2$ 中的一个区域,而 $f\in C^1(D)$,也即 f 在区域 D 中有连续的一阶偏导数,则 f 在 D 内可微.

通常我们遇到的函数大多数是初等函数. 一个初等函数的偏导数若存在的话,一般来说是初等函数,而初等函数在其定义域内是连续的. **所以对于初等函数而言,只要偏导数存在就一定可微.**

例 9 求 $u=\left(\dfrac{y}{x}\right)^z$ 在点 $(1,2,-1)$ 处的全微分.

解 $\dfrac{\partial u}{\partial x} = z\left(\dfrac{y}{x}\right)^{z-1}\cdot\left(-\dfrac{y}{x^2}\right)$, $\dfrac{\partial u}{\partial y} = z\left(\dfrac{y}{x}\right)^{z-1}\cdot\dfrac{1}{x}$,

$\dfrac{\partial u}{\partial z} = \left(\dfrac{y}{x}\right)^z\cdot\ln\left(\dfrac{y}{x}\right)$.

它们在 $(1,2,-1)$ 的邻域内都连续,故函数在 $(1,2,-1)$ 处可微. 另外一方面,

$$\frac{\partial u}{\partial x}\Big|_{(1,2,-1)} = \frac{1}{2}, \quad \frac{\partial u}{\partial y}\Big|_{(1,2,-1)} = -\frac{1}{4}, \quad \frac{\partial u}{\partial z}\Big|_{(1,2,-1)} = \frac{1}{2}\ln 2.$$

所以,我们得到

$$\mathrm{d}u\,|_{(1,2,-1)} = \frac{1}{2}\mathrm{d}x - \frac{1}{4}\mathrm{d}y + \frac{1}{2}\ln 2\mathrm{d}z.$$

习　题　6.4

1. 求下列函数的一阶偏导数:

(1) $z = \ln\left(x + \sqrt{x^2 + y^2}\right)$;

(2) $z = \dfrac{x}{\sqrt{x^2 + y^2}}$;

(3) $z = x^{x^y}$;

(4) $z = \dfrac{xy}{x - y}$;

(5) $z = \arcsin\left(x\sqrt{y}\right)$;

(6) $z = xe^{-xy}$;

(7) $u = \dfrac{y}{x} + \dfrac{z}{y} - \dfrac{x}{z}$;

(8) $u = (xy)^z$.

2. 求下列函数在指定点的偏导数:

(1) $z = \dfrac{x\cos(y-1) - (y-1)\cos x}{1 + \sin x + \sin(y-1)}$,求 $\dfrac{\partial z}{\partial x}\Big|_{(0,1)}$ 及 $\dfrac{\partial z}{\partial y}\Big|_{(0,1)}$;

(2) $z = \dfrac{2y}{y + \cos x}$,求 $\dfrac{\partial z}{\partial x}\Big|_{\left(\frac{\pi}{2},1\right)}$ 及 $\dfrac{\partial z}{\partial y}\Big|_{\left(\frac{\pi}{2},1\right)}$;

(3) $f(x,y,z) = \ln(xy + z)$,求 $f_x(2,1,0), f_y(2,1,0), f_z(2,1,0)$.

3. 证明函数

$$f(x,y) = \begin{cases} \dfrac{x^2 + y^2}{|x| + |y|}, & (x,y) \neq (0,0), \\ 0, & (x,y) = (0,0) \end{cases}$$

在点(0,0)处连续,但 $f_x(0,0)$ 不存在.

4. 设 $z = \sqrt{x}\sin\dfrac{y}{x}$,证明:

$$x\frac{\partial z}{\partial x} + y\frac{\partial z}{\partial y} = \frac{z}{2}.$$

5. 求下列函数的二阶混合偏导数 f_{xy}:

(1) $f(x,y) = \ln(2x + 3y)$;

(2) $f(x,y) = y\sin x + e^x$;

(3) $f(x,y) = x + xy^2 + 4x^3 - \ln(x^2 + 1)$;

(4) $f(x,y) = x\ln(xy)$.

6. 设 $u = e^{-3y}\cos 3x$. 证明 u 满足平面拉普拉斯方程:

$$\Delta u \equiv \frac{\partial^2 u}{\partial x^2} + \frac{\partial^2 u}{\partial y^2} = 0.$$

7. 证明函数

$$u(x,t)=\mathrm{e}^{x+a}+4\cos(3x+3ct)$$

满足波动方程

$$\frac{\partial^2 u}{\partial t^2}=c^2\frac{\partial^2 u}{\partial x^2}.$$

8. 设 $u=u(x,y)$ 及 $v=v(x,y)$ 在区域 D 内有连续的二阶偏导数,且满足方程组

$$\frac{\partial u}{\partial x}=\frac{\partial v}{\partial y},\quad \frac{\partial u}{\partial y}=-\frac{\partial v}{\partial x}.$$

证明 $u(x,y)$ 及 $v(x,y)$ 在 D 内满足拉普拉斯方程:

$$\Delta u=0,\quad \Delta v=0,$$

其中 $\Delta=\dfrac{\partial^2}{\partial x^2}+\dfrac{\partial^2}{\partial y^2}$.

9. 已知函数 $z(x,y)$ 满足

$$\frac{\partial z}{\partial x}=-\sin y+\frac{1}{1-xy}\quad \text{以及}\quad z(0,y)=2\sin y+y^2.$$

试求 $z(x,y)$ 的表达式.

10. 求下列函数的全微分:

(1) $z=\mathrm{e}^{y/x}$;

(2) $z=\dfrac{x+y}{x-y}$;

(3) $z=\arctan\dfrac{y}{x}+\arctan\dfrac{x}{y}$;

(4) $u=\sqrt{x^2+y^2+z^2}$.

11. 已知函数 $z=f(x,y)$ 的全微分为

$$\mathrm{d}z=(4x^3+10xy^3-3y^4)\,\mathrm{d}x+(15x^2y^2-12xy^3+5y^4)\,\mathrm{d}y,$$

求 $f(x,y)$ 的表达式.

12. 设 $z(x,y)$ 的全微分为

$$\mathrm{d}z=\left(x-\frac{y}{x^2+y^2}\right)\mathrm{d}x+\left(y+\frac{x}{x^2+y^2}\right)\mathrm{d}y,$$

求 $z(x,y)$ 的表达式.

13. 设函数 $z=f(x,y)$ 在区域 D: $(x-x_0)^2+(y-y_0)^2<R^2$ 上满足

$$\frac{\partial f}{\partial x}\equiv 0,\quad \frac{\partial f}{\partial y}\equiv 0.$$

证明: $f(x,y)$ 在区域 D 上恒等于常数.(提示:考虑区域 D 内任意一点 (x,y),显然 (x,y_0) 也在 D 内,故

$$f(x,y)-f(x_0,y_0)=[f(x,y)-f(x,y_0)]+[f(x,y_0)-f(x_0,y_0)],$$

再用一元函数的拉格朗日中值定理.)

14. 证明: 函数 $f(x,y)=\sqrt{|xy|}$ 在点 $(0,0)$ 处连续, $f_x(0,0),f_y(0,0)$ 存在,但 $f(x,y)$ 在 $(0,0)$ 处不可微.

15. 设 $P(x,y)\mathrm{d}x+Q(x,y)\mathrm{d}y$ 在区域 D 中是某个函数 $u(x,y)$ 之全微分,且 $P,Q\in C^1(D)$. 证明

$$\frac{\partial P}{\partial y}=\frac{\partial Q}{\partial x}.$$

（提示：考虑 $P(x,y),Q(x,y)$ 与 $u(x,y)$ 的关系.）

16. 设函数

$$f(x,y)=\begin{cases}\dfrac{(x^2-y^2)xy}{x^2+y^2}, & (x,y)\neq(0,0),\\ 0, & (x,y)=(0,0).\end{cases}$$

(1) 计算 $f_x(0,y)\ (y\neq0)$；

(2) 根据偏导数定义证明 $f_x(0,0)=0$；

(3) 在上述结果的基础上，证明 $f_{xy}(0,0)=-1$；

(4) 重复上述步骤于 $f_y(x,0)$，并证明 $f_{yx}(0,0)=1$.

注：此题表明混合偏导数可以不相等.

17. 设 $z=x\ln(xy)$，求 $\dfrac{\partial^3z}{\partial x^3}$ 及 $\dfrac{\partial^3z}{\partial x\partial y^2}$.

§5 复合函数与隐函数的微分法

1. 复合函数微分法

在讨论多元函数复合函数的极限时，我们已经知道，多元函数的复合关系有多种多样的形式.现在我们仅就一种较典型的复合形式，给出求偏导数的公式，其他情况可依此类推.

定理 1 设函数 $u=\varphi(x,y)$ 与 $v=\psi(x,y)$ 在点 (x,y) 处对 x,y 的偏导数存在，又设 $z=f(u,v)$ 在相应的点 (u,v) 处对 u,v 的偏导数存在且连续，则复合函数 $z=f(\varphi(x,y),\psi(x,y))$ 在点 (x,y) 处对 x,y 的偏导数也存在，且有公式

$$\frac{\partial z}{\partial x}=\frac{\partial f}{\partial u}\cdot\frac{\partial u}{\partial x}+\frac{\partial f}{\partial v}\cdot\frac{\partial v}{\partial x},$$

$$\frac{\partial z}{\partial y}=\frac{\partial f}{\partial u}\cdot\frac{\partial u}{\partial y}+\frac{\partial f}{\partial v}\cdot\frac{\partial v}{\partial y}.$$

这两个公式称为求复合函数偏导数的**锁链法则**或**链规则**.

证[①] 设 (x,y) 为给定的点，(u,v) 为其相应的点，即 $u=\varphi(x,y),v=\psi(x,y)$. 由于 $z=f(u,v)$ 在点 (u,v) 处可微，故

$$\Delta z=\frac{\partial f}{\partial u}\Delta u+\frac{\partial f}{\partial v}\Delta v+\alpha\sqrt{(\Delta u)^2+(\Delta v)^2},\qquad(6.2)$$

其中 $\alpha=\alpha(\Delta u,\Delta v)\to0$（当 $\Delta u\to0,\Delta v\to0$）.上述关系对一切可能的增量 Δu

---

① 此处证明可以不在课堂上讲授，将重点放在锁链法则的使用上.

及 Δv 均成立,特别地对于由 Δx 引起的偏增量

$$\Delta u = \varphi(x + \Delta x, y) - \varphi(x, y),$$
$$\Delta v = \psi(x + \Delta x, y) - \psi(x, y)$$

也是成立的. 当 Δu 与 Δv 是这种偏增量时,作为 Δx 的函数有 $\Delta u \to 0, \Delta v \to 0$ $(\Delta x \to 0)$,从而 $\alpha(\Delta u, \Delta v) \to 0 (\Delta x \to 0)$. 而且这时

$$\Delta z = f(u + \Delta u, v + \Delta v) - f(u, v)$$
$$= f(\varphi(x + \Delta x, y), \psi(x + \Delta x, y)) - f(\varphi(x, y), \psi(x, y))$$

恰好是复合函数 $f(\varphi(x, y), \psi(x, y))$ 由 Δx 引起的偏增量. 因此,极限 $\lim\limits_{\Delta x \to 0} \dfrac{\Delta z}{\Delta x}$ 如果存在,则必是复合函数对 x 之偏导数 $\dfrac{\partial z}{\partial x}$.

另外一方面,由(6.2)式可得

$$\frac{\Delta z}{\Delta x} = \frac{\partial f}{\partial u}\frac{\Delta u}{\Delta x} + \frac{\partial f}{\partial v}\frac{\Delta v}{\Delta x} + \alpha \frac{\sqrt{(\Delta u)^2 + (\Delta v)^2}}{\Delta x},$$

且当 $\Delta x \to 0$ 时,

$$\frac{\Delta u}{\Delta x} \to \frac{\partial u}{\partial x}, \quad \frac{\Delta v}{\Delta x} \to \frac{\partial v}{\partial x}.$$

故为了证明链规则中第一个公式,只要证明 $\alpha \sqrt{(\Delta u)^2 + (\Delta v)^2}/\Delta x \to 0$ $(\Delta x \to 0)$即可. 事实上,其绝对值

$$\left| \alpha \cdot \frac{\sqrt{(\Delta u)^2 + (\Delta v)^2}}{\Delta x} \right| \to 0 \cdot \sqrt{\left(\frac{\partial u}{\partial x}\right)^2 + \left(\frac{\partial v}{\partial x}\right)^2} = 0 \quad (\Delta x \to 0),$$

故其本身在 $\Delta x \to 0$ 时也趋于零.

总之,我们证明了

$$\frac{\partial z}{\partial x} = \frac{\partial f}{\partial u}\frac{\partial u}{\partial x} + \frac{\partial f}{\partial v}\frac{\partial v}{\partial x}.$$

考虑 Δy 引起的 u, v 及 z 的偏增量,与上面类似的讨论可以证明

$$\frac{\partial z}{\partial y} = \frac{\partial f}{\partial u}\frac{\partial u}{\partial y} + \frac{\partial f}{\partial v}\frac{\partial v}{\partial y}.$$

证毕.

为了便于大家记忆这个公式,我们用图 6.8 表示在链规则中变量之间的关系.

在许多物理问题或其他问题中,常常需要引入变量替换. 上述链规则的意义在于告诉我们如何在变量替换后计算偏导数.

在使用链规则时,在不致混淆的条件下 $\dfrac{\partial f}{\partial u}$ 及 $\dfrac{\partial f}{\partial v}$ 也可以分别用 $\dfrac{\partial z}{\partial u}$ 及 $\dfrac{\partial z}{\partial v}$

图   6.8

表示.

例 1   设 $z = \mathrm{e}^{xy}\sin(x+y)$，求 $\dfrac{\partial z}{\partial x}$ 及 $\dfrac{\partial z}{\partial y}$.

解   令 $u = xy, v = x + y$. 这时 $z = \mathrm{e}^{u}\sin v$. 根据链规则，我们有

$$\frac{\partial z}{\partial x} = \frac{\partial z}{\partial u} \cdot \frac{\partial u}{\partial x} + \frac{\partial z}{\partial v} \cdot \frac{\partial v}{\partial x} = \mathrm{e}^{u}\sin v \cdot y + \mathrm{e}^{u}\cos v \cdot 1$$

$$= \mathrm{e}^{xy}[y\sin(x+y) + \cos(x+y)],$$

$$\frac{\partial z}{\partial y} = \frac{\partial z}{\partial u} \cdot \frac{\partial u}{\partial y} + \frac{\partial z}{\partial v} \cdot \frac{\partial v}{\partial y} = \mathrm{e}^{u}\sin v \cdot x + \mathrm{e}^{u}\cos v \cdot 1$$

$$= \mathrm{e}^{xy}[x\sin(x+y) + \cos(x+y)].$$

例 2   设 $z = f(u,v) = v\ln u$，其中 $u = x^2 + y^2, v = \dfrac{y}{x}$. 求 $\dfrac{\partial z}{\partial x}$ 及 $\dfrac{\partial z}{\partial y}$.

解   根据链规则，我们有

$$\frac{\partial z}{\partial x} = \frac{v}{u} \cdot 2x - \ln u \cdot \frac{y}{x^2}$$

$$= \frac{2y}{(x^2 + y^2)} - \frac{y}{x^2}\ln(x^2 + y^2),$$

$$\frac{\partial z}{\partial y} = \frac{v}{u} \cdot 2y + \ln u \cdot \frac{1}{x}$$

$$= \frac{2y^2}{x(x^2 + y^2)} + \frac{1}{x}\ln(x^2 + y^2).$$

例 3   设 $z = f(x,y)$ 有连续的一阶偏导数，且 $x = r\cos\theta, y = r\sin\theta$. 求 $\dfrac{\partial z}{\partial r}$ 及 $\dfrac{\partial z}{\partial \theta}$，并证明关系式

$$\left(\frac{\partial z}{\partial r}\right)^2 + \frac{1}{r^2}\left(\frac{\partial z}{\partial \theta}\right)^2 = \left(\frac{\partial z}{\partial x}\right)^2 + \left(\frac{\partial z}{\partial y}\right)^2.$$

解   由链规则，我们得到

$$\frac{\partial z}{\partial r} = \frac{\partial z}{\partial x} \cdot \frac{\partial x}{\partial r} + \frac{\partial z}{\partial y} \cdot \frac{\partial y}{\partial r} = \cos\theta \cdot \frac{\partial z}{\partial x} + \sin\theta \cdot \frac{\partial z}{\partial y},$$

$$\frac{\partial z}{\partial \theta} = \frac{\partial z}{\partial x} \cdot \frac{\partial x}{\partial \theta} + \frac{\partial z}{\partial y} \cdot \frac{\partial y}{\partial \theta} = -r\sin\theta \frac{\partial z}{\partial x} + r\cos\theta \frac{\partial z}{\partial y}.$$

所以

$$\left(\frac{\partial z}{\partial r}\right)^2 + \left(\frac{1}{r} \cdot \frac{\partial z}{\partial \theta}\right)^2 = \left(\cos\theta \frac{\partial z}{\partial x} + \sin\theta \frac{\partial z}{\partial y}\right)^2$$

$$+ \left(-\sin\theta \frac{\partial z}{\partial x} + \cos\theta \frac{\partial z}{\partial y}\right)^2$$

$$= \left(\frac{\partial z}{\partial x}\right)^2 + \left(\frac{\partial z}{\partial y}\right)^2.$$

在上述讨论中,中间变量 u,v 及自变量 x,y 都是两个. 其实链规则不限于这种情况. 比如,

$$z = f(u,v), \quad u = \varphi(x), \quad v = \psi(x);$$

又比如,中间变量可以是三个,

$$z = f(u,v,w),$$

而自变量是两个,即 $u=u(x,y), v=v(x,y)$ 及 $w=w(x,y)$. 诸如此类,有各种可能性,链规则也随之有各种相应的形式.

对于 $z=f(u,v)$ 而 u 及 v 是 x 的函数的情况,其复合函数是 x 的一元函数 $z=f(\varphi(x),\psi(x))$. 这时,链规则是

$$\frac{\mathrm{d}z}{\mathrm{d}x} = \frac{\partial f}{\partial u}\frac{\mathrm{d}u}{\mathrm{d}x} + \frac{\partial f}{\partial v}\frac{\mathrm{d}v}{\mathrm{d}x} = \frac{\partial f}{\partial u}\varphi'(x) + \frac{\partial f}{\partial v}\psi'(x).$$

公式成立的条件是 f 可微,而 φ' 及 ψ' 存在. 至于 $z=f(u,v,w)$ 而 u,v 及 w 各是 x,y 的函数的情况,其链规则就变成:

$$\frac{\partial z}{\partial x} = \frac{\partial f}{\partial u} \cdot \frac{\partial u}{\partial x} + \frac{\partial f}{\partial v} \cdot \frac{\partial v}{\partial x} + \frac{\partial f}{\partial w} \cdot \frac{\partial w}{\partial x},$$

$$\frac{\partial z}{\partial y} = \frac{\partial f}{\partial u} \cdot \frac{\partial u}{\partial y} + \frac{\partial f}{\partial v} \cdot \frac{\partial v}{\partial y} + \frac{\partial f}{\partial w} \cdot \frac{\partial w}{\partial y}.$$

用图解的方式表示这种链规则中变量之间的关系就如图 6.9.

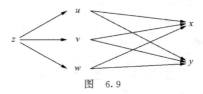

图 6.9

同样,使用这种链规则规要求 f 的可微性以及中间变量(作为自变量的函数)的偏导数的存在性.

读者很容易把链规则推广到任意多个中间变量以及任意多个自变量的情况. 一般地说,若一个复合函数

$$z = f(u_1(x_1,\cdots,x_n), u_2(x_1,\cdots,x_n),\cdots,u_m(x_1,\cdots,x_n))$$

有 m 个中间变量，n 个自变量，则这个函数就有 n 个一阶偏导数，且每个一阶偏导数表为 m 项之和.

例 4　设 $z = f(u,v,w)$，其中 $u = \mathrm{e}^x, v = xy, w = y\sin x$. 求 $\dfrac{\partial z}{\partial x}$ 及 $\dfrac{\partial z}{\partial y}$.

解　根据上述链规则，我们有

$$\frac{\partial z}{\partial x} = \frac{\partial f}{\partial u} \cdot \mathrm{e}^x + \frac{\partial f}{\partial v} \cdot y + \frac{\partial f}{\partial w} \cdot y\cos x,$$

$$\frac{\partial z}{\partial y} = \frac{\partial f}{\partial u} \cdot 0 + \frac{\partial f}{\partial v} \cdot x + \frac{\partial f}{\partial w} \cdot \sin x.$$

还有一种情况也值得提及：比如 $z = f(x,y,w)$，而 w 又是 x,y 的函数，即 $w = w(x,y)$. 这里 x,y 既是中间变量，又是自变量. 求复合函数

$$z = f(x,y,w(x,y))$$

作为自变量 (x,y) 的函数的偏导数时，仍然可用锁链法则，即

$$\frac{\partial z}{\partial x} = \frac{\partial f}{\partial x} \cdot 1 + \frac{\partial f}{\partial y} \cdot 0 + \frac{\partial f}{\partial w} \cdot \frac{\partial w}{\partial x} = \frac{\partial f}{\partial x} + \frac{\partial f}{\partial w} \frac{\partial w}{\partial x},$$

$$\frac{\partial z}{\partial y} = \frac{\partial f}{\partial x} \cdot 0 + \frac{\partial f}{\partial y} \cdot 1 + \frac{\partial f}{\partial w} \cdot \frac{\partial w}{\partial y} = \frac{\partial f}{\partial y} + \frac{\partial f}{\partial w} \frac{\partial w}{\partial y}.$$

这里应当指出，$\dfrac{\partial f}{\partial x}$ 及 $\dfrac{\partial f}{\partial y}$ 是指 f 作为 (x,y,w) 的函数时的偏导数，即 f 关于其第一个变量 x 及第二个变量 y 的偏导数. 而 $\dfrac{\partial z}{\partial x}$ 及 $\dfrac{\partial z}{\partial y}$ 则是复合函数 $z = f(x,y,w(x,y))$ 关于自变量 x 及 y 的偏导数. 在这种情况下，$\dfrac{\partial z}{\partial x}$ 就不能再写成 $\dfrac{\partial f}{\partial x}$，否则会引起混淆.

例 5　设 $z = f(x,y,w)$ 在 $\mathbf{R}^3$ 中有连续的一阶偏导数. 求复合函数 $z = f(x,y,x^2y)$ 的偏导数 $\dfrac{\partial z}{\partial x}$ 及 $\dfrac{\partial z}{\partial y}$.

解　令 $w = x^2y$，则

$$\frac{\partial z}{\partial x} = \frac{\partial f}{\partial x} + \frac{\partial f}{\partial w} \cdot 2xy,$$

$$\frac{\partial z}{\partial y} = \frac{\partial f}{\partial y} + \frac{\partial f}{\partial w} \cdot x^2.$$

在有些书中约定用 f_1', f_2', f_3' 分别表示 f 对其第一、二、三个变量的偏导数，用 f_{12}'' 表示先对其第一个变量求偏导数，然后对其第二个变量求偏导数. 其余类推. 这种约定有其方便之处，特别是在题目中没有给出 f 的变量的名称时，例如 $z = f(x^2, xy, x^2+y^2)$，这时，

$$\frac{\partial z}{\partial x} = f_1' \cdot 2x + f_2' \cdot y + f_3' \cdot 2x,$$

$$\frac{\partial z}{\partial y} = f_1' \cdot 0 + f_2' \cdot x + f_3' \cdot 2y.$$

2. 一阶全微分形式的不变性

与一元函数的一阶微分形式不变性类似,多元函数的一阶全微分也有形式不变性.

定理 2　设函数 $z = f(u, v)$, $u = u(x, y)$, $v = v(x, y)$ 都有连续的偏导数,则复合函数

$$z = f(u(x, y), v(x, y))$$

在点 (x, y) 处的全微分仍可表为

$$\mathrm{d}z = f_u \mathrm{d}u + f_v \mathrm{d}v.$$

证　由所给条件及链规则可知,复合函数 $z = f(u(x, y), v(x, y))$ 在点 (x, y) 处有连续的偏导数,因而在 (x, y) 点可微,并有

$$\mathrm{d}z = \frac{\partial z}{\partial x}\mathrm{d}x + \frac{\partial z}{\partial y}\mathrm{d}y$$

$$= \left(f_u \frac{\partial u}{\partial x} + f_v \frac{\partial v}{\partial x}\right)\mathrm{d}x + \left(f_u \frac{\partial u}{\partial y} + f_v \frac{\partial v}{\partial y}\right)\mathrm{d}y$$

$$= f_u\left(\frac{\partial u}{\partial x}\mathrm{d}x + \frac{\partial u}{\partial y}\mathrm{d}y\right) + f_v\left(\frac{\partial v}{\partial x}\mathrm{d}x + \frac{\partial v}{\partial y}\mathrm{d}y\right)$$

$$= f_u\mathrm{d}u + f_v\mathrm{d}v. \qquad \text{证毕}.$$

我们已经知道,当 u, v 是自变量时,函数 $z = f(u, v)$ 的全微分为

$$\mathrm{d}z = f_u\mathrm{d}u + f_v\mathrm{d}v.$$

所以定理表明,不论 u, v 是中间变量还是自变量,一阶全微分可表成相同的形式. 这就是所谓**一阶全微分的形式不变性**.

作为一阶全微分形式的不变性的应用,我们给出下列公式:

(1) $\mathrm{d}(u \pm v) = \mathrm{d}u \pm \mathrm{d}v$;

(2) $\mathrm{d}(cu) = c\mathrm{d}u$($c$ 为常数);

(3) $\mathrm{d}(uv) = v\mathrm{d}u + u\mathrm{d}v$;

(4) $\mathrm{d}\left(\dfrac{u}{v}\right) = \dfrac{v\mathrm{d}u - u\mathrm{d}v}{v^2}$ $(v \neq 0)$;

(5) $\mathrm{d}f(u) = f'(u)\mathrm{d}u$,

其中 u, v 是 (x, y) 处的可微函数,f 是一元可微函数.

这些公式的证明是容易的. 事实上, 分别令 $z = F(u,v) = u \pm v, cu, uv$, $\dfrac{u}{v}$ 或 $f(u)$, 立即推出当 u, v 为自变量时上述公式成立. 再根据全微分形式的不变性, 它们对 u, v 是可微函数的情况也成立.

一阶全微分形式的不变性, 以及上述全微分的公式, 为全微分的计算提供了一种新途径.

例 6 设 $u = \sin(x^2 + y^2) + \mathrm{e}^{xz}$, 求在 $(1,0,1)$ 处的全微分 $\mathrm{d}u$.

解 由一阶微分形式的不变性, 我们有

$$\mathrm{d}u = \cos(x^2 + y^2)\mathrm{d}(x^2 + y^2) + \mathrm{e}^{xz}\mathrm{d}(xz)$$
$$= \cos(x^2 + y^2)(2x\mathrm{d}x + 2y\mathrm{d}y) + \mathrm{e}^{xz}(z\mathrm{d}x + x\mathrm{d}z).$$

将 $x = 1, y = 0, z = 1$ 代入上式, 我们得到:

$$\mathrm{d}u = \cos 1 \cdot 2\mathrm{d}x + \mathrm{e}(\mathrm{d}x + \mathrm{d}z)$$
$$= (2\cos 1 + \mathrm{e})\mathrm{d}x + \mathrm{e}\mathrm{d}z.$$

3. 高阶微分

函数 $f(x,y)$ 的一阶微分

$$\mathrm{d}f = f_x(x,y)\mathrm{d}x + f_y(x,y)\mathrm{d}y$$

当 (x,y) 变动时是 (x,y) 与 $\mathrm{d}x, \mathrm{d}y$ 的函数, 而当 $\mathrm{d}x$ 与 $\mathrm{d}y$ 固定时, 便是 (x,y) 的函数. 因此它又可以对 (x,y) 再求一次微分 (当 $f_x(x,y), f_y(x,y)$ 都可微时):

$$\mathrm{d}(\mathrm{d}f) = \frac{\partial}{\partial x}[f_x(x,y)\mathrm{d}x + f_y(x,y)\mathrm{d}y]\mathrm{d}x$$
$$+ \frac{\partial}{\partial y}[f_x(x,y)\mathrm{d}x + f_y(x,y)\mathrm{d}y]\mathrm{d}y$$
$$= f_{xx}(x,y)\mathrm{d}x^2 + f_{yx}(x,y)\mathrm{d}y\mathrm{d}x$$
$$+ f_{xy}(x,y)\mathrm{d}x\mathrm{d}y + f_{yy}(x,y)\mathrm{d}y^2.$$

$\mathrm{d}(\mathrm{d}f)$ 被称做 f 的二阶微分, 记做 $\mathrm{d}^2 f$. 这里 $\mathrm{d}x^2 = (\mathrm{d}x)^2$, $\mathrm{d}y^2 = (\mathrm{d}y)^2$. 这是大家通用的习惯记法. 要注意 $\mathrm{d}x^2$ 不是 x^2 的微分, $\mathrm{d}y^2$ 也不是 y^2 的微分.

如果混合偏导数连续, 则 $f_{xy} = f_{yx}$. 于是在二阶偏导数连续的条件下, 我们有下列公式:

$$\mathrm{d}^2 f = f_{xx}(x,y)\mathrm{d}x^2 + 2f_{xy}(x,y)\mathrm{d}x\mathrm{d}y + f_{yy}(x,y)\mathrm{d}y^2.$$

观察上述等式发现可以将 $\mathrm{d}^2 f$ 写成

$$\mathrm{d}^2 f = \left(\mathrm{d}x \frac{\partial}{\partial x} + \mathrm{d}y \frac{\partial}{\partial y} \right)^2 f.$$

这里 $\left(\mathrm{d}x\dfrac{\partial}{\partial x}+\mathrm{d}y\dfrac{\partial}{\partial y}\right)^2$ 按照牛顿二项式展开的结果就是

$$\mathrm{d}x^2\frac{\partial^2}{\partial x^2}+2\mathrm{d}x\mathrm{d}y\frac{\partial^2}{\partial x\partial y}+\mathrm{d}y^2\frac{\partial^2}{\partial y^2}.$$

把这个算子作用于 f 就等于 d^2f.

同理,若 d^2f 可微,则 d^2f 的微分 $\mathrm{d}(\mathrm{d}^2f)$ 便是 f 的 3 次微分,记做 d^3f. 不难验证,

$$\mathrm{d}^3f=\left(\mathrm{d}x\frac{\partial}{\partial x}+\mathrm{d}y\frac{\partial}{\partial y}\right)^3 f.$$

一般地,当 $f\in C^n(D)$ 时,则 f 在区域 D 内的 n 次微分

$$\mathrm{d}^n f=\left(\mathrm{d}x\frac{\partial}{\partial x}+\mathrm{d}y\frac{\partial}{\partial y}\right)^n f.$$

高阶微分的上述公式只对于 (x,y) 作为自变量成立. 当 $n>1$ 时,它不具有形式的不变性. 这一点与一元函数情况是一致的.

高阶微分的概念将在多元函数的泰勒公式中得到应用.

习 题 6.5

在下面的习题中,出现的函数 $f(u,v)$ 或 $F(u)$ 一律假定有连续的一阶偏导数或导数.

1. 求下列复合函数的偏导数或导数:

(1) $z=\sqrt{u^2+v^2}$,其中 $u=xy$, $v=y^2$;

(2) $z=\dfrac{u^2}{v}$,其中 $u=y\mathrm{e}^x$, $v=x\ln y$;

(3) $z=f(u,v)$,其中 $u=\sqrt{xy}$, $v=x+y$;

(4) $z=f\left(xy,\dfrac{x}{y}\right)$;

(5) $z=f(x^2-y^2,\mathrm{e}^{xy})$.

2. 设 $u=f(x+y+z,x^2+y^2+z^2)$,求

$$\Delta u=\frac{\partial^2 u}{\partial x^2}+\frac{\partial^2 u}{\partial y^2}+\frac{\partial^2 u}{\partial z^2}.$$

3. 设 $u=f(\xi,\eta)$,其中 $\xi=\mathrm{e}^x\cos y,\eta=\mathrm{e}^x\sin y$,求 $\dfrac{\partial^2 u}{\partial x^2}$ 与 $\dfrac{\partial^2 u}{\partial y^2}$.

4. 设 $z=x^n f\left(\dfrac{y}{x^2}\right)$,其中函数 f 可微. 证明 z 满足下列方程

$$x\frac{\partial z}{\partial x}+2y\frac{\partial z}{\partial y}=nz.$$

5. 设 $z=\dfrac{y}{F(x^2-y^2)}$,试证明

$$\frac{1}{x}\frac{\partial z}{\partial x} + \frac{1}{y}\frac{\partial z}{\partial y} = \frac{z}{y^2}.$$

6. 设函数 $u(x,y)$ 有二阶连续偏导数且满足拉普拉斯方程：

$$\frac{\partial^2 u}{\partial x^2} + \frac{\partial^2 u}{\partial y^2} = 0.$$

证明：作变量替换

$$x = e^s\cos t, \quad y = e^s\sin t$$

后，u 依然满足关于 s,t 的拉普拉斯方程

$$\frac{\partial^2 u}{\partial s^2} + \frac{\partial^2 u}{\partial t^2} = 0.$$

7. 验证下列各式：

（1）$u = F(x^2 + y^2)$，则 $y\dfrac{\partial u}{\partial x} - x\dfrac{\partial u}{\partial y} = 0$；

（2）$u = F(x - ct)$，c 为常数，则

$$\frac{\partial u}{\partial t} + c\frac{\partial u}{\partial x} = 0.$$

8. 若 $f(x,y,z)$ 满足关系式

$$f(tx, ty, tz) = t^n f(x,y,z),$$

其中 t 为任意实数，则称 $f(x,y,z)$ 为 n 次齐次函数. 证明：任意一个可微的 n 次齐次函数均满足下列方程：

$$xf_x + yf_y + zf_z = nf(x,y,z).$$

9. 设 $z = f(x,y)$ 在一个平面区域 D 中有定义. 假定 D 有这样的性质，对于其中任意一点 (x_0, y_0)，区域 D 与直线 $y = y_0$ 之交是一个开区间. 又设 $z = f(x,y)$ 在区域 D 中有连续的一阶偏导数. 若 $f(x,y)$ 对 x 的偏导数恒为零，也即

$$\frac{\partial f(x,y)}{\partial x} = 0, \quad \forall\, (x,y) \in D.$$

证明：$f(x,y)$ 可以表成 y 的函数，也即存在一个函数 $F(y)$，使得

$$f(x,y) = F(y), \quad \forall (x,y) \in D.$$

10. 设 $z = f(x,y)$ 在全平面上有定义，且有连续的一阶偏导数，满足方程

$$xf_x(x,y) + yf_y(x,y) = 0.$$

证明：存在一个函数 $F(\theta)$，使得 $f(r\cos\theta, r\sin\theta) = F(\theta)$.

11. 设 $z = f(x,y)$ 在全平面上有定义，且有连续的一阶偏导数，满足方程

$$yf_x(x,y) - xf_y(x,y) = 0.$$

证明：存在一个函数 $G(r)$ 使得 $f(r\cos\theta, r\sin\theta) = G(r)$.

§6 方向导数与梯度

1. 方向导数

我们知道，偏导数 $\dfrac{\partial f}{\partial x}$ 与 $\dfrac{\partial f}{\partial y}$ 实际上就是函数沿着相应的坐标轴方向的变化率. 坐标轴的方向仅是两个特殊的方向而已，有时须考虑沿着其他方向函

数值的变化率. 这就导致方向导数的概念.

定义　设 $z=f(x,y)$ 在一点 $P_0(x_0,y_0)$ 的一个邻域内有定义,又设 l 是给定的一个方向,其方向余弦为 $(\cos\alpha,\cos\beta)$. 若极限

$$\lim_{t\to0}\frac{f(x_0+t\cos\alpha,y_0+t\cos\beta)-f(x_0,y_0)}{t}$$

存在,则我们称此极限值为函数 $z=f(x,y)$ 在 P_0 点沿方向 l 的**方向导数**,记做 $\dfrac{\partial z}{\partial l}\bigg|_{(x_0,y_0)}$ 或 $\dfrac{\partial f}{\partial l}\bigg|_{(x_0,y_0)}$.

现在,我们对方向导数的意义作进一步的解释.

过 $P_0(x_0,y_0)$ 点沿给定的方向 l 作一条直线 L. 这时,这条直线 L 的参数方程为

$$\begin{aligned}x&=x_0+t\cos\alpha,\\y&=y_0+t\cos\beta\end{aligned}\qquad(-\infty<t<+\infty),$$

其中 t 为参数. 对任意的 t,相应的点 $(x_0+t\cos\alpha,y_0+t\cos\beta)$ 记为 P_t,那么,上述定义中的极限便可写成

$$\lim_{t\to0}\frac{f(P_t)-f(P_0)}{t}.$$

图　6.10

另外,我们应该注意到 t 实际上是 P_0 到 P_t 的有向距离:当 $\overrightarrow{P_0P_t}$ 与 l 方向一致时,$t>0$ 并且 P_0 到 P_t 的距离就是 t;而当 $\overrightarrow{P_0P_t}$ 与 l 方向相反时,$t<0$ 并且 P_0 到 P_t 的距离是 $-t$(见图 6.10).

总之,我们看到定义中的极限实际上就是函数 $z=f(x,y)$ 沿着给定的方向 l 的变化率.

方向导数是偏导数概念的推广. 当 $\alpha=0$,$\beta=\dfrac{\pi}{2}$ 时,$\dfrac{\partial f}{\partial l}=\dfrac{\partial f}{\partial x}$;而当 $\alpha=\dfrac{\pi}{2}$,$\beta=0$ 时,$\dfrac{\partial f}{\partial l}=\dfrac{\partial f}{\partial y}$. 这从定义中看得十分清楚.

下面的定理给出了方向导数存在的一个充分条件及计算公式.

定理　若函数 $f(x,y)$ 在点 $P_0(x_0,y_0)$ 处可微,则 $f(x,y)$ 在该点沿任一方向 l 的方向导数均存在,且

$$\boxed{\left.\frac{\partial f}{\partial l}\right|_{P_0}=f_x(x_0,y_0)\cos\alpha+f_y(x_0,y_0)\cos\beta}$$

其中 $\cos\alpha,\cos\beta$ 为 l 的方向余弦.

这个定理告诉我们,在函数可微的条件下方向导数可以通过偏导数计

算.

证 在 l 上任取一点 $P_t(x_0+t\cos\alpha, y_0+t\sin\alpha)$. 由于 f 在 (x_0, y_0) 处可微,故函数的改变量可表为

$$f(P_t) - f(P_0) = f(x_0 + t\cos\alpha, y_0 + t\cos\beta) - f(x_0, y_0)$$
$$= f_x(x_0, y_0)t\cos\alpha + f_y(x_0, y_0)t\cos\beta + o(\rho).$$

其中 ρ 是 P_t 与 P_0 之间的距离. 显然 $\rho = |t|$. 因此,这里的 $o(\rho)$ 等于 $o(|t|)$. 于是我们有

$$\lim_{t \to 0} \frac{f(x_0 + t\cos\alpha, y_0 + t\cos\beta) - f(x_0, y_0)}{t}$$
$$= f_x(x_0, y_0)\cos\alpha + f_y(x_0, y_0)\cos\beta.$$

这就证明了定理.

例 1 求函数 $f(x, y) = x^3 y$ 在点 $(1, 2)$ 处沿从点 $P_0(1, 2)$ 到点 $P(1+\sqrt{3}, 3)$ 的方向的方向导数.

解 首先计算 f 在 $(1,2)$ 点的偏导数:

$$\frac{\partial f}{\partial x}\bigg|_{(1,2)} = 3x^2 y\bigg|_{(1,2)} = 6, \quad \frac{\partial f}{\partial y}\bigg|_{(1,2)} = 1.$$

其次计算给定方向的方向余弦. 因为 $\overrightarrow{P_0P} = (\sqrt{3}, 1)$,所以 $\overrightarrow{P_0P}$ 的方向余弦 $(\cos\alpha, \cos\beta) = \left(\dfrac{\sqrt{3}}{2}, \dfrac{1}{2}\right)$. 于是,我们得到沿着 $l = \overrightarrow{P_0P}$ 的方向导数为

$$\frac{\partial f}{\partial l}\bigg|_{(1,2)} = 6 \cdot \frac{\sqrt{3}}{2} + 1 \cdot \frac{1}{2} = 3\sqrt{3} + \frac{1}{2}.$$

根据定义或根据定理,很容易看出,当两个方向 l_1 与 l_2 恰好方向相反时,函数 $f(x, y)$ 沿这两个方向的方向导数相差一个负号,也即 $\dfrac{\partial f}{\partial l_1} = -\dfrac{\partial f}{\partial l_2}$.

对于三元函数 $u = f(x, y, z)$,我们可类似地定义它在点 $P_0(x_0, y_0, z_0)$ 处沿方向 l 的方向导数. 若 l 方向的方向余弦为 $\cos\alpha, \cos\beta, \cos\gamma$ 且 f 在点 P_0 可微,则有计算公式

$$\frac{\partial u}{\partial l}\bigg|_{P_0} = f_x(x_0, y_0, z_0)\cos\alpha + f_y(x_0, y_0, z_0)\cos\beta$$
$$+ f_z(x_0, y_0, z_0)\cos\gamma.$$

例 2 设 $u = xy + yz + zx$,又设方向 l 的坐标为 $(1, 3, 1)$. 求函数 u 在点 $(1, 1, 1)$ 的方向导数 $\dfrac{\partial u}{\partial l}$.

解　先求 l 的方向余弦. 根据定义

$$(\cos\alpha,\cos\beta,\cos\gamma) = \frac{l}{|l|} = \left(\frac{1}{\sqrt{11}},\frac{3}{\sqrt{11}},\frac{1}{\sqrt{11}}\right).$$

这样, 我们得到

$$\frac{\partial u}{\partial l} = \frac{\partial u}{\partial x}\bigg|_{(1,1,1)} \cdot \cos\alpha + \frac{\partial u}{\partial y}\bigg|_{(1,1,1)} \cdot \cos\beta + \frac{\partial u}{\partial z}\bigg|_{(1,1,1)} \cdot \cos\gamma$$

$$= 2 \cdot \frac{1}{\sqrt{11}} + 2 \cdot \frac{3}{\sqrt{11}} + 2 \cdot \frac{1}{\sqrt{11}} = \frac{10}{\sqrt{11}}.$$

2. 梯度

函数在一点处沿某一方向的方向导数, 反映了函数沿该方向的变化率, 方向不同, 变化率也不同. 自然提出这样一个问题: 在同一点的所有的方向导数中, 是否有最大值? 若有, 沿怎样的方向取得最大值? 下面来讨论这些问题.

设函数 $z = f(x,y)$ 在点 (x_0,y_0) 处有连续的偏导数. 由定理我们可知 $f(x,y)$ 在点 $P_0(x_0,y_0)$ 处沿任一方向 l 的方向导数都存在, 且可表为

$$\frac{\partial f}{\partial l}\bigg|_{P_0} = f_x(x_0,y_0)\cos\alpha + f_y(x_0,y_0)\cos\beta,$$

其中 $\cos\alpha,\cos\beta$ 是 l 的方向余弦. 我们引入向量

$$g = (f_x(x_0,y_0),f_y(x_0,y_0))$$

并取向量 l 的单位向量

$$l_0 = (\cos\alpha,\cos\beta),$$

这时, 上式可表成

$$\frac{\partial f}{\partial l}\bigg|_{P_0} = g \cdot l_0.$$

这里当 (x_0,y_0) 给定后 g 为一固定向量. 但 l_0 是随 l 变化而变化. 我们将上式改写为下列形式

$$\frac{\partial f}{\partial l}\bigg|_{P_0} = |g||l_0|\cos\langle g,l_0\rangle = |g|\cos\langle g,l_0\rangle,$$

其中 $\langle g,l_0\rangle$ 表示 g 与 l_0 之间的夹角.

很明显, 当 $\langle g,l_0\rangle = 0$ 时, $\dfrac{\partial f}{\partial l}\bigg|_{P_0}$ 达到最大值 $|g|$. 这就是说, 当 l 与 g 方向一致时, 函数关于 l 的方向导数最大, 且其最大值为 $|g|$.

可见, $g = (f_x(x_0,y_0),f_y(x_0,y_0))$ 这个向量很特殊: 沿着它的方向时方

向导数达到最大. 今后, 我们将它称为 f 在 $P_0(x_0,y_0)$ 点的**梯度**, 记做

$$\operatorname{grad} f\big|_{P_0}.$$

我们用下列一段话来概括前面的讨论:

函数 $z=f(x,y)$ 在 $P_0(x_0,y_0)$ 处的**梯度** $\operatorname{grad} f|_{P_0}$ 是这样一个向量, 它的方向是使方向导数达到最大值的方向, 它的模就是方向导数的最大值. 在直角坐标系中,

$$\boxed{\operatorname{grad} f\Big|_{(x_0,y_0)}=\big(f_x(x_0,y_0),\ f_y(x_0,y_0)\big)}$$

由公式 $\dfrac{\partial f}{\partial l}\Big|_{P_0}=|\boldsymbol{g}|\cos\langle\boldsymbol{g},\boldsymbol{l}_0\rangle$ 还可以看出, 当 $\langle\boldsymbol{g},\boldsymbol{l}_0\rangle=\pi$ 时, 也即 $\boldsymbol{l}_0$ 与 $\boldsymbol{g}$ 反向时, $\dfrac{\partial f}{\partial l}\Big|_{P_0}$ 达到最小, 其最小值为 $-|\boldsymbol{g}|$. 由此可见, 函数值沿 $-\operatorname{grad} f|_{P_0}$ 的方向时方向导数达到最小, 并且其方向导数的值是 $-|\boldsymbol{g}|$. 换句话说, 负梯度的方向是函数值减少最快的方向.

梯度的概念可以推广到任意的 n 元函数中去. 比如, 对于三元可微函数 $u=f(x,y,z)$, 它在一点 $P_0(x_0,y_0,z_0)$ 处的梯度是

$$\boxed{\operatorname{grad} f\Big|_{P_0}=\big(f_x(P_0),f_y(P_0),f_z(P_0)\big).}$$

例 3　设 $f(x,y,z)=xyz$. 求 $\operatorname{grad} f|_{(1,2,3)}$.

解　根据公式, 我们有

$$\operatorname{grad} f=(yz,zx,xy).$$

因此,

$$\operatorname{grad} f|_{(1,2,3)}=(6,3,2).$$

在物理学中一个最简单的典型例子是点电荷所产生的电势 V 的梯度恰好是其场强 $\boldsymbol{E}$ 的负值, 即

$$\operatorname{grad} V=-\boldsymbol{E}.$$

事实上, 设电荷 q 放在坐标原点, 则在 (x,y,z) 点的电势

$$V=\frac{q}{4\pi\varepsilon}\cdot\frac{1}{\sqrt{x^2+y^2+z^2}},$$

简单的计算表明

$$\operatorname{grad} V=(V_x,V_y,V_z)$$

$$= \frac{q}{4\pi\varepsilon} \cdot \frac{(-1)}{(\sqrt{x^2+y^2+z^2})^3}(x,y,z).$$

后者恰好是点 (x,y,z) 的电场强度 $\boldsymbol{E}$ 的负值.

grad $V=-\boldsymbol{E}$ 告诉了我们这样一个事实：沿着与电场强度相反的方向，电势增加率最高.

将来在讨论场论时读者会进一步看到梯度这一概念在场论中的意义. 现在我们列出有关梯度计算的一些运算法则及公式，以供读者在必要时查阅：

（1）$\operatorname{grad}(u \pm v)=\operatorname{grad} u \pm \operatorname{grad} v$;

（2）$\operatorname{grad}(u \cdot v)=v\operatorname{grad} u+u\operatorname{grad} v$;

（3）$\operatorname{grad}\left(\dfrac{u}{v}\right)=\dfrac{1}{v^2}(v\operatorname{grad} u-u\operatorname{grad} v)$，$v \neq 0$;

（4）$\operatorname{grad}[f(u,v)]=\dfrac{\partial f}{\partial u}\operatorname{grad} u+\dfrac{\partial f}{\partial v}\operatorname{grad} v$，其中 f 有连续的一阶偏导数.

这些公式的证明并不难，读者不妨自己试着证明其中的一两个. 这些公式并不是最基本的数学公式，一般说来无须特别记忆它们.

在结束本节时，我们要强调指出：**一个函数 f 经过梯度运算之后得到的梯度 grad f 是一个向量**. 因此上述公式（1）至（4）均是向量等式，也就是说等式之两端都是向量. 此外，在上述公式中的

$$v\operatorname{grad} u \quad \text{及} \quad \frac{\partial f}{\partial u}\operatorname{grad} u$$

等均理解为向量 grad u 与数的数量乘法.

习 题 6.6

1. 求函数 $f(x,y)=x^2-xy+y^2$ 在点 $P_0(2+\sqrt{3}, 1+2\sqrt{3})$ 处沿极角为 θ 的方向 l 的方向导数. 并问当 θ 取何值时，对应的方向导数（1）达到最大值；（2）达到最小值；（3）等于 0.

2. 求函数 $f(x,y)=x^3-3x^2y+3xy^2+2$ 在点 $P_0(3,1)$ 处沿从 P_0 点到 $P(6,5)$ 方向的方向导数.

3. 求函数 $f(x,y)=\ln(x+y)$ 在点 $(1,2)$ 处沿抛物线 $y=2x^2$ 在该点的切线方向的方向导数.

4. 求函数 $u(x,y,z)=xy+yz+zx$ 在点 $P_0(2,1,3)$ 处沿着与各坐标轴构成等角的方向的方向导数.

5. 求 $z=f(x,y)=x^2+2xy+y^2$ 在点 $(1,2)$ 处的梯度.

6. 求 $z=f(x,y)=\arctan\dfrac{y}{x}$ 在点 (x_0,y_0) 处的梯度,并求沿向量 (x_0,y_0) 的方向导数.

7. 求函数 $z=f(x,y)=\ln\dfrac{y}{x}$ 分别在点 $A\left(\dfrac{1}{3},\dfrac{1}{10}\right)$ 及点 $B\left(1,\dfrac{1}{6}\right)$ 处的两个梯度之间的夹角余弦.

8. 求函数 $f(x,y)=x(x-2y)+x^2y^2$ 在点 $(1,1)$ 处沿方向 $(\cos\alpha,\cos\beta)$ 的方向导数,并求出最大的与最小的方向导数,它们各沿什么方向?

9. 证明函数 $f(x,y)=\dfrac{y}{x^2}$ 在椭圆周 $x^2+2y^2=1$ 上任一点处沿椭圆周法方向的方向导数等于 0.

§7   多元函数的微分中值定理与泰勒公式

1. 二元函数的微分中值定理

我们知道,一元函数的微分中值定理及泰勒公式在研究函数性态上起着重要作用,这些定理与公式同样可以推广到多元函数的情况,并用来研究多元函数的性态.

定理 1   设 $z=f(x,y)$ 在区域 D 内有连续的偏导数. 又假定 D 中有两个点 $P_0(x_0,y_0)$ 与 $P_1(x_0+\Delta x,y_0+\Delta y)$,并且 P_0 到 P_1 的直线段 $\overline{P_0P_1}\subset D$. 则存在 $\theta,0<\theta<1$,使得

$$f(x_0+\Delta x,y_0+\Delta y)=f(x_0,y_0)+\frac{\partial f}{\partial x}(x_0+\theta\Delta x,y_0+\theta\Delta y)\Delta x$$

$$+\frac{\partial f}{\partial y}(x_0+\theta\Delta x,y_0+\theta\Delta y)\Delta y.$$

这就是**二元函数的拉格朗日中值公式**.

证   考虑点 $P_t(x_0+t\Delta x,y_0+t\Delta y)$,显然当 $0\leqslant t\leqslant 1$ 时,P_t 落在 P_0 与 P_1 的连线上(见图 6.11). 根据定理的假定可知,$f(x,y)$ 在 D 内可微,并且 $\varphi(t)=f(x_0+t\Delta x,y_0+t\Delta y)$ 是 $t(0\leqslant t\leqslant 1)$ 的可微函数. 由链规则得

$$\frac{\mathrm{d}\varphi}{\mathrm{d}t}=\frac{\partial f}{\partial x}(x_0+t\Delta x,y_0+t\Delta y)\Delta x+\frac{\partial f}{\partial y}(x_0+t\Delta x,y_0+t\Delta y)\Delta y.$$

另一方面,由一元函数的拉格朗日中值定理,可以推出,存在一个 θ,$0<\theta<1$,使得

$$\varphi(1)-\varphi(0)=\varphi'(\theta),$$

也即有

$$f(x_0+\Delta x,y_0+\Delta y)-f(x_0,y_0)$$

$$= \frac{\partial f}{\partial x}(x_0 + \theta\Delta x, y_0 + \theta\Delta y)\Delta x + \frac{\partial f}{\partial y}(x_0 + \theta\Delta x, y_0 + \theta\Delta y)\Delta y.$$

证毕.

推论 若函数 $z = f(x, y)$ 在区域 D 内有连续偏导数且满足 $\dfrac{\partial f}{\partial x} \equiv 0$，$\dfrac{\partial f}{\partial y} \equiv 0$，则 $f(x, y)$ 在 D 内为一常数.

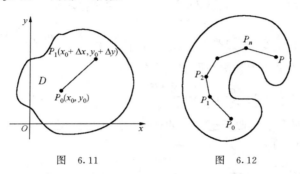

图 6.11   图 6.12

证 在区域 D 内任意取定一点 $P_0(x_0, y_0)$. 对 D 内任意的点 $P(x, y)$，若 P 与 P_0 的连线 $\overline{P_0P}$ 都在 D 内，由拉格朗日中值定理，有

$$f(P) - f(P_0) = f_x(P_\theta)h + f_y(P_\theta)k = 0,$$

其中 $h = x - x_0, k = y - y_0, P_\theta$ 为 $\overline{P_0P}$ 上之一点. 这样，$f(P) = f(P_0)$. 若 $\overline{P_0P}$ 不全包含在 D 内，则必存在折线 $\overline{P_0P_1P_2\cdots P_nP} \subset D$（见图 6.12）. 于是由上述讨论有

$$f(P) = f(P_n) = f(P_{n-1}) = \cdots = f(P_1) = f(P_0).$$

总之，对 $\forall P \in D$，我们证明了 $f(P) = f(P_0)$. 这就证明了 $f(x, y)$ 在 D 内为一常数. 证毕.

2. 二元函数的泰勒公式

二元函数的拉格朗日中值公式可以推广成**带拉格朗日余项的泰勒公式**. 但这要借助于高阶微分的记号.

根据在 §5 中的讨论，当给定 Δx 及 Δy 之后，函数 $f(x, y)$ 在一点 (x, y) 的 k 阶微分可由下述公式计算：

$$d^k f(x, y) = \left(\Delta x \frac{\partial}{\partial x} + \Delta y \frac{\partial}{\partial y} \right)^k f(x, y).$$

利用这种记号，定理 1 中的拉格朗日中值公式可写成：

$$f(x_0 + \Delta x, y_0 + \Delta y) = f(x_0, y_0) + df(x_0 + \theta\Delta x, y_0 + \theta\Delta y).$$

定理 2   设 $D \subset \mathbf{R}^2$ 为一区域,而函数 $f(x, y) \in C^{n+1}(D)$. 又设 $P_0(x_0, y_0) \in D$, $P_1(x_0 + \Delta x, y_0 + \Delta x) \in D$, 且 P_0 至 P_1 的连线 $\overline{P_0 P_1} \subset D$, 则有

$$f(x_0 + \Delta x, y_0 + \Delta y)$$
$$= f(x_0, y_0) + \frac{1}{1!} \mathrm{d}f(x_0, y_0) + \frac{1}{2!} \mathrm{d}^2 f(x_0, y_0) + \cdots$$
$$+ \frac{1}{n!} \mathrm{d}^n f(x_0, y_0) + \frac{1}{(n+1)!} \mathrm{d}^{n+1} f(x_0 + \theta \Delta x, y_0 + \theta \Delta y),$$

其中, $\mathrm{d}^k f$ 是 f 的 k 阶微分,即

$$\mathrm{d}^k f(x, y) = \left(\Delta x \frac{\partial}{\partial x} + \Delta y \frac{\partial}{\partial y} \right)^k f(x, y), \quad (k = 1, 2, \cdots, n+1).$$

证   证明完全类似于定理 1 的证明. 令 $\varphi(t) = f(x_0 + t\Delta x, y_0 + t\Delta y)$, 由 $\varphi(t)$ 的泰勒公式有

$$\varphi(1) = \varphi(0) + \frac{1}{1!} \varphi'(0) + \cdots + \frac{1}{n!} \varphi^{(n)}(0) + \frac{1}{(n+1)!} \varphi^{(n+1)}(0).$$

显然,由链规则有

$$\varphi'(t) = \left(\Delta x \frac{\partial}{\partial x} + \Delta y \frac{\partial}{\partial y} \right) f(x_0 + t\Delta x, y_0 + t\Delta y),$$

故 $\varphi'(0) = \mathrm{d}f(x_0, y_0)$, 并且不难验证

$$\varphi''(t) = \left(\Delta x \frac{\partial}{\partial x} + \Delta y \frac{\partial}{\partial y} \right)^2 f(x_0 + t\Delta x, y_0 + t\Delta y),$$

即有 $\varphi''(0) = \mathrm{d}^2 f(x_0, y_0)$. 递推地得到

$$\varphi^{(k)}(0) = \mathrm{d}^k f(x_0, y_0), \quad k = 1, \cdots, n;$$

而且

$$\varphi^{(n+1)}(\theta) = \mathrm{d}^{n+1} f(x_0 + \theta \Delta x, y_0 + \theta \Delta y).$$

将这些结果代入关于 $\varphi(t)$ 的泰勒公式即得要证的结果. 证毕.

定理 2 在多元函数的数值计算上有重要价值. 在上述公式中,最后一项

$$R_n = \frac{1}{(n+1)!} \mathrm{d}^{n+1} f(x_0 + \theta \Delta x, y_0 + \theta \Delta y)$$

称为**拉格朗日余项**,它可以用 $n+1$ 阶的偏导数估计. 比如,假若我们假定 f 的 $n+1$ 阶偏导数有界,即存在常数 M 使得

$$\left| \frac{\partial^{n+1} f}{\partial x^l \partial y^{n+1-l}} \right| \leqslant M, \quad l = 0, 1, \cdots, n+1;$$

那么,我们有

$$|R_n| \leqslant \frac{M}{(n+1)!} (|\Delta x| + |\Delta y|)^{n+1}.$$

令 $\rho = \sqrt{\Delta x^2 + \Delta y^2}$,即得到

$$|R_n| \leqslant \frac{M}{(n+1)!} \rho^{n+1} \left(\frac{|\Delta x|}{\rho} + \frac{|\Delta y|}{\rho} \right)^{n+1}$$

$$\leqslant \frac{M 2^{n+1}}{(n+1)!} \rho^{n+1}.$$

当固定 $\Delta x, \Delta y$ 时,ρ 是一个常量,由上式不难看出

$$R_n \to 0 \quad (\text{当 } n \to \infty).$$

这就是说,在上述条件下,当泰勒公式的项数充分增大时,其误差项则可以任意小.

另一方面,当泰勒公式中的项数 n 固定而令 $\rho = \sqrt{\Delta x^2 + \Delta y^2} \to 0$,这时有

$$R_n = o(\rho^n) \quad (\rho \to 0).$$

于是,我们便得到二元函数的**带佩亚诺型余项的泰勒公式**:

$$f(x_0 + \Delta x, y_0 + \Delta y)$$

$$= f(x_0, y_0) + \frac{1}{1!} \mathrm{d}f(x_0, y_0) + \frac{1}{2!} \mathrm{d}^2 f(x_0, y_0) + \cdots$$

$$+ \frac{1}{n!} \mathrm{d}^n f(x_0, y_0) + o(\rho^n),$$

其中 $\rho = \sqrt{\Delta x^2 + \Delta y^2} \to 0$.

根据高阶微分的定义,不难看出

$$f(x_0, y_0) + \frac{1}{1!} \mathrm{d}f(x_0, y_0) + \frac{1}{2!} \mathrm{d}^2 f(x_0, y_0) + \cdots + \frac{1}{n!} \mathrm{d}^n f(x_0, y_0)$$

是 Δx 及 Δy 的 n 次多项式,其系数是 f 在 (x_0, y_0) 的偏导数. 这个多项式称做**泰勒多项式**. 比如,$n=2$ 的情况,f 在 (x_0, y_0) 的泰勒多项式是

$$f(x_0, y_0) + f_x(x_0, y_0) \Delta x + f_y(x_0, y_0) \Delta y$$

$$+ \frac{1}{2!} [f_{xx}(x_0, y_0) \Delta x^2 + 2 f_{xy}(x_0, y_0) \Delta x \Delta y + f_{yy}(x_0, y_0) \Delta y^2].$$

例 1 求函数 $f(x, y) = \sin\left(\frac{\pi}{2} x^2 y \right)$ 在点 $(1,1)$ 的二阶泰勒多项式及带佩亚诺余项的泰勒公式.

解 先计算函数在 $(1,1)$ 点的各阶偏导数:

$$f(1,1) = 1, \quad \frac{\partial f}{\partial x}(1,1) = 0,$$

$$\frac{\partial f}{\partial y}(1,1) = 0, \quad \frac{\partial^2 f}{\partial x^2}(1,1) = -\pi^2,$$

$$\frac{\partial^2 f}{\partial x \partial y}(1,1) = -\frac{\pi^2}{2}, \quad \frac{\partial^2 f}{\partial y^2}(1,1) = -\frac{\pi^2}{4}.$$

因此,若令 $\Delta x = x-1, \Delta y = y-1$,则有

$$f(1 + \Delta x, 1 + \Delta y)$$

$$= 1 - \frac{\pi^2}{2!}\Big(\Delta x^2 + \Delta x \Delta y + \frac{1}{4}\Delta y^2\Big) + o(\rho^2),$$

也即

$$\sin\Big(\frac{\pi}{2}x^2 y\Big) = 1 - \frac{\pi^2}{2}\Big[(x-1)^2 + (x-1)(y-1) + \frac{1}{4}(y-1)^2\Big]$$

$$+ o(\sqrt{(x-1)^2 + (y-1)^2}) \quad (x \to 1, y \to 1).$$

像一元函数情况一样,对多元函数的泰勒多项式也成立唯一性定理,即**若 $P_n(\Delta x, \Delta y)$ 是 Δx 与 Δy 的 n 次多项式,且有**

$$f(x_0 + \Delta x, y_0 + \Delta y) = P_n(\Delta x, \Delta y) + o(\rho^n),$$

其中 $\rho = \sqrt{\Delta x^2 + \Delta y^2} \to 0$;则 $P_n(\Delta x, \Delta y)$ 是函数 $z = f(x,y)$ 在 (x_0, y_0) 处的泰勒多项式.因此,一个函数的泰勒多项式可由其他途径求得,而不一定非计算各阶偏导数不可.

例 2   在点 $(0,0)$ 的邻域内,将函数 $f(x,y) = e^x \cos y$ 按带佩亚诺型余项的泰勒公式展开至二次项.

解   已知

$$e^x = 1 + x + \frac{1}{2}x^2 + o(x^2), \quad x \to 0,$$

$$\cos y = 1 - \frac{1}{2}y^2 + o(y^2), \quad y \to 0.$$

注意当 $\rho \to 0$ 时 $o(x^2) = o(\rho^2), o(y^2) = o(\rho^2)$,且 $o(x^2) \cdot o(y^2) = o(\rho^2)$,因而由上两式相乘可得

$$e^x \cos y = 1 + x + \frac{1}{2}x^2 - \frac{1}{2}y^2 + o(\rho^2), \quad \rho \to 0.$$

由泰勒多项式的唯一性,上式即为所求.

习 题 6.7

1. 求函数

$$f(x,y) = xy - y$$

的在 $(1,1)$ 点的二阶泰勒多项式.

2. 在点$(0,0)$的邻域内,将下列函数按带佩亚诺型余项展开成泰勒公式(到二阶):

(1) $f(x,y)=\dfrac{\cos x}{\cos y}$;

(2) $f(x,y)=\ln(1+x+y)$;

(3) $f(x,y)=\sqrt{1-x^2-y^2}$;

(4) $f(x,y)=\sin(x^2+y^2)$.

3. 在点$(0,0)$的邻域内,将函数$f(x,y)=\ln(1+x+y)$按拉格朗日型余项展开成泰勒公式(到一阶).

4. 利用泰勒公式证明:当$|x|,|y|,|z|$充分小时,有近似公式:
$$\cos(x+y+z)-\cos x\cos y\cos z\approx-(xy+yz+zx).$$

5. 设D是单位圆,即$D=\{(x,y)\,|\,x^2+y^2<1\}$,又设函数$f(x,y)$在$D$内有连续的偏导数且满足:
$$xf_x(x,y)+yf_y(x,y)\equiv0,\quad(x,y)\in D.$$
证明:$f(x,y)$在D内是一常数.(提示:利用二元函数的拉格朗日公式.)

§8 隐函数存在定理

在第二章中曾涉及一些具体的二元函数方程所确定的隐函数的微商法. 现在我们来讨论由一个一般的二元函数方程所确定的隐函数的存在性以及它们是否可导.

这里所谓一个二元函数方程$F(x,y)=0$所确定的隐函数是指这样的函数$y=f(x)$,在其定义域内使得
$$F(x,f(x))\equiv0.$$

问题的提法也不仅限于一个二元函数的方程,还可以考虑三元或一般n元函数的方程,比如
$$F(x,y,z)=0.$$

这时要求的隐函数$z=f(x,y)$是一个二元函数. 所谓$z=f(x,y)$是上述方程所确定的一个隐函数是指,在(x,y)的某区域内,将$z=f(x,y)$代入上述方程式后,方程变成x与y的一个恒等式
$$F(x,y,f(x,y))\equiv0.$$

问题的提法还可以更为一般. 考虑多个多元函数的方程组,比如
$$\begin{cases}F(x,y;u,v)=0,\\G(x,y;u,v)=0.\end{cases}$$

如何确定一组函数$u=u(x,y)$及$v=v(x,y)$满足上述方程组? 如何计算这些函数的偏导数? 这些都是本节要讨论的问题.

1. 一个方程的情况

定理 1   设函数 $F(x,y)$ 在一点 $P_0(x_0,y_0)$ 的邻域内有定义,且满足下列条件:

(1) $F(x_0,y_0)=0$;

(2) $F_x(x,y)$ 及 $F_y(x,y)$ 连续,且 $F_y(x_0,y_0) \neq 0$,

则在 x_0 的某个邻域 $(x_0-\delta,x_0+\delta)$ 内存在一个函数 $y=f(x)$,使得 $y_0=f(x_0)$ 且

$$F(x,f(x))\equiv 0, \quad \forall\, x\in(x_0-\delta,x_0+\delta),$$

并且 $y=f(x)$ 在 $(x_0-\delta,x_0+\delta)$ 内有连续的导函数,其导数可由 F_x 及 F_y 表示:

$$f'(x)=-\frac{F_x(x,y)}{F_y(x,y)} \quad (y=f(x)).$$

现在我们略去定理的证明.但是图 6.13 对于从直观上理解这个定理的实质及定理中条件的几何含义很有益处.

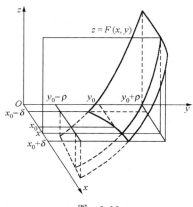

图   6.13

可以这样粗略地解释这个定理:我们将函数 $z=F(x,y)$ 看做三维空间中的一张曲面,该曲面与坐标平面 $z=0$ 有一个交点 $(x_0,y_0,0)$. 定理的条件 $F_y(x_0,y_0)\neq 0$ 及偏导数的连续性保证了在 (x_0,y_0) 附近 $F_y(x,y)$ 保持一个固定符号;也就是说,它作为 y 的函数要么严格递增要么严格递减,就曲面而言,曲面沿 y 增加方向要么向上升要么向下降.(图 6.13 表示的是上升情况.)在这种情况下,曲面 $z=F(x,y)$ 与坐标平面 $z=0$ 之交必定是一条曲线,这就是我们要求的隐函数的图形.

条件 $F_y(x_0, y_0) \neq 0$ 对于从方程 $F(x, y)=0$ 中将 y 解成 x 的函数而言是十分重要的,它的重要性已从上述的解释中看出. 其实,这也可以从一个具体例子中看出. 我们考虑一个线性方程

$$ax + by = 0,$$

其中 a 与 b 为常数. 这时,我们的函数 $F(x, y)=ax+by$. 要想从这个方程中将 y 解成 x 的函数,则要求 $b \neq 0$,而 b 恰好是 F_y.

这个定理不仅证明了隐函数的存在性,还提供了隐函数的微商法.

例 1 求方程

$$\frac{x^2}{a^2} + \frac{y^2}{b^2} = 1 \quad (a, b \text{ 为正的常数})$$

在点 $\left(\dfrac{a}{\sqrt{2}}, \dfrac{b}{\sqrt{2}} \right)$ 附近所确定的隐函数 $y = y(x)$ 的导函数及 $y'\left(\dfrac{a}{\sqrt{2}} \right)$.

解 令 $F(x, y) = \dfrac{x^2}{a^2} + \dfrac{y^2}{b^2} - 1$,那么

$$F\left(\frac{a}{\sqrt{2}}, \frac{b}{\sqrt{2}} \right) = 0$$

且 $F_x(x, y) = 2x/a^2$,$F_y(x, y) = 2y/b^2$ 是连续函数. 又

$$F_y\left(\frac{a}{\sqrt{2}}, \frac{b}{\sqrt{2}} \right) = \frac{\sqrt{2}}{b} \neq 0,$$

因此,上述方程在 $\left(\dfrac{a}{\sqrt{2}}, \dfrac{b}{\sqrt{2}} \right)$ 附近所确定的隐函数是可微的,并有

$$y'(x) = -F_x(x, y)/F_y(x, y) = -\frac{b^2}{a^2} \frac{x}{y}.$$

而

$$y'\left(\frac{a}{\sqrt{2}} \right) = -\frac{b^2}{a^2} \cdot \frac{a/\sqrt{2}}{b/\sqrt{2}} = -\frac{b}{a}.$$

这便是椭圆周 $\dfrac{x^2}{a^2} + \dfrac{y^2}{b^2} = 1$ 在 $\left(\dfrac{a}{\sqrt{2}}, \dfrac{b}{\sqrt{2}} \right)$ 点的切线之斜率.

定理 1 可以推广到函数 F 是三元函数或一般 n 元函数的情况. 比如,F 是三元函数的情况. 这时隐函数方程为

$$F(x, y, z) = 0.$$

我们希望从这个方程中将其中的变量 z 解成 x, y 的函数. 有下面的定理:

定理 2 设函数 $F(x, y, z)$ 在点 $M_0(x_0, y_0, z_0)$ 的某邻域内有连续的偏导数,且 $F(x_0, y_0, z_0) = 0$,$F_z(x_0, y_0, z_0) \neq 0$,则在点 (x_0, y_0) 的某邻域内,方程 $F(x, y, z) = 0$ 确定唯一的隐函数 $z = z(x, y)$,满足 $F(x, y, z(x, y)) \equiv 0$,$z(x_0, y_0) = z_0$,且 $z(x, y)$ 有连续偏导数:

$$\frac{\partial z}{\partial x} = -\frac{F_x}{F_z}, \qquad \frac{\partial z}{\partial y} = -\frac{F_y}{F_z}.$$

定理 2 的证明从略.

一般说来,我们无法给出隐函数的具体表达式,但其偏导数可以按定理中提供的公式计算.

例 2　求方程 $xy + yz + \mathrm{e}^{xz} = 3$ 确定的隐函数 $z(x,y)$ 的偏导数 z_x 及 z_y.

解　解法一　直接套用公式.令

$$F(x,y,z) = xy + yz + \mathrm{e}^{xz} - 3.$$

这时 $\dfrac{\partial F}{\partial z} = y + x\mathrm{e}^{xz}$,由此可见,当 $y + x\mathrm{e}^{xz} \neq 0$ 时,对于满足方程 $F(x,y,z) = 0$ 的点 (x,y,z),可以确定一个隐函数 $z = z(x,y)$.由定理 2 可知,

$$\frac{\partial z}{\partial x} = -\frac{F_x}{F_z} = -\frac{y + z\mathrm{e}^{xz}}{y + x\mathrm{e}^{xz}},$$

$$\frac{\partial z}{\partial y} = -\frac{F_y}{F_z} = -\frac{x + z}{y + x\mathrm{e}^{xz}}.$$

解法二　在计算隐函数 $z = z(x,y)$ 的偏导数时,也可以不套用现成公式,用另外一种办法求得:在方程

$$xy + yz + \mathrm{e}^{xz} - 3 = 0$$

中将 z 视做 (x,y) 的函数,这时上述方程变成关于 x, y 的恒等式.对方程两端关于 x 求偏导数(注意:其中的 z 是 (x,y) 的函数),即得

$$y + yz_x + \mathrm{e}^{xz}(z + xz_x) = 0,$$

由此解出

$$\frac{\partial z}{\partial x} = -\frac{y + z\mathrm{e}^{xz}}{y + x\mathrm{e}^{xz}}.$$

同理,在方程两边同时对 y 求偏微商,可解出

$$\frac{\partial z}{\partial y} = -\frac{x + z}{y + x\mathrm{e}^{xz}}.$$

所得结果与前面的相同.

例 3　求由方程

$$F(x - y, y - z) = 0$$

确定的隐函数 $z = z(x,y)$ 的偏导数 $\dfrac{\partial z}{\partial x}$ 及 $\dfrac{\partial z}{\partial y}$.

解　这个例子的计算中有一个符号记法问题.为了避免混淆,我们用 F_1' 表示 F 作为二元函数 $F(u,v)$ 时对其第一个自变量求偏导数,而用 F_2' 表示对其第二个自变量求偏导数.在这种记法下,利用复合函数的求导公式,

我们有

$$F_x = F_1', \quad F_y = -F_1' + F_2', \quad F_z = -F_2'.$$

因此

$$\frac{\partial z}{\partial x} = \frac{F_1'}{F_2'}, \quad \frac{\partial z}{\partial y} = \frac{-F_1' + F_2'}{F_2'}.$$

如果不引入 F_1' 及 F_2' 的记法,也可以通过引入中间变量 $u = x - y$ 及 $v = y - z$. 这时有

$$F_x = F_u, \quad F_y = -F_u + F_v, \quad F_z = -F_v.$$

2. 方程组的情况

以上讨论了一个方程所确定的隐函数. 但是,有些实际问题要求我们讨论由多个方程所确定的隐函数问题. 比如,在什么条件下,由两个方程

$$\begin{cases} F(x, u, v) = 0, \\ G(x, u, v) = 0 \end{cases}$$

可确定隐函数 $u = u(x)$ 及 $v = v(x)$?

在前面的讨论中,要想由 $F(x, y) = 0$ 将 y 解为 x 的函数,我们需要条件 $F_y \neq 0$. 现在,在多个方程中,相当于 $F_y \neq 0$ 的条件应当是什么?

在回答这个问题之前. 先介绍线性代数中的一个有关知识:**克莱姆**法则.

对于二元一次方程组

$$\begin{cases} ax + by = e, \\ cx + dy = f, \end{cases}$$

其中 a, b, c, d, e, f 为常数. 当其系数行列式

$$\Delta = \begin{vmatrix} a & b \\ c & d \end{vmatrix} = ad - bc \neq 0$$

时,方程组有唯一解,且其解可表为

$$x_0 = \frac{\Delta_1}{\Delta}, \quad y_0 = \frac{\Delta_2}{\Delta},$$

其中

$$\Delta_1 = \begin{vmatrix} e & b \\ f & d \end{vmatrix}, \quad \Delta_2 = \begin{vmatrix} a & e \\ c & f \end{vmatrix}.$$

克莱姆法则告诉我们:系数行列式 $\Delta \neq 0$ 是方程组有唯一解的一个充分条件. 不难证明这也是必要条件. 故二元一次方程组有唯一解的充分必要

条件是其系数行列式 $\Delta \neq 0$.

现在来回答上面提出的问题,为此不妨考查一下最简单的情况,因为简单情况常给人以启迪.设 $F(x,u,v)=ex+au+bv$, $G(x,u,v)=fx+cu+dv$,其中 a,b,c,d,e,f 为常数.这时,我们的问题相当于解方程组

$$\begin{cases} au+bv=-ex, \\ cu+dv=-fx. \end{cases}$$

由线性代数的理论知,这个方程组有唯一解之充分必要条件是其系数行列式

$$\Delta = \begin{vmatrix} a & b \\ c & d \end{vmatrix} = ad-bc \neq 0.$$

注意到 $F_u=a$, $F_v=b$, $G_u=c$, $G_v=d$. 由此,我们猜想到当 F 及 G 是一般函数时,需要下列条件

$$\begin{vmatrix} F_u & F_v \\ G_u & G_v \end{vmatrix} \neq 0.$$

这里的行列式称做 F,G 的**雅可比行列式**,记做

$$J = \frac{\mathrm{D}(F,G)}{\mathrm{D}(u,v)} = \begin{vmatrix} F_u & F_v \\ G_u & G_v \end{vmatrix}.$$

事实表明由解线性方程组而得来的猜测是正确的.我们有下列的定理.

定理 3 设 $F(x,u,v)$ 及 $G(x,u,v)$ 在一点 (x_0,u_0,v_0) 的某个邻域内有连续的一阶偏导数,且 $F(x_0,u_0,v_0)=0$, $G(x_0,u_0,v_0)=0$. 又设 F,G 的雅可比行列式 $J=\dfrac{\mathrm{D}(F,G)}{\mathrm{D}(u,v)}$ 在点 (x_0,u_0,v_0) 处不等于零.则在 x_0 的一个邻域内存在唯一的一对函数 $u=u(x)$ 及 $v=v(x)$ 使得 $u_0=u(x_0)$, $v_0=u(x_0)$,且满足方程组

$$\begin{cases} F(x,u(x),v(x)) \equiv 0, \\ G(x,u(x),v(x)) \equiv 0. \end{cases}$$

此外,函数 $u(x)$ 及 $v(x)$ 是可微的,其导函数可由下列方程组求出

$$\begin{cases} \dfrac{\partial F}{\partial x} + \dfrac{\partial F}{\partial u}\dfrac{\mathrm{d}u}{\mathrm{d}x} + \dfrac{\partial F}{\partial v}\dfrac{\mathrm{d}v}{\mathrm{d}x} = 0, \\ \dfrac{\partial G}{\partial x} + \dfrac{\partial G}{\partial u}\dfrac{\mathrm{d}u}{\mathrm{d}x} + \dfrac{\partial G}{\partial v}\dfrac{\mathrm{d}v}{\mathrm{d}x} = 0. \end{cases}$$

定理的证明从略.

上述方程组可看做是以 u 及 v 的导函数 $\dfrac{\mathrm{d}u}{\mathrm{d}x}$, $\dfrac{\mathrm{d}v}{\mathrm{d}x}$ 为未知量的一个线性方

程组,其系数行列式恰好是 F,G 关于 u,v 的雅可比行列式. 这个方程组无须记忆,但应该知道它是怎样得来的:它是将两个方程中的 u,v 视做 x 的函数,对方程求导数而得来.

比定理 3 更为一般的是将其中的 x 换成多个自变量,而此时解出的 u 及 v 则是一个多元函数. 而定理的条件与结论完全类似.

比如,我们考虑方程组

$$\begin{cases} F(x,y,u,v)=0, \\ G(x,y,u,v)=0. \end{cases}$$

除了要求一点 (x_0,y_0,u_0,v_0) 满足方程组之外,同样还应要求 F 及 G 有一阶连续偏导数,且 F,G 关于 u,v 的雅可比行列式在 (x_0,y_0,u_0,v_0) 点不等于零. 这时在 (x_0,y_0) 附近可以将 u,v 解为 x,y 的函数. 这些与定理 3 的叙述都类似. 所不同的是这时 u,v 有两个偏导数,它们分别由方程组

$$\begin{cases} \dfrac{\partial F}{\partial x}+\dfrac{\partial F}{\partial u}\dfrac{\partial u}{\partial x}+\dfrac{\partial F}{\partial v}\dfrac{\partial v}{\partial x}=0, \\ \dfrac{\partial G}{\partial x}+\dfrac{\partial G}{\partial u}\dfrac{\partial u}{\partial x}+\dfrac{\partial G}{\partial v}\dfrac{\partial v}{\partial x}=0 \end{cases}$$

及

$$\begin{cases} \dfrac{\partial F}{\partial y}+\dfrac{\partial F}{\partial u}\dfrac{\partial u}{\partial y}+\dfrac{\partial F}{\partial v}\dfrac{\partial v}{\partial y}=0, \\ \dfrac{\partial G}{\partial y}+\dfrac{\partial G}{\partial u}\dfrac{\partial u}{\partial y}+\dfrac{\partial G}{\partial v}\dfrac{\partial v}{\partial y}=0 \end{cases}$$

解出.

同样地,这些方程组也无须专门记忆,只要知道它们是对恒等式

$$\begin{cases} F(x,y,u(x,y),v(x,y))\equiv 0, \\ G(x,y,u(x,y),v(x,y))\equiv 0 \end{cases}$$

分别对 x 与 y 求偏导数得来即可.

例 4 由方程组

$$\begin{cases} x^2+y^2-uv=0, \\ xy+u^2-v^2=0 \end{cases}$$

能否确定 u,v 为 x 与 y 的函数. 在能确定隐函数的条件下,求 u_x,v_x,u_y,v_y.

解 $\dfrac{\mathrm{D}(F,G)}{\mathrm{D}(u,v)}=\begin{vmatrix} -v & -u \\ 2u & -2v \end{vmatrix}=2(u^2+v^2)$. 当 $(x,y)\nleqslant(0,0)$ 时满足上述方程组的 u,v 不同时为零,也就有 $\dfrac{\mathrm{D}(F,G)}{\mathrm{D}(u,v)}\nleqslant 0$,从而在 (x,y) 的邻域内能确定隐函数 $u=u(x,y),v=v(x,y)$.

为求偏导数,先将上述方程组的两端对 x 求偏导(将其中的 u,v 看做 x,y 的函数)得:

$$\begin{cases} 2x - u_x v - u v_x = 0, \\ y + 2u u_x - 2v v_x = 0. \end{cases}$$

由克莱姆法则,可得此方程组的解为

$$u_x = \frac{4xv - yu}{2(u^2 + v^2)}, \quad v_x = \frac{4xu + vy}{2(u^2 + v^2)}, \quad u^2 + v^2 \neq 0.$$

类似地,对原来的方程组关于 y 求偏导得

$$\begin{cases} 2y - u_y v - u v_y = 0, \\ x + 2u u_y - 2v v_y = 0. \end{cases}$$

由这个方程组可解出

$$u_y = \frac{4yv - xu}{2(u^2 + v^2)}, \quad v_y = \frac{xv + 4yu}{2(u^2 + v^2)}, \quad u^2 + v^2 \neq 0.$$

3. 逆映射的存在性定理

关于方程组的隐函数存在定理的一个重要应用就是给出**逆映射的存在定理**.

我们考虑 Ouv 平面的一个区域到 Oxy 平面的映射:$(u,v) \mapsto (x,y)$,其中

$$\begin{cases} x = x(u,v), \\ y = y(u,v). \end{cases}$$

我们的问题是在怎样的条件下,这个映射有逆映射存在.所谓逆映射实际上就是在一定的范围之内,对于给定的 (x,y),根据上述方程组能求得相应的 (u,v).如果令 $F(x,y,u,v) = x - x(u,v)$,$G(x,y,u,v) = y - y(u,v)$,那么上述方程组可以写成

$$\begin{cases} F(x,y,u,v) = 0, \\ G(x,y,u,v) = 0. \end{cases}$$

而求逆映射的问题也归结为由上述方程组将其中的 u,v 解成 x,y 的函数问题.根据隐函数存在定理,首先应当有一点 (x_0, y_0, u_0, v_0) 满足上述方程,也即

$$x_0 - x(u_0, v_0) = 0,$$

$$y_0 - y(u_0, v_0) = 0.$$

其次应当要求 F 及 G 有连续之偏导数,且

$$\frac{D(F,G)}{D(u,v)}\bigg|_{(x_0,y_0,u_0,v_0)} \neq 0.$$

显然,只要 $x(u,v)$ 及 $y(u,v)$ 对 u,v 有连续偏导数就保证了 F 及 G 有连续的偏导数.根据 F 与 G 的定义,很容易看出

$$\frac{D(F,G)}{D(u,v)} = \frac{D(x,y)}{D(u,v)},$$

其中 x,y 是指函数 $x(u,v)$ 及 $y(u,v)$.这样一来,只需

$$\frac{D(x,y)}{D(u,v)}\bigg|_{(u_0,v_0)} \neq 0$$

即可保证 $\dfrac{D(F,G)}{D(u,v)}\bigg|_{(x_0,y_0,u_0,v)} \neq 0$.在这些条件下,在 (x_0,y_0) 点的一个邻域内存在一对函数 $u=u(x,y)$ 及 $v=v(x,y)$,使得

$$u_0=u(x_0,y_0), \quad v_0=v(x_0,y_0),$$

并且它们所决定的映射 $(x,y) \mapsto (u,v)$ 是函数偶 $x=x(u,v)$, $y=y(u,v)$ 所决定的映射 $(u,v) \mapsto (x,y)$ 的逆映射.

这样,我们证明了下列定理:

定理 4　设函数 $x=x(u,v)$ 及 $y=y(u,v)$ 在 (u_0,v_0) 的一个邻域内有连续的一阶偏导数,且其雅可比行列式

$$\frac{D(x,y)}{D(u,v)}\bigg|_{(u_0,v_0)} \neq 0.$$

又设 $x_0=x(u_0,v_0)$, $y_0=y(u_0,v_0)$,则在 (x_0,y_0) 的一个邻域内存在函数 $u=u(x,y)$ 及 $v=v(x,y)$,使得 $u_0=u(x_0,y_0)$, $v_0=v(x_0,y_0)$,且映射 $(x,y) \mapsto (u(x,y),v(x,y))$ 是 $(u,v) \mapsto (x(u,v),y(u,v))$ 之逆映射.

我们知道,逆映射的存在性意味着映射的一一性.上述讨论使我们得出如下之推论:

推论　一个连续可微映射的雅可比行列式若在一点不等于零,则映射在该点附近是一一映射.

过去在一元函数微分学中,我们知道一个函数若有连续的导数且其导数在一点不等于零,则这个函数在该点附近是严格单调的(从而是一一映射).上述推论就是一元函数的这条性质的推广,而雅可比行列式相当于一元函数的导数.

在一元函数中,反函数的导数是原来函数的导数在相应点的倒数.对于映射的雅可比行列式也有相同的性质,也就是说

$$\frac{D(u,v)}{D(x,y)}\bigg|_{(x_0,y_0)}=1\bigg/\frac{D(x,y)}{D(u,v)}\bigg|_{(u_0,v_0)}.$$

事实上,若 $u=u(x,y)$,$v=v(x,y)$ 是 $x=x(u,v)$,$y=y(u,v)$ 的逆映射,则有

$$x\equiv x(u(x,y),v(x,y)),$$
$$y\equiv y(u(x,y),v(x,y)).$$

对于这两个恒等式两端对 x 求偏导数,即有

$$1\equiv x_u\cdot u_x+x_v\cdot v_x,$$
$$0\equiv y_u\cdot u_x+y_v\cdot v_x.$$

由此解出

$$u_x=y_v/J,\quad v_x=-y_u/J,$$

其中 $J=\dfrac{D(x,y)}{D(u,v)}$. 再对前述恒等式关于 y 求偏导数,又得

$$u_y=-x_v/J,\quad v_y=x_u/J.$$

这样,

$$\frac{D(u,v)}{D(x,y)}=\begin{vmatrix}u_x&u_y\\v_x&v_y\end{vmatrix}=\frac{1}{J^2}\begin{vmatrix}y_v&-x_v\\-y_u&x_u\end{vmatrix}=\frac{1}{J}.$$

例 5 证明极坐标变换

$$\begin{cases}x=r\cos\theta,\\y=r\sin\theta\end{cases}$$

的雅可比行列式

$$\frac{D(x,y)}{D(r,\theta)}=r.$$

证 根据雅可比行列式的定义,

$$\frac{D(x,y)}{D(r,\theta)}=\begin{vmatrix}x_r&x_\theta\\y_r&y_\theta\end{vmatrix}=\begin{vmatrix}\cos\theta&-r\sin\theta\\\sin\theta&r\cos\theta\end{vmatrix}=r.$$

证毕.

例 6 设 $u=u(x,y)$ 及 $v=v(x,y)$ 是由方程组

$$\begin{cases}u^2-v=3x+y,\\u-2v^2=x-2y\end{cases}$$

所确定的隐函数. 求 $\dfrac{\partial u}{\partial x}$ 及 $\dfrac{\partial v}{\partial x}$.

解 将上述方程组之左端的 u 及 v 视做 x,y 的函数,然后对其两端关于 x 求偏导数,即得

$$\begin{cases} 2uu_x - v_x = 3, \\ u_x - 4vv_x = 1. \end{cases}$$

由此解出 $\dfrac{\partial u}{\partial x}$ 及 $\dfrac{\partial v}{\partial x}$:

$$\frac{\partial u}{\partial x} = \frac{1-12v}{1-8uv}, \qquad \frac{\partial v}{\partial x} = \frac{2u-3}{1-8uv},$$

其中 $uv \neq 1/8$.

上述关于逆映射的存在性定理及雅可比行列式的概念完全可以推广到 n 个变量的情况. 设 $D \subset \mathbf{R}^n$, $f: D \to \mathbf{R}^n$ 是 D 到 $\mathbf{R}^n$ 中的映射,其分量为 $u_j = u_j(x_1, \cdots, x_n)$. 那么映射 f 的雅可比行列式定义为

$$J_f = \frac{\mathrm{D}(u_1, \cdots, u_n)}{\mathrm{D}(x_1, \cdots, x_n)} = \begin{vmatrix} \dfrac{\partial u_1}{\partial x_1}, \cdots, \dfrac{\partial u_1}{\partial x_n} \\ \vdots \qquad \vdots \\ \dfrac{\partial u_n}{\partial x_n}, \cdots, \dfrac{\partial u_n}{\partial x_n} \end{vmatrix}.$$

有了雅可比行列式的概念,逆映射的存在性即可推广到 n 个变量的情况.

显然,线性变换

$$y_1 = a_{11}x_1 + a_{12}x_2 + a_{13}x_3,$$
$$y_2 = a_{21}x_1 + a_{22}x_2 + a_{23}x_3,$$
$$y_3 = a_{31}x_1 + a_{32}x_2 + a_{33}x_3$$

(其中 a_{ij} 为常数)的雅可比行列式就是系数矩阵的行列式.

例 7 球坐标变换

$$\begin{cases} x = r\cos\theta\sin\varphi, \\ y = r\sin\theta\sin\varphi, \qquad (0 \leqslant \theta < 2\pi, 0 \leqslant \varphi \leqslant \pi) \\ z = r\cos\varphi \end{cases}$$

的雅可比行列式 $J = r^2\sin\varphi$. 作为习题,请读者自行完成计算.

雅可比行列式有明显的几何意义,并在重积分的计算中扮演重要角色.

习　题　6.8

在本节习题中所涉及的函数 f 或 F 都是有一阶连续偏导数的函数.

1. 求由下列方程确定的隐函数 $z = z(x, y)$ 的所有一阶偏导数:

(1) $x^3z + z^3x - 2yz = 0$;

(2) $yz - \ln z = x + y$;

(3) $x + z - \varepsilon\sin z = y \ (0 < \varepsilon < 1)$;

(4) $z^x = y^z$;

(5) $x\cos y+y\cos z+z\cos x=1$.

2. 设由方程

$$f(xy^2, x+y) = 0$$

确定隐函数为 $y=y(x)$,求 $\dfrac{\mathrm{d}y}{\mathrm{d}x}$.

3. 设 $z+\cos xy=\mathrm{e}^z$,求 $\dfrac{\partial z}{\partial x}$ 及 $\dfrac{\partial^2 z}{\partial x^2}$.

4. 设 $F(x,x+y,x+y+z)=0$,求 $\dfrac{\partial z}{\partial x}$,$\dfrac{\partial z}{\partial y}$.

5. 设 $z=z(x,y)$ 是方程 $F(x,y,z)=0$ 确定的隐函数,利用一阶全微分形式的不变性,证明 $\mathrm{d}z=-\dfrac{F_x}{F_z}\mathrm{d}x-\dfrac{F_y}{F_z}\mathrm{d}y$(其中 $F_z\neq 0$),并求

$$F(x^2+y^2+z^2, xy-z^2) = 0$$

所确定的隐函数 $z=z(x,y)$ 的微分 $\mathrm{d}z$.

6. 证明球坐标变换的雅可比行列式 $J=r^2\sin\varphi$(见本节例 7).

7. 设由 $x=u+v$,$y=u^2+v^2$,$z=u^3+v^3$ 确定函数 $z=z(x,y)$,求当 $x=0$,$y=u=\dfrac{1}{2}$,$v=-\dfrac{1}{2}$ 时,$\dfrac{\partial z}{\partial x}$ 与 $\dfrac{\partial z}{\partial y}$ 的值.

8. 设

$$\begin{cases} xu+yv=0, \\ uv-xy=5. \end{cases}$$

求当 $x=1$,$y=-1$,$u=v=2$ 时,$\dfrac{\partial^2 u}{\partial x^2}$ 与 $\dfrac{\partial^2 v}{\partial x\partial y}$ 的值.

9. 设 $x^2+y^2=\dfrac{1}{2}z^2$,$x+y+z=2$,求当 $x=1$,$y=-1$,$z=2$ 时,$\dfrac{\mathrm{d}x}{\mathrm{d}z}$ 与 $\dfrac{\mathrm{d}y}{\mathrm{d}z}$ 的值.

10. 设 $x=\cos\varphi\cos\theta$,$y=\cos\varphi\sin\theta$,$z=\sin\varphi$,求 $\dfrac{\partial z}{\partial x}$.

11. 设 $u=u(x,y)$ 及 $v=v(x,y)$ 有一阶连续偏导数. 又设 $x=x(\xi,\eta)$ 及 $y=y(\xi,\eta)$ 也有一阶连续偏导数,且使复合函数 $u=u(x(\xi,\eta),y(\xi,\eta))$ 及 $v=v(x(\xi,\eta),y(\xi,\eta))$ 有定义. 证明:

$$\frac{\mathrm{D}(u,v)}{\mathrm{D}(\xi,\eta)}=\frac{\mathrm{D}(u,v)}{\mathrm{D}(x,y)}\cdot\frac{\mathrm{D}(x,y)}{\mathrm{D}(\xi,\eta)}.$$

§9 极 值 问 题

1. 多元函数极值问题

与一元函数情况类似,对于多元函数也可定义极值、极值点及稳定点等概念.

定义 设函数 $f(x,y)$ 在区域 D 内有定义,(x_0,y_0) 是 D 的内点. 若存

在 (x_0, y_0) 的一个邻域, 使得对该邻域内中任一点 (x, y), 都有

$$f(x, y) \leqslant f(x_0, y_0) \quad (\text{或} f(x, y) \geqslant f(x_0, y_0)),$$

则称 $f(x_0, y_0)$ 为 $f(x, y)$ 的一个**极大(小)值**, 称 (x_0, y_0) 为**极大(小)值点**. 极大值与极小值统称为**极值**, 极大值点与极小值点统称为**极值点**.

例 1　函数 $f(x, y) = (x-1)^2 + (y-2)^2$ 在点 $(1, 2)$ 处的值为极小值, 因为 $f(1, 2) = 0$ 而在 $(1, 2)$ 邻近的其他点处, 函数值大于 0.

例 2　设函数 $f(x, y) = xy$. 点 $(0, 0)$ 不是 $f(x, y)$ 的极值点. 这是因为 $f(0, 0) = 0$, 而在 $(0, 0)$ 的任意小的邻域内, 总有使函数值大于 0 的点, 也有使函数值小于 0 的点.

这里应该提醒读者: 像一元函数的情况一样, 极值的概念是局部性的, 它指的是在一点附近的最大值或最小值, 而不是在函数的定义域中的最大值或最小值.

与一元函数类似, 可以利用函数的偏导数来给出极值点的必要条件与充分条件.

定理 1（极值的必要条件）　若函数 $f(x, y)$ 在点 (x_0, y_0) 处达到极值, 且 $f_x(x_0, y_0)$ 与 $f_y(x_0, y_0)$ 存在, 则必有

$$f_x(x_0, y_0) = 0, \quad f_y(x_0, y_0) = 0.$$

证　不妨设 $f(x_0, y_0)$ 为极大值. 由定义, 对 (x_0, y_0) 某一邻域内的一切点 (x, y), 都有

$$f(x, y) \leqslant f(x_0, y_0).$$

特别地有

$$f(x, y_0) \leqslant f(x_0, y_0).$$

因此 x_0 是一元函数 $f(x, y_0)$ 的极大值点. 由一元函数极值点的必要条件, 有

$$\frac{\mathrm{d}}{\mathrm{d}x}\big[f(x, y_0)\big]\bigg|_{x_0} = 0,$$

由偏导数的定义, 上式意味着 $f_x(x_0, y_0) = 0$. 同理可证 $f_y(x_0, y_0) = 0$. 证毕.

若函数 $f(x, y)$ 在区域 D 内有一阶偏导数, 则由定理 1, 函数在 D 内的极值点必满足方程组

$$\begin{cases} f_x(x, y) = 0, \\ f_y(x, y) = 0. \end{cases}$$

我们称满足这个方程组的点为 $f(x, y)$ 的**稳定点**. 由上述定理可知, 当 $f(x, y)$ 在 D 内有偏导数时, 其极值点必定是其稳定点. 但函数的稳定点未

必是函数的极值点,在前面的例 2 中,$(0,0)$ 是稳定点,但不是极值点.

在一元函数的情形,判别一个稳定点是否极值点要借助于函数的二阶导数.在多元函数的情况,则要借助于二阶偏导数;但比一元函数情况要复杂些.

定理 2(极值的充分条件) 设 $z=f(x,y)$ 在 (x_0,y_0) 的一个邻域内有连续的二阶偏导数,且
$$f_x(x_0,y_0) = 0, \quad f_y(x_0,y_0) = 0.$$
令
$$A = \frac{\partial^2 f}{\partial x^2}(x_0,y_0), \quad B = \frac{\partial^2 f}{\partial x \partial y}(x_0,y_0), \quad C = \frac{\partial^2 f}{\partial y^2}(x_0,y_0).$$

若 $B^2 < AC$,则当 $A > 0$ 时,$f(x_0,y_0)$ 是极小值;而当 $A < 0$ 时,$f(x_0,y_0)$ 是极大值.

证 设 (x,y) 为 (x_0,y_0) 邻域内的任意一点,令 $x=x_0+\Delta x, y=x_0+\Delta y$,根据泰勒公式我们有
$$f(x_0 + \Delta x, y_0 + \Delta y)$$
$$= f(x_0,y_0) + \frac{1}{2}\left[\frac{\partial^2 f}{\partial x}(P_\theta)\Delta x^2 + 2\frac{\partial^2 f}{\partial x \partial y}(P_\theta)\Delta x \Delta y + \frac{\partial^2 f}{\partial y}(P_\theta)\Delta y^2\right],$$
其中 $P_\theta = (x_0+\theta\Delta x, y_0+\theta\Delta y), 0 < \theta < 1$. 为简便起见,我们令
$$\widetilde{A} = \frac{\partial^2 f}{\partial x^2}(P_\theta), \quad \widetilde{B} = \frac{\partial^2 f}{\partial x \partial y}(P_\theta), \quad \widetilde{C} = \frac{\partial^2 f}{\partial y^2}(P_\theta),$$
那么
$$f(x_0 + \Delta x, y_0 + \Delta y) = f(x_0,y_0) + \frac{1}{2}\left[\widetilde{A}\Delta x^2 + 2\widetilde{B}\Delta x \Delta y + \widetilde{C}\Delta y^2\right].$$
可见,为了判别 $f(x_0,y_0)$ 是否是极值,需要研究二次三项式
$$\widetilde{A}\Delta x^2 + 2\widetilde{B}\Delta x \Delta y + \widetilde{C}\Delta y^2$$
对一切充分小的 $|\Delta x|$ 与 $|\Delta y|$(不全为 0)是否恒正或恒负.

根据代数的知识,当 $b^2 < ac$ 时,二次三项式
$$ax^2 + 2bxy + cy^2$$
对一切不全为 0 的 x 与 y 保持符号且其符号与 a 的符号相同. 这一结论可以由线性代数中二次型的理论得到,也可以由配方的方法直接证明. 事实上,当 $ac > b^2$ 时 $ac \neq 0$,这时
$$ax^2 + 2bxy + cy^2 = \frac{1}{a}\left[(ax+by)^2 + (ac-b^2)y^2\right].$$
当 x,y 不全为 0 时,方括号内的值总大于 0.

根据二阶偏导数连续的假定,当 $\Delta x \to 0, \Delta y \to 0$ 时,$\widetilde{A} \to A, \widetilde{B} \to B$,且 $\widetilde{C} \to C$. 因此,当 $|\Delta x|$ 与 $|\Delta y|$ 充分小时,$\widetilde{A}$ 与 A 有相同符号,且 $\widetilde{B}^2 < \widetilde{A}\widetilde{C}$.

因此,当 $A > 0$ 时,对于一切充分小(不全为 0)的 Δx 与 Δy,

$$\widetilde{A}\Delta x^2 + 2\widetilde{B}\Delta x\Delta y + \widetilde{C}\Delta y^2 > 0,$$

从而 $f(x_0 + \Delta x, y_0 + \Delta y) > f(x_0, y_0)$,也即 $f(x_0, y_0)$ 是极小值.

当 $A < 0$ 时,对一切充分小(不全为 0)的 Δx 及 Δy,

$$\widetilde{A}\Delta x^2 + 2\widetilde{B}\Delta x\Delta y + \widetilde{C}\Delta y^2 < 0,$$

从而 $f(x_0 + \Delta x, y_0 + \Delta y) < f(x_0, y_0)$,也即 $f(x_0, y_0)$ 是极大值. 证毕.

下面的定理讨论了 $B^2 > AC$ 及 $B^2 = AC$ 的情形.

定理 3　假定 $z = f(x, y)$ 在 (x_0, y_0) 的一个邻域内有连续二阶偏导数,且 (x_0, y_0) 是其稳定点. 在定理 2 中的记号下,若 $B^2 > AC$,则 $f(x_0, y_0)$ 一定不是极值;若 $B^2 = AC$,$f(x_0, y_0)$ 可能是极值,也可能不是极值.

证　先证 $B^2 > AC$ 的情况. 若 A, C 中至少有一个不等于 0,不妨设 $A \neq 0$. 则由

$$f(x_0 + \Delta x, y_0 + \Delta y)$$
$$= f(x_0, y_0) + \frac{1}{2}[A\Delta x^2 + 2B\Delta x\Delta y + C\Delta y^2] + o(\rho^2),$$

其中 $\rho = \sqrt{\Delta x^2 + \Delta y^2}$,我们有

$$f(x_0 + \Delta x, y_0 + \Delta y)$$
$$= f(x_0, y_0) + \frac{1}{2}\frac{1}{A}[(A\Delta x + B\Delta y)^2 - \Delta y^2(B^2 - AC)] + o(\rho^2).$$

令 $\Delta x = -\dfrac{B}{A}\Delta y$,则

$$o(\rho^2) = o\left(\left[1 + \left(\frac{B}{A}\right)^2\right]\Delta y^2\right) = o(\Delta y^2),$$

并有

$$f\left(x_0 - \frac{B}{A}\Delta y, y_0 + \Delta y\right) = f(x_0, y_0) - \frac{1}{2} \cdot \frac{B^2 - AC}{A}\Delta y^2 + o(\Delta y^2)$$
$$= f(x_0, y_0) - \left[\frac{1}{2}\frac{B^2 - AC}{A} + o(1)\right]\Delta y^2,$$

其中 $o(1)$ 代表一个无穷小量. 由此可见,当 Δy 充分小时,

$$f\left(x_0 - \frac{B}{A}\Delta y, y_0 + \Delta y\right) - f(x_0, y_0)$$

的符号与 $\dfrac{B^2 - AC}{A}$ 的符号相反,也即与 A 的符号相反.

另外一方面,令 $\Delta y = 0$,我们有

$$f(x_0 + \Delta x, y_0) = f(x_0, y_0) + \frac{1}{2} A \Delta x^2 + o(\Delta x^2)$$

$$= f(x_0, y_0) + \left[\frac{1}{2} A + o(1) \right] \Delta x^2.$$

可见当 Δx 充分小时,$f(x_0 + \Delta x, y_0) - f(x_0, y_0)$ 的符号与 A 的符号相同.

总之,$f(x, y) - f(x_0, y_0)$ 在 (x_0, y_0) 的任何小邻域内总能取到相反的符号. 可见,$f(x_0, y_0)$ 不可能是极值.

对于 $B^2 > AC$,且 $C \neq 0$ 的情况,证明完全类似. 当 $A = C = 0$ 时,这时 $B \neq 0$.

$$f(x_0 + \Delta x, y_0 + \Delta y) - f(x_0, y_0) = B \Delta x \Delta y + o(\rho^2).$$

特别地,令 $\Delta y = \Delta x$ 时我们有

$$f(x_0 + \Delta x, y_0 + \Delta x) - f(x_0, y_0) = B \Delta x^2 + o(\Delta x^2),$$

而 $\Delta y = -\Delta x$ 时,有

$$f(x_0 + \Delta x, y_0 - \Delta x) - f(x_0, y_0) = -B \Delta x^2 + o(\Delta x^2).$$

前一个等式告诉我们,当 Δx 充分小时,$f(x_0 + \Delta x, y_0 + \Delta x) - f(x_0, y_0)$ 与 B 有相同符号,而后者告诉我们,当 Δx 充分小时,$f(x_0 + \Delta x, y_0 - \Delta x) - f(x_0, y_0)$ 与 B 有相反的符号. 这就证明了 $f(x_0, y_0)$ 不是极值.

以上证明了当 $B^2 > AC$ 时,$f(x_0, y_0)$ 不是极值.

当 $B^2 = AC$ 时,$f(x_0, y_0)$ 可能是极值,也可能不是极值. 这只要举出适当的例子就足够了:

函数 $f(x, y) = xy^2$ 及 $f(x, y) = (x+y)^2$ 在 $(0,0)$ 点都满足 $B^2 = AC$,显然,$(0,0)$ 是 $(x+y)^2$ 的极值点,但不是 xy^2 的极值点. 证毕.

我们用下表总结判别稳定点是否是极值点的办法:

$B^2 < AC$	$A > 0$	极小值
	$A < 0$	极大值
$B^2 > AC$	不是极值	
$B^2 = AC$	未定	

例 3　求 $f(x, y) = \frac{1}{3}(x^3 + y^3) + xy$ 的稳定点,并判别它们是否是极值点.

解　稳定点满足下列方程

$$\begin{cases} x^2 + y = 0, \\ y^2 + x = 0. \end{cases}$$

这个方程组有两个解 $(0,0)$ 及 $(-1,-1)$,它们即全体稳定点.

在$(0,0)$点，$A=C=0$，$B=1$，$B^2>AC$. 可见$(0,0)$不是极值点.

在$(-1,-1)$点，$A=C=-2$，$B=1$，$B^2<AC$. 可见$(-1,-1)$为极大值点.

2. 多元函数的最值问题

与一元函数类似，可以利用二元函数的极值来求它的最大值与最小值. 我们知道，当函数$f(x,y)$在闭区域D上连续时，它在D上就有最大值与最小值. 为求最大（小）值，应把所有的极大（小）值与函数在区域边界上的值作比较，其中最大（小）者就是最大（小）值. 但这种做法比较复杂. 在实际应用中，常遇到下列较简单的特殊情况：一方面，根据实际问题的性质，可以断言函数$f(x,y)$在D内必有最大（小）值. 另一方面，又能算出$f(x,y)$在D内只有唯一的一个极值点(x_0,y_0). 在这种情况下，当$f(x_0,y_0)$是极大（小）值时，它也就是$f(x,y)$在D上的最大（小）值.

例 4（**最小二乘法**）　已知变量y是变量x的函数，由实验测得当x取n个不同的值$x_1,x_2,\cdots,x_n$时，对应的y的值分别为$y_1,y_2,\cdots,y_n$. 试据此作一个最佳线性近似公式：
$$y=ax+b,\quad a,b\text{ 为待定常数，}$$
使利用这个近似公式算出的y值与实验所得值的误差平方和
$$u(a,b)=\sum_{i=1}^{n}(ax_i+b-y_i)^2$$
最小.

这里$(ax_i+b-y_i)^2$表示点(x_i,y_i)的纵坐标与直线$y=ax+b$上x_i处对应的点的纵坐标之差的平方. 如果所有数据均落在这条直线上，那么$u(a,b)=0$. 因此，量$u(a,b)$在一定程度上反映了数据组偏离直线$y=ax+b$的大小. 见图 6.14.

图　6.14

解　问题化为求二元函数$u(a,b)$的最小值. 因为$u(a,b)$在全平面上可微，故其极值点必是稳定点. 考虑方程组
$$\begin{cases}\dfrac{\partial u}{\partial a}=\sum\limits_{i=1}^{n}2(ax_i+b-y_i)x_i=0,\\[2mm]\dfrac{\partial u}{\partial b}=\sum\limits_{i=1}^{n}2(ax_i+b-y_i)=0,\end{cases}$$

即

$$\begin{cases} \left(\sum_{i=1}^{n} x_i^2 \right) a + \left(\sum_{i=1}^{n} x_i \right) b = \sum_{i=1}^{n} x_i y_i, \\ \left(\sum_{i=1}^{n} x_i \right) a + nb = \sum_{i=1}^{n} y_i, \end{cases}$$

这里 a, b 为未知数. 用归纳法可证方程组的系数行列式

$$n \sum_{i=1}^{n} x_i^2 - \left(\sum_{i=1}^{n} x_i \right)^2 = \sum_{\substack{i=1 \\ i<j\leqslant n}}^{n-1} (x_i - x_j)^2 \neq 0.$$

因而该方程组有唯一解 (a_0, b_0), 亦即函数 $u(a, b)$ 有唯一的稳定点. 又 $u_{aa} = 2\sum_{i=1}^{n} x_i^2, u_{ab} = 2\sum_{i=1}^{n} x_i, u_{bb} = 2n$. 于是在 (a_0, b_0) 处

$$AC - B^2 = 4 \sum_{\substack{i=1 \\ i<j\leqslant n}}^{n-1} (x_i - x_j)^2 > 0, \quad A > 0,$$

因而 $u(a_0, b_0)$ 是极小值. 根据前面的讨论, 它也就是最小值. 于是我们得到最佳线性近似公式

$$y = a_0 x + b_0,$$

其中 a_0, b_0 为上述方程组的解.

3. 条件极值

在自变量满足一定约束条件下求一个函数的极值的问题, 称为**条件极值问题**.

比如, 求函数

$$z = x^2 + y^2$$

在约束条件 $x + y = 1$ 下的极小值. 这就是一个条件极值问题. 显然, 在这个具体问题中, 我们可以从约束方程 $x + y = 1$ 将 y 解成 x 的函数, 然后代入函数的表达式中, 将问题化作一个一元函数极值问题. 然而一般说来, 当约束条件较复杂时, 将 y 解成 x 的函数未必在实际上总能做到. 有时即使能做到, 其计算也可能很复杂. 因此, 给出一种办法来避免这个过程是必要的.

下面我们介绍求条件极值的一种方法, 此方法称为**拉格朗日乘数法**, 或 λ 乘子法. 使用这种方法可以避免从约束条件中求解隐函数的过程.

为简便起见, 我们先讨论二元函数的条件极值问题. 考虑函数

$$z = f(x, y)$$

在条件

$$\varphi(x, y) = 0$$

下的条件极值. 设 $f(x,y)$ 与 $\varphi(x,y)$ 都有连续的一阶偏导数, 且 $\varphi_y(x,y) \neq 0$. 设想由所给条件确定出隐函数 $y = y(x)$, 将它代入函数表达式得

$$z = f(x, y(x)).$$

这样, 条件极值问题就转化成求函数 $z = f(x, y(x))$ 的普通极值问题. 现在, 先求其稳定点, 即求解方程

$$\frac{\mathrm{d}z}{\mathrm{d}x} = f_x + f_y \cdot y'(x) = 0. \tag{6.3}$$

由隐函数的求导法则知, 上式中的 $y'(x) = -\dfrac{\varphi_x}{\varphi_y}$. 代入 (6.3) 式得

$$f_x - f_y \frac{\varphi_x}{\varphi_y} = 0,$$

即

$$\frac{f_x}{\varphi_x} = \frac{f_y}{\varphi_y}.$$

令比值 $\dfrac{f_y}{\varphi_y} = -\lambda$, 则条件极值点须满足方程组

$$\begin{cases} f_x + \lambda \varphi_x = 0, \\ f_y + \lambda \varphi_y = 0, \\ \varphi(x, y) = 0. \end{cases}$$

为便于记忆, 引进辅助函数

$$F(x, y, \lambda) = f(x, y) + \lambda \varphi(x, y),$$

上述的方程组恰好就是三元函数 $F(x, y, \lambda)$ 的普通极值点所须满足的必要条件.

根据以上讨论可知, 条件极值问题的稳定点 (x, y) 及其相应的 λ, 使得 (x, y, λ) 一定是 $F(x, y, \lambda)$ 的稳定点, 因此求条件极限的问题形式上可归结为先求 $F(x, y, \lambda)$ 的稳定点问题. 总结以上讨论, 得

拉格朗日乘数法则 为求函数 $z = f(x, y)$ 在约束条件 $\varphi(x, y) = 0$ 下的极值点, 作辅助函数 $F(x, y, \lambda) = f(x, y) + \lambda \varphi(x, y)$. 然后解方程组

$$\begin{cases} F_x(x, y, \lambda) = f_x(x, y) + \lambda \varphi_x(x, y) = 0, \\ F_y(x, y, \lambda) = f_y(x, y) + \lambda \varphi_y(x, y) = 0, \\ F_\lambda(x, y, \lambda) = \varphi(x, y) = 0, \end{cases}$$

设法消去 λ 而得到 (x, y) 的解, 它们便是条件极值的稳定点, 再判断此稳定点是否是条件极值点.

至于如何判断所得的稳定点是否就是条件极值点,我们不讨论一般的方法,但在许多实际问题中往往可由问题本身的性质来判定.比如在某些应用题中,我们可以根据实际问题的性质断言,其最大(小)值一定存在,而其稳定点却只有一个,这时我们即可断定该稳定点必为最大(小)值点.类似地,要求三元函数 $u=f(x,y,z)$ 在条件 $\varphi(x,y,z)=0$ 下的极值,我们可令 $F(x,y,z,\lambda)=f(x,y,z)+\lambda\varphi(x,y,z)$,并由方程组

$$\begin{cases} F_x = f_x + \lambda\varphi_x = 0, \\ F_y = f_y + \lambda\varphi_y = 0, \\ F_z = f_z + \lambda\varphi_z = 0, \\ F_\lambda = \varphi(x,y,z) = 0 \end{cases}$$

求得稳定点.

例 5   求函数 $f(x,y,z)=xyz$ 在球面 $x^2+y^2+z^2=R^2 (x>0, y>0, z>0)$ 上的最大值.

解   当 $x>0, y>0, z>0$ 时 $xyz>0$,且当 (x,y,z) 趋向于球面 $x^2+y^2+z^2=R^2$ 在第一卦限中的三个边界

$$\begin{cases} y^2+z^2=R^2, \\ x=0, \end{cases} \quad \begin{cases} z^2+x^2=R^2, \\ y=0 \end{cases} \quad \text{或} \quad \begin{cases} x^2+y^2=R^2, \\ z=0 \end{cases}$$

时,$f(x,y,z)\to 0$. 故 $f(x,y,z)$ 在球面内部必达到最大值.

令 $F(x,y,z)=xyz+\lambda(x^2+y^2+z^2-R^2)$. 并解方程组

$$\begin{cases} F_x = yz + 2x\lambda = 0, \\ F_y = xz + 2y\lambda = 0, \\ F_z = xy + 2z\lambda = 0, \\ F_\lambda = x^2 + y^2 + z^2 - R^2 = 0. \end{cases} \tag{6.4}$$

由方程组(6.4)前三个方程得

$$\lambda = -\frac{yz}{2x} = -\frac{xz}{2y} = -\frac{xy}{2z},$$

由此推得

$$x^2 = y^2 = z^2,$$

代入方程组(6.4)中第四个方程得 $3x^2=R^2$. 由此求得唯一稳定点

$$(x_0, y_0, z_0) = \left(\frac{R}{\sqrt{3}}, \frac{R}{\sqrt{3}}, \frac{R}{\sqrt{3}} \right).$$

我们已断定函数的最大值必在球面内部达到,故这唯一的稳定点就是最大

值点,最大值为 $f\left(\dfrac{R}{\sqrt{3}},\dfrac{R}{\sqrt{3}},\dfrac{R}{\sqrt{3}}\right)=\dfrac{R^3}{3\sqrt{3}}$. 即

$$xyz\leqslant\frac{R^3}{3\sqrt{3}},$$

当 $x^2+y^2+z^2=R^2(x>0,y>0,z>0)$ 时. 顺便指出,以 $R=\sqrt{x^2+y^2+z^2}$ 代入上式得

$$xyz\leqslant\left(\frac{x^2+y^2+z^2}{3}\right)^{3/2},$$

即

$$x^2y^2z^2\leqslant\left(\frac{x^2+y^2+z^2}{3}\right)^3.$$

令 $x^2=a,y^2=b,z^2=c$,即得

$$\sqrt[3]{abc}\leqslant\frac{a+b+c}{3}.$$

上式说明:三个正数 a,b,c 的几何平均值,小于等于其算术平均值.

对于一般的多元函数及有若干个约束条件的条件极值问题,也有**拉格朗日乘数法则**:如求函数 $f(x_1,\cdots,x_n)$ 在条件 $\varphi_1(x_1,\cdots,x_n)=0,\varphi_2(x_1,\cdots,x_n)=0,\cdots,\varphi_k(x_1,\cdots,x_n)=0$ 下的极值,我们作辅助函数

$$\begin{aligned}F(x_1,\cdots,x_n,\lambda_1,\cdots,\lambda_k)=&f(x_1,\cdots,x_n)+\lambda_1\varphi_1(x_1,\cdots,x_n)\\&+\cdots+\lambda_k\varphi_k(x_1,\cdots,x_n).\end{aligned}$$

解方程组

$$\begin{cases}F_{x_1}=f_{x_1}+\lambda_1\dfrac{\partial\varphi_1}{\partial x_1}+\cdots+\lambda_k\dfrac{\partial\varphi_k}{\partial x_1}=0,\\ \cdots\cdots\cdots\cdots\\ F_{x_n}=f_{x_n}+\lambda_1\dfrac{\partial\varphi_1}{\partial x_n}+\cdots+\lambda_k\dfrac{\partial\varphi_k}{\partial x_n}=0,\\ F_{\lambda_1}=\varphi_1(x_1,\cdots,x_n)=0,\\ \cdots\cdots\cdots\cdots\\ F_{\lambda_k}=\varphi_k(x_1,\cdots,x_n)=0,\end{cases}$$

即可得条件极值的稳定点.再结合实际情况,可判断所有稳定点中哪些是条件极大值点,哪些是条件极小值点.

例 6　平面 $x+y+z=1$ 截圆柱面 $x^2+y^2=1$ 得一椭圆周(见图 6.15).求此椭圆周上到原点最近及最远的点.

解　空间中任意一点 (x,y,z) 到原点的距离为 $\sqrt{x^2+y^2+z^2}$. 问题可化为求函数

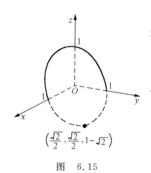

$$f(x,y,z)=x^2+y^2+z^2$$

在条件

$$\begin{cases} x+y+z=1, \\ x^2+y^2=1 \end{cases}$$

下的最小值点及最大值点.

作辅助函数

$$\begin{aligned} F(x,y,z,\lambda_1,\lambda_2) &= x^2+y^2+z^2 \\ &\quad +\lambda_1(x+y+z-1) \\ &\quad +\lambda_2(x^2+y^2-1). \end{aligned}$$

$\left(\dfrac{\sqrt{2}}{2},\dfrac{\sqrt{2}}{2},1-\sqrt{2}\right)$

图   6.15

求解方程组

$$\begin{cases} F_x=2x+\lambda_1+2x\lambda_2=0, \\ F_y=2y+\lambda_1+2y\lambda_2=0, \\ F_z=2z+\lambda_1=0, \\ F_{\lambda_1}=x+y+z-1=0, \\ F_{\lambda_2}=x^2+y^2-1=0. \end{cases} \tag{6.5}$$

由方程组(6.5)的前三个方程可推出

$$\begin{cases} x(1+\lambda_2)=z, \\ y(1+\lambda_2)=z. \end{cases} \tag{6.6}$$

下面分两种情况求解:

(1) $\lambda_2=-1$.

由方程组(6.6)可推出 $z=0$,再由原方程组(6.5)的后两个方程即可推出 $x=1,y=0$ 或 $x=0,y=1$.从而求得方程组的两个解$(1,0,0)$及$(0,1,0)$.

(2) $\lambda_2\neq-1$.

这时由方程组(6.6)可推出

$$x=y\left(=\frac{z}{1+\lambda_2}\right).$$

再由原方程组(6.5)的后两个方程可得两个解:

$$\left(\frac{\sqrt{2}}{2},\frac{\sqrt{2}}{2},1-\sqrt{2}\right) \text{ 及 } \left(-\frac{\sqrt{2}}{2},-\frac{\sqrt{2}}{2},1+\sqrt{2}\right).$$

比较 4 个稳定点到圆点的距离可判断:椭圆周上两个点$(1,0,0)$及$(0,1,0)$到原点的距离最近,而点 $\left(-\dfrac{\sqrt{2}}{2},-\dfrac{\sqrt{2}}{2},1+\sqrt{2}\right)$ 到原点的距离最远.

习　题　6.9

1. 求下列函数 $z=z(x,y)$ 的极值：

(1) $z=x^2(x-1)^2+y^2$；

(2) $z=2xy-5x^2-2y^2+4x+4y-1$；

(3) $z=6x^2-2x^3+3y^2+6xy+1$；

(4) $z=4xy-x^4-y^4+5$；

(5) $z=x^3y^2(6-x-y)$　$(x>0,y>0)$.

2. 确定下列函数在所给条件下的最大值及最小值.

(1) $z=x^2+y^2$，当 $\dfrac{x}{2}+\dfrac{y}{3}=1$ 时；

(2) $z=3x+4y$，当 $x^2+y^2=1$ 时.

3. 在某一行星表面要安装一个无线电望远镜. 为了减少干扰, 要将望远镜装在磁场最弱的位置. 设该行星为一球体, 半径为 6 个单位. 若以球心为坐标原点建立坐标系 $Oxyz$, 则行星表面上点 (x,y,z) 处的磁场强度为

$$H(x,y,z)=6x-y^2+xz+60.$$

问：应将望远镜安装在何处？

4. 已知三角形的周长为 $2p$, 问怎样的三角形绕自己的一边旋转一周所得的体积最大.

5. 在两平面 $y+2z=12$ 及 $x+y=6$ 的交线上求到原点距离最近的点.

6. 求椭球面 $x^2+y^2+\dfrac{z^2}{4}=1$ 与平面 $x+y+z=0$ 的交线上的点到坐标原点的最大距离与最小距离.

7. 在已知圆锥体内作一内接长方体, 长方体的底面在圆锥体的底面上, 求使体积最大的那个长方体的边长.

8. 当 n 个正数 $x_1,\cdots,x_n$ 的和等于常数 l 时, 求它们的乘积的最大值. 并证明：n 个正数 $a_1,\cdots,a_n$ 的几何平均值小于算术平均值, 即

$$\sqrt[n]{a_1\cdots a_n}\leqslant\frac{a_1+a_2+\cdots+a_n}{n}.$$

9. 在椭圆周 $\dfrac{x^2}{a^2}+\dfrac{y^2}{b^2}=1$ 上哪些点处, 其切线与坐标轴构成的三角形的面积最小.

10. 求函数 $f(x,y)=\dfrac{1}{2}(x^n+y^n)$ 在条件 $x+y=A$ $(A>0)$ 下的最小值. 并由此证明：

$$\frac{1}{2}(x^n+y^n)\geqslant\left(\frac{x+y}{2}\right)^n\quad(x>0,y>0).$$

＊§10　曲面论初步

1. 曲面的基本概念

我们先讨论什么是曲面.

过去我们把曲面理解为定义在一个区域 D 上的二元连续函数 $z=f(x,y)$ 的图形. 更为一般一点是把曲面理解为一个满足一定条件的方程

$$F(x,y,z)=0$$

的解在空间中所形成的集合. 比如, 方程

$$x^2+y^2+z^2-R^2=0$$

代表以原点为中心、以 R 为半径的球面. 后者称为曲面的隐式表示. 无论是曲面的显函数表示还是隐式表示, 总是希望把曲面上的点的坐标 (x,y,z) 中之某一分量看做是另外两个分量的函数. 这种看法虽然是自然的, 但是也给我们带来了许多不便. 最一般的也是最方便的表示曲面的方法是参数表示法, 即我们把一张曲面看做是由两个自由参数所确定的空间中的点集合. 比如, 球面的参数表示是

$$\begin{cases} x=R\sin\varphi\cos\theta, \\ y=R\sin\varphi\sin\theta, \\ z=R\cos\varphi, \end{cases}$$

其中 $R>0$ 是常数, φ 与 θ 则是参数, $0<\varphi<\pi, 0\leqslant\theta<2\pi$.

一般说来, 若在一个平面区域 D 上有三个连续函数 $x(u,v), y(u,v)$ 及 $z(u,v)$, 其中 (u,v) 在 D 中变动, 那么由

$$\begin{cases} x=x(u,v), \\ y=y(u,v), \quad (u,v)\in D \\ z=z(u,v) \end{cases}$$

所确定的点 (x,y,z) 的集合称做一张曲面. 这个方程称做曲面的**参数方程**, 而 (u,v) 称为相应点的**参数**.

从映射的观点来看, 可以认为曲面是平面区域 D 到 $\mathbf{R}^3$ 中的一个连续映射的像 (见图 6.16).

图 6.16

上述参数方程也可以用向量表示:

$$\boldsymbol{r} = \boldsymbol{r}(u,v) \equiv (x(u,v), y(u,v), z(u,v)).$$

只要求上述映射 $(u,v) \mapsto (x,y,z)$ 连续还不足以保证映射的像是我们通常理解的曲面,比如它可能退化成一点,或一条曲线. 为了保证曲面不致退化,我们将要求参数与曲面上的点的对应是一一对应. 此外,我们还要求 $x = x(u,v), y = y(u,v)$ 及 $z = z(u,v)$ 有连续偏导数,并且

$$\boldsymbol{r}_u = (x_u(u,v), y_u(u,v), z_u(u,v))$$

与

$$\boldsymbol{r}_v = (x_v(u,v), y_v(u,v), z_v(u,v))$$

不共线,也即

$$\boldsymbol{r}_u \times \boldsymbol{r}_v \neq \boldsymbol{0}.$$

后面这个条件实际上保证了曲面处处有切平面. 满足这个条件的光滑曲面,我们称之为**正则曲面**.

例 1 设 $F(x,y)$ 是区域 D 上一个有连续偏导数的函数,那么函数

$$z = F(x,y)$$

所表示的曲面处处有切平面.

事实上,这时曲面可以认为是以 (x,y) 为参数,而其参数方程是

$$\begin{cases} x = x, \\ y = y, \\ z = F(x,y). \end{cases}$$

其向量表示是

$$\boldsymbol{r} = \boldsymbol{r}(x,y) \equiv (x, y, F(x,y)).$$

故有

$$\boldsymbol{r}_x = (1, 0, F_x(x,y)),$$
$$\boldsymbol{r}_y = (0, 1, F_y(x,y)).$$

回顾叉乘运算的公式,我们有

$$\boldsymbol{r}_x \times \boldsymbol{r}_y = (-F_x, -F_y, 1) \neq \boldsymbol{0}.$$

例 2 球面的通常参数表示是

$$\begin{cases} x = R\sin\varphi\cos\theta, \\ y = R\sin\varphi\sin\theta, \\ z = R\cos\varphi, \end{cases}$$

其中 $0 \leqslant \varphi \leqslant \pi, 0 \leqslant \theta < 2\pi$(参见图 6.17). 在这样的参数表示下,球面上除两个极点 $(0,0,R)$ 与 $(0,0,-R)$(对应于 $\varphi = 0, \pi$)外处处有切平面.

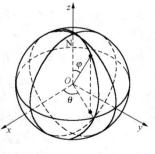

图 6.17

事实上，

$$\boldsymbol{r}_\varphi = (R\cos\varphi\cos\theta, R\cos\varphi\sin\theta, -R\sin\varphi),$$

$$\boldsymbol{r}_\theta = (-R\sin\varphi\sin\theta, R\sin\varphi\cos\theta, 0),$$

$$\boldsymbol{r}_\varphi \times \boldsymbol{r}_\theta = (R^2\sin^2\varphi\cos\theta, R^2\sin^2\varphi\sin\theta, R^2\cos\varphi\sin\varphi).$$

很容易验证，当 $\varphi \neq 0$ 与 π 时，$\boldsymbol{r}_\varphi \times \boldsymbol{r}_\theta \neq \boldsymbol{0}$.

2. 曲面的切平面与法向量

给定曲面 S 及其上一点 P_0，若曲面 S 上通过点 P_0 的一切曲线在 P_0 点的切线都在同一平面上，则称此平面为曲面 S 在点 P_0 处的**切平面**. 通过 P_0 而与切平面垂直的直线称为曲面在 P_0 点的**法线**. 该法线的方向也称为曲面在 P_0 点的**法方向**.

下面来求曲面的切平面与法线的方程.

设曲面 S 的方程为

$$F(x, y, z) = 0,$$

$P_0(x_0, y_0, z_0)$ 是曲面 S 上一点. 假设函数 $F(x, y, z)$ 在 P_0 附近可微且 F_x, F_y, F_z 在 P_0 处不全等于0.

命题   在上述假设下，向量

$$\boldsymbol{n} = (F_x(x_0, y_0, z_0), F_y(x_0, y_0, z_0), F_z(x_0, y_0, z_0))$$

与曲面 S 上过点 P_0 的一切曲线在 P_0 处的切线垂直.

证   考虑曲面 S 上过 P_0 的任一条光滑曲线 l，其参数方程为

$$l: \begin{cases} x = \varphi(t), \\ y = \psi(t), \\ z = \omega(t), \end{cases} \quad \alpha \leqslant t \leqslant \beta.$$

于是有恒等式

$$F(\varphi(t), \psi(t), \omega(t)) \equiv 0, \quad \alpha \leqslant t \leqslant \beta.$$

又设点 P_0 对应于参数 t_0，将上式两端在 t_0 处对 t 求导数，由复合函数求导公式得：

$$F_x(x_0, y_0, z_0)\varphi'(t_0) + F_y(x_0, y_0, z_0)\psi'(t_0) + F_z(x_0, y_0, z_0)\omega'(t_0) = 0,$$

即

$$\boldsymbol{n} \cdot (\varphi'(t_0), \psi'(t_0), \omega'(t_0)) = 0.$$

而 $(\varphi'(t_0), \psi'(t_0), \omega'(t_0))$ 是曲线 l 在 P_0 点的切向量. 上式说明 $\boldsymbol{n}$ 与曲线 l 在 P_0 点的切线垂直. 由于 l 是曲面上过点 P_0 的任意一条曲线，于是命题得证.

命题说明，曲面上过点 P_0 的任一曲线在 P_0 处的切线都与同一个向量 $\boldsymbol{n}$ 垂直，因而所有这些切线就在同一个平面上. 根据定义，此平面即为切平面.

命题还说明, $\boldsymbol{n}$ 就是切平面的法向量. 因而曲面在点 P_0 的**切平面方程**为

$$F_x(x_0,y_0,z_0)(x-x_0) + F_y(x_0,y_0,z_0)(y-y_0)$$
$$+ F_z(x_0,y_0,z_0)(z-z_0) = 0.$$

法线方程为

$$\frac{x-x_0}{F_x(x_0,y_0,z_0)} = \frac{y-y_0}{F_y(x_0,y_0,z_0)} = \frac{z-z_0}{F_z(x_0,y_0,z_0)}.$$

当曲面 S 由显函数

$$z = f(x,y)$$

表示时, 把它改写成隐函数方程: $\quad f(x,y) - z = 0.$ 于是曲面 S 在点 $P_0(x_0,y_0,f(x_0,y_0))$ 处的法向量为

$$(f_x(x_0,y_0), f_y(x_0,y_0), -1).$$

曲面 S 在 P_0 的切平面方程为

$$f_x(x_0,y_0)(x-x_0) + f_y(x_0,y_0)(y-y_0) - (z-z_0) = 0.$$

法线方程为

$$\frac{x-x_0}{f_x(x_0,y_0)} = \frac{y-y_0}{f_y(x_0,y_0)} = \frac{z-z_0}{-1}.$$

这里顺便我们来说明全微分的几何意义. 上述切平面方程也可写成

$$z - z_0 = f_x(x_0,y_0)(x-x_0) + f_y(x_0,y_0)(y-y_0).$$

令 $x-x_0 = \Delta x, y-y_0 = \Delta y$, 即有

$$z - z_0 = f_x(x_0,y_0)\Delta x + f_y(x_0,y_0)\Delta y = \mathrm{d}z\Big|_{(x_0,y_0)}.$$

上式说明, 当自变量 x 与 y 分别有改变量 $\Delta x, \Delta y$ 时, 函数的全微分就等于切平面上对应的立坐标 z 的改变量. 这就是全微分的几何意义, 见图 6.18.

图 6.18

设曲面 S 由参数方程

$$\begin{cases} x = x(u,v), \\ y = y(u,v), \quad (u,v) \in D \\ z = z(u,v), \end{cases}$$

表出, 且当 $(u,v) \in D$ 时 $\boldsymbol{r}_u \times \boldsymbol{r}_v \neq \boldsymbol{0}$. 又设 $(u_0,v_0) \in D$ 对应于曲面上一点 $P_0(x_0,y_0,z_0)$, 其中 $x_0 = x(u_0,v_0), y_0 = y(u_0,v_0), z_0 = z(u_0,v_0)$. 为求曲面 S 在点 $P_0(x_0,y_0,z_0)$ 处的法方向, 考虑曲面 S 上过 P_0 的两条特殊的曲线:

$$l_1: \begin{cases} x = x(u,v_0), \\ y = y(u,v_0), \\ z = z(u,v_0), \end{cases} \quad \text{及} \quad l_2: \begin{cases} x = x(u_0,v), \\ y = y(u_0,v), \\ z = z(u_0,v), \end{cases}$$

图 6.19

我们把 l_1 与 l_2 称为参数曲线. 它们在 P_0 处的切向量分别为 $\boldsymbol{r}_u = (x_u, y_u, z_u)|_{(u_0,v_0)}$ 及 $\boldsymbol{r}_v = (x_v, y_v, z_v)|_{(u_0,v_0)}$. 曲面 S 在 P_0 处的法向量 $\boldsymbol{n}$ 与 $\boldsymbol{r}_u$ 及 $\boldsymbol{r}_v$ 都垂直(见图 6.19),于是

$$\boldsymbol{n}|_{(u_0,v_0)} = \boldsymbol{r}_u \times \boldsymbol{r}_v|_{(u_0,v_0)} = \begin{vmatrix} \boldsymbol{i} & \boldsymbol{j} & \boldsymbol{k} \\ x_u & y_u & z_u \\ x_v & y_v & z_v \end{vmatrix}_{(u_0,v_0)}.$$

若用雅可比行列式写, S 在 P_0 点的法向量为

$$\boldsymbol{n} = \left(\frac{\mathrm{D}(y,z)}{\mathrm{D}(u,v)}, \frac{\mathrm{D}(z,x)}{\mathrm{D}(u,v)}, \frac{\mathrm{D}(x,y)}{\mathrm{D}(u,v)} \right)\bigg|_{(u_0,v_0)}.$$

这时 S 在 P_0 点的切平面方程为

$$(\boldsymbol{r} - \boldsymbol{r}_0) \cdot \boldsymbol{n} = 0,$$

其中 $\boldsymbol{r}_0 = (x_0, y_0, z_0)$ 表示定点, $\boldsymbol{r} = (x, y, z)$ 表示动点. 这一方程也可写成行列式形式:

$$\begin{vmatrix} x - x_0 & y - y_0 & z - z_0 \\ x_u & y_u & z_u \\ x_v & y_v & z_v \end{vmatrix}_{(u_0,v_0)} = 0.$$

例 3 求球面 $x^2 + y^2 + z^2 = R^2$ 在 $\left(0, \dfrac{\sqrt{2}}{2}R, \dfrac{\sqrt{2}}{2}R \right)$ 处的切平面及法方向.

解 方法一 设 $F(x,y,z) = x^2 + y^2 + z^2 - R^2 = 0$. 根据命题中的结果, 所求法向量为

$$\boldsymbol{n} = (F_x, F_y, F_z)\bigg|_{\left(0, \frac{\sqrt{2}}{2}R, \frac{\sqrt{2}}{2}R \right)} = (2x, 2y, 2z)\bigg|_{\left(0, \frac{\sqrt{2}}{2}R, \frac{\sqrt{2}}{2}R \right)}$$

$$= (0, \sqrt{2}R, \sqrt{2}R).$$

因此,切平面的方程为

$$\sqrt{2}R\left(y - \frac{\sqrt{2}}{2}R \right) + \sqrt{2}R\left(z - \frac{\sqrt{2}}{2}R \right) = 0,$$

化简为 $y + z - \sqrt{2}R = 0$.

方法二 我们采用例 2 中的球面参数表示:

$$\begin{cases} x = R\sin\varphi\cos\theta, \\ y = R\sin\varphi\sin\theta, \\ z = R\cos\varphi. \end{cases}$$

点 $\left(0, \dfrac{\sqrt{2}}{2}R, \dfrac{\sqrt{2}}{2}R\right)$ 所对应的参数为 $\varphi = \dfrac{\pi}{4}, \theta = \dfrac{\pi}{2}$. 根据例 2 中的结果, 在

该点处 $\boldsymbol{r}_{\varphi} = \left(0, \dfrac{\sqrt{2}}{2}R, -\dfrac{\sqrt{2}}{2}R\right)$, 而 $\boldsymbol{r}_{\theta} = \left(-\dfrac{\sqrt{2}}{2}R, 0, 0\right)$. 这样, 在该点处

的切平面方程为

$$\begin{vmatrix} x & y - \dfrac{\sqrt{2}}{2}R & z - \dfrac{\sqrt{2}}{2}R \\[2mm] 0 & \dfrac{\sqrt{2}}{2}R & -\dfrac{\sqrt{2}}{2}R \\[2mm] -\dfrac{\sqrt{2}}{2}R & 0 & 0 \end{vmatrix} = 0.$$

化简后, 方程为 $y + z - \sqrt{2}R = 0$. 在该点之法向量为

$$\boldsymbol{n} = \boldsymbol{r}_{\varphi} \times \boldsymbol{r}_{\theta} = \left(0, \dfrac{R^2}{2}, \dfrac{R^2}{2}\right).$$

在许多场合下, 我们常常要考虑曲面上一点处的单位法向量. 曲面 $\boldsymbol{r} = \boldsymbol{r}(u, v)$ 在一点的单位法向量是

$$\boldsymbol{n}_0 = \frac{\boldsymbol{r}_u \times \boldsymbol{r}_v}{|\boldsymbol{r}_u \times \boldsymbol{r}_v|}.$$

习　题　6.10

1. 在指定的点求出曲面的切平面:

(1) $\dfrac{x^2}{a^2} + \dfrac{y^2}{b^2} + \dfrac{z^2}{c^2} = 1$ (设 $a > 0, b > 0, c > 0$), 在 $\left(0, \dfrac{b}{\sqrt{2}}, \dfrac{c}{\sqrt{2}}\right)$ 点;

(2) $z = x^2 - y^2$, 在 $(2, 1, 3)$ 点;

(3) $x = \mathrm{ch}\rho\cos\theta, y = \mathrm{ch}\rho\sin\theta, z = \rho (\rho > 0, 0 \leqslant \theta < 2\pi)$, 在 $\rho = 1, \theta = \dfrac{\pi}{2}$ 对应的点;

(4) $e^z - 2z + xy = 3$, 在 $(2, 1, 0)$ 点.

2. 试证明: 曲面 $\sqrt{x} + \sqrt{y} + \sqrt{z} = \sqrt{a}$ $(a > 0)$ 上任一点处的切平面在各坐标轴上的截距之和等于 a.

第六章总练习题

1. 若 $f\left(\dfrac{y}{x}\right) = \dfrac{x^3}{(x^2 + y^2)^{3/2}}$, 求 $f(x)$.

2. 设函数

$$z(x,y)=\sqrt{y}+f(\sqrt{x}-1),$$

且当 $y=4$ 时 $z=x+1$，求 $f(x)$ 与 $z(x,y)$.

3. 若已知当 $x\neq0$，且 $x+y\neq0$ 时 $f\left(x+y,\dfrac{y}{x}\right)=x^2-y^2$，求 $f(x,y)$.

4. 设

$$f(x,y)=\begin{cases}\dfrac{xy}{x-y}, & x\neq y;\\[2mm]0, & x=y,\end{cases}$$

讨论当 $(x,y)\to(0,0)$ 时，$f(x,y)$ 是否有极限(提示：考虑 (x,y) 沿曲线 $y=x-x^3$ 趋于 $(0,0)$ 的情况).

*5. 设函数

$$f(x,y)=\frac{x^2y^2}{x^2y^2+(x-y)^2}.$$

证明：两累次极限

$$\lim_{x\to0}\{\lim_{y\to0}f(x,y)\}=\lim_{y\to0}\{\lim_{x\to0}f(x,y)\}=0,$$

但全面极限 $\lim\limits_{(x,y)\to(0,0)}f(x,y)$ 不存在.

6. 求下列函数的不连续点集合：

(1) $f(x,y)=[y]\mathrm{sgn}x$，其中 $[y]$ 表示 y 的整数部分；

(2) $f(x,y)=\mathrm{sgn}(x^2-y)$.

7. 设函数

$$f(x,y)=\begin{cases}\dfrac{xy^2}{x^2+y^4}, & (x,y)\neq(0,0),\\[2mm]0, & (x,y)=(0,0).\end{cases}$$

证明：任意取定 $\alpha\in[0,2\pi]$，函数 $f(x,y)$ 沿射线

$$x=t\cos\alpha,\quad y=t\sin\alpha\quad(0\leqslant t<+\infty)$$

在点 $(0,0)$ 处连续. 但 $f(x,y)$ 作为二元函数在 $(0,0)$ 处并非连续.

8. 设函数 $f(x,y)$ 在区域 D 上定义，且 $f(x,y)$ 在此区域内对 x 连续而对 y 满足李普希茨条件，即存在常数 L，使对任意 $(x,y_1)\in D,(x,y_2)\in D$，都有

$$|f(x,y_1)-f(x,y_2)|\leqslant L|y_1-y_2|.$$

证明：二元函数 $f(x,y)$ 在区域 D 内是连续的.

9. 当 $0<\sqrt{x^2+y^2}<1$ 时，证明下列不等式：

(1) $1-\dfrac{x^2y^2}{3}<\dfrac{\arctan(xy)}{xy}<1$，其中 $xy\neq0$；

(2) $2|xy|-\dfrac{x^2y^2}{6}<4-4\cos\sqrt{|xy|}<2|xy|$.

$$\left(\text{提示：令 } z=xy，\text{并利用不等式 } x-\frac{x^3}{6}<\sin x<x.\right)$$

10. 求下列极限：

(1) $\lim\limits_{(x,y)\to(0,0)} \dfrac{\arctan(xy)}{xy}$，其中 $xy \neq 0$；

(2) $\lim\limits_{(x,y)\to(0,0)} \dfrac{4-4\cos\sqrt{|xy|}}{|xy|}$，其中 $xy \neq 0$；　(3) $\lim\limits_{(x,y)\to(0,0)} (2x^2-y^2)\sin\dfrac{1}{x^2+y^2}$.

11. 设 $f(x,y,z)$ 是 n 次齐次函数 $(n\geqslant 2)$，即满足 $f(tx,ty,tz)=t^n f(x,y,z)$，其中 t 为任意实数，且有连续的二阶偏导数，证明 $f(x,y,z)$ 满足下列方程：

$$\left(x\frac{\partial}{\partial x}+y\frac{\partial}{\partial y}+z\frac{\partial}{\partial z}\right)^2 f = n(n-1)f.$$

（提示：任意取定 (x,y,z)，在等式 $f(tx,ty,tz)=t^n f(x,y,z)$ 两边对 t 求二阶导数，然后以 $t=1$ 代入.）

12. 设函数

$$f(x,y)=\begin{cases} (x^2+y^2)\sin\dfrac{1}{x^2+y^2}, & (x,y)\neq(0,0), \\ 0, & (x,y)=(0,0). \end{cases}$$

证明：(1) 在 $(0,0)$ 的邻域内，$f_x(x,y)$ 与 $f_y(x,y)$ 存在，但这两个偏导数在 $(0,0)$ 处不连续；

(2) $f(x,y)$ 在点 $(0,0)$ 可微.

13. 设函数 $t=f(xyz)$，且 f 三阶可导. 证明：

$$\frac{\partial^3 t}{\partial x \partial y \partial z}=F(u),$$

其中 $u=xyz$，并求 F 的表达式.

14. 设 $z=\dfrac{y^2}{3x}+\varphi(xy)$，其中 φ 为可微函数. 证明：$x^2\dfrac{\partial z}{\partial x}-xy\dfrac{\partial z}{\partial y}+y^2=0$.

15. 设 $u=\varphi(x-at)+\psi(x+at)$，其中 φ 与 ψ 为可微函数. 证明：$\dfrac{\partial^2 u}{\partial t^2}=a^2\dfrac{\partial^2 u}{\partial x^2}$.

16. 设

$$\begin{cases} x=r\cos\theta, \\ y=r\sin\theta, \quad (r>0,0\leqslant\theta<2\pi,z>0), \\ z=z \end{cases}$$

求雅可比行列式

$$\frac{\mathrm{D}(x,y,z)}{\mathrm{D}(r,\theta,z)}=\begin{vmatrix} \dfrac{\partial x}{\partial r} & \dfrac{\partial x}{\partial \theta} & \dfrac{\partial x}{\partial z} \\[2mm] \dfrac{\partial y}{\partial r} & \dfrac{\partial y}{\partial \theta} & \dfrac{\partial y}{\partial z} \\[2mm] \dfrac{\partial z}{\partial r} & \dfrac{\partial z}{\partial \theta} & \dfrac{\partial z}{\partial z} \end{vmatrix}.$$

17. 设

$$\begin{cases} x=\rho\sin\varphi\cos\theta, \\ y=\rho\sin\varphi\sin\theta, \quad (\rho>0,0<\varphi<\pi,0\leqslant\theta<2\pi), \\ z=\rho\cos\varphi \end{cases}$$

求雅可比行列式

$$\frac{\mathrm{D}(x,y,z)}{\mathrm{D}(\rho,\varphi,\theta)}=\begin{vmatrix} \dfrac{\partial x}{\partial \rho} & \dfrac{\partial x}{\partial \varphi} & \dfrac{\partial x}{\partial \theta} \\[2mm] \dfrac{\partial y}{\partial \rho} & \dfrac{\partial y}{\partial \varphi} & \dfrac{\partial y}{\partial \theta} \\[2mm] \dfrac{\partial z}{\partial \rho} & \dfrac{\partial z}{\partial \varphi} & \dfrac{\partial z}{\partial \theta} \end{vmatrix}.$$

18. 向量函数 $\boldsymbol{r}(t)=(x(t),y(t),z(t))$ 的微分定义为

$$\mathrm{d}\boldsymbol{r}(t)=(\mathrm{d}x(t),\mathrm{d}y(t),\mathrm{d}z(t))=(x'(t),y'(t),z'(t))\mathrm{d}t.$$

(1) 设有两向量函数 .

$$\boldsymbol{r}_i(t)=(x_i(t),y_i(t),z_i(t)),\quad i=1,2.$$

证明

$$\mathrm{d}(\boldsymbol{r}_1(t)\cdot\boldsymbol{r}_2(t))=\boldsymbol{r}_2(t)\cdot\mathrm{d}\boldsymbol{r}_1(t)+\boldsymbol{r}_1(t)\cdot\mathrm{d}\boldsymbol{r}_2(t).$$

(2) 若向量函数 $\boldsymbol{r}(t)$ 的模恒为 1, 即

$$|\boldsymbol{r}(t)|\equiv1,$$

证明

$$\boldsymbol{r}(t)\cdot\mathrm{d}\boldsymbol{r}(t)\equiv0.$$

并解释上式的几何意义. (提示: $|\boldsymbol{r}(t)|^2=\boldsymbol{r}(t)\cdot\boldsymbol{r}(t)$.)

19. 对下列函数及所指定的点, 求两个方向, 使函数在指定点处沿其中一个方向增长得最快, 而沿另一个方向减少得最快, 并求函数沿这两个方向的方向导数:

(1) $f(x,y)=x^2+xy+y^2$, M_0: $(-1,1)$;

(2) $f(x,y,z)=x\mathrm{e}^y+z^2$, M_0: $\left(1,\ln2,\dfrac{1}{2}\right)$.

20. 求函数 $f(x,y,z)=x^2+y^2+z^2$ 在曲线 $\boldsymbol{r}(t)=(\cos t,\sin t,t)$ 上下列各点处沿该点的切线方向的方向导数:

(1) $t=\pi/4$ 对应的点;　　(2) $t=0$ 对应的点;　　(3) $t=-\pi/4$ 对应的点.

21. 设函数 $f(x,y)$ 在点 $(2,3)$ 处沿 $\boldsymbol{i}+\boldsymbol{j}$ 方向的方向导数为 $2\sqrt{2}$, 沿 $-2\boldsymbol{j}$ 的方向导数为 -3, 其中 $\boldsymbol{i},\boldsymbol{j}$ 为单位坐标向量. 求 $f(x,y)$ 在 $(2,3)$ 处沿 $2\boldsymbol{i}+\boldsymbol{j}$ 的方向导数.

22. 设函数 $z=f(x,y)$ 有二阶连续偏导数, 又设两方向 $\boldsymbol{l}_1$ 与 $\boldsymbol{l}_2$ 的方向余弦分别为 $\cos\alpha_1,\cos\beta_1$ 与 $\cos\alpha_2,\cos\beta_2$ 且 $\boldsymbol{l}_1$ 与 $\boldsymbol{l}_2$ 互相垂直. 证明:

(1) $\left(\dfrac{\partial f}{\partial \boldsymbol{l}_1}\right)^2+\left(\dfrac{\partial f}{\partial \boldsymbol{l}_2}\right)^2=\left(\dfrac{\partial f}{\partial x}\right)^2+\left(\dfrac{\partial f}{\partial y}\right)^2$;

(提示: 由 $\cos^2\alpha_1+\cos^2\beta_1=1,\cos^2\alpha_2+\cos^2\beta_2=1$ 及 $\cos\alpha_1\cdot\cos\alpha_2+\cos\beta_1\cos\beta_2=0$ 可推出 $\cos^2\alpha_1+\cos^2\alpha_2=1$, 由此又可推出 $\cos^2\beta_1=\cos^2\alpha_2$.)

(2) $\dfrac{\partial^2 f}{\partial \boldsymbol{l}_1^2}+\dfrac{\partial^2 f}{\partial \boldsymbol{l}_2^2}=\dfrac{\partial^2 f}{\partial x^2}+\dfrac{\partial^2 f}{\partial y^2}$.

23. 设函数 $z=f(x,y)$ 可微. 又已知 $\dfrac{\partial z}{\partial x}=x^2+y$, 且当 $y=x$ 时, 有 $f(x,x)=x^2$, 求 $f(x,y)$ 的表达式.

24. 设函数 $z=f(x,y)$ 满足 $\dfrac{\partial^2 z}{\partial x \partial y}=x+y+1$，且 $f(x,0)=x^2$，$f(0,y)=2y$. 求 $f(x,y)$ 的表达式.

25. 设 $f(x,y)$ 为可微分足够多次的函数，试按 h 的方幂将函数

$$F(h)=\frac{1}{4}\left[f(x+h,y)+f(x,y+h)+f(x-h,y)+f(x,y-h)\right]-f(x,y)$$

展开，准确到 h^4 的项.

26. 设 $f(u,v)$ 为可微分足够多次的函数，试按 r 的方幂将函数

$$F(r)=\frac{1}{2\pi}\int_0^{2\pi}f(x+r\cos\varphi,y+r\sin\varphi)\mathrm{d}\varphi$$

展开，准确到 r^4 的项.

27. 在图 6.20 所示的并联电路中，总电阻 R 由下式确定：

$$\frac{1}{R}=\frac{1}{R_1}+\frac{1}{R_2}+\frac{1}{R_3},$$

求 $\dfrac{\partial R}{\partial R_1}$ 在 $R_1=30$，$R_2=45$，$R_3=90$ 时的值.

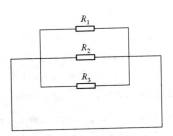

28. 设函数 $u=f(x,y,z)=xy^2z^3$，又有方程

$$x^2+y^2+z^2-3xyz=0.$$

(1) 当 $z=z(x,y)$ 是由上述方程所确定的隐函数时，求 $\left.\dfrac{\partial u}{\partial x}\right|_{(1,1,1)}$；

图　6.20

(2) 当 $y=y(z,x)$ 是由上述方程所确定的隐函数时，求 $\left.\dfrac{\partial u}{\partial x}\right|_{(1,1,1)}$.

29. 设函数 $z=z(x,y)$ 由方程

$$ax+by+cz=F(x^2+y^2+z^2)$$

所确定，其中 $F(u)$ 为可微函数，a,b,c 为常数. 证明：

$$(cy-bz)\frac{\partial z}{\partial x}+(az-cx)\frac{\partial z}{\partial y}=bx-ay.$$

30. 求函数 $f(x,y)=x^2+y^2$ 在由两坐标轴 $x=0,y=0$ 及直线 $2x+y=2$ 所围成的三角形区域上的最大值与最小值.

31. 求函数

$$f(x,y)=x^2+xy+y^2-6x+2$$

在矩形域：$0\leqslant x\leqslant 5,-3\leqslant y\leqslant 0$ 上的最大值与最小值.

32. 求函数 $z=\sin x+\cos y+\cos(x-y)$ $(0\leqslant x\leqslant \pi/2,0\leqslant y\leqslant \pi/2)$ 的极值.

33. 利用条件极值求椭圆周 $5x^2+8xy+5y^2=9$ 的长、短半轴之长.

习题答案与提示

第 一 章

习 题 1.1

3. (1) $-1<x<2$； (2) $1<x<\sqrt{5}$.

5. (1) $x>-5.9$ 或 $x<-6.1$； (2) $x>a+l$ 或 $x<a-l$.

习 题 1.2

1. (1) $|x|>2$； (2) $-1<x<1$； (3) $1\leqslant x\leqslant 4$；

  (4) $-\infty<x<-3$，$1/2<x<+\infty$；

  (5) $k\pi-\pi/6\leqslant x\leqslant k\pi+\pi/6, k=0,\pm 1,\pm 2,\cdots$.

2. (1) $(1,10)$； (2) $(-\infty,\ln 2]$； (3) $[0,2]$； (4) $[-\sqrt{2},\sqrt{2}]$.

3. (1) $1,-5,5$； (2) $0,\pi/6,-\pi/6$； (3) $\ln 4,0,-5$； (4) $1,1/2,2\sqrt{2},4$.

4. $\dfrac{2-x}{2+x}$，$\dfrac{3+x}{1-x}$，$\dfrac{4}{2-x}$，$\dfrac{2x+1}{2x-1}$，$\dfrac{2-x}{2+x}$. **5.** $3x^2+3x\Delta x+\Delta x^2$.

6. $\ln\ln x\ (x>e)$，$x^4(-\infty<x<+\infty)$， $\ln x^2(-\infty<x<+\infty,x\neq 0)$，$(\ln x)^2\ (x>0)$.

7. $f(g(x))\equiv 0, g(f(x))\equiv f(x)=\dfrac{1}{2}(|x|-x)(-\infty<x<+\infty)$.

9. (1) $y=x^4(-\infty<x<+\infty)$； (2) $y=\begin{cases} x^2, & x\geqslant 0, \\ -x, & x<0; \end{cases}$

  (3) $y=\begin{cases} -x, & x>0, \\ x^2, & x\leqslant 0; \end{cases}$ (4) $y=x^2(-\infty<x<+\infty)$.

10. (1) $y=x+\sqrt{4+x^2}\ \ (-\infty<x<+\infty)$；

  (2) $y=\ln(x+\sqrt{1+x^2})\ \ (-\infty<x<+\infty)$；

  (3) $y=\ln(x+\sqrt{x^2-1})\ \ (1\leqslant x<+\infty)$.

12. (1) 否； (2) 是； (3) 否； (4) 是； (5) 是； (6) 否； (7) 是.

14. 是.

习 题 1.3

7. (1) 0； (2) $1/4$； (3) 16； (4) e^{-2}； (5) e^{-1}；

  (6) $0\left(\text{提示：注意}\lim\limits_{n\to\infty}\left(1-\dfrac{1}{n}\right)^n=e^{-1},\text{再用夹逼定理}\right)$；

  (7) $1\left(\text{提示：注意}\lim\limits_{n\to\infty}\left(1-\dfrac{1}{n^2}\right)^{n^2}=e^{-1},\text{再用夹逼定理}\right)$.

8. （1）提示：$\dfrac{1}{n^2} \leqslant \dfrac{1}{n(n-1)}, n \geqslant 2$.

习　题　1.4

3. （1）1；　　（2）$\dfrac{1}{2}$；　　（3）$\dfrac{1}{2\sqrt{a}}$；　　（4）$\dfrac{3}{4}$；　　（5）$\dfrac{2}{3}$；　　（6）$\left(\dfrac{3}{2}\right)^{10}$；

（7）1；　　（8）-1；　　（9）$\dfrac{4}{3}$；　　（10）n；　　（11）0；　　（12）$\dfrac{a_m}{b_n}$；

（13）∞，当 $m>n$ 时；$\dfrac{a_0}{b_0}$，当 $m=n$ 时；0，当 $m<n$ 时.

（14）1；　　（15）$\dfrac{5}{3}$；　　（16）$\dfrac{1}{\sqrt{3}\,a}$.

4. （1）$\dfrac{\alpha}{\beta}$；　（2）0；　（3）$\dfrac{1}{5}$；　（4）$\sqrt{2}$；　（5）$\cos a$；

（6）e^{-k}；　（7）e^{-5}；　（8）e.

习　题　1.5

3. 逆命题不成立，如狄利克雷函数.　　　　**4.** （1）1；　　（2）$-\ln 2$.

5. （1）1；　　（2）$2^{\sqrt{2}}$；　　（3）$e^{\frac{2}{3}}$；　　（4）$\pi/4$；　　（5）$\sqrt{3/2}$.

7. （1）$x=k\ (k=0,\pm 1,\pm 2,\cdots)$ 为第一类间断点；

（2）$x=k\pi\ (k=0,\pm 1,\pm 2,\cdots)$ 为第一类间断点；

（3）$x=1$ 为可去间断点，修改为 $f(1)=1$；

（4）$x=1$ 为第二类间断点；　　（5）$x=2$ 为第一类间断点.

8. $h(x)$ 在 x_0 处间断（用反证法可证）；当 $f(x_0) \neq 0$ 时，$\varphi(x)$ 在 x_0 处间断（用反证法），当 $f(x_0)=0$ 时，$\varphi(x)$ 在 x_0 处未必断.

第一章总练习题

1. （1）$x \leqslant 2/5$ 或 $x \geqslant 14/5$；　　（2）$0 \leqslant x \leqslant 15$；　　（3）$x \geqslant 1/2$.

2. $x = \begin{cases} y-2, & y \leqslant 4. \\ \dfrac{y+2}{3}, & y>4. \end{cases}$　　　　**3.** $x \geqslant -1, x \neq 0$.

5. （1）$1,2,2,0$；　　（2）$f(x) = \begin{cases} -4/x, & x<-2, \\ 2, & -2 \leqslant x<0, \\ 0, & x>0. \end{cases}$

（3）无极限；　　（4）有极限.

6. （1）$-14,1,0$；　　（2）是；　　（3）否.　　**9.** $1/2$.

10. 双曲线 $xy=1$ 加上原点.

21. $l=0$ 时连续，$l \neq 0$ 时不连续.

23. （1）0；　　（2）0；　　（3）5；　　（4）e.

第 二 章

习 题 2·1

1. (1) $2\Delta x(2x+\Delta x)$；　　(2) $4x+2\Delta x$；　　(3) $4x$.

2. (1) $3ax^2$；　　(2) $\sqrt{\dfrac{p}{2x}}$；　　(3) $5\cos 5x$.

3. (1) $x\ln 2-y+1=0$；　　(2) $6x-y-7=0$.

4. $y'=\mathrm{sgn}\,y\cdot\sqrt{\dfrac{p}{2x}}$.　　**5.** $(1,6)$；$4x-y+2=0$；$x+4y-25=0$.

6. (1) 是；　　(3) 非.　　**7.** $-\dfrac{1}{2}x^2+3x+\dfrac{1}{2}$.

8. (1) $24x^2+1$；　　(2) $90x^2+36x-10$；　　(3) $2x\tan x+(x^2-1)\sec^2 x$；

(4) $\dfrac{5x^2+12x+54}{(5x+6)^2}$；　　(5) $\dfrac{2}{(1-x)^2}$；　　(6) $\dfrac{-6x^2}{(x^3-1)^2}$；

(7) $(x-x^2)\mathrm{e}^{-x}$；　　(8) $(1+x\ln 10)10^x$；

(9) $\left(1+\dfrac{1}{x}\right)\cos x-\left(x+\dfrac{1}{x^2}\right)\sin x$；　　(10) $\mathrm{e}^x(\sin x+\cos x)$.

12. $P(t)=(\tan t,\tan^2 t)$, $\boldsymbol{v}(t)=(\sec^2 t,2\tan t\sec^2 t)$,

$\boldsymbol{a}=2\sec^2 t(\tan t,\sec^2 t+2\tan^2 t)$.

13. $f'(0+0)=0$, $f'(0-0)=1$.

习 题 2·2

2. (1) $2x,0,2x^2,2\sin x$；　　(2) $4x^3,2\sin x\cdot\cos x$；

(3) $[f(g(x))]'=f'(g(x))\cdot g'(x)$.

3. (1) $-\dfrac{6x^2}{(x^3-1)^2}$；　　(2) $\tan x\sec x$；　　(3) $3\cos 3x-5\sin 5x$；

(4) $3\sin^2 x\cdot\cos 4x$；　　(5) $\dfrac{\sin 2x\cos(x^2)+2x(1+\sin^2 x)\sin(x^2)}{\cos^2(x^2)}$；

(6) $\tan^4 x$；　　(7) $\mathrm{e}^{ax}(a\sin bx+b\cos bx)$；

(8) $-5\dfrac{x}{\sqrt{1+x^2}}\cos^4(\sqrt{1+x^2})\cdot\sin(\sqrt{1+x^2})$；　　(9) $\dfrac{1}{\cos x}$；　　(10) $\dfrac{1}{x^2-a^2}$.

4. (1) $\dfrac{1}{\sqrt{a^2-x^2}}$；　　(2) $\dfrac{1}{a^2+x^2}$；　　(3) $2x\arccos x-\dfrac{x^2}{\sqrt{1-x^2}}$；

(4) $\dfrac{-1}{1+x^2}$；　　(5) $\sqrt{a^2-x^2}$；　　(6) $\sqrt{a^2+x^2}$；

(7) $\dfrac{2\mathrm{sgn}(1-x^2)}{1+x^2}$, $x\neq\pm 1$；　　(8) $\dfrac{1}{a+b\cos x}$；

(9) $y\left[\dfrac{1}{2\sqrt{x}(1+\sqrt{x})}+\dfrac{1}{\sqrt{2x}(1+\sqrt{2x})}+\dfrac{3}{2\sqrt{3x}(1+\sqrt{3x})}\right]$；

(10) $\dfrac{4x+1}{2\sqrt{1+x+2x^2}}$；　　(11) $\dfrac{x}{\sqrt{x^2+a^2}}$；　　(12) $\dfrac{-x}{\sqrt{a^2-x^2}}$

(13) $\dfrac{1}{\sqrt{x^2+a^2}}$;   (14) $y\left[\dfrac{1}{x-1}+\dfrac{2}{3x+1}-\dfrac{1}{3(2-x)}\right]$;   (15) $e^x(1+e^{e^x})$;

(16) $a^a x^{a-1}+a x^{a-1}a^{x^a}\ln a+a^{a^x}\cdot a^x(\ln a)^2$.

5. $\theta'(10)=\dfrac{1}{10}$ 弧度/s.   **6.** 16π m/s.

<h3 style="text-align:center">习 题 2.3</h3>

1. (1) 同阶;   (2) 2 阶;   (3) 3 阶.   **4.** (1) $\dfrac{\sqrt{2}}{2}\left(1+\dfrac{\pi}{4}\right)dx$;   (2) adx.

5. (1) $\dfrac{-2}{(x+1)^2}dx$;   (2) $(1+x)e^x dx$.   **6.** $\Delta y=-\dfrac{0.001}{2.001}$, $dy=-\dfrac{0.001}{2}$.

7. 2.002.

8. (1) $-\left(\dfrac{y}{x}\right)^{1/3}$;   (2) $\dfrac{a-x}{y-b}$;   (3) $\dfrac{x+y}{x-y}$;   (4) $\dfrac{y\cos x+\sin(x-y)}{\sin(x-y)-\sin x}$.

9. (1) 9/4;   (2) 0.

10. (1) $\dfrac{3}{2}(1+t)$, $t\neq 1$;   (2) $\dfrac{e^t}{1+\ln t}$, $t\neq\dfrac{1}{e}$;   (3) $\operatorname{sgn}t$, $t\neq 0$.

11. 切线方程:$\dfrac{x_0}{a^2}x+\dfrac{y_0}{b^2}y=1$,法线方程:$a^2 y_0 x-b^2 x_0 y=(a^2-b^2)x_0 y_0$.

提示:只需证明:$\overline{F_1 M}$ 与切线夹角的正切等于 $\overline{F_2 M}$ 与切线夹角的正切,其中 F_1,F_2 分别为椭圆的两个焦点.

<h3 style="text-align:center">习 题 2.4</h3>

1. (1) $n!$;   (2) e^x;   (3) $\dfrac{(-1)^n n!}{(1+x)^{n+1}}$;   (4) $(-1)^n n!\left(\dfrac{1}{x^{n+1}}-\dfrac{1}{(x+1)^{n+1}}\right)$.

4. $y^{(6)}=-108\cdot 6!$, $y^{(7)}=0$.   **5.** λ 应是二次方程式 $\lambda^2+p\lambda+q=0$ 的根.

6. 角速度为 $3t^2-4t+3$,角加速度为 $6t-4$.

7. $(n+k-1)(n+k-2)\cdots(n+1)\cdot n$.

8. $x^2\dfrac{(-49!)}{(1+x)^{50}}+100x\dfrac{48!}{(1+x)^{49}}+50\cdot 49\dfrac{(-47!)}{(1+x)^{48}}=\dfrac{-2\cdot 47!}{(1+x)^{50}}(x^2+50x+1225)$.

<h3 style="text-align:center">习 题 2.5</h3>

1. $2a\sqrt{x}+\dfrac{b}{x}+\dfrac{9c}{5}x^{5/3}+C$.   **2.** $x+\dfrac{4}{3}x^{3/2}+\dfrac{1}{2}x^2+C$.

3. $a\tan t+C$.   **4.** $\tan t-t+C$.   **5.** $-\cot\varphi-\varphi+C$.

6. $x+2\arctan x+C$.   **7.** $6\sqrt{x}+4\arcsin x+C$.

8. $\tan x+x+C$.   **9.** $x+\dfrac{3}{4}x^{\frac{4}{3}}+\dfrac{3}{5}x^{\frac{5}{3}}+C$.   **10.** $\ln|x|-\dfrac{2}{x}-\dfrac{3}{2x^2}+C$.

11. $-3x^{-1/3}-3x^{2/3}+\dfrac{3}{5}x^{5/3}+C$.   **12.** $2\operatorname{sh}x-\operatorname{ch}x+C$.

13. $3x+\dfrac{1}{x}+\dfrac{2}{5}x^{5/2}+\dfrac{4}{3}x^{3/2}+2x^{1/2}+C$.   **14.** $\tan x-\cot x+C$.

15. $-\dfrac{2}{\ln 3}\left(\dfrac{1}{3}\right)^x-\dfrac{1}{9\ln 2}\left(\dfrac{1}{2}\right)^x+C.$ **16.** $-\dfrac{1}{x}-\arctan x+C.$

17. $y=\dfrac{1}{2}ax^2+be^{-x}+C_1x+C_2.$ **18.** $f(x)=\dfrac{x^3}{4}+1+\dfrac{C}{x},\ x\neq 0.$

习 题 2.6

1. (1) $k(b-a)$; (2) $\dfrac{1}{2}(b^2-a^2).$ **2.** $\displaystyle\int_c^d \varphi(y)\mathrm{d}y;\ bd-ac.$

3. $\displaystyle\sum_{i=1}^n\left(\dfrac{i-1}{n}\right)^2\cdot\dfrac{1}{n},\dfrac{1}{3}.$ **4.** $\dfrac{2}{3}.$

6. (1) $\displaystyle\int_0^1 e^x\mathrm{d}x>\int_0^1 e^{x^2}\mathrm{d}x$; (2) $\displaystyle\int_0^{\frac{\pi}{2}}x^2\mathrm{d}x>\int_0^{\frac{\pi}{2}}\sin^2 x\mathrm{d}x$; (3) $\displaystyle\int_0^1\sqrt{1+x^2}\mathrm{d}x>\int_0^1 x\mathrm{d}x.$

习 题 2.7

1. (1) $\dfrac{2x}{1+x^4}$; (2) $2x\sin(1+x^2)^2$; (3) $-x^2\cos x$; (4) $2xe^{-x^4}-e^{-x^2}.$

6. $e^x(1-\cos x+\sin x).$

习 题 2.8

1. (1) $1/4$; (2) e^b-e^a; (3) 0; (4) $\ln 2$; (5) $4+\pi^4/4$; (6) $1/2.$
2. $25/4$;等式不成立. **3.** (1) $1-\cos 1$; (2) $1/4$; (3) $\ln 2.$
4. (1) 1; (2) 0; (3) $1/8$; (4) 4; (5) $1.$

第二章总练习题

1. 在 $(-\infty,+\infty)$ 上连续,除 $x=3$ 外都可导. **2.** $A=-\dfrac{9}{4},B=\dfrac{3}{4},C=\dfrac{41}{4},D=\dfrac{13}{4}.$

3. $2f(0).$ **6.** $f'(x)=\begin{cases}2x, & x<-2 \text{ 或 } x>2,\\ -2x, & -2<x<2,\\ 不存在, & x=\pm 2.\end{cases}$

7. $\dfrac{12}{(1-x)^4}.$ **9.** $f(x)$ 可导,且 $f'(0)=0,g(x)$ 不可导.

第 三 章
习 题 3.1

1. $\dfrac{1}{3}(1+2x)^{3/2}+C.$ **2.** $-\dfrac{3}{2(x^2+1)}+C.$ **3.** $\dfrac{1}{6}(2x^2+7)^{3/2}+C.$

4. $\dfrac{1}{5}(2x^{3/2}+1)^{5/3}+C.$ **5.** $-e^{\frac{1}{x}}+C.$ **6.** $\dfrac{1}{99(2-x)^{99}}+C.$

7. $\dfrac{1}{\sqrt{15}}\arctan\sqrt{\dfrac{5}{3}}x+C.$ **8.** $\dfrac{1}{\sqrt{3}}\arcsin\sqrt{\dfrac{3}{7}}x.$

9. $2\arctan\sqrt{x}+C.$ **10.** $\dfrac{1}{\sqrt{2}}\arctan\dfrac{e^x}{\sqrt{2}}+C.$

11. $\arcsin e^x + C.$　　**12.** $\dfrac{1}{2}\ln\left|\dfrac{1-e^x}{1+e^x}\right| + C.$　　**13.** $\dfrac{1}{2}(\ln\ln x)^2 + C.$

14. $\tan\dfrac{x}{2} + C.$　　**15.** $-\cot\left(\dfrac{x}{2} + \dfrac{\pi}{4}\right) + C.$

16. $-\dfrac{1}{5}(x^5+1)^{-1} + \dfrac{1}{5}(x^5+1)^{-2} - \dfrac{1}{15}(x^5+1)^{-3} + C.$

17. $\dfrac{1}{n}x^n + \dfrac{1}{n}\ln|x^n - 1| + C.$　　**18.** $\dfrac{1}{10}\ln\left|\dfrac{x^5}{x^5+2}\right| + C.$

19. $-\dfrac{1}{2}[\ln(x+1) - \ln x]^2 + C.$　　**20.** $e^{\arctan x} + \dfrac{1}{4}[\ln(1+x^2)]^2 + C.$

21. $-\dfrac{1}{8}\cos 4x + C.$　　**22.** $\dfrac{2}{3}\sin^3\dfrac{x}{2} + C.$

23. $\dfrac{1}{2}\sin x - \dfrac{1}{22}\sin 11x + C.$　　**24.** $-2\sqrt{1-x^2} - \arcsin x + C.$

25. $\dfrac{1}{3}(1-x^2)^{3/2} - 2(1-x^2)^{1/2} + C.$　　**26.** $\dfrac{x}{a^2\sqrt{a^2-x^2}} + C.$

27. $x > a$ 时，$\sqrt{x^2-a^2} - a\arccos\left(\dfrac{a}{x}\right) + C;$

　　 $x < -a$ 时，$\sqrt{x^2-a^2} + a\arccos\left(\dfrac{a}{x}\right) + C.$

28. $\dfrac{a^2}{2}\arcsin\dfrac{x}{a} - \dfrac{1}{2}x\sqrt{a^2-x^2} + C.$

29. $\dfrac{2}{3}\ln(\sqrt{1+e^{3x}} - 1) - x + C.$　　**30.** $\dfrac{1}{4}\ln(x^4 + \sqrt{1+x^8}) + C.$

31. $-\dfrac{(1+x^2)^{5/2}}{5x^5} + \dfrac{2(1+x^2)^{3/2}}{3x^3} - \dfrac{\sqrt{1+x^2}}{x} + C.$

32. $\dfrac{3}{5}(1+e^x)^{5/3} - \dfrac{3}{2}(1+e^x)^{2/3} + C.$　　**33.** $\arcsin\dfrac{2x-1}{\sqrt{13}} + C.$

34. $\dfrac{29}{8}\arcsin\dfrac{2x-1}{\sqrt{29}} + \dfrac{2x-1}{4}\sqrt{7+x-x^2} + C.$

35. $2\sqrt{x-1} - 2\ln(1 + \sqrt{x-1}) + C.$

习　题　3.2

1. $\dfrac{1}{2}x^2\ln x - \dfrac{1}{4}x^2 + C.$　　**2.** $\dfrac{1}{a^3}(a^2x^2 - 2ax + 2)e^{ax} + C.$

3. $\dfrac{1}{4}\sin 2x - \dfrac{1}{2}x\cos 2x + C.$　　**4.** $x\arcsin x + \sqrt{1-x^2} + C.$

5. $x\arctan x - \dfrac{1}{2}\ln(1+x^2) + C.$　　**6.** $\dfrac{1}{13}(2\cos 3x + 3\sin 3x)e^{2x} + C.$

7. $-\dfrac{1}{10}(\sin 3x + 3\cos 3x)e^{-x} + C.$　　**8.** $e^{ax}(a\sin bx - b\cos bx)(a^2+b^2)^{-1} + C.$

9. $\dfrac{1}{6}(3x\sqrt{1+9x^2} + \ln|3x + \sqrt{1+9x^2}|) + C.$　　**10.** $x\operatorname{sh}x - \operatorname{ch}x + C.$

11. $x\ln(x + \sqrt{1+x^2}) - \sqrt{1+x^2} + C.$　　**12.** $x(\arccos x)^2 - 2\sqrt{1-x^2}\arccos x - 2x + C.$

13. $\dfrac{1}{2}\left[\dfrac{1}{1-x^2}\arccos x+\dfrac{x}{\sqrt{1-x^2}}\right]+C.$ **14.** $(x+1)\arctan\sqrt{x}-\sqrt{x}+C.$

15. $-\dfrac{1}{x}\arcsin x+\ln|1-\sqrt{1-x^2}|-\ln|x|+C.$

16. $\dfrac{1}{4}x^4\left[(\ln x)^2-\dfrac{1}{2}\ln x+\dfrac{1}{8}\right]+C.$ **17.** $\dfrac{1}{9(1+x^2)^{3/2}}[2x^3+3x-3\arctan x]+C.$

18. $\dfrac{1}{2}x^2\ln(x+\sqrt{1+x^2})-\dfrac{1}{4}[x\sqrt{1+x^2}-\ln(x+\sqrt{1+x^2})]+C.$

习 题 3.3

1. $\dfrac{5}{2}\ln|x+4|-\dfrac{3}{2}\ln|x+2|+C.$

2. $x^3-\dfrac{3}{2}x^2+22x-\dfrac{253}{5}\ln|x+3|+\dfrac{53}{5}\ln|x-2|+C.$

3. $\dfrac{1}{2\sqrt{2}}\ln\left|\dfrac{x-\sqrt{2}}{x+\sqrt{2}}\right|+\dfrac{1}{2\sqrt{3}}\ln\left|\dfrac{x-\sqrt{3}}{x+\sqrt{3}}\right|+C.$

4. $\dfrac{1}{x-1}+\ln\left|\dfrac{x-2}{x-1}\right|+C.$ **5.** $-\dfrac{1}{2}\left[\arctan x+\dfrac{1}{2}\ln\left|\dfrac{x-1}{x+1}\right|\right]+C.$

6. $\dfrac{1}{3}\left(\ln|x+1|-\dfrac{1}{2}\ln|x^2-x+1|+\sqrt{3}\arctan\dfrac{2x-1}{\sqrt{3}}\right)+C.$

7. $\dfrac{1}{4\sqrt{2}}\ln\dfrac{x^2+\sqrt{2}\,x+1}{x^2-\sqrt{2}\,x+1}+\dfrac{1}{2\sqrt{2}}\arctan(\sqrt{2}\,x+1)+\dfrac{1}{2\sqrt{2}}\arctan(\sqrt{2}\,x-1)+C.$

8. $\dfrac{1}{2}\ln(x^2+2)+\dfrac{1}{\sqrt{2}}\arctan\dfrac{x}{\sqrt{2}}+\dfrac{1}{x^2+2}+C.$

9. $\ln(1+e^x)-\ln(2+e^x)+C.$

10. $-\dfrac{1}{5}\ln|\sin x+3|+\dfrac{1}{5}\ln|\sin x-2|+C.$

11. $\dfrac{1}{4}\ln|x^4+x^2+1|-\dfrac{1}{2\sqrt{7}}\arctan\dfrac{2x^2+1}{\sqrt{7}}+C.$

12. $\dfrac{1}{10}\ln|x+2|-\dfrac{1}{20}\ln|x^2-2x+2|+\dfrac{3}{10}\arctan(x-1)+C.$

13. $\dfrac{2}{\sqrt{3}}\arctan\dfrac{1+2\tan\frac{x}{2}}{\sqrt{3}}+C.$ **14.** $\ln\left|1+\tan\dfrac{x}{2}\right|+C.$

15. $-\dfrac{1}{3}\cot^3 x+\cot x+x+C.$ **16.** $\tan x+\dfrac{1}{3}\tan^3 x+C.$

17. $-\dfrac{x}{3}+\dfrac{5}{6}\arctan\left(2\tan\dfrac{x}{2}\right)+C.$

18. $\dfrac{1}{4}\ln|1+\tan x|+\dfrac{1}{4}\ln|\cos x|+\dfrac{1}{2}x+\dfrac{1}{4}\cos^2 x+\dfrac{1}{4}\tan x\cdot\cos^2 x+C.$

19. $-\dfrac{1}{3}\cos^3 x+\dfrac{2}{5}\cos^5 x-\dfrac{1}{7}\cos^7 x+C.$

20. $\dfrac{1}{8}\left[\dfrac{5}{2}x-2\sin 2x+\dfrac{3}{8}\sin 4x+\dfrac{1}{6}\sin^3 2x\right]+C.$

21. $\dfrac{1}{16}x-\dfrac{1}{64}\sin4x+\dfrac{1}{48}\sin^3 2x+C.$

22. $\dfrac{1}{\sqrt{5}}\ln\left|\dfrac{\sqrt{5}+2\tan\dfrac{x}{2}-1}{\sqrt{5}-2\tan\dfrac{x}{2}+1}\right|+C.$　**23.** $\dfrac{1}{\sqrt{3}}\arctan\dfrac{2\sin^2 x-1}{\sqrt{3}}+C.$

24. $-\cot x-\dfrac{1}{3}\cot^3 x+C.$ 　　　　　**25.** $\arcsin x+\sqrt{1-x^2}+C.$

26. $-\dfrac{6}{7}t^7+\dfrac{6}{5}t^5+\dfrac{3}{2}t^4-2t^3-3t^2+6t+3\ln(1+t^2)-6\arctan t+C,$ 其中 $t=\sqrt[6]{x-1}.$

27. $\dfrac{1}{2}x^2+\dfrac{x}{2}\sqrt{x^2-1}-\dfrac{1}{2}\ln|x+\sqrt{x^2-1}|+C.$ 　**28.** $-\dfrac{3}{2}\left(\dfrac{x+1}{x-1}\right)^{1/3}+C.$

29. $\sqrt{x^2-x+3}+\dfrac{1}{2}\ln\left|x-\dfrac{1}{2}+\sqrt{x^2-x+3}\right|+C.$

30. $\dfrac{6}{11}t^{11}-\dfrac{10}{3}t^9+\dfrac{60}{7}t^7-12t^5+10t^3-6t+C,$ 其中 $t=(1+x^{1/3})^{1/2}.$

31. $\dfrac{4}{3}(x^{3/4}-\ln|1+x^{3/4}|)+C.$ 　　**32.** $2\sqrt{x^2+x}+2\ln\left|x+\dfrac{1}{2}+\sqrt{x^2+x}\right|+C.$

33. $\dfrac{1}{4}\sqrt{4x^2-4x+5}+\dfrac{5}{4}\ln|(2x-1)+\sqrt{4x^2-4x+5}|+C.$

34. $\dfrac{x-1}{2}\sqrt{5-2x+x^2}+2\ln|x-1+\sqrt{5-2x+x^2}|+C.$

习　题　**3.4**

1. $\dfrac{1}{6}.$ 　**2.** $\dfrac{1}{2}(1-\ln2).$ 　**3.** $\dfrac{\pi}{16}.$ 　**4.** $\pi.$ 　**5.** $10+\dfrac{9}{2}\ln3.$

6. $\dfrac{1}{2}\left(\dfrac{\pi}{6}-\dfrac{\sqrt{3}}{4}\right).$ 　**7.** $\dfrac{\pi}{3}+\dfrac{\sqrt{3}}{2}.$ 　**8.** $-\dfrac{45}{8}.$ 　**9.** $\dfrac{4}{3}.$

10. $\begin{cases}0, & n\ \text{为奇数},\\[2mm] I_n=\dfrac{(n-1)!!}{n!!}\cdot\dfrac{\pi}{2}, & n\ \text{为偶数}.\end{cases}$

11. n 为奇数时，原式 $=a^{n+1}\dfrac{n!!}{(n+1)!!}\dfrac{\pi}{2}$；　　n 为偶数时，原式 $=a^{n+1}\dfrac{n!!}{(n+1)!!}.$

12. $\dfrac{256}{693}.$ 　**13.** $\dfrac{5}{16}\pi.$ 　**14.** $\dfrac{1}{2}\left(\dfrac{\pi^3}{3}-\dfrac{\pi}{2}\right).$ 　**15.** $\dfrac{\pi}{4}-\dfrac{2}{3}.$

16. $\dfrac{\pi}{2}-1.$ 　**17.** $\pi\ln(\pi+\sqrt{\pi^2+a^2})+|a|-\sqrt{\pi^2+a^2}.$ 　**23.** $\dfrac{\pi^2}{4}.$

26. $2\sqrt{2}\,m\pi.$

习　题　**3.5**

1. $\dfrac{1}{3}.$ 　**2.** $\dfrac{5}{6}.$ 　**3.** $\dfrac{16}{3}.$ 　**4.** $3\pi a^2.$ 　**5.** $9.$ 　**6.** $2\pi+\dfrac{4}{3}$；$6\pi-\dfrac{4}{3}.$

7. $\dfrac{9}{2}.$ 　**8.** $a^2.$ 　**9.** $\dfrac{32}{105}\pi a^3.$ 　**10.** $\pi\ln3.$ 　**11.** $\dfrac{3}{7}\pi a^{2/3}b^{7/3}.$

12. $8\pi\left(1-\dfrac{2}{e}\right).$ 　**14.** $2\pi e^2.$ 　**16.** $\dfrac{14}{3}.$ 　**17.** $\dfrac{3}{2}\pi a.$

18. $6a$.   **19.** $8a$.   **21.** $\dfrac{\pi}{2}\left[7\sqrt{2}+3\ln(1+\sqrt{2})\right]$.

22. $2\pi ab\left(\sqrt{1-\varepsilon^2}+\dfrac{\arcsin\varepsilon}{\varepsilon}\right)$；$2\pi a^2+\dfrac{2\pi b^2}{\varepsilon}\ln\left[\dfrac{a}{b}(1+\varepsilon)\right]$，其中 $\varepsilon=\dfrac{\sqrt{a^2-b^2}}{a}$ 是椭圆的离心率.

23. $2\pi ah$.   **24.** $\dfrac{32}{5}\pi a^2$.   **25.** $80\,\text{kg}$.

26. 当半圆周的方程为 $y=\sqrt{a^2-x^2}$ 时，重心坐标为 $\left(0,\dfrac{2}{\pi}a\right)$.

27. $\dfrac{13}{75}Ml^2$.   **28.** $\dfrac{1}{2}Ma^2$.   **29.** $\dfrac{3}{10}a^2M$.   **30.** $25\times10\,\text{J}$.

31. $\displaystyle\int_a^b \rho gxf(x)\mathrm{d}x$，其中 ρ 为水的密度，$g=9.8\,\text{m/s}^2$ 为重力加速度，侧压力单位为 N.

32. $52428.8\rho g$，其中 ρ 为水的密度，$g=9.8\,\text{m/s}^2$ 为重力加速度，压力单位为 N.

习　题　3.6

1. (2) 2；　(3) 2×10^4.　　**2.** 804.67

第三章总练习题

3. $1-a^4/4-\cos b$.　　**4.** $\sin(1+x)-\sin x$.　　**6.** 0.

7. (1) $A=-\dfrac{1}{13}$，$B=\dfrac{5}{13}$；　　(2) $-\dfrac{1}{13}x+\dfrac{5}{13}\ln|2\sin x-3\cos x|+C$.

8. (1) $2\sqrt{\mathrm{e}^x-2}-2\sqrt{2}\arctan\dfrac{\sqrt{\mathrm{e}^x-2}}{\sqrt{2}}+C$；

　　(2) $2(x-2)\sqrt{\mathrm{e}^x-2}+4\sqrt{2}\arctan\dfrac{\sqrt{\mathrm{e}^x-2}}{\sqrt{2}}+C$；

　　(3) $-\dfrac{4}{3}\sqrt{1-x\sqrt{x}}+C$；

　　(4) $\sqrt{x}+\dfrac{1}{2}x-\dfrac{1}{2}\sqrt{x(1+x)}-\dfrac{1}{4}\ln\left|\dfrac{\sqrt{x}+\sqrt{1+x}}{\sqrt{x}-\sqrt{1+x}}\right|+C$.

9. $\dfrac{1}{\sqrt{2}}\arctan\dfrac{\tan^2x-1}{\sqrt{2}\tan x}+C$.　　**14.** (1) $4\,\text{s}$；　(2) $\dfrac{43}{2}\,\text{m}$.

15. $a\approx3\,\text{m/s}^2$.　　**18.** $a=0$.　　**20.** (2) 2；$\pi/4$.

21. $\dfrac{\tan^3x-\sin^3x}{3}+\sec^2x(1+x\tan^2x)-\cos x(1+x\sin^2x)$.

22. $\dfrac{\pi}{4}$.　　**23.** $4\sqrt{2}$.　　**24.** $\dfrac{\pi}{8}(x_1-x_0)^2$.

25. (1) $4/3$；　(2) 8；　(3) $9/2$；　(4) $1+\sqrt{2}$.

26. $V=\pi\displaystyle\int_0^{\frac{\pi}{2}}(1-\cos^2x)\mathrm{d}x=\dfrac{\pi^2}{4}$；

　　$V=2\pi\displaystyle\int_0^1 y\left(\dfrac{\pi}{2}-\arccos y\right)\mathrm{d}y$

$$=2\pi\int_0^1 y\arcsin y\,\mathrm{d}y=\frac{\pi^2}{4}.$$

27. (1) $\dfrac{\pi}{12}$;　　(2) 400.

28. (1) 11;　　(2) -8.

29. (1) 0;　　(2) $\dfrac{5}{6}$;

　　(3) $\begin{cases} -\cos x, & 0\leqslant x\leqslant 2, \\ \cos 2-2\cos x, & 2<x\leqslant \pi. \end{cases}$

32. $\sqrt{\ln 3}$.　　**33.** 面积$=3\pi/2$.

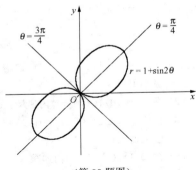

（第 33 题图）

第 四 章
习 题 4.1

1. $1\pm\sqrt{3}/3$.　　**2.** (1) 满足,$c=\dfrac{m-n}{m+n}$;　　(2) 不满足,$f(x)$在 $x=0$ 处不可导.

3. $\dfrac{\ln e-\ln 1}{e-1}=\dfrac{1}{c}$,$c=e-1$.

习 题 4.2

1. $\dfrac{\ln 2}{\ln 3}$.　**2.** -1.　**3.** $-\dfrac{1}{2}$.　**4.** $\dfrac{1}{3}$.　**5.** $\dfrac{a^2}{b^2}$.　**6.** 0.　**7.** 0.　**8.** 1.

9. $\ln a$.　**10.** $-\dfrac{1}{6}$.　**11.** $\dfrac{1}{2}$.　**12.** $-\dfrac{1}{2}$.　**13.** $e^{-1/3}$.　**14.** e^{-1}.

15. 2.　**16.** 1.　**17.** -2.　**18.** $e^{-\frac{2}{\pi}}$.

习 题 4.3

1. (1) $x+\dfrac{x^3}{3!}+\dfrac{x^5}{5!}+\cdots+\dfrac{x^{2k+1}}{(2k+1)!}+o(x^{2k+2})$;

　　(2) $-\left(x+\dfrac{x^3}{3}+\dfrac{x^5}{5}+\cdots+\dfrac{x^{2k-1}}{2k-1}\right)+o(x^{2k})$;

　　(3) $\dfrac{1}{2}\left(\dfrac{(2x)^2}{2!}-\dfrac{(2x)^4}{4!}+\cdots+(-1)^{n+1}\dfrac{(2x)^{2n}}{(2n)!}\right)+o(x^{2n+1})$;

　　(4) $1-x-2x^2-2x^3-\cdots-2x^n+o(x^n)$;

　　(5) $1-\dfrac{1}{2!}x^6+\dfrac{1}{4!}x^{12}+\cdots+(-1)^n\dfrac{1}{(2n)!}x^{6n}+o(x^{6n+3})$.

2. (1) $x+x^2+\dfrac{1}{3}x^3+o(x^4)$;　　(2) $1+\dfrac{1}{2}x-\dfrac{5}{8}x^2-\dfrac{3}{16}x^3+\dfrac{25}{384}x^4+o(x^4)$;

　　(3) $\dfrac{x}{2}+\dfrac{x^2}{8}+\dfrac{15}{16}x^3+o(x^3)$.

3. (1) $x-\dfrac{x^3}{3}+\dfrac{x^5}{5}+\cdots+(-1)^n\dfrac{x^{2n+1}}{2n+1}+o(x^{2n+1})$;

　　(2) $x+\dfrac{1}{6}x^3+\dfrac{3}{40}x^5+\cdots+\dfrac{(2n-1)!!}{(2n+1)(2n)!!}x^{2n+1}+o(x^{2n+1})$.

4. (1) $-\dfrac{1}{16}$;　　(2) $\dfrac{1}{2}$;　　(3) $\dfrac{1}{3}$.

习　题　4.4

1. (1) 在$(-\infty,-1),(1,+\infty)$内递增,在$(-1,1)$内递减;$x=-1$是极大值点,$x=1$是
　　极小值点;

　　(2) 在$(-\infty,0),(2,+\infty)$内递增,在$(0,2)$内递减;$x=2$是极小值点.无极大值点;

　　(3) 在$(-\infty,-1),(1,+\infty)$内递减,在$(-1,1)$内递增,$x=-1$是极小值点,$x=1$是
　　极大值点;

　　(4) 在$(0,1),(e^2,+\infty)$内递减,$(1,e^2)$内递增,$x=1$是极小值点,$x=e^2$是极大值点.

2. 最大值为 11,最小值为-21,最大值点为 $x=3$,最小值点为 $x=-1$.

3. 底边长为 $p/2$.

4. $l=0,k=-3,x=-1$ 为极大值点,$x=1$ 为极小值点,最小值为 $f(1)=-2$,最大值为
　　$f(3)=18$.

5. $h=a/\sqrt{2}$.　　**6.** $(a^{2/3}+b^{2/3})^{3/2}$.　　**7.** $R=2\sqrt{2}a/3,\ h=(4/3)a$.

8. 圆锥底面半径为 $\sqrt{3/2}a$,圆锥母线与底面夹角为 $\arctan\sqrt{2}$.　　**9.** $(16,\pm 8)$.

10. 圆柱高$=\dfrac{1}{3}$圆锥高.　　**11.** $\dfrac{3ab}{4}\sqrt{3}$.　　**12.** 开始后 3 分钟,达到最近距离 40 m.

习　题　4.5

1. 在区间$(-\infty,-\sqrt{3/2}),(0,\sqrt{3/2})$内向上凸,在区间$(-\sqrt{3/2},0),(\sqrt{3/2},+\infty)$内
　　向下凸,$x=0,\pm\sqrt{3/2}$是拐点.

习　题　4.6

1. (1) 6;　　(2) $\dfrac{16}{125}$;　　(3) $\dfrac{1}{2\sqrt{2}a}$.　　　　**2.** $x^2+\left(y-\dfrac{5}{4}\right)^2=\dfrac{1}{16}$.

3. 点$(1,1)$处,该点是所给抛物线的顶点.

第四章总练习题

3. $1/2$ 或 $\sqrt{2}$.

7. 设 $F(x)=\dfrac{a_0}{n+1}x^{n+1}+\dfrac{a_1}{n}x^n+\cdots+\dfrac{a_{n-1}}{2}x^2+\dfrac{a_n}{1}x-x\left(\dfrac{a_0}{n+1}+\dfrac{a_1}{n}+\cdots+\dfrac{a_n}{1}\right)$,则有
　　$F(0)=F(1)=0$,对 $F(x)$在$[0,1]$上应用罗尔定理.

15. (2) 否.如 $f(x)=|x|,x\in[-1,1]$;　　(3) $f(x)=\sqrt{x},x\in[0,1]$.

19. $-13<A<-8$.　　**21.** $\cos x$ 与 $\sin x$.

26. $P_3(x)=1+2(x-\pi/4)+2(x-\pi/4)^2+8/3(x-\pi/4)^3$.

　　$\tan(50°)=\tan(\pi/4+\pi/(36))\approx 1.1915$.

30. $2(x-1)^3-(x-1)^2+5(x-1)-1$.

第 五 章

习 题 5.1

1. $\overrightarrow{AC}=a+b$，$\overrightarrow{DB}=a-b$，$\overrightarrow{MA}=-\dfrac{1}{2}(a+b)$.

5. (1) 不成立； (2) 不成立； (3) 成立. 9. $\dfrac{1}{2}|\overrightarrow{AB}\times\overrightarrow{AC}|$.

习 题 5.2

1. $\sqrt{y^2+z^2}$，$\sqrt{z^2+x^2}$，$\sqrt{x^2+y^2}$，$|z|$，$|x|$，$\sqrt{x^2+y^2+z^2}$.

2. $\overrightarrow{AB}=(4,-2,0)$，$\overrightarrow{BA}=(-4,2,0)$，$\overrightarrow{AC}=(3,-1,1)$，
$\overrightarrow{BC}=(-1,1,1)$. $|\overrightarrow{AB}|=|\overrightarrow{BA}|=2\sqrt{5}$，$|\overrightarrow{AC}|=\sqrt{11}$，$|\overrightarrow{BC}|=\sqrt{3}$.

3. $(11,-9,1)$. 4. $a^0=\dfrac{1}{\sqrt{30}}(2,5,1)$，$b^0=\dfrac{1}{3\sqrt{6}}(1,-2,7)$，$k=-7$.

5. $C=\dfrac{1}{2}(x_1+x_2,y_1+y_2,z_1+z_2)$. 6. (1) -12； (2) 1； (3) $\pi-\arccos\dfrac{1}{\sqrt{105}}$.

7. $\pi/6$. 8. $k=\pm1/3$.

9. (1) $(-5,-2,1)$； (2) $(3,0,2)$； (3) -23；
 (4) $(1,-13,-21)$； (5) $(-23,-19,-15)$.

10. $\pi/2$. 11. $\sqrt{2}/2$. 13. 4.

14. (1) 与 Oyz 平面平行； (2) 与 z 轴平行；
 (3) 与三坐标轴的夹角都是 $\arccos\dfrac{\sqrt{3}}{3}$ 或 $\pi-\arccos\dfrac{\sqrt{3}}{3}$.

15. $(0,0,-\sqrt{2})$ 或 $(1,1,0)$. 16. $1/2$.

习 题 5.3

1. (1) 与 y 轴平行； (2) 过原点； (3) 与 Ozx 平面平行；
 (4) 过 x 轴； (5) 与 z 轴平行； (6) Oyz 平面.

2. (1) $3x+2z-5=0$； (2) $y=2$；
 (3) $47x+13y+z=0$； (4) $y-z+7=0$.

3. $15x+17y-42z+238=0$. 4. $x+y+z-2=0$.

5. $6x+8y+7z-139=0$. 6. $2y+z+3=0$.

7. $y-2z=0$. 8. $2x-9y+7z-32=0$.

9. $\left(-8,-\dfrac{13}{3},-\dfrac{14}{3}\right)$；$2y-z+4=0$. 10. $4x+5y-3z-2=0$.

12. (1) 过点 $(0,6,7)$ 的标准方程为：$x=\dfrac{y-6}{-7}=\dfrac{z-7}{-5}$；参数方程为：$x=t,y=-7t+6$，
 $z=-5t+7$ $(-\infty<t<+\infty)$.

(2) 过点 $(7,0,4)$ 的标准方程为 $\dfrac{x-7}{3}=\dfrac{y}{2}=z-4$，参数方程为：$x=3t+7,y=2t$，

$z=t+4$　$(-\infty<t<+\infty)$.

13. $\dfrac{x+3}{11}=\dfrac{y}{-2}=\dfrac{z}{5}$.　**14.** $D=3$.　**15.** $2x+3y-5z=0$.

16. $\dfrac{1}{2}\sqrt{6}$.　**17.** $\dfrac{2}{3},\left(\dfrac{14}{9},\dfrac{13}{9},\dfrac{25}{9}\right)$.　**18.** $2\sqrt{\dfrac{3}{7}}$.

19. $\dfrac{x-2}{2}=\dfrac{y-1}{-1}=\dfrac{z-3}{4}$.　**20.** 3.

习　题　5.4

1. $(1,1,-2),\sqrt{5/2},\sqrt{5/3},\sqrt{5}/2$.

2. (1) 椭球面；　(2) 单叶双曲面；　(3) 双叶双曲面；

(4) 双曲柱面；　(5) 椭圆抛物面；　(6) 双曲抛物面.

3. (1) $x=1+R\sin\varphi\cos\theta,\ y=-1+R\sin\varphi\sin\theta,\ z=3+R\cos\varphi,\ 0\leqslant\varphi\leqslant\pi,\ 0\leqslant\theta\leqslant2\pi$.

(2) $x=\sin\varphi\cos\varphi,\ y=3\sin\varphi\sin\theta,\ z=2\cos\varphi,\ \varphi\in[0,\pi],\ \theta\in[0,2\pi]$.

(3) $x=2\sqrt{1+\dfrac{z^2}{16}}\cos\theta,\ y=3\sqrt{1+\dfrac{z^2}{16}}\sin\theta,\ z=z,\theta\in[0,2\pi],\ z\in(-\infty,+\infty)$.

(4) $x=a(u+v),\ y=b(u-v),\ z=4uv,\ u\in(-\infty,+\infty),\ v\in(-\infty,+\infty)$.

(5) $x=at\cos\theta,\ y=bt\sin\theta,\ z=t^2,\ \theta\in[0,2\pi),\ t\in[0,+\infty)$.

习　题　5.5

1. (1) $\dfrac{x-1}{1}=\dfrac{y-1}{2}=\dfrac{z-1}{3},\quad x+2y+3z-6=0$；

(2) $\dfrac{x-2}{1}=\dfrac{y-2}{1}=\dfrac{z-4}{4},\quad x+y+4z-20=0$；

(3) $\dfrac{x-R}{0}=\dfrac{y}{1}=\dfrac{z-R}{1},\quad y+z-R=0$.

2. $\dfrac{1}{\sqrt{R^2+b^2}}(-R\sin t,R\cos t,b)$.

第五章总练习题

1. (1) $\boldsymbol{a}$ 与 $\boldsymbol{b}$ 垂直；　(2) $\boldsymbol{a}$ 与 $\boldsymbol{b}$ 的方向相反且 $|\boldsymbol{a}|\geqslant|\boldsymbol{b}|$；　(3) $\boldsymbol{a}$ 与 $\boldsymbol{b}$ 共线.

2. (1) 当 $\boldsymbol{a}$ 与 $\boldsymbol{c}$ 共线时成立，否则不成立；

(2) 当 $\boldsymbol{a}$ 与 $\boldsymbol{b}$ 共线时成立，否则不成立；　　(3) 成立.

3. 0.　　**5.** $(1,2,1)$.　　**7.** $5x+2y+z+1=0$.　　**12.** $2x+3y-5z=0$.

13. (1) $2x+y+2z-4=0$ 或 $2x+y+2z+4=0$；

(2) 点 $(-1/2,-1,-1)$ 到 π 的距离最短，点 $(1/2,1,1)$ 到 π 的距离最长. 最短及最长距离分别为 $2/3$ 及 $10/3$.

14. $x^2+y^2-z^2=1$.（提示：先写出曲线之参数方程：$x=t,y=1,z=t$. 然后从 $x^2+y^2=$

t^2+1 及 $z=t$ 中消去 t 即得所求曲面方程.)

15. $\dfrac{x^2+y^2}{b^2}-\dfrac{z^2}{c^2}=1.$　　　**16.** $\begin{cases} x^2+(y+1)^2=2, \\ z=0, \end{cases} y\geqslant 0.$

第 六 章

习 题 6.1

1. (1) $\{(x,y)\mid 2x\leqslant x^2+y^2<4\}$;　　　(2) $\{(x,y)\mid y\neq\pm x\}$;

(3) $\{(x,y)\mid x^2<y<1\}$;　　　(4) $\{(x,y)\mid |x|\leqslant a\ \text{且}\ |y|\leqslant b\}$;

(5) $\{(x,y)\mid x^2+y^2\leqslant 1,y>-x\}$;　　　(6) $\{(x,y)\mid x^2+y^2\leqslant 1,xy\geqslant 0\}$.

2. (1) 区域;　(2) 有界区域;　(3) 有界闭区域;　(4) 开集.

习 题 6.2

1. (1) $5/2$;　(2) 0;　(3) 0;　(4) 0;　(5) -1;　(6) $\ln\sqrt{5}$.

3. (1) 0;　(2) 无极限;　(3) 1;　(4) 0.　　　**4.** (1) $1,-1$;　(2) $1,0$;　(3) $1,1$.

习 题 6.3

1. (1) $(x,y)\neq(0,0)$;

(2) $\{(x,y)\mid x\neq k\pi\ \text{或}\ y\neq\pi/2+k\pi,k=0,\pm 1,\pm 2,\cdots,\}$;　　　(3) $\{(x,y)\mid y^2\neq 2x\}$.

6. $\dfrac{1}{1-(x^2+y^2)}$.

习 题 6.4

1. (1) $\dfrac{\partial z}{\partial x}=\dfrac{1}{\sqrt{x^2+y^2}}$, $\dfrac{\partial z}{\partial y}=\dfrac{y}{\sqrt{x^2+y^2}\left(x+\sqrt{x^2+y^2}\right)}$;

(2) $\dfrac{\partial z}{\partial x}=\dfrac{y^2}{(x^2+y^2)^{3/2}}$, $\dfrac{\partial z}{\partial y}=\dfrac{-xy}{(x^2+y^2)^{3/2}}$;

(3) $\dfrac{\partial z}{\partial x}=x^{x^y}\cdot x^{y-1}(y\ln x+1)$;　　$\dfrac{\partial z}{\partial y}=x^{x^y}\cdot x^y(\ln x)^2$;

(4) $\dfrac{\partial z}{\partial x}=\dfrac{-y^2}{(x-y)^2}$, $\dfrac{\partial z}{\partial y}=\dfrac{x^2}{(x-y)^2}$;　　(5) $\dfrac{\partial z}{\partial x}=\dfrac{\sqrt{y}}{\sqrt{1-x^2y}}$, $\dfrac{\partial z}{\partial y}=\dfrac{x}{2\sqrt{y(1-x^2y)}}$;

(6) $\dfrac{\partial z}{\partial x}=(1-xy)\mathrm{e}^{-xy}$, $\dfrac{\partial z}{\partial y}=-x^2\mathrm{e}^{-xy}$;

(7) $\dfrac{\partial u}{\partial x}=-\dfrac{y}{x^2}-\dfrac{1}{z}$, $\dfrac{\partial u}{\partial y}=\dfrac{1}{x}-\dfrac{z}{y^2}$;　　　$\dfrac{\partial u}{\partial z}=\dfrac{1}{y}+\dfrac{x}{z^2}$.

(8) $\dfrac{\partial u}{\partial x}=yz(xy)^{z-1}$, $\dfrac{\partial u}{\partial y}=xz(xy)^{z-1}$;　　　$\dfrac{\partial u}{\partial z}=(xy)^z\cdot\ln(xy)$.

2. (1) $\dfrac{\partial z}{\partial x}\Big|_{(0,1)}=1$, $\dfrac{\partial z}{\partial y}\Big|_{(0,1)}=-1$;　　(2) $\dfrac{\partial z}{\partial x}\Big|_{\left(\frac{\pi}{2},1\right)}=2$, $\dfrac{\partial z}{\partial y}\Big|_{\left(\frac{\pi}{2},1\right)}=0$;

(3) $f_x(2,1,0)=\dfrac{1}{2}$, $f_y(2,1,0)=1$, $f_z(2,1,0)=\dfrac{1}{2}$.

5. (1) $-\dfrac{6}{(2x+3y)^2}$;　(2) $\cos x$;　(3) $2y$;　(4) $\dfrac{1}{y}$.

9. $(2-x)\sin y-\dfrac{1}{y}\ln|1-xy|+y^2$.

10. (1) $-\dfrac{y}{x^2}e^{y/x}dx+\dfrac{1}{x}e^{y/x}dy$;　(2) $\dfrac{-2ydx+2xdy}{(x-y)^2}$;

　　(3) 0;　(4) $(xdx+ydy+zdz)/\sqrt{x^2+y^2+z^2}$.

11. $x^4+5x^2y^3-3xy^4+y^5+C$,C 为任意常数.

12. $\dfrac{1}{2}(x^2+y^2)+\arctan\dfrac{y}{x}+C$.

16. (1) $f_x(0,y)=-y$　$(y\neq 0)$;　(4) $f_y(x,0)=x$　$(x\neq 0)$.

17. $-\dfrac{1}{x^2}$,$-\dfrac{1}{y^2}$.

习　题　6.5

1. (1) $\dfrac{\partial z}{\partial x}=\dfrac{x|y|}{\sqrt{x^2+y^2}}$,$\dfrac{\partial z}{\partial y}=\dfrac{\mathrm{sgn}\,y\cdot(x^2+2y^2)}{\sqrt{x^2+y^2}}$;

　　(2) $\dfrac{\partial z}{\partial x}=\dfrac{2u}{v}ye^x-\dfrac{u^2}{v^2}\cdot\ln y$,$\dfrac{\partial z}{\partial y}=\dfrac{2u}{v}e^x-\dfrac{u^2}{v^2}\cdot\dfrac{x}{y}$;

　　(3) $\dfrac{\partial z}{\partial x}=\dfrac{y}{2\sqrt{xy}}\cdot\dfrac{\partial f}{\partial u}+\dfrac{\partial f}{\partial v}$,$\dfrac{\partial z}{\partial y}=\dfrac{x}{2\sqrt{xy}}\cdot\dfrac{\partial f}{\partial u}+\dfrac{\partial f}{\partial v}$;

　　(4) $\dfrac{\partial z}{\partial x}=yf_1'+\dfrac{1}{y}f_2'$,$\dfrac{\partial z}{\partial y}=xf_1'-\dfrac{x}{y^2}f_2'$;

　　(5) $\dfrac{\partial z}{\partial x}=2xf_1'+ye^{xy}f_2'$,$\dfrac{\partial z}{\partial y}=-2yf_1'+xe^{xy}f_2'$.

2. $3f_{11}''+2(x+y+z)\left(f_{12}''+f_{21}''\right)+4(x^2+y^2+z^2)f_{22}''+6f_2'$.

3. $u_{xx}=e^{2x}(f_{11}''\cos^2 y+f_{12}''\sin y\cos y+f_{21}''\cdot\sin y\cos y+f_{22}''\sin^2 y)+e^x(f_1'\cos y+f_2'\sin y)$;

　　$u_{yy}=-e^x(f_1'\cos y+f_2'\sin y)+e^{2x}(f_{11}''\sin^2 y-\sin y\cos y(f_{12}''+f_{21}'')+f_{22}''\cos^2 y)$.

习　题　6.6

1. $\dfrac{\partial f}{\partial l}\Big|_{P_0}=6\cos\left(\dfrac{\pi}{3}-\theta\right)$;　(1) $\theta=\dfrac{\pi}{3}$;　(2) $\theta=\dfrac{4\pi}{3}$;　(3) $\theta=\dfrac{5\pi}{6}$ 或 $\dfrac{11\pi}{6}$.

2. 0.　**3.** $\dfrac{\pm 5}{3\sqrt{17}}$.

4. $\pm 4\sqrt{3}$.　**5.** $\{6,6\}$.　**6.** $\dfrac{1}{x_0^2+y_0^2}(-y_0,x_0)$;$0$.　**7.** $\dfrac{63}{\sqrt{109}\cdot\sqrt{37}}$.

8. $2\cos\alpha$;最大为 2,沿方向 $\{1,0\}$;最小为 -2,沿方向 $\{-1,0\}$.

习　题　6.7

1. $(x-1)+(x-1)(y-1)$.

2. (1) $1-\dfrac{1}{2}(x^2-y^2)+o(\rho^2)$,$\rho\to 0$,其中 $\rho=\sqrt{x^2+y^2}$;

(2) $x+y-\dfrac{1}{2}(x^2+2xy+y^2)+o(\rho^2)$，$\rho\rightarrow0$；

(3) $1-\dfrac{1}{2}x^2-\dfrac{1}{2}y^2+o(\rho^2)$，$\rho\rightarrow0$；　　(4) $x^2+y^2+o(\rho^2)$，$\rho\rightarrow0$.

3. $x+y-\dfrac{(x+y)^2}{2(1+\theta x+\theta y)^2}$.

习　题　6.8

1. (1) $\dfrac{\partial z}{\partial x}=\dfrac{-(3x^2z+z^3)}{x^3+3xz^2-2y}$，$\dfrac{\partial z}{\partial y}=\dfrac{2z}{x^3+3xz^2-2y}$；

 (2) $\dfrac{\partial z}{\partial x}=\dfrac{z}{yz-1}$，$\dfrac{\partial z}{\partial y}=\dfrac{z(1-z)}{yz-1}$；　　(3) $\dfrac{\partial z}{\partial x}=\dfrac{-1}{1-\varepsilon\cos z}$，$\dfrac{\partial z}{\partial y}=\dfrac{1}{1-\varepsilon\cos z}$；

 (4) $\dfrac{\partial z}{\partial x}=\dfrac{z\ln z}{z\ln y-x}$；$\dfrac{\partial z}{\partial y}=\dfrac{z^2}{xy-zy\ln y}$；　　(5) $\dfrac{\partial z}{\partial x}=\dfrac{z\sin x-\cos y}{\cos x-y\sin z}$；$\dfrac{\partial z}{\partial y}=\dfrac{x\sin y-\cos z}{\cos x-y\sin z}$.

2. $\dfrac{-(y^2f_1'+f_2')}{2xyf_1'+f_2'}$.　　3. $\dfrac{\partial z}{\partial x}=\dfrac{y\sin(xy)}{1-\mathrm{e}^z}$，$\dfrac{\partial^2 z}{\partial x^2}=y^2\dfrac{\left[(1-\mathrm{e}^z)^2\cos(xy)+\mathrm{e}^z\sin^2(xy)\right]}{(1-\mathrm{e}^z)^3}$.

4. $z_x=-\dfrac{F_1'+F_2'+F_3'}{F_3'}$；$z_y=-\dfrac{F_2'+F_3'}{F_3'}$.

5. $\mathrm{d}z=\dfrac{(2xF_1'+yF_2')\mathrm{d}x+(2yF_1'+xF_2')\mathrm{d}y}{2z(F_2'-F_1')}$.

7. $z_x=\dfrac{3}{4}$，$z_y=0$.　　8. $\dfrac{\partial^2 u}{\partial x^2}=\dfrac{55}{32}$；$\dfrac{\partial^2 v}{\partial x\partial y}=\dfrac{25}{32}$.　　9. $0,-1$.　　10. $z_x=-\dfrac{x}{z}$.

习　题　6.9

1. (1) $z(0,0)=0$，极小值；$z(1,0)=0$，极小值；

 (2) $z(2/3,4/3)=3$，极大值；　　(3) $z(0,0)=1$，极小值；

 (4) $z(1,1)=z(-1,-1)=7$，极大值；　　(5) $z(3,2)=108$，极大值.

2. (1) 在点 $\left(\dfrac{18}{13},\dfrac{12}{13}\right)$ 处有条件最小值 $\dfrac{36}{13}$，无条件最大值；

 (2) $z\left(-\dfrac{3}{5},-\dfrac{4}{5}\right)=-5$，条件最小值，$z\left(\dfrac{3}{5},\dfrac{4}{5}\right)=5$，条件最大值.

3. $(-4,\pm4,2)$.

4. 三边长分别为 $\dfrac{p}{2},\dfrac{3p}{4},\dfrac{3p}{4}$.绕边长为 $\dfrac{1}{2}p$ 的边旋转.　　5. $(2,4,4)$.

6. 在点 $\left(\pm\dfrac{1}{\sqrt{3}},\pm\dfrac{1}{\sqrt{3}},\mp\dfrac{2}{\sqrt{3}}\right)$ 处达到最大距离 2. 在点 $\left(\pm\dfrac{1}{\sqrt{2}},\mp\dfrac{1}{\sqrt{2}},0\right)$ 处达到最小距离 1.

7. $x=y=\dfrac{\sqrt{2}R}{3}$，$z=\dfrac{h}{3}$.　　8. $\left(\dfrac{l}{n}\right)^n$.

9. $\left(\dfrac{a}{\sqrt{2}},\dfrac{b}{\sqrt{2}}\right)$，$\dfrac{1}{\sqrt{2}}(a,-b)$，$\dfrac{1}{\sqrt{2}}(-a,b)$，$\dfrac{1}{\sqrt{2}}(-a,-b)$.　　10. $\left(\dfrac{A}{2}\right)^n$.

习 题 6.10

1. (1) $\dfrac{\sqrt{2}}{b}\left(y-\dfrac{b}{\sqrt{2}}\right)+\dfrac{\sqrt{2}}{c}\left(z-\dfrac{c}{\sqrt{2}}\right)=0$;

   (2) $4(x-2)-2(y-1)-(z-3)=0$;

   (3) $-\text{ch}1(y-\text{ch}1)+\text{sh}1\cdot\text{ch}1(z-1)=0$;

   (4) $x+2y-z-4=0$.

第六章总练习题

1. $\dfrac{1}{(1+x^2)^{3/2}}$.   2. $f(x)=x(x+2)$, $z(x,y)=\sqrt{y}+x-1$.

3. $f(x,y)=\dfrac{x^2(1-y)}{1+y}$ $(y\neq -1)$.

4. 无极限. 因为当 $y=x-x^3$ 时,

$$f(x,x-x^3)=\frac{x^2-x^4}{x^3}=\frac{1-x^2}{x}\to +\infty \quad (当\ x\to 0\ 时).$$

6. (1) $\{(x,y)\,|\,x=0,\forall\ y\in\mathbf{R}\ 或\ x\neq 0,y\in\mathbf{Z}\}$;   (2) $\{(x,y)\,|\,y=x^2\}$.

10. (1) 1; (2) 2; (3) 0.   13. $F(u)=f'(u)+3uf''(u)+u^2f'''(u)$.

16. r.   17. $\rho^2\sin\varphi$.

19. (1) $(-1,1)$及$(1,-1)$,$\sqrt{2}$及$-\sqrt{2}$;

    (2) $(2,2,1)$及$(-2,-2,-1)$,3及-3.

20. (1) $\dfrac{\sqrt{2}}{4}\pi$; (2) 0; (3) $-\dfrac{\sqrt{2}}{4}\pi$.   21. $\sqrt{5}$.

23. $f(x,y)=\dfrac{1}{3}x^3+xy-\dfrac{1}{3}y^3$.   24. $2y+x^2+xy+\dfrac{1}{2}xy(x+y)$.

25. $\dfrac{h^2}{4}(f_{xx}+f_{yy})+\dfrac{h^4}{48}(f_{xxxx}+f_{yyyy})+\cdots$.

26. $f(x,y)+\dfrac{r^2}{4}(f_{xx}+f_{yy})+\dfrac{r^4}{64}\left(f_{xxxx}+f_{yyyy}+\dfrac{1}{3}f_{xxyy}\right)+\cdots$.

27. $\dfrac{1}{4}$.   28. (1) -2; (2) -1.

30. 最小值为 $f(0,0)=0$,最大值为 $f(0,2)=4$.

31. 最小值为 $f(4,-2)=-10$,最大值为 $f(0,-3)=11$.

32. $z\left(\dfrac{\pi}{3},\dfrac{\pi}{6}\right)=\dfrac{3}{2}\sqrt{3}$ 为极大值.   33. 长半轴为 3,短半轴为 1.